Frieder Scheller
Florian Schubert

Biosensoren

Unter Mitarbeit von
Ulla Wollenberger, Thomas Schulmeister,
Dorothea Pfeiffer, Reinhard Renneberg,
Gerhard Etzold

Mit 141 Abbildungen

1989
Birkhäuser Verlag
Basel · Boston · Berlin

Anschrift der Autoren:

Professor Dr. sc. nat. Frieder Scheller
Dr. rer. nat. Florian Schubert
Zentralinstitut für Molekularbiologie der
Akademie der Wissenschaften der DDR
Robert-Rössle-Str. 10
DDR-1115 Berlin

CIP-Titelaufnahme der Deutschen Bibliothek

Scheller, Frieder:
Biosensoren / Frieder Scheller ; Florian Schubert. Unter
Mitarb. von Ulla Wollenberger ... – Basel ; Boston ; Berlin :
Birkhäuser, 1989
ISBN 3-7643-2303-5
NE: Schubert, Florian:

Lizenzausgabe für alle nichtsozialistischen Länder:
Birkhäuser Verlag, Basel 1989
Printed in GDR
ISBN 3-7643-2303-5

Vorwort

Unseren Eltern
gewidmet

Seit Jahrtausenden bedient sich der Mensch biotechnologischer Prozesse, beispielsweise zur Herstellung von Brot und zur Bier-, Wein- und Spirituosenbereitung. In dieser Tradition wurzelnd, hat die Biotechnologie in den letzten Jahrzehnten stürmische Fortschritte erlebt, die vor allem dem enormen Erkenntniszuwachs in der Molekularbiologie zuzuschreiben sind. Neben der Gen-, Immun- und neuerdings Proteintechnik hat die Entwicklung von Biosensoren bereits maßgeblich zur wissenschaftlichen und verfahrenstechnischen Innovation sowie zur volkswirtschaftlichen Nutzung beigetragen. Biosensoren beruhen auf der Kopplung einer biologischen Substanz mit einem physikochemischen Signalumwandler und der elektronischen Signalverarbeitung. Das Ziel dieser Kombination ist die Nutzung der hohen Empfindlichkeit und Trennschärfe biotischer Sinnesorgane für die Lösung von analytischen Aufgaben, vorrangig in der Diagnostik, Prozeß- und Umweltkontrolle.

Mit diesem Buch sollen die in Biosensoren genutzten Prinzipien der Kopplung von molekularer Erkennung und Signalverarbeitung sowie der Wissensstand auf diesem Gebiet einem interdisziplinären Leserkreis nahegebracht werden. Aufbau und Art der Darstellung unterstreichen die biochemischen und technologischen Aspekte dieser Funktionseinheit von Biotechnologie und Mikroelektronik. Deshalb ist – entsprechend dem Typ der Wechselwirkung, die zur Signalbildung führt – die Gliederung nach den zwei Grundklassen vorgenommen worden, den Metabolismussensoren und den Affinitätssensoren. Für jeden Analyten erfolgt die Stoffanordnung nach steigendem Grad der Integration der Sensorbestandteile, womit weiterhin der technologische Aspekt betont wird. Damit wird bewußt eine Gliederung benutzt, die von der in vergleichbaren Publikationen üblichen Einteilung nach Analytklassen abweicht.

Nach der Einleitung, die einen kurzen Abriß der Historie des Gebietes gibt, werden die Grundlagen der in Biosensoren eingesetzten physikochemischen Signalumwandler – der Transduktoren – erläutert. Es wird der Entwicklungsstand von thermometrischen, optoelektronischen und piezoelektrischen Biosensoren beschrieben. Ferner werden wegen der Dominanz der elektrochemischen Techniken deren wichtigste Meßprinzipien ausführlich vorgestellt.

Im anschließenden Kapitel werden Aufbau und Funktion der wichtigsten in Biosensoren eingesetzten Biokomponenten – Enzyme, Antikörper, aber auch biotische Rezeptoren – behandelt. Hierbei liegt der Schwerpunkt auf den Methoden zur Immobilisierung sowie den Immobilisierungseffekten, d. h.

den Auswirkungen der Kopplung von Enzymreaktionen und Stofftransportprozessen einschließlich deren mathematischer Modellierung.

Die Metabolismussensoren, bei denen die biochemische Umsetzung des Analytmoleküls das Signal erzeugt, werden im Kapitel 3 vorgestellt, und zwar geordnet nach steigendem Integrationsniveau des Biokatalysators. Bei den *Monoenzymsensoren* werden die verschiedenen Kopplungsvarianten von Enzymen mit Transduktoren am Beispiel der Bestimmung von Glucose und Harnstoff umfassend dargelegt. Die nachfolgende Beschreibung von Monoenzymsensoren für 24 weitere Analyte und Analytklassen erfaßt lückenlos den aktuellen Stand.

Gekoppelte Enzymreaktionen erlauben eine Erweiterung auf neue Analyte, die Multiparameterbestimmung sowie die Verbesserung der analytischen Parameter, wie Selektivität und Empfindlichkeit. Dieser Abschnitt bietet erstmals einen umfassenden Überblick über die Potenzen von gekoppelten Enzymreaktionen in Biosensoren. Der Stand der Entwicklung von Biosensoren mit *höher integrierten Biokatalysatoren,* d. h. Organellen, Zellen und Mikroorganismen, wird unter dem Gesichtspunkt des Vergleiches mit Enzymsensoren diskutiert. Es werden ihre speziellen Vorteile zur Bestimmung von „komplexen Meßgrößen", wie Nährstoffgehalt oder Mutagenität, erläutert.

Im Kapitel 4 werden Affinitätssensoren behandelt, d. h. Biosensoren, bei denen bereits das Bindungsereignis ein meßbares Signal erzeugt. Auch hier richtet sich die Aufeinanderfolge nach dem Grad der Komplexität der Biokomponente. Sensoren mit niedermolekularen biospezifischen Liganden, einfachen Proteinen (einschließlich Apoenzymsensoren), Antikörpern bzw. Antigenen (Immunosensoren) sowie biotischen Rezeptoren werden kritisch gewertet. Der Schwerpunkt liegt bei den grundsätzlich universell nutzbaren Immunreaktionen sowie dem noch nicht optimal gelösten Problem der Ankopplung des Signaltransduktionsprozesses.

Die Anwendungsmöglichkeiten von Biosensoren in den Nutzungsfeldern klinisches Laboratorium, Patientenüberwachung sowie Lebensmittelanalytik, Prozeßkontrolle und Umweltschutz werden im Kapitel 5 diskutiert. Es werden die verschiedenen Sensortypen hinsichtlich ihrer Praktikabilität verglichen und die analytischen Parameter der kommerzialisierten Analysatoren aufgeführt. In diese Bewertung sind umfangreiche Erfahrungen eingeflossen, die beim Einsatz von Biosensoren in verschiedenen Zweigen der Volkswirtschaft der DDR in den letzten Jahren gesammelt worden sind.

Abschließend folgt ein Ausblick auf die Verschmelzung von Prinzipien der Enzymologie, Gentechnik und Molekularelektronik zur Bioelektronik.

Die Autoren dieser Monographie besitzen eine mehr als zehnjährige Erfahrung bei der Entwicklung und Anwendung von Enzymelektroden. Um eine möglichst vollständige Darstellung des Gebietes der Biosensoren zu erreichen, sind weitere Fachkollegen in die Abfassung dieses Buches einbezogen worden. So haben Dr. R. Renneberg und Prof. Dr. G. Etzold in Abschnitt 2.3. die biochemischen Grundlagen zusammengefaßt. Dr. Th. Schulmeister hat die Darstellung der mathematischen Modellierung von Enzymelektroden (Abschn. 2.5.) übernommen. Die Darstellung der Sensoren für Glucose (Abschn. 3.1.1.) stammt von Dr. Dorothea Pfeiffer, während Dr. Ulla Wollenberger das Kapitel 4 über Affinitätssensoren erarbeitete.

Es ist uns ein Bedürfnis, dem Herausgeber- und Redaktionskollegium der Schriftenreihe „Beiträge zur Forschungstechnologie", insbesondere Herrn Prof. Dr. G. Etzold und Herrn Prof. Dr. D. Schulze sowie Frau K. Ulrich, weiterhin dem Akademie-Verlag Berlin, vertreten durch Frau R. Trautmann im Lektorat Physik, Herrn C. Biastoch in der Abteilung Herstellung, und nicht zuletzt der Composersetzerin Frau H. Schambien und der Zeichnerin Frau G. Jonas, sowohl für editorische Anregungen und Mitwirkung als auch für die unkonventionelle und kameradschaftliche Zusammenarbeit bei der Erstellung dieses Buches zu danken. Nur durch diese effektive Wechselwirkung konnte es gelingen, für den interessierten Leserkreis aktuelles Material bereitzustellen.

Berlin-Buch, im Juni 1988

Frieder Scheller
Florian Schubert

Inhalt

1. Einführung

Ein grundlegendes Problem der analytischen Chemie ist die Nachweisselektivität vor allem bei niedrigen Konzentrationen und in Gegenwart von interferierenden Substanzen. Die empfindliche und selektive Bestimmung einer Vielzahl von Verbindungen hat sowohl für die Forschung als auch für verschiedene Zweige der Volkswirtschaft, z. B. für die Produktionsüberwachung in der chemischen und Lebensmittelindustrie, große Bedeutung. Im Gesundheitswesen ist sie für die Diagnose von Erkrankungen unverzichtbar. Auch die Biotechnologie erfordert die Komponentenanalyse komplex zusammengesetzter Medien. Durch bemerkenswerte Fortschritte der instrumentellen Analytik, z. B. der Gaschromatographie, der Hochdruckflüssigkeitschromatographie, der Massenspektrometrie und der Atomabsorptionsspektroskopie in Kombination mit der Mikroelektronik, gelang es, eine hohe Selektivität auch in der Spurenanalytik zu erzielen. Diese Methoden sind aber wegen des hohen apparativen Aufwandes nur in Speziallaboratorien einsetzbar. Weiterhin sind sie für den „on-line-Betrieb" nur bedingt geeignet. Deshalb stellt die Entwicklung selektiver und einfach handhabbarer Meßfühler ein Schlüsselproblem der Analytik dar.

Während für die „on-line-Messung" *physikalischer* Größen, z. B. von Temperatur, Druck oder Schallenergie, geeignete Sensoren zur Verfügung stehen, bereitet die entsprechende qualitative und insbesondere die quantitative Bestimmung der *chemischen* Zusammensetzung von Stoffen erhebliche Schwierigkeiten. Elektrochemische Sensoren, wie die pH-Elektrode oder die CLARK-Elektrode zur Sauerstoffmessung, haben dafür eine relativ breite Anwendung erreicht. So sind ionenselektive Elektroden oder voltammetrische Sensoren vor allem zur Bestimmung von Metallionen und teilweise von organischen Substanzen geeignet. Diese Methoden sind jedoch für die Analyse der meisten physiologisch wichtigen Substanzen, beispielsweise von Glucose, Harnstoff oder Cholesterol, nur sehr begrenzt einsetzbar. In noch stärkerem Maße trifft diese Einschränkung für biologische Makromoleküle, wie Enzyme, Antikörper oder gar Mikroorganismen zu.

Lebewesen nehmen mit Hilfe sogenannter Rezeptoren hochspezifisch und mit großer Empfindlichkeit chemische Veränderungen ihres eigenen Stoffwechsels oder ihrer Umgebung wahr und können sich daher der jeweiligen Situation anpassen. Diese Rezeptorsysteme sind aus komplizierten Proteinen aufgebaut und meist an Zellmembranen gebunden. Sie verfügen z. B. über eine hohe Affinität zu einem speziellen Hormon, Enzym oder Antikörper. Durch Bindung des jeweiligen Liganden erfolgt über Strukturveränderungen eines Rezeptorproteins die Aktivierung von Enzymkaskaden, wodurch das Eingangssignal beträchtlich verstärkt werden kann (Abb. 1).

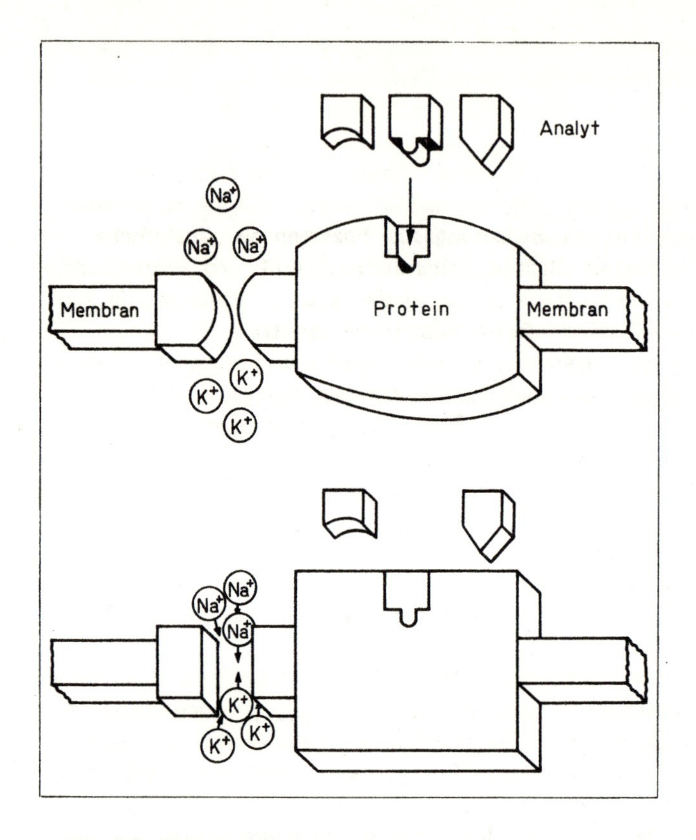

Abb. 1. Schema eines natürlichen Chemorezeptors
Der natürliche Chemorezeptor hat eine Bindungsstelle für eine spezielle Substanz, z. B. Acetylcholin, sowie einen Ionenkanal, der die Membran durchspannt. Wenn ein Substrat an das aktive Zentrum des Proteins gebunden wird, ändert sich die Proteinstruktur so, daß sich der Ionenkanal für die Passage von Natriumionen vorübergehend öffnet. Durch das Einströmen der Na^+-Ionen wird das Membranpotential stark verändert. Eine einzige Bindung führt schon zu einem meßbaren Signal.

Meist findet nach der Signalübertragung ein Abbau des Rezeptor-Ligand-Komplexes im Zellinneren statt; deshalb erfordert die Regenerierung des Ausgangszustandes erhebliche Zeit.

Die hohe Trennschärfe und die Empfindlichkeit dieser biotischen Rezeptoren sind für die Entwicklung von Sensoren äußerst attraktiv. Wegen der strukturellen Komplexität ist es bisher nur bedingt möglich, intakte biotische Rezeptorsysteme in Meßfühlern einzusetzen. Es ist aber gelungen, die hohe chemische Selektivität von Enzymen – also vergleichsweise einfachen Eiweißkörpern – für die molekulare Erkennung von Analyten zu nutzen.

Enzyme beschleunigen als biologische Katalysatoren schon bei Raumtemperatur eine Vielzahl chemischer Reaktionen, wobei sie sich durch eine hohe Spezifität auszeichnen. Auch in Gegenwart von vielen ähnlichen Substanzen wird nur eine bestimmte Reaktion des jeweiligen Substrates katalysiert.

Die Anwendung von Enzymen in der analytischen Chemie ist kein neues Konzept. Bereits vor 55 Jahren wurden Phosphatasen als diagnostische Hilfsmittel eingesetzt. Seither ist die Bedeutung von Enzymen als „analytische Reagenzien" in der klinischen Chemie, Lebensmittelanalytik und pharmazeutischen Industrie ständig gewachsen. Heute werden Enzyme routinemäßig zur Bestimmung von etwa 80 verschiedenen Substanzen genutzt.

Zur Vereinfachung des enzymatischen Nachweises von Glucose im Urin nahmen sich FREE et al. 1956 den Lackmusstreifen zum Vorbild, der von der pH-Kontrolle bekannt ist. Sie brachten die glucoseumsetzenden Enzyme und Reagenzien auf Filterpapier und erhielten damit den ersten „Enzymteststreifen" mit visueller Auswertung. Dieses Verfahren stellt den Vorläufer der optoelektronischen Biosensoren dar und hat die breite Entwicklung und Nutzung der „Trockenchemie" initiiert. Gegenwärtig werden hochentwickelte Enzymteststreifen zur Bestimmung von etwa 15 verschiedenen niedermolekularen Metaboliten sowie 10 verschiedenen Enzymaktivitäten kommerziell angeboten.

Einen anderen Weg schlug L. C. CLARK ein, der Erfinder der nach ihm benannten Sauerstoffelektrode [CLARK und LYONS 1962]. Zur Bestimmung der Blutglucosekonzentration mit der O_2-Elektrode wurde der O_2-Verbrauch bei der Glucoseumsetzung in der Meßprobe bis dahin dadurch ermittelt, daß je Probe mindestens eine Einheit des Enzyms Glucoseoxidase (GOD) zugegeben wurde. Dagegen brachte CLARK die Enzymlösung unmittelbar vor der O_2-Elektrode an und verhinderte deren Vermischung mit der Meßlösung durch Abdeckung mit einer semipermeablen Membran. Damit stand dasselbe Enzympräparat für die Messung vieler Proben zur Verfügung. Mit dieser Meßanordnung ist eine neue Sensorgeneration – die der *Biosensoren* – eingeführt worden. Ihr Charakteristikum ist die direkte räumliche Kombination einer matrixgebundenen biologisch aktiven Substanz – des sogenannten Rezeptors[1] – mit einem elektronischen Gerät. In Biosensoren werden außer Enzymen auch Antikörper für die molekulare Erkennung benutzt und neben unterschiedlichen Elektroden verschiedene andere Signalwandler mit dem immobilisierten Biomaterial kombiniert.

Der nächste wichtige Schritt wurde 1967 von UPDIKE und HICKS getan, indem sie zur Vereinfachung der Sensorpräparation und auch zur Erhöhung

1 Der Begriff Rezeptor wurde von AIZAWA 1983 für den Teil des Biosensors eingeführt, durch den die molekulare Erkennung des Analyten erfolgt. In diesem erweiterten Sinne stimmt er mit der von SCHELER 1985 gegebenen Definition überein.

der Arbeitsstabilität des Enzyms die GOD in ein Gel aus Polyacrylamid eingeschlossen. Weiterführende Arbeiten durch REITNAUER ermöglichten 1972 den erfolgreichen Einsatz einer Enzymelektrode im Labormuster eines Analysators zur Bestimmung von Blutglucose. 1975 brachte die Firma Yellow Springs auf der Grundlage eines Patents von CLARK aus dem Jahre 1970 einen Glucoseanalysator (Modell 23 A) auf den Markt, der rasche Verbreitung fand. 1976 folgte der "Lactate Analyzer 640" der Schweizer Firma La Roche [RACINE et al. 1975], der mit gelöstem Enzym in einer Reaktionskammer vor der Elektrode arbeitet.

Parallel zur Weiterentwicklung der Biosensoren behaupten sich weiterhin auch Analysatoren, in denen die Enzyme als gelöstes „Reagenz" benutzt oder in Form von Reaktoren in Durchflußanordnungen mit nachfolgender elektrochemischer oder spektralphotometrischer Anzeige gekoppelt werden.

Zu Beginn der siebziger Jahre wurden die ersten Enzymsensoren mit kalorimetrischer Anzeige [MOSBACH 1977] und etwas später mit optischer Indikation, z. B. dem System Photoemitterdiode/Photoelement [LOWE et al. 1983], entwickelt. Dieses Meßprinzip hat aber bisher nicht den Umfang erreicht, den die Enzymelektroden heute einnehmen.

In Anbetracht der hohen Funktionsstabilität von Enzymen in Organellen und vor allem in Zellen lag es nahe, diese höher integrierten Biokatalysatoren direkt in Biosensoren einzusetzen: Bereits 1975 verwendete DIVIES Bakterien in einem Alkoholsensor, während GUILBAULT 1976 mit der Zellorganelle Mitochondrium einen NADH-Sensor konstruierte. Die Nutzung sehr stabiler immobilisierter *Synzyme* bietet eine neue Alternative zur Applikation von Enzymen in Biosensoren [HO und RECHNITZ 1987].

Während der Einsatz von Enzymen im wesentlichen auf die Analyse von niedermolekularen Substraten oder – über die Produktanzeige – von Enzymaktivitäten beschränkt ist, erlauben *Antikörper* auch die Bestimmung *makromolekularer* Substanzen. Als ein Teil des Immunabwehrsystems von Lebewesen werden Antikörper mit hoher Spezifität bei der Injektion von Fremdspezies (Antigenen) synthetisiert. Das potentielle Arsenal von 10^7 bis 10^8 Antikörpern differenter Spezifität in jedem Tier ist die Quelle für die Gewinnung von Antikörpern gegen ein breites Spektrum chemischer Verbindungen. Die darauf fußenden *Immunoassays* stellen eine der erfolgreichsten Entwicklungen der bioanalytischen Chemie in jüngster Zeit dar. Schätzungsweise werden mehrere hundert Millionen Immunoassays jährlich durchgeführt. Mit dem Fortschritt auf dem Gebiet der Immuntechnik bot es sich naturgemäß an, Immunoreaktionen für das Sensorkonzept zu nutzen. Ausgehend von der elektrochemischen Anzeige bei Enzymimmunoassays [HEINEMANN und HALSALL 1985] realisierte JANATA schon 1975 eine „direkte" Immunoelektrode.

Neben der Nutzung komplexer biokatalytischer Systeme wird auch versucht, durch die Kopplung mehrerer Enzymreaktionen sowohl das Spektrum der meßbaren Substanzen zu erweitern als auch die analytischen Parameter zu verbessern. Wenn die enzymatische Umsetzung des Analyten nicht zu einer deutlich auswertbaren physikalisch-chemischen Veränderung führt, können weitere enzymkatalysierte Umsetzungen des primären Reaktionsproduktes nachgeschaltet werden, die dann ein gut meßbares Signal liefern.

Bereits 1970 formulierte CLARK in einem Patent die sequentielle Kopplung zweier Enzyme, z. B. zur Anzeige von Disacchariden. Dieser Reaktionstyp ist im Stoffwechsel stark vertreten, so daß auch bei Verwendung von Organellen oder Mikroorganismen eine derartige stufenweise Substratumwandlung realisiert werden kann.

Andere Typen gekoppelter Reaktionen, die ebenfalls Vorbilder im Stoffwechsel haben, sind parallele und zyklische Substratumsetzungen. Durch Optimierung dieser gekoppelten Reaktionen gelingt es zunehmend besser, die funktionellen Parameter biotischer Rezeptoren zu erreichen. Andererseits sind vermehrte Anstrengungen zu verzeichnen, auch die biotischen Rezeptorproteine direkt für analytische Zwecke einzusetzen. So gelang es, eine Säule mit immobilisierten Rezeptoren für die Affinitätschromatographie zu entwickeln (RAY et al. 1979), und 1986 beschrieben BELLI und RECHNITZ die erste „Rezeptrode".

Ein weiterer Trend bei der Entwicklung von Biosensoren liegt in der Miniaturisierung und der Realisierung von *Multianalytmessungen.* Dafür sind mikroelektronische Bauelemente geeignet. Durch die biochemische Modifizierung von gas- oder ionensensitiven Feldeffekttransistoren (FETs) wurden Halbleitersensoren geschaffen [DANIELSSON et al. 1979]. Diese Enzym-, Zellen- oder Immunotransistoren können als erste Ergebnisse der Bioelektronik, die auf der Kombination von Mikroelektronik und Biotechnologie beruhen, betrachtet werden.

2. Physikochemische, biochemische und technologische Grundlagen der Biosensoren

2.1. Biosensoren als Funktionsanaloga von Chemorezeptoren

Biosensoren basieren auf der direkten räumlichen Kopplung einer immobilisierten biologisch aktiven Substanz mit dem Signalumwandler und einem elektronischen Verstärker (Abb. 2). Für die spezifische Erkennung der zu bestimmenden Substanz nutzen sie biologische Systeme auf unterschiedlich hohem Integrationsniveau (Tab. 1). Der erste Schritt dieser Wechselwirkung besteht in der spezifischen Komplexbildung zwischen der immobilisierten biologisch aktiven Substanz R und dem Analyten S. In Analogie zur Affinitätschromatographie werden Farbstoffe, Lectine, Antikörper oder Hormonrezeptoren in matrixgebundener Form für die molekulare Erkennung von Enzymen, Glykoproteinen, Antigenen oder Hormonen in sogenannten *Affinitätssensoren*[2] benutzt. Die bei der Komplexbildung eintretende physikochemische Veränderung, beispielsweise von Schichtdicke, Brechungsindex, Lichtabsorption oder elektrischer Ladung, kann mit optoelektronischen Sensoren, potentiometrischen Elektroden oder Feldeffekttransistoren angezeigt werden. Nach dem Meßvorgang muß der Ausgangszustand durch Spaltung des Komplexes wiederhergestellt werden.

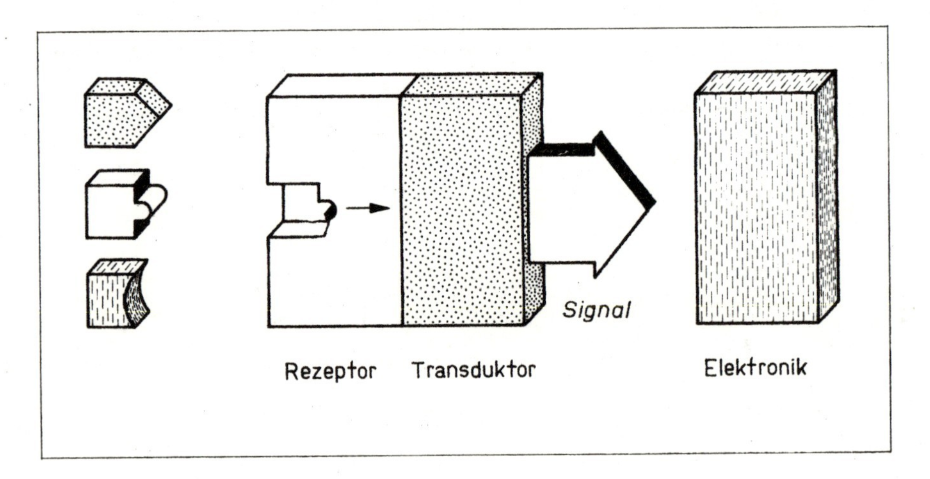

Abb. 2. Schema eines Biosensors

2 In der Literatur sind für die beiden Grundtypen auch die Bezeichnungen Bindungs- und katalytischer Biosensor zu finden.

Tabelle 1
Funktionsprinzipien von Biosensoren

1. Bioaffinitätssensoren

$S + R \leftrightharpoons SR$

Veränderung der Elektronendichte

Rezeptor R	chemisches Signal S
Farbstoff	Protein
Lectin	Saccharid, Glykoprotein
Enzym	Substrat, Inhibitor
Apoenzym	prosthetische Gruppe
Antikörper	Antigen, Hapten
Rezeptor	Hormon
Transportsystem	Substratanalogon

2. Metabolismussensoren

$S + R \leftrightharpoons RS \rightarrow P + R$

Substratverbrauch und Produktbildung

Rezeptor R	chemisches Signal S
Enzym Organelle Mikroorganismus Gewebeschnitt	Substrat Cofaktor Inhibitor Aktivator Enzymaktivität

Transduktoren

Optoelektronische Detektoren
Feldeffekttransistoren
Halbleiterelektroden
Potentiometrische und amperometrische Elektroden
Thermistoren

3. Gekoppelte und Hybridsysteme

Sequenz
Konkurrenz
Antiinterferenz
Verstärkung

4. Biomimetische Sensoren

Rezeptor R	physikalisches Signal S
Träger- Enzym	Schall Dehnung Licht

Andererseits ist die molekulare Erkennung von Substraten durch Enzyme, die auch in Form von Organellen, Mikroorganismen oder Gewebeschnitten eingesetzt werden, mit der chemischen Umsetzung zu den entsprechenden Produkten verbunden. Dieser Typ wird deshalb als *Metabolismussensor*[2] bezeichnet. Hier liegt nach Umsetzung des Analyten wieder der Ausgangszustand vor. Messungen von Cosubstraten und Effektoren sowie Enzymaktivitäten sind mittels Substratmessung unter bestimmten Bedingungen möglich. Als Signaltransduktoren werden vor allem amperometrische und potentiometrische Elektroden, Thermistoren und vereinzelt optoelektronische Sensoren benutzt. Weiterhin gibt es Entwicklungen, bei denen durch Beeinflussung der Wechselwirkung zwischen Träger und biologisch aktivem Material physikalische Signale, wie Schall, Dehnung oder Licht, mit *biomimetischen* Sensoren in chemische Signale umcodiert werden. Damit wird die Funktion der Sinnesorgane simuliert.

In Biosensoren laufen nacheinander folgende Prozesse ab:

a) Spezifische Erkennung des Analyten,
b) Umwandlung der physikochemischen Veränderungen, die durch Wechselwirkung mit dem Rezeptor entstehen, in ein elektrisches Signal,
c) Signalverarbeitung und -verstärkung.

Die gleiche Schrittfolge ist in biotischen Chemorezeptoren auf der Grundlage sehr komplexer Biomoleküle und Membranen realisiert.

Die in der Literatur beschriebenen Biosensoren können nach dem Grad der Integration ihrer Bausteine in drei Generationen eingeteilt werden (Abb. 3). Beim einfachsten Prinzip ist der zwischen Membranen eingeschlossene oder an Membranen fixierte Biokatalysator auf der Oberfläche des Signalumwandlers aufgebracht (*1. Generation*). Die unmittelbare adsorptive oder kovalente Bindung der biologisch aktiven Substanz auf der Transduktoroberfläche erlaubt die Eliminierung der Dialysemembran (*2. Generation*). Direktes Fixieren des Biokatalysators auf einem elektronischen Element, z. B. dem Gate eines Feldeffekttransistors, das die Signale umwandelt und verstärkt, bildet die Grundlage für die weitere Miniaturisierung von Biosensoren (*3. Generation*).

2.2. Aufbau und Funktionsweise von Transduktoren

Die durch die Wechselwirkung des Analyten mit dem immobilisierten biologisch aktiven Material eintretende Veränderung des physikochemischen Zustandes muß mit einem geeigneten Signalwandler in ein elektrisches Ausgangssignal umgeformt werden. Dafür können relativ unspezifische, aber breit anwendbare Transduktoren verwendet werden, die solche allgemeinen Parameter wie Wärmetönung

2 Siehe Fußnote auf S. 6

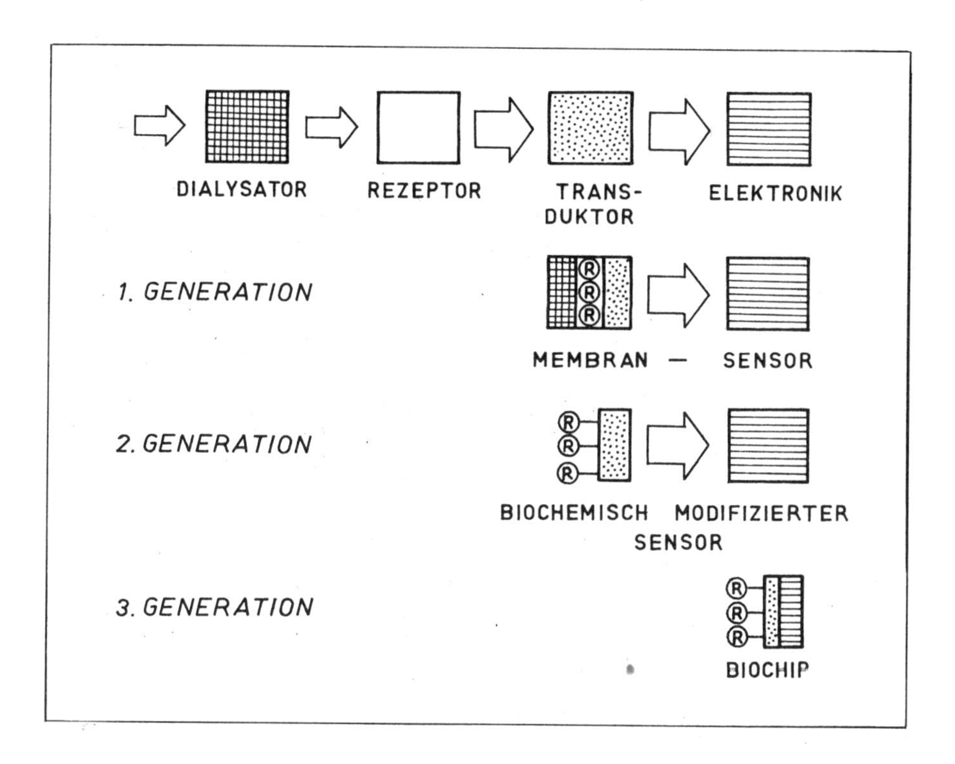

Abb. 3. Schematische Darstellung der Generationen von Biosensoren
R – Rezeptorkomponente

(Thermistor), Masse (piezoelektrischer Kristall) oder Schichtdicke (Reflektometrie), anzeigen. Häufig erfolgt auch die spezifische Anzeige eines in der Enzymreaktion gebildeten Produktes, wie H^+, OH^-, CO_2, NH_3 oder H_2O_2, mit potentiometrischen und amperometrischen Elektroden oder mit Hilfe optischer Methoden, wie der Photometrie oder der Fluoreszenzmessung.

2.2.1. Thermometrische Anzeige mit dem Thermistor

Bei der enzymkatalysierten Reaktion ist die gleiche Enthalpieänderung wie bei der spontanen chemischen Reaktion zu verzeichnen, aber die Reaktionsgeschwindigkeit – und damit auch die Geschwindigkeit der Enthalpieänderung – ist erheblich gesteigert. Deshalb sind thermometrische Indikatoren als universell einsetzbare Variante bei der Entwicklung von Enzymsensoren geeignet. Prinzipiell ist nur ein einziger Reaktionsschritt mit ausreichender Reaktionswärme und nicht die Bildung eines „meßbaren" Reaktionsproduktes für die Anzeige erforderlich. In Tabelle 2 sind die molaren Enthalpien für verschiedene enzymkatalysierte Reaktionen zusammengestellt.

Tabelle 2
Molare Enthalpien für einige enzymkatalysierte Reaktionen
[DANIELSSON et al. 1981]

Enzym	EC-Nummer	Substrat	– ΔH (kJ/mol)
Katalase	1.11.1.6	H_2O_2	100,4
Cholesteroloxidase	1.1.3.6	Cholesterol	52,9
Glucoseoxidase	1.1.3.4	Glucose	80,0
Hexokinase	2.7.1.1	Glucose	27,6
Lactatdehydrogenase	1.1.1.27	Na-Pyruvat	62,1
β-Lactamase	3.5.2.6	Penicillin G	67,0
Trypsin	3.4.21.4	Benzoyl-L-argininamid	27,8
Urease	3.5.1.5	Harnstoff	6,6
Uricase	1.7.3.3	Harnsäure	49,1

Die meßtechnische Entwicklung begann mit Versuchen, das Enzym direkt auf einem Thermistor zu fixieren und diesen Sensor in die Meßprobe einzutauchen (Abb. 4) [WEAVER et al. 1976, SCHMIDT et al. 1976]. Schwierigkeiten infolge unspezifischer thermischer Effekte führten dazu, dieses Konzept

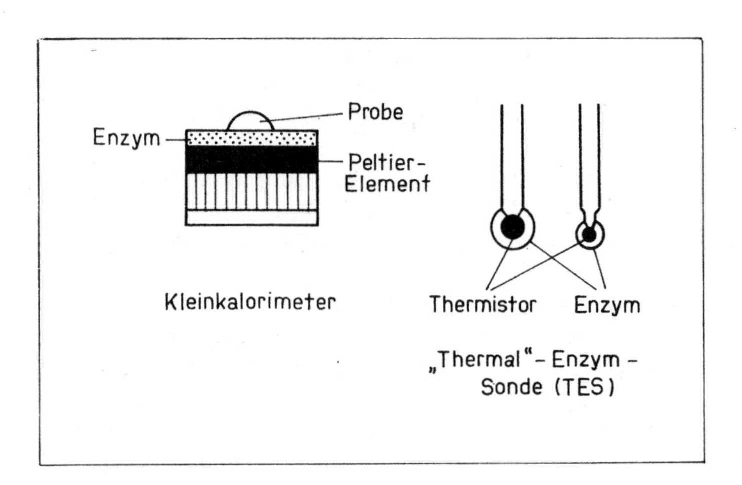

Abb. 4. Einfache kalorimetrische Biosensoren
[nach DANIELSSON et al. 1981]

zu verlassen und zum Durchfluß-Mikrokalorimeter überzugehen. Dagegen wurde von DANIELSSON und MOSBACH 1974 ein Enzymthermistor entwickelt, indem die in einem Enzymreaktor eintretende Temperaturänderung mit einem Thermistor registriert wurde. Damit sind Enzymreaktion und Anzeige räumlich getrennt, d. h., es handelt sich nicht mehr um einen Biosensor im eingangs definierten Sinne. In der Literatur werden diese Anordnungen aber häufig unter dem Begriff Biosensor miterfaßt.

Der Enzymthermistor enthält ein Fließsystem, in dem die Probe nacheinander den Injektor, die Enzymsäule und den Temperaturfühler durchströmt (Abb. 5). Meist wird der Probestrom geteilt, wobei der eine Zweig durch eine enzymfreie Säule mit Thermistor geleitet wird. Dieses Signal wird zur Eliminierung unspezifischer Effekte von dem des Traktes mit der Enzymsäule subtrahiert. Die gesamte Anordnung befindet sich in einem thermostatisierten, etwa 2 kg schweren Aluminiumblock.

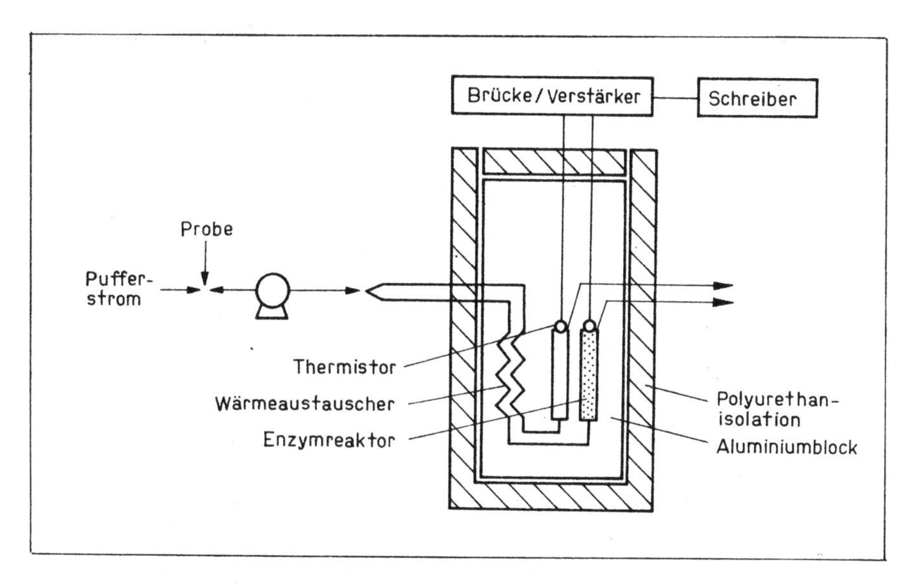

Abb. 5. Schematische Darstellung des Enzymthermistors
[nach DANIELSSON et al. 1981]

Die Größe des Meßsignals ΔT resultiert aus der Enthalpieänderung ΔH und der Wärmekapazität c_p des Gerätes gemäß:

$$\Delta T = n \cdot \Delta H / c_p,$$

n — Molzahl des Analyten.

Mit thermometrischen Biosensoren wurden bisher mehr als 50 verschiedene Analyte, z. B. Substrate, Enzyme, Vitamine und Antigene, bestimmt [DANIELSSON et al. 1981, MATTIASSON und DANIELSSON 1982]. Bei Substratmessungen erstreckt sich der lineare Meßbereich von etwa 0,1 bis 10 mmol/l, wobei eine Meßfrequenz von etwa 10 Proben pro Stunde erreicht wird. Die Stabilität des meist an porösem Glas immobilisierten Enzyms beträgt mehrere Wochen. Durch einen Enzymüberschuß wird vollständige Substratumwandlung erreicht. Die Hauptvorteile des Enzymthermistors bestehen in seiner allgemeinen Anwendbarkeit, der prinzipiellen Eignung für kontinuierliche Messungen, und in der Unabhängigkeit von den optischen Eigenschaften der Probe. Einer breiten Nutzung steht die Unhandlichkeit der Apparatur entgegen, so daß die Anwendung bisher auf einige Forschungslaboratorien beschränkt ist und noch kein Gerät kommerziell produziert wird. Allerdings wird mit einer Erweiterung des Einsatzes gerechnet.

2.2.2. Optoelektronische Sensoren

Beim Grundtyp der optoelektronischen Sensoren werden lichtleitende Fasern in Verbindung mit der Spektralphotometrie, Fluorimetrie oder Reflektometrie genutzt. Damit werden Veränderungen optischer Parameter, wie der Lichtabsorption, der Wellenlänge oder des Refraktionsindexes, im Meßmedium in unmittelbarer Nähe des „nackten" Endes des Lichtleitkabels erfaßt. Diese Geräte enthalten entweder ein einfaches oder ein zweigeteiltes optisches Faserbündel für das eingestrahlte Licht und für den zu messenden Lichtstrahl (Abb. 6). Wenn nur *ein* Faserbündel verwendet wird, ist es erforderlich, daß sich eingestrahlte und angezeigte Strahlung entweder zeitlich (gepulstes Licht) oder in der Wellenlänge (z. B. bei Fluoreszenz oder Lumineszenz) unterscheiden. Die geometrische Gestaltung der Sensoroberfläche ist von wesentlichem Einfluß, da das einfallende Licht innerhalb des kritischen Winkels für totale interne Reflexion liegen muß (Abb. 7).

Die wichtigste Anwendung dieses Sensortyps besteht in der Messung der Zellfluoreszenz, die vom $NADH/NAD^+$-Verhältnis abhängt und damit den Zellstatus sehr empfindlich anzeigt [HARRIS und KELL 1985].

Die „chemischen" Optosensoren benutzen ein Reagenz R, das seine optischen Eigenschaften in Abhängigkeit von der Zusammensetzung des Meßmediums verändert und das auf einer sensiblen Fläche (meist auf dem Ende des Kabels) immobilisiert wird (Abb. 6). So wird für die pH-Messung Phenolsulfophthalein und für die Bestimmung der Ammoniakkonzentration Oxazinperchlorat zur Modifizierung optischer Sensoren benutzt [SEITZ 1984]. Die Sauerstoffanzeige kann durch Löschung der Fluoreszenz aromatischer Verbindungen erfolgen [WOLFBEIS 1987, OPITZ und LÜBBERS 1987].

Optische Sensoren bieten eine Reihe von Vorteilen: Sie messen ohne che-

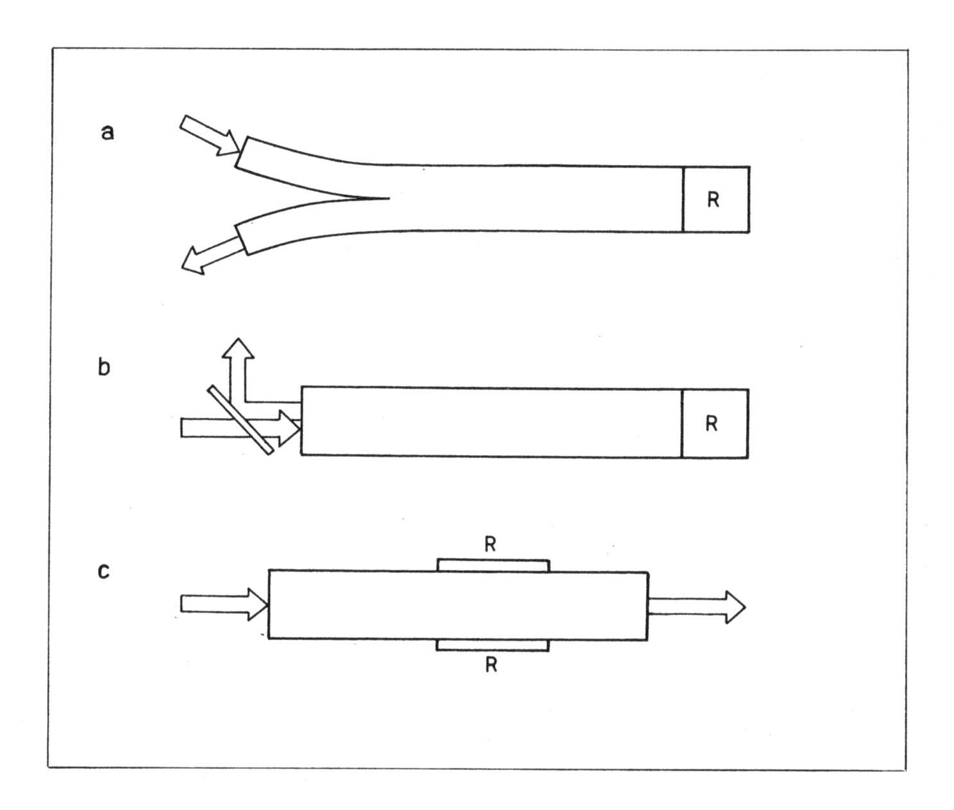

Abb. 6. Typen von optoelektronischen Biosensoren auf der Grundlage von lichtleitenden Fasern
(R stellt das „chemisch sensible Reagenz" dar.)
a) Zweifasersensor; b) Einfaseroptik mit Strahlenspalter zur Trennung von eingestrahltem und reflektiertem Licht; c) Einfaseroptik mit der Reagenzphase auf der Ummantelung
[nach SEITZ 1984]

mische Veränderung der Probe, sind nicht störanfällig gegen elektrische Felder und eignen sich auch für die kontinuierliche Anzeige. Andererseits können sie nur im Dunkeln betrieben werden, da Tageslicht stört.

Optische Biosensoren umfassen eine sehr heterogene Gruppe, bei der die Wechselwirkung eines immobilisierten biologisch aktiven Materials mit Licht durch ein optoelektronisches Element erfaßt wird. Sie verfügen deshalb neben dem Signaltransduktor auch über eine Lichtquelle.

Ein Beispiel mit Modellcharakter für analytisch wichtige Substrate stellt die von ARNOLD 1985 beschriebene Bestimmung von Nitrophenylphosphat mit alkalischer Phosphatase dar. Dabei wird das Enzym in die Reagenzschicht des in Abbildung 7 dargestellten optischen Sensors eingeschlossen. Das Substrat

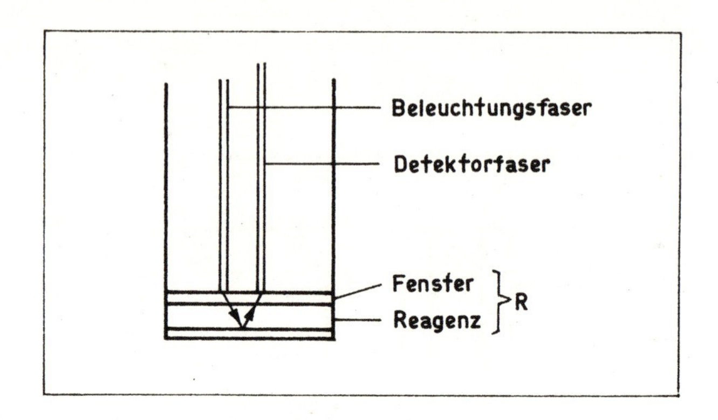

Abb. 7. Strahlengang in optoelektronischen Fasersensoren

Nitrophenylphosphat permeiert aus der Meßprobe in die Schicht und wird dort zum stark gelb gefärbten Nitrophenol umgewandelt. Die veränderte Lichtabsorption ergibt ein zur Substratkonzentration proportionales Signal.

Membranbedeckte optochemische Sensoren (*Optoden*) mit O_2- oder pH-sensitiven Fluoreszenzindikatormolekülen (z. B. Pyrenbuttersäure oder Hydroxypyren-trisulfonsäure) werden mit verschiedenen Enzymreaktionen, z. B. der Umsetzung von Glucose, Lactat, Ethanol oder Xanthin, sowie Antigen-Antikörper-Paaren gekoppelt [OPITZ und LÜBBERS 1987].

In kolorimetrischen oder fluorimetrischen NH_3-Sensoren befinden sich Gemische von pH-Indikatoren mit geeigneten Dissoziationskonstanten an der Spitze des Faserbündels. Die Meßlösung ist von dieser Indikatorschicht durch eine für das NH_3-Gas permeable Membran getrennt, auf der das desaminierende Enzym, z. B. Urease, immobilisiert ist [WOLFBEIS 1987, ARNOLD 1987]. Weiterhin wird die fluorimetrische Anzeige von NADH in optischen Biosensoren, z. B. für Lactat und Pyruvat sowie Ethanol, benutzt, wo die Dehydrogenase auf der Spitze eines optischen NADH-Sensors immobilisiert ist [ARNOLD 1987].

Auch die üblichen Spektralphotometer, in denen sich die Meßprobe zwischen Lichtquelle und -empfänger befindet, werden in optischen Biosensoren verwendet. Der Farbumschlag eines pH-Indikators, der mit dem jeweiligen Enzym, z. B. Glucoseoxidase, Urease oder β-Lactamase, an einer Zellulosemembran coimmobilisiert ist, wird in dem in Abbildung 8 dargestellten Sensor zur Bestimmung von Glucose, Harnstoff oder Penicillin ausgewertet [LOWE et al. 1983]. Ebenfalls zur Bestimmung von Glucose und Harnsäure sowie von Cholesterol dient ein optischer Fasersensor mit den entsprechenden immobilisierten Oxidasen, wobei die Chemilumineszenz in der H_2O_2-abhängigen Umsetzung von Luminol das Meßsignal liefert [KOBAYASHI et al. 1981].

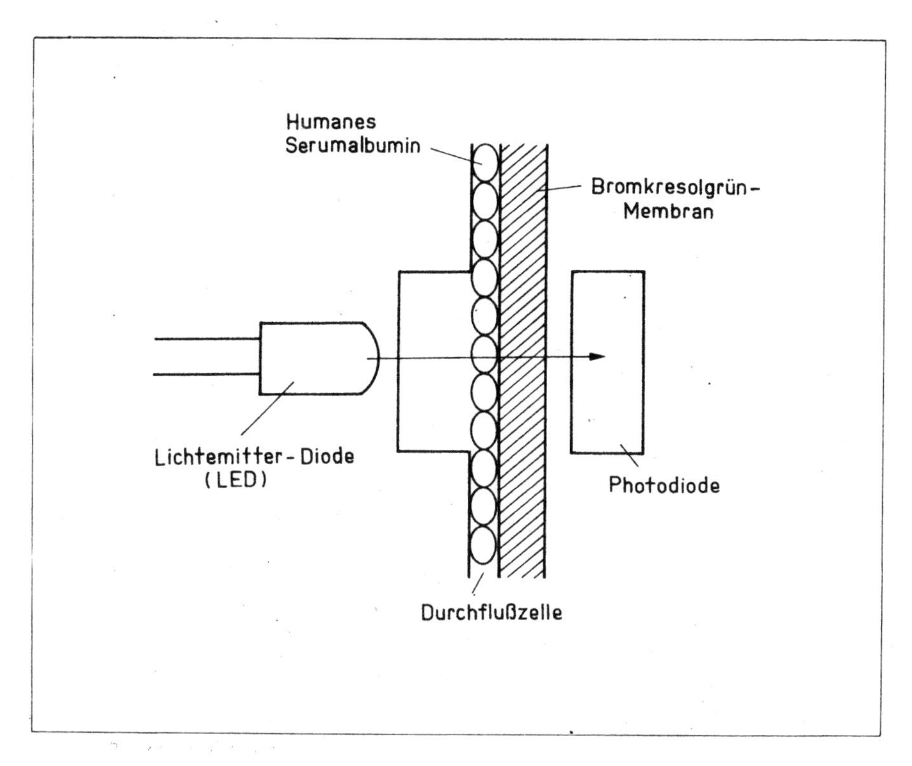

Abb. 8. Schema des optoelektronischen Sensors zur Messung von humanem Serumalbumin mittels immobilisiertem Bromkresolgrün [nach LOWE et al. 1983]

Die Erfassung des Lichts, das durch Biolumineszenz unter der Wirkung von Peroxidase oder Luciferase auf der Oberfläche eines Lichtleitkabels emittiert wird, erlaubt die Anzeige von H_2O_2, ATP und NADH [FREEMAN und SEITZ 1970]. Die Änderung der Fluoreszenz von fluoreszein-markiertem Dextran wird in einem Affinitätssensor für Glucose auf der Basis von Concanavalin A angezeigt [SCHULTZ und SIMS 1979].

Zur Messung von Serumalbumin dient die in Abbildung 8 dargestellte Anordnung; ausgewertet wird die Farbänderung bei Komplexbildung mit immobilisiertem Bromkresolgrün. Die Anzeige von Veränderungen der Polarisation des Lichts mittels Ellipsometrie bzw. der Schichtdicke durch Reflektometrie bietet den Zugang zu Makromolekülen, z. B. Antikörpern, ohne daß eine Hilfsreaktion angekoppelt werden muß [ELWING und STENBERG 1981, PLACE et al. 1985]. Derart kann die Komplexbildung zwischen Antikörpern, die an einer reflektierenden Siliziumoberfläche adsorbiert sind, und hochmolekularen Antigenen direkt erfaßt werden (Abb. 9).

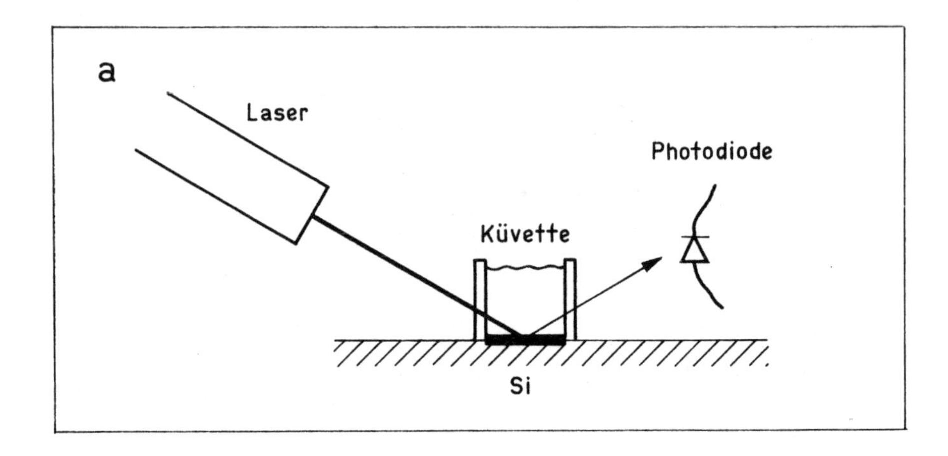

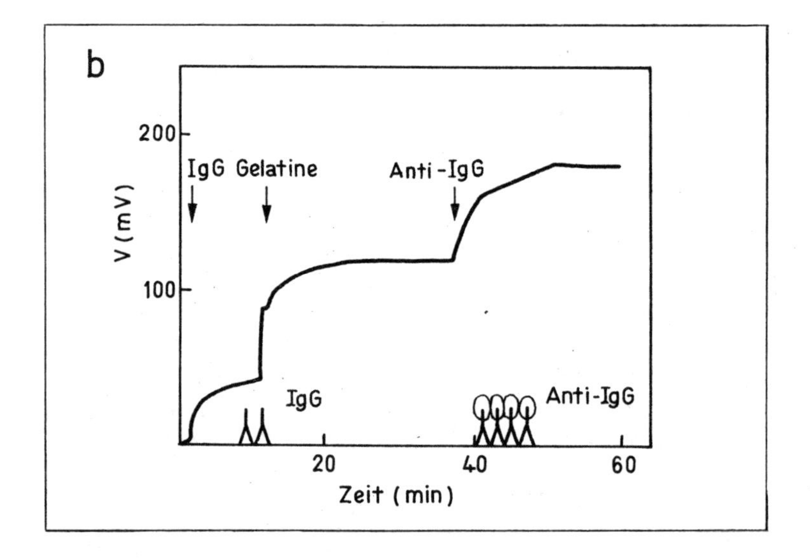

Abb. 9. Reflektometrischer Immunosensor
[nach WELIN et al. 1984]
a) Schematische Darstellung der Apparatur
b) Meßsignal als Funktion der Schichtdicke bei der Reaktion zwischen adsorbiertem Immunglobulin G (IgG) und Anti-IgG
(Der Zusatz von Gelatine erfolgt zur Ausschaltung der unspezifischen Adsorption an der freien Si-Oberfläche.)

Optoelektronische Biosensoren besitzen den Vorteil, daß kein Referenzsignal und keine elektrische Abschirmung erforderlich sind. Weiterhin kann die Empfindlichkeit der Optode dem benötigten Meßbereich in weiten Grenzen angepaßt werden.

2.2.3. Piezoelektrische Sensoren

Bei diesen Sensoren reagiert ein in Resonanz schwingender Kristall sehr empfindlich auf Veränderungen der „Massebeladung". Eine Erhöhung der Masse auf der Oberfläche bewirkt eine Erniedrigung der Resonanzfrequenz. Solche Sensoren werden durch Beschichtung mit Materialien sensibilisiert, die den Analyten binden bzw. mit ihm reagieren. Sie dienen zur Messung von Ammoniak, Stickoxiden, Kohlenmonoxid, Kohlendioxid, Kohlenwasserstoffen, Wasserstoff, Methan und Schwefeldioxid, aber auch von organischen Phosphorverbindungen [GUILBAULT 1980]. Es ist jedoch schwierig, solche Meßtechniken für das wäßrige Milieu – die Existenzbedingung biologischer Systeme – zu adaptieren. In einem Fall gelang es, einen piezoelektrischen Sensor direkt mit einem immobilisierten Enzym zu beschichten [MANDENIUS und GUILBAULT 1983]. Auch piezoelektrische Immunosensoren sind bereits beschrieben worden [SHONS et al. 1972].

2.2.4. Elektrochemische Sensoren

Die *elektrochemische* Anzeige dominiert bisher eindeutig gegenüber anderen Transduktoren. Vor allem *potentiometrische* und *amperometrische* Enzymelektroden stehen sowohl hinsichtlich der Anzahl der in der Literatur beschriebenen als auch der kommerziell angebotenen Biosensoren an der Spitze [SCHINDLER und SCHINDLER 1983]. *Konduktometrische* Biosensoren sind bisher nur vereinzelt vorgestellt worden; ihre Bedeutung könnte aber wegen der einfachen Herstellung und Anwendung durchaus zunehmen. Daneben eröffnet die Entwicklung von biochemisch sensibilisierten Feldeffekttransistoren, die sich allerdings erst im Anfangsstadium befindet, neue Perspektiven [PINKERTON und LAWSON 1982].

2.2.4.1. Potentiometrische Elektroden

Die einfachste potentiometrische Technik basiert auf der Konzentrationsabhängigkeit des Potentials E bei *reversiblen Redoxelektroden* nach der NERNSTschen Gleichung

$$E = E_o + \frac{RT}{n\,F} \ln a_S.$$

E_o – Standard-Redoxpotential, R – Gaskonstante, T – absolute Temperatur, F – FARADAY-Konstante, n – Anzahl der ausgetauschten Elektronen bei der Substanz S, a_S – Aktivität einer Substanz S.

Geeignete Beispiele für dieses Meßprinzip sind die Redoxsysteme Ferri-/Ferrocyanid oder Benzochinon/Hydrochinon. Demgegenüber widerspricht die Anwendung dieses Elektrodentyps auf das System O_2/H_2O_2 den elektrochemischen Voraussetzungen.

Ionenselektive Elektroden (ISE) basieren auf der Ausbildung eines Membranpotentials durch Veränderung der Ladungsdichte infolge der Dissoziation von Gruppen der sensitiven Membran (Abb. 10). Es besteht ebenfalls ein logarithmischer Zusammenhang zwischen der Aktivität und dem Potential. Der Einfluß von Störionen, z. B. solchen einer Substanz P, wird durch den Selektivitätskoeffizienten $k_{S,P}$ erfaßt:

$$E = \text{const.} + \frac{RT}{Z_S F} \ln \left(a_S + k_{S,P} \left(a_P\right)^{Z_S/Z_P}\right). \qquad Z \text{ – Ladung des Ions}$$

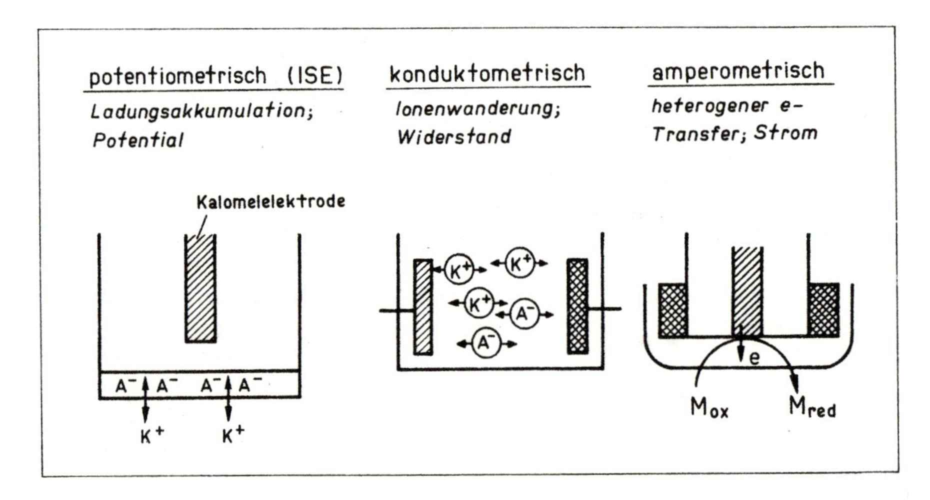

Abb. 10. Elektrochemische Transduktoren in Biosensoren
A^- – Anion, K^+ – Kation, M_{ox} – oxidierter Mediator, M_{red} – reduzierter Mediator

Die bekannteste ionensensitive Elektrode (ISE) mit einer „Festmembran" ist die Glaselektrode zur pH-Messung. Trotz ihrer hohen Selektivität für H^+-Ionen gelangen die Glaselektroden nur selten zur Anwendung in Enzymelektroden, da ihre Empfindlichkeit durch die Pufferkapazität der Meßlösung beeinflußt wird.

Die Grundlage der ISE mit flüssiger Membran bilden Ionenaustauscher oder neutrale Carrier, die in eine dünne Schicht eines mit Wasser nicht mischbaren Lösungsmittels eingebracht werden. Die Phasengrenze wird meist durch eine poröse Trägermembran stabilisiert. Als Ionenaustauscher fungieren hydrophobe Verbindungen mit hoher Bindungskonstante für das zu bestimmende Ion. Die Antibiotika Nonactin und Valinomycin dienen als neutrale Träger zur Bestimmung von NH_4^+ bzw. K^+ [ŠTEFANAC und SIMON 1966, SIMON 1987].

Durch Aufbringen einer gasdurchlässigen Kunststoffmembran von etwa 20 μm Dicke (z. B. aus Polyethylen oder Polytetrafluorethylen) zwischen der Meßlösung und der flachen pH-Elektrode kann die Selektivität der Glaselektrode für NH_3 und CO_2 gegenüber der einfachen pH-Messung deutlich verbessert werden (gassensitive ISE) [STOW und RANDALL 1973]. Im Gleichgewicht entspricht der Partialdruck des permeierenden Gases in der Meßlösung dem der elektrodennahen Elektrolytschicht. Deshalb besteht bei konstantem pH-Wert der Meßlösung eine definierte Beziehung zwischen dem Potential der Glaselektrode und der Konzentration des gasbildenden Ions HCO_3^- bzw. NH_4^+. Die Empfindlichkeit der Elektrode erreicht dann ihr Maximum, wenn durch die H^+-Konzentration der Meßlösung eine weitgehende Umwandlung des schwachen Elektrolyten in die undissoziierte Form, d. h. CO_2 oder NH_3, erreicht wird. Für die NH_3-Messung trifft dies bei pH-Werten oberhalb 10 und für die CO_2-Anzeige bei pH < 5 zu. Diese pH-Werte liegen aber meist außerhalb der Aktivitätsoptima der entsprechenden Desaminasen bzw. Decarboxylasen, so daß Enzymelektroden bei einem mittleren pH-Wert arbeiten müssen. Häufig wird zur Realisierung der optimalen Bedingungen für beide Schritte eine räumliche Trennung von Enzymreaktion (in einem Reaktor) und potentiometrischer Anzeige mit zwischengeschalteter Änderung des pH-Wertes akzeptiert. Für diese Anordnung hat sich die Bezeichnung *Reaktorelektrode* eingebürgert.

Der Effekt einer halbdurchlässigen Membran kann auch durch einen Luftspalt zwischen Meßlösung und pH-Elektrode erzielt werden („air gap"-Elektrode; [RUŽIČKA und HANSEN 1974]). Hiermit wird eine höhere Einstellgeschwindigkeit erreicht. Schwierigkeiten bereitet die Aufrechterhaltung einer definierten Elektrolytschicht an der Elektrode.

Neben der Glaselektrode werden auch *Metalloxidelektroden* als pH-abhängige Transduktoren in Biosensoren verwendet. Außer der üblichen Antimonoxidelektrode werden Palladiumoxid- und Iridiumoxidelektroden mit immobilisierten Enzymen gekoppelt. Diese Elektroden haben den Vorteil, daß Mikroanordnungen mit der Aufdampftechnik realisiert werden können. Weiterhin haben sie eine höhere mechanische Stabilität als die Glaselektrode. Das Meßsignal der Metalloxidelektroden wird jedoch durch redoxaktive Stoffe beeinflußt, wodurch erhebliche Störungen eintreten können.

Ionensensitive Feldeffekttransistoren (ISFETs) sind aus der Weiterentwicklung von ionensensitiven Elektroden entstanden. Um Störungen des hochohmigen Sensors auszuschalten, wird als erster Schritt der Impedanzwandler direkt in den Elektrodenkörper integriert. Es liegt dann nahe, die ionensensitive Membran unmittelbar auf dem Feldeffekttransistor aufzubringen [JANATA und MOSS 1976]. Dadurch wird neben der Integration der elektronischen Signalverarbeitung eine Miniaturisierung des Sensors erzielt. Bisher stehen vor allem pH-sensitive ISFETs für die Ankopplung von Enzymreaktionen in „Mikro-Biosensoren" zur Verfügung (Abb. 11).

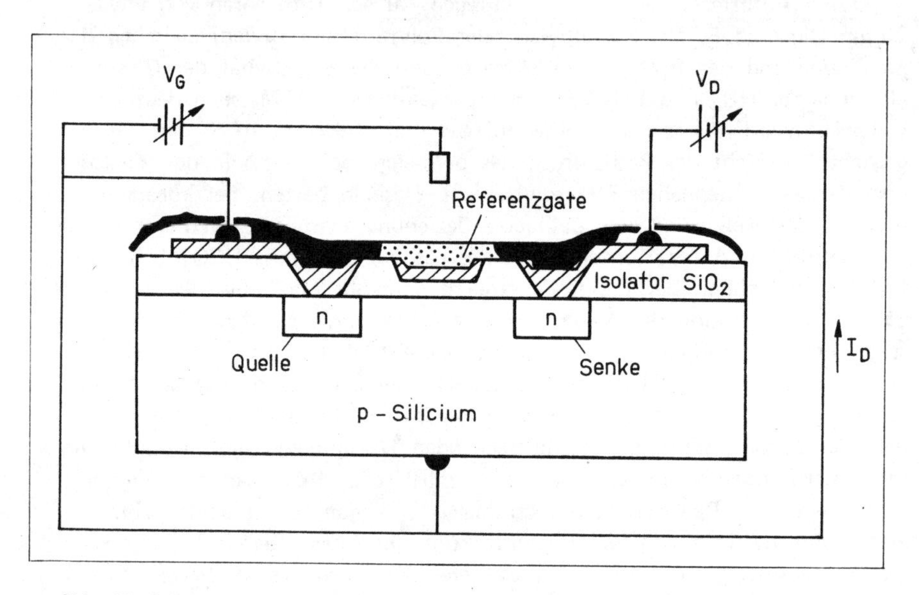

Abb. 11. Schematische Darstellung eines ionensensitiven Feldeffekttransistors
Der Drainstrom I_D wird durch das Gatepotential V_G und die Spannungsdifferenz V_D zwischen Quelle (Source) und Senke (Drain) bestimmt.

Zur Messung der Gase Wasserstoff und Ammoniak sind Palladium-MOS-Strukturen entwickelt worden, deren Gate zur NH_3-Anzeige mit Iridium beschichtet ist [LUNDSTRÖM 1978] (Abb. 12).

Mikroelektrochemische Bauelemente, die analoge Kennlinien wie Dioden bzw. Transistoren aufweisen, werden auf der Basis von leitfähigen Polymeren zwischen Mikroelektroden hergestellt (Abb. 13). In der mikroelektrochemischen Diode ist das Polymer nur bei einer bestimmten Polarität der Mikroelektroden leitfähig, und ein „Durchschlag" erfolgt erst oberhalb einer bestimmten Spannung. Der mikroelektrochemische Transistor enthält eine weitere Elektrode, das Gate, die den Redoxzustand des Polymers (Polypyrrol, Polyanilin oder Poly-3-methylthiophen) reguliert. Der Widerstand zwischen Quelle (Source) und Senke (Drain) ändert sich um mehr als sechs Größenordnungen, wenn das Gatepotential nur um 0,5 V verändert wird. Gegenüber „elektronischen" Tran-

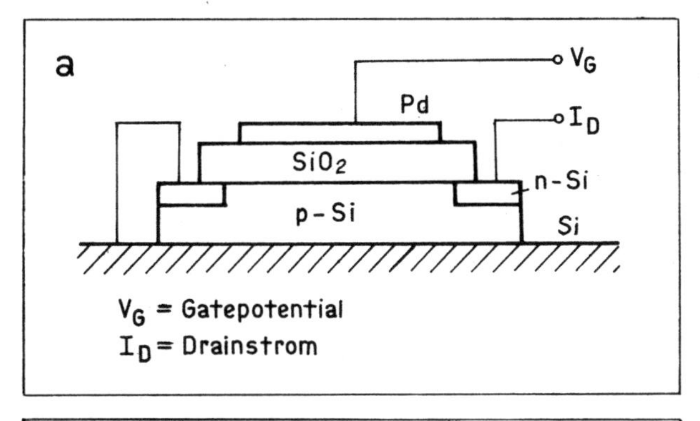

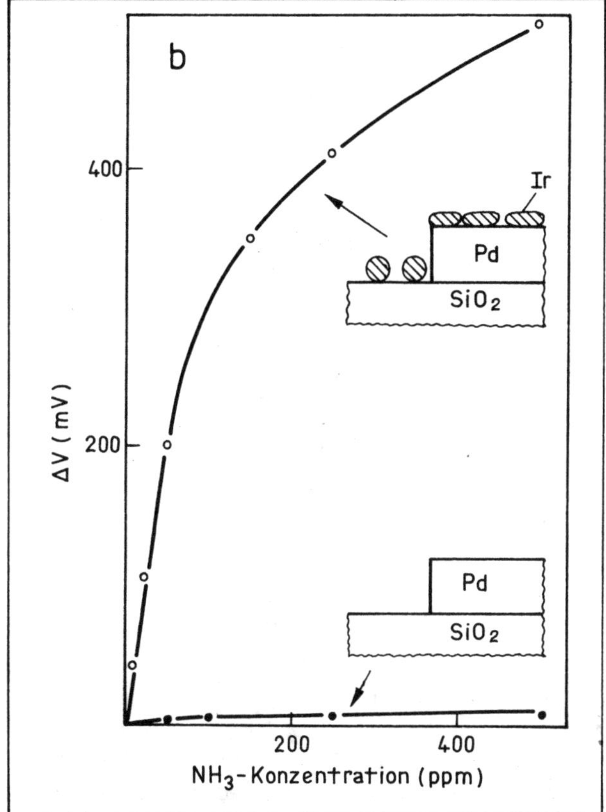

Abb. 12. Palladium-MOSFET zur Ammoniakmessung [nach LUNDSTRÖM 1978]
a) Schematischer Querschnitt eines Pd-MOSFET
b) Vergleich der Empfindlichkeiten für Ammoniak bei Modifizierung des MOSFET mit Iridium

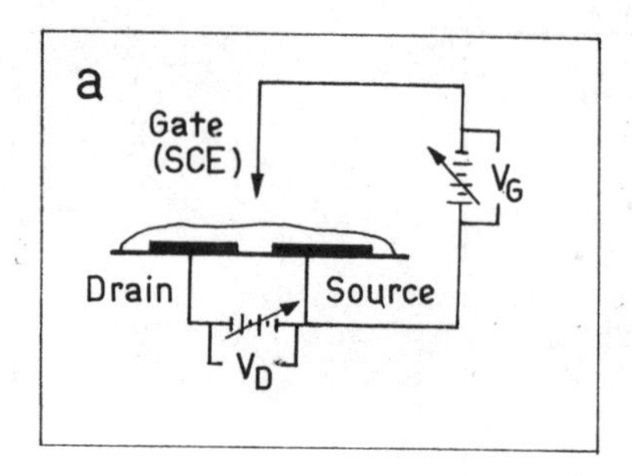

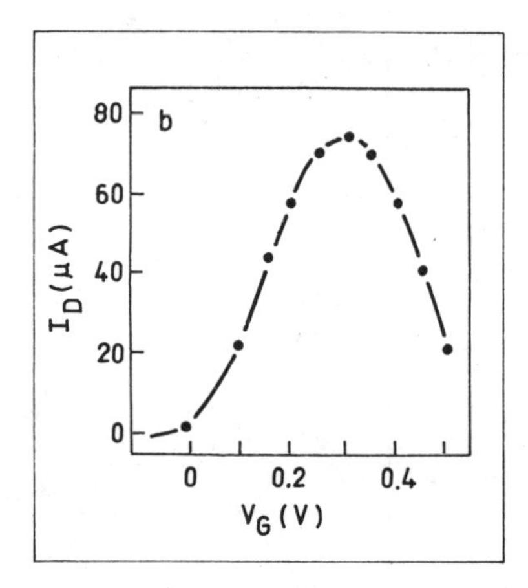

Abb. 13. Mikroelektrochemisches Bauelement
[nach WRIGHTON 1986]
a) Schema des „mikroelektrochemischen Transistors"
auf der Basis von Polyanilin (Die Schichtdicke des
Polyanilins beträgt 5 μm, die Breite der Elektroden
1–2 μm und der Abstand 2–4 μm.)
b) Kennlinie des „Polyanilintransistors"
(I_D in Abhängigkeit von V_G bei V_D = 0,18 V)

sistoren nimmt der Widerstand der mikroelektrochemischen Bauelemente oberhalb eines optimalen Gatepotentials wieder zu, so daß eine Potentialerhöhung das Einschalten und danach wieder das Ausschalten bewirkt (Abb. 13b). Diese Effekte sind für die Sensorentwicklung unmittelbar von Bedeutung, wenn es gelingt, die Änderungen des Redoxpotentials von den Enzymen auf das Polymer zu übertragen. Damit könnten „direkte" potentiometrische Sensoren realisiert werden. Bisher ist es gelungen, durch Bedampfen der Polymerschichten Mikrosensoren für Sauerstoff und Wasserstoff zu entwickeln [WRIGHTON 1986].

2.2.4.2. Amperometrische Elektroden

Amperometrische Sensoren basieren auf heterogenen Elektronentransferreaktionen, d. h. auf der Oxidation oder Reduktion elektrodenaktiver Substanzen (Abb. 10). Sauerstoff und H_2O_2 – Cosubstrate bzw. Produkte vieler Enzymreaktionen – aber auch künstliche Redoxüberträger, wie Ferricyanid, N-Methylphenazinium (NMP^+), Ferrocen oder Benzochinon, können amperometrisch bestimmt werden.

Durch die Erhöhung der Überspannung, d. h. der Auslenkung vom Redoxpotential E_o, kann die Geschwindigkeit des heterogenen Ladungsübertragungsprozesses so weit gesteigert werden, daß der Stofftransport die Geschwindigkeit des Gesamtprozesses limitiert. Unter dieser Bedingung ist der Diffusionsgrenzstrom I_d der Volumenkonzentration S_o der zu bestimmenden Substanz direkt proportional:

$$I_d = n \cdot A \cdot F \cdot D_S \cdot S_o/\delta$$

δ – Diffusionsschichtdicke (konstante Größe bei gegebener Konvektion), D_S – Diffusionskoeffizient, A – Elektrodenfläche, n – Anzahl der ausgetauschten Ladungen

Wesentliche Vorteile amperometrischer Techniken sind die niedrige Nachweisgrenze von 10^{-8} mol/l und der lineare Meßbereich über 3 bis 6 Konzentrationsdekaden.

Durch die Lage des Potentials der Elektrode wird die Selektivität entscheidend beeinflußt: Alle elektrodenaktiven Substanzen, die bereits bei niedrigerem Potential an der Elektrode umgesetzt werden, tragen zum Gesamtstrom bei (Abb. 14). Beispielsweise wird Ascorbinsäure in der H_2O_2-Anzeige bei einem Elektrodenpotential von +600 mV mit erfaßt. Um derartige elektrochemische Interferenzen zu unterdrücken, wird zweckmäßigerweise mit einem möglichst niedrigen Elektrodenpotential gearbeitet. Deshalb wird derjenige Reaktionspartner für die elektrochemische Anzeige gewählt, der beim niedrigsten Elektrodenpotential umgesetzt wird. Wie das Redoxschema der Oxidation von Glucose in Abbildung 15 zeigt, sind außer Sauerstoff auch verschiedene organische Redoxsysteme zur Reoxidation der Glucoseoxidase (GOD) befähigt, d. h. ihr Redoxpotential ist positiver als das der prosthetischen Gruppe. Die anodische Anzeige der reduzierten Mediatoren erfordert aber eine Überspannung von nur 50 bis 100 mV, während die Oxidation von H_2O_2 erst bei +600 mV den Grenzstrom erreicht (s. Abb. 14). Deshalb kann mit diesen Mediatoren bei einem bis zu 400 mV niedrigeren Elektrodenpotential gearbeitet werden, so daß die Störungen durch Ascorbinsäure eliminiert werden.

Die *Sauerstoffelektrode* nach CLARK wird am häufigsten als amperometrische Elektrode eingesetzt. Sie besteht aus einer Platinkatode und einer Ag/AgCl-Bezugselektrode, die sich beide in einer KCl-Elektrolytlösung befinden. Über die Pt-Elektrode ist eine O_2-permeable Membran von 10–50 μm Dicke

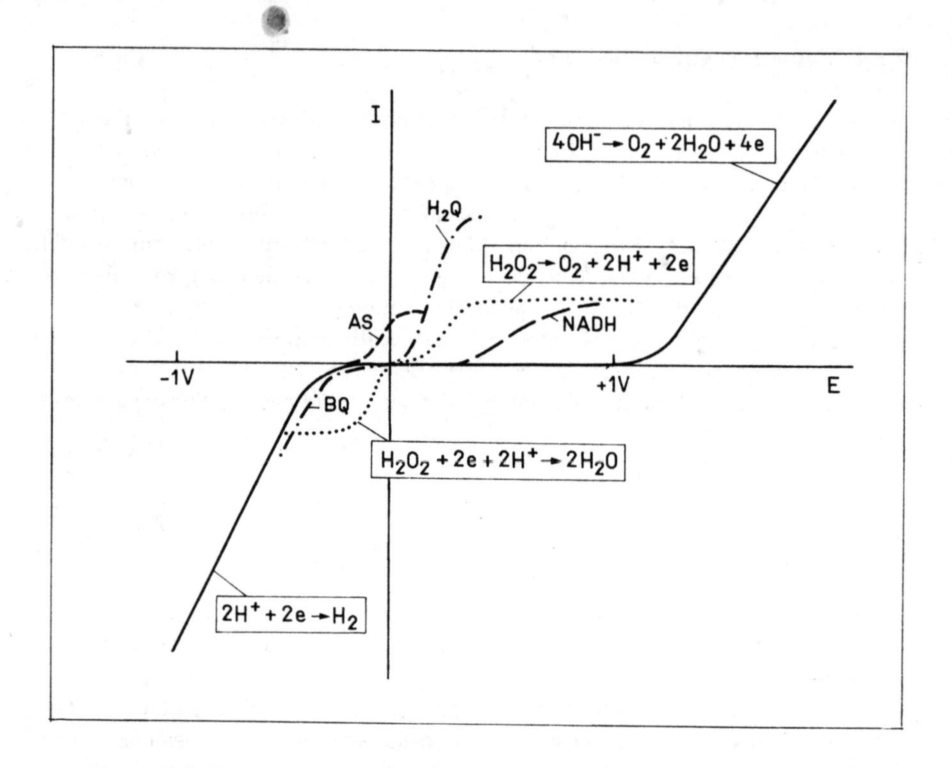

Abb. 14. Schematische Strom-Potential-Kurven für typische Redoxsysteme amperometrischer Enzymelektroden
AS – Ascorbinsäure, H_2Q – Hydrochinon

aus Polyethylen, Polypropylen oder Teflon straff gespannt. Die Membran trennt beide Elektroden von der Meßlösung (Abb. 16). Die O_2-Elektrode wird gegenüber der Bezugselektrode auf –0,6 bis –0,9 V polarisiert, also im Grenzstrombereich der katodischen O_2-Reduktion. Die Selektivität der O_2-Elektrode ist außerordentlich hoch, da interferierende Substanzen durch die Membran von der Elektrode ferngehalten werden. Wird anstelle von Silberchlorid für die Elektrode ein unedles Metall, wie Zink oder Nickel, und eine alkalische Elektrolytlösung verwendet, so entsteht die erforderliche Potentialdifferenz für die katodische O_2-Reduktion in der „galvanischen Elektrode" selbst. Dafür ist keine äußere Spannungsquelle nötig, was sich für verschiedene Einsatzgebiete als sehr zweckmäßig erweist. Mit dem Ziel der Miniaturisierung des Sensors sowie der Anwendung von Produktionsprozessen der Mikroelektronik werden O_2-Sensoren auf der Grundlage aufgedampfter Goldelektroden und in Chip-Technologie hergestellt [MIYAHARA et al. 1983].

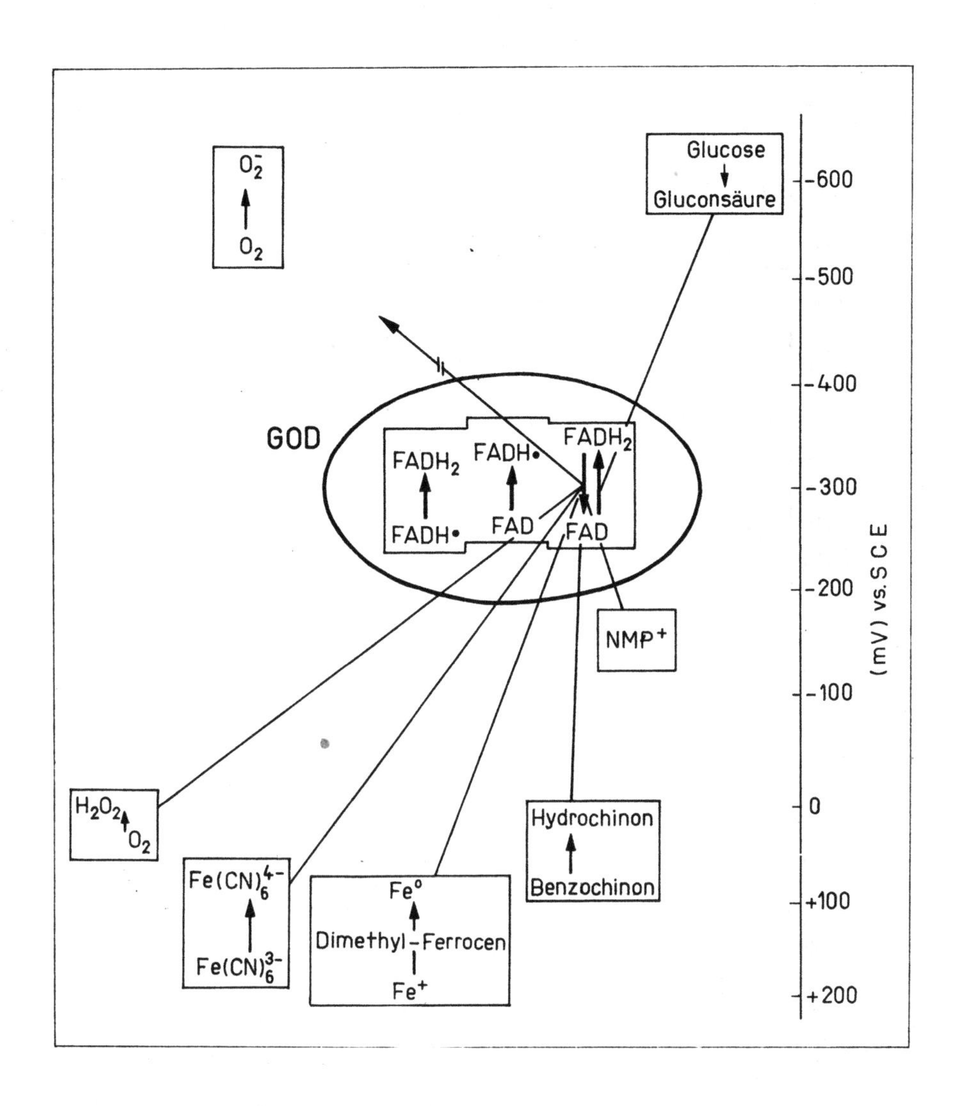

Abb. 15. Redoxschema der Glucoseoxidation in Gegenwart von Glucoseoxidase
SCE – Gesättigte Kalomelelektrode, FAD – Flavinadenin-Dinucleotid

O_2-Elektroden werden zur direkten Messung der Sauerstoffkonzentration in der Biomedizintechnik und in vielen biotechnologischen Prozessen verwendet. Zur Entwicklung von Biosensoren erlauben sie auch die Ankopplung zahlreicher unterschiedlicher Biokatalysatoren. Dazu gehören beispielsweise die Atmung von Mikroorganismen, die Photosynthese von Pflanzen und der O_2-Verbrauch von oxidasekatalysierten Reaktionen.

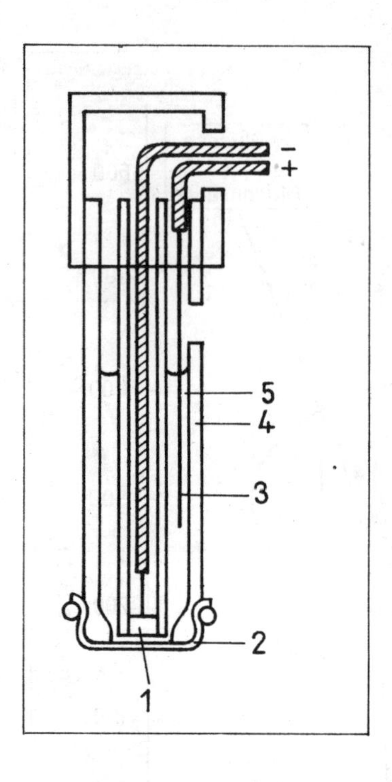

Abb. 16. Sauerstoffelektrode nach CLARK
1 – Pt-Katode, 2 – Polyethylenmembran,
3 – Ag-Anode, 4 – Elektrodenkörper,
5 – KCl-Lösung

Durch Abwandlung der CLARKschen Elektrode sind amperometrische Sensoren für Wasserstoff, Stickoxide und auch für Kohlendioxid entwickelt worden [HANUS et al. 1980, ALBERY und BARRON 1982].

Die elektrochemische Oxidation von H_2O_2 kann mit einer für die O_2-Messung beschriebenen Elektrodenkombination erfolgen, wobei die Pt-Elektrode auf +0,4 bis +1,0 V polarisiert wird. Weiterhin wird die hydrophobe Sperrmembran durch eine Dialysemembran ersetzt. Da beim Potential der H_2O_2-Oxidation eine Reihe von organischen Verbindungen, z. B. Ascorbinsäure, Harnsäure, Glutathion und NADH, ebenfalls anodisch oxidiert wird (s. Abb. 14), ist die Selektivität der H_2O_2-anzeigenden Elektrode relativ gering. Mittels einer dünnen anionentragenden Membran vor der Anode, z. B. aus Zelluloseacetat oder Zellulosenitrat, werden elektrochemische Interferenzen unterdrückt. Eine andere Möglichkeit besteht in der Differenzbildung der Signale, die mit und ohne Enzymreaktion entstehen. Trotz der aufgezeigten Probleme haben amperometrische Enzymelektroden auf der Basis von Oxidasen in Kombination mit H_2O_2-anzeigenden Elektroden bisher die breiteste Anwendung auf dem Gebiet der Biosensoren gefunden.

Wie bereits für GOD gezeigt wurde, kann für viele Enzyme, z. B. Methanoldehydrogenase, Alkohol-, Lactat-, Pyruvat-, Glykolat- und Galactoseoxidase sowie Cytochrom b_2, der natürliche Elektronenakzeptor (z. B. O_2 oder Cytochrom c) durch redoxaktive Farbstoffe oder andere reversible Redoxsysteme ersetzt werden (Abb. 17). Damit ist es möglich, solche Enzyme auch in sauerstofffreien Lösungen mit amperometrischen Elektroden zu koppeln.

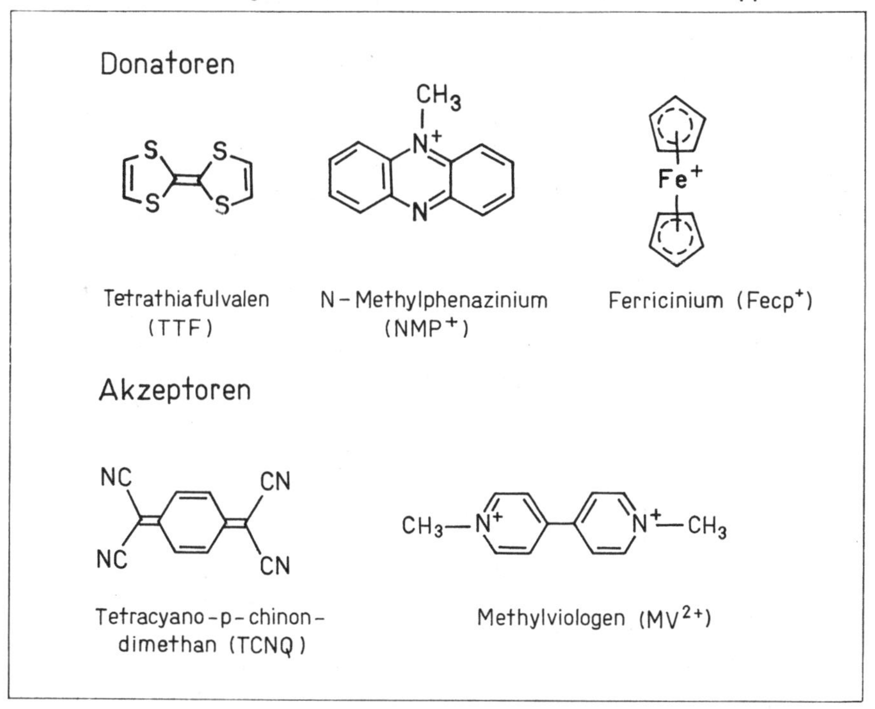

Abb. 17. Strukturformeln häufig eingesetzter Redoxüberträger

In der Natur existieren etwa 300 verschiedene pyridinnucleotidabhängige Enzyme. Deshalb ist die elektrochemische Bestimmung des Coenzyms NAD(P)H (s. Kap. 2.3.1.) für analytische Zwecke sehr wichtig. Im Vergleich zur enzymkatalysierten Oxidation verläuft die anodische NAD(P)H-Oxidation in zwei getrennten Ein-Elektronenschritten mit radikalischen Zwischenprodukten [ELVING et al. 1982] und sie erfordert eine Überspannung von etwa 1 V. Außerdem wird die Elektrodenoberfläche durch Reaktionsprodukte vergiftet. Der Elektrodenprozeß ist deshalb nur unzureichend reproduzierbar und zeigt – wegen des hohen Elektrodenpotentials – erhebliche Interferenzen durch andere oxidierbare Substanzen. Zur Überwindung dieser Schwierigkeiten, die auch die Entwicklung von Biosensoren hemmen, sind folgende Prinzipien vorgeschlagen worden:

a) anodische Reoxidation von Mediatoren, die mittels Diaphorase von NADH reduziert werden,
b) Messung des O_2-Verbrauchs bei der Autoxidation von Mediatoren, die spontan mit NADH reagieren, z. B. NMP^+ oder FAD,
c) aerobe Oxidation in Gegenwart von NADH-Oxidase,
d) gekoppelte Oxidation mit Peroxidase,
e) NADH-Oxidation an modifizierten Elektroden, z. B. mit TCNQ.

In letzter Zeit werden auch bei der direkten anodischen Oxidation sehr verdünnter NADH-haltiger Proben mit Durchflußelektroden aus Glaskohle gute Parameter erreicht [EGGERS et al. 1982]. Die elektrochemische Anzeige des oxidierten Coenzyms $NAD(P)^+$ ist nur in entlüfteten Lösungen möglich und wurde für Biosensoren bisher noch nicht genutzt.

Eine Besonderheit amperometrischer Elektroden ist die FARADAYsche Umwandlung eines Reaktionspartners. So geht bei Enzymelektroden – auf der Grundlage der O_2-Messung – die Sauerstoffkonzentration an der Elektrodenoberfläche gegen Null. Durch Substratzugabe wird dann ein Teil des O_2 bereits in der Enzymschicht verbraucht, so daß sich das Konzentrationsprofil ändert. Bei der H_2O_2-Anzeige wird dagegen ein Teil des in der Enzymreaktion zu H_2O_2 reduzierten Sauerstoffs an der Anode zurückgebildet. Damit ist im elektrodennahen Raum praktisch eine höhere Sauerstoffkonzentration gegeben.

Die Elektrodenreaktion bietet auch die Möglichkeit, die Enzymreaktion zu beeinflussen (Abb. 18). Die von ENFORS entwickelte O_2-stabilisierte Enzymelektrode schaltet die Beeinflussung des Meßwertes durch schwankende O_2-Konzentration im Meßmedium aus [CLELAND und ENFORS 1984]. Dazu wird an einer Pt-Netzelektrode, die sich in der Enzymschicht befindet, elektrolytisch die gleiche O_2-Menge erzeugt, die in der Enzymreaktion verbraucht wird. Damit ermöglicht diese Anordnung auch die Messung hoher Substratkonzentrationen, in denen sonst der Sauerstoff die Enzymreaktion limitiert.

Durch Veränderung des Redoxpotentials in der Enzymschicht mit einer Hilfselektrode ist es gelungen, die Selektivität von Galactoseoxidase für verschiedene Substrate zu steuern (Abb. 18). Die Vergrößerung der Spezifität ist an Substratgemischen demonstriert worden [JOHNSON et al. 1985]. Um interferierende Stoffe auszuschalten, kann eine „Abfangelektrode" für die quantitative Umsetzung in nichtstörende Substanzen benutzt werden. Diese Elektrode ist als Metallfolie oder als Metallnetz ausgelegt und befindet sich vor der Enzymschicht und der Indikatorelektrode. So gelingt es beispielsweise, Störungen durch Ascorbinsäure bei der H_2O_2-Anzeige zu beseitigen [SCHELLER et al. 1985b).

Ein neues Prinzip zur Erhöhung der Selektivität stellt die „ion-gate"-Membran dar. Die Ionenpermeabilität wird in diesem Fall durch die elektrochemische Kontrolle des Redoxzustandes des Membranmaterials gesteuert. So

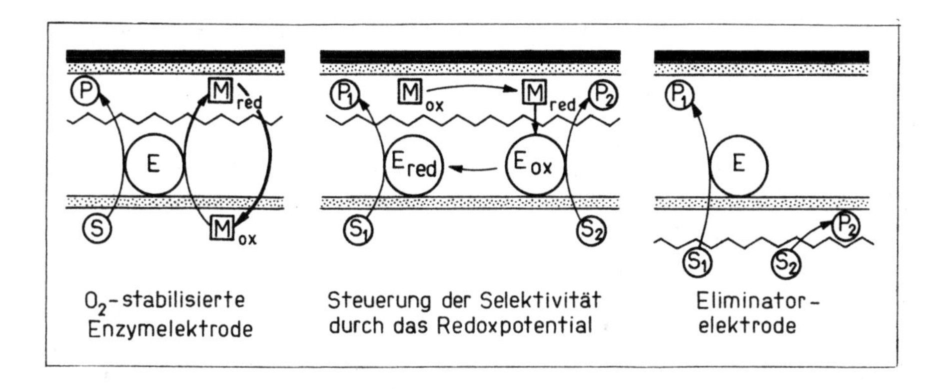

Abb. 18. Prinzipien der Beeinflussung der Sensorcharakteristik durch amperometrische Elektrodenreaktionen
E – Enzym, S – Substrat, P – Produkt, M – Mediator

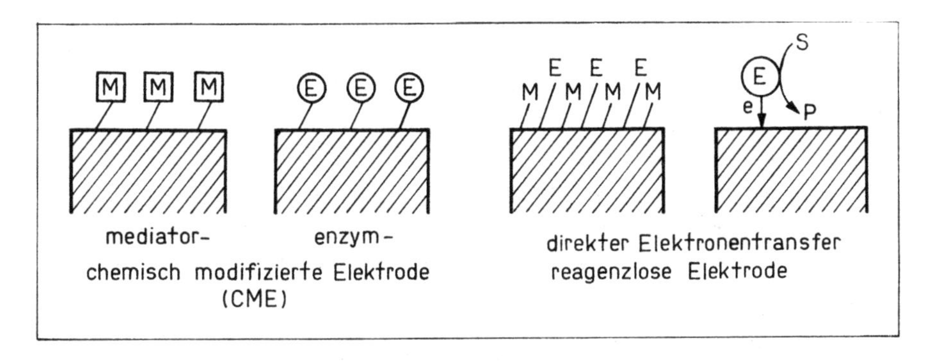

Abb. 19. Typen von biochemisch modifizierten Elektroden
(Symbolbezeichnungen wie in Abb. 18)

ist ein Film aus Polypyrrol nur in der reduzierten Form für Anionen durchlässig. Im oxidierten Zustand wird dagegen der Transport von Anionen gesperrt [BURGMAYER und MURRAY 1982].

Bei der Verwendung von Mediatoren, z. B. für die NADH-Oxidation oder als künstliche Elektronenakzeptoren in Enzymreaktionen, können folgende Probleme auftreten:

a) Die Mediatorkonzentration liegt im millimolaren Bereich, so daß erhebliche Reagenzienkosten entstehen;
b) die Wechselwirkung mit interferierenden Substanzen oder Mikroorganismen kann den Meßwert verfälschen;

c) verschiedene Mediatoren, z. B. Ferrocen, sind nur ungenügend wasserlöslich.

Deshalb wurde das Konzept der *chemisch modifizierten Elektroden* (CME) entwickelt, worin der Mediator und die amperometrische Elektrode integriert sind (Abb. 19). Folgende Methoden sind zur Herstellung von mediatorchemisch modifizierten Elektroden (MCME) in der Literatur beschrieben [MURRAY 1984]:

a) Aufbringen des Mediators auf die Elektrodenoberfläche durch Chemisorption, z. B. durch Verdampfen des organischen Lösungsmittels einer Mediatorlösung (bei Ferrocen, TCNQ oder TTF);
b) Einschluß des Redoxsystems in einen Polymerfilm auf der Elektrode, z. B. durch Elektropolymerisation von Pyrrol;
c) kovalente Fixierung des Mediators an reaktive Gruppen der Elektrodenoberfläche;
d) Einbringen des Mediators in Kohlepaste, die z. B. bei Ferrocenderivaten aus Kohlepulver und Paraffinöl bestehen kann;
e) Erzeugung von redoxaktiven Gruppen durch Vorbehandlung von Kohleelektroden;
f) Vakuumbedampfen von Kohle mit Monoschichten von Edelmetallen;
g) Herstellung von „organic metal"-Elektroden aus Charge-Transfer-Komplexen, z. B. von $TCNQ^-$ und NMP^+.

In gleicher Weise wie der Mediator kann auch das Enzym direkt an die Elektrodenoberfläche kovalent gebunden werden (ECME). Bei der Coimmobilisierung von Enzym und Mediator ist die Zugabe von Hilfssubstanzen im Meßprozeß überflüssig; es wird ein reagenzloses Meßregime erreicht (Abb. 19).

Eine Alternative zur Überwindung der Probleme, die durch die Verwendung löslicher Mediatoren auftreten, stellt die Realisierung des direkten Elektronentransfers zwischen der prosthetischen Gruppe des Enzyms (vgl. Kap. 2.3.1.) und der amperometrischen Elektrode dar (Abb. 19). Bei dieser heterogenen Reaktion wird auf den Mediator verzichtet, und die Redoxelektrode übernimmt die Funktion einer Elektronentransferase.

Bis zu Beginn der siebziger Jahre herrschte die Meinung vor, daß redoxaktive Gruppen in Proteinen nur unter Verlust ihrer katalytischen Eigenschaften elektrochemisch umgesetzt werden können. Die Hauptargumente dafür waren [SCHELLER und STRNAD 1982]:

a) Die starke Adsorption kann Strukturänderungen bis zur völligen Denaturierung des Proteins bewirken;
b) die niedrigen Diffusionskoeffizienten der Makromoleküle lassen nur kleine Stromsignale zu;
c) Verunreinigungen, z. B. abdissoziierte prosthetische Gruppen, können das Elektrodensignal des intakten Proteins verdecken;

d) der geringe Anteil der prosthetischen Gruppe an der gesamten Moleküloberfläche oder die völlige Unzugänglichkeit machen den heterogenen Elektronentransfer sehr unwahrscheinlich.

Die zunehmende Verfügbarkeit hochreiner Proteine einerseits und die Entwicklung der chemisch modifizierten Elektroden andererseits haben wesentliche Fortschritte auf dem Gebiet der Protein-Elektrochemie ermöglicht. Bis heute ist der heterogene Elektronentransfer für etwa 30 verschiedene Proteine – vor allem Elektronentransferasen, aber auch mehrere substratumsetzende Oxidoreduktasen – realisiert worden [SCHELLER und RENNEBERG 1982]. Dabei sind folgende redoxaktiven Gruppen in Proteinen elektrochemisch umgesetzt worden: Disulfidbrücken, Schwefel-Eisen-Cluster, Flavin- und Hämgruppen sowie verschiedene Metallionen (Tab. 3). Während an Metallelektroden die Proteinmoleküle in der ersten Adsorptionsschicht irreversibel gebunden sind, wird für modifizierte Elektroden ein Austausch mit Molekülen aus der Lösung postuliert. Der immobilisierte Mediator soll weiterhin für eine für den Elektronentransfer günstige Orientierung des Proteins an der Elektrodenoberfläche sorgen. Damit besteht eine gewisse Analogie zum Mechanismus der natürlichen Redoxprozesse [HILL et al. 1982]. Neben dieser grundlegenden Bedeutung hat der direkte Elektronentransfer auch eine hohe Attraktivität für die praktische Nutzung. Beispielsweise könnten „reagenzlose Sensoren" entwickelt werden, bei denen die Zugabe von Cosubstraten oder Mediatoren entfällt. Solche Sensoren sind vor allem für die „on-line"-Messungen in Fermentern oder für die Implantation in Lebewesen anzustreben [VARFOLOMEEV und BEREZIN 1978].

Die direkte anodische Oxidation von Cytochrom c an einer mit Bipyridyl modifizierten Elektrode ist in Enzymelektroden für Lactat, Kohlenmonoxid sowie Wasserstoffperoxid bereits inkorporiert worden. Dabei wird das Cytochrom c in der Reaktion mit Cytochrom b_2, CO-Oxidoreduktase oder Peroxidase reduziert und an der Anode reoxidiert. Weiterhin gelingt es, Mitochondrien oder Chloroplasten über Cytochrom c mit Redoxelektroden zu koppeln. Obwohl bisher noch kein praktisch nutzbarer Sensor vorliegt, eröffnet dieses Prinzip neue Möglichkeiten, z. B. zur Anzeige von Inhibitoren der Photosynthese und von Atemgiften [CARDOSI und TURNER 1987].

Ein neues Prinzip zur Beschleunigung des Elektronentransfers zwischen Redoxproteinen und amperometrischen Elektroden stellt die chemische Modifizierung von Oxidoreduktasen mit elektronenübertragenden Gruppen (electron-tunneling relays) dar [HELLER und DEGANI 1987]. Dabei sind die gleichen Mediatormoleküle, die bei den chemisch modifizierten Elektroden auf der Elektrodenoberfläche aufgebracht werden, direkt an Gruppen des Proteinmoleküls. Der Abstand zwischen den einzelnen Mediatormolekülen beträgt maximal 1 nm, so daß die Geschwindigkeit des Tunnelprozesses sehr groß ist. Entscheidend für den katalytischen Effekt ist die vorherige Auffaltung des Proteins, um die „Relays" in der Nähe der prosthetischen Gruppe anhef-

Tabelle 3
Elektrochemisch umgesetzte Proteine

Protein	Redoxaktive Gruppe	Redoxpotential E_o(mV *vs.* SCE)	Halbstufen-potential $E_{1/2}$(mV *vs.* SCE)	Elektroden-material
Cytochrom c	Hämin	+16	+25	RuO_2
Cytochrom c_3	Hämin	-516	-530	Hg
Cytochrom c_7	Hämin	-420	-435	Hg
Cytochrom b_5	Hämin	-240	-580	Hg
Azurin	Cu^{2+}	+27, +116	+86, +102	RuO_2
Plastocyanin	Cu^{2+}	+116	+110	RuO_2
Ferredoxin	FeS	-647	-630	RuO_2
Flavodoxin	FMN	-550	-300, -600	Hg/PLL
Rubredoxin	FeS	-301	-310	RuO_2
Insulin, Ribonuclease, Lysozym, Trypsin, Chymotrypsin, Ei-albumin, Serumalbumin	Disulfid		-600	Hg
Ribonuclease, Con-canavalin A, Rinder-serumalbumin	Tyr, Trp		-950	Kohle
Hydrogenase	4Fe/4S		-700	Hg/PLL
Laccase	Cu^{2+}	+165, +540	+410	Graphit/DMP
Phosphorylase b	PLP		-820	Hg
Glucoseoxidase	FAD	-300	-340	Hg
			-610	Graphit
Xanthinoxidase	FeS	-534	-590	Hg
			-420, -520	Graphit
Cholesteroloxidase	FAD		-360	Hg
L-Aminosäureoxidase	FAD		-510	Graphit
Ferredoxin-$NADP^+$-Oxidoreduktase	FAD		-570	Hg
Peroxidase	Hämin	-310	-710	Au/MV^{2+}
Methämoglobin	Hämin	-70	-600	Hg, SnO_2
Metmyoglobin	Hämin	-236	-1050	Hg, Au/MV^{2+}
Cytochrom b_2	Hämin		-257	Pt
Cytochrom P-450	Hämin	-560	-580	Hg

PLP – Pyridoxalphosphat, DMP – 2,9-Dimethylphenanthrolin, PLL – Poly-L-lysin, MV – Methylviologen, FMN – Flavinmononucleotid, FAD – Flavinadenin-dinucleotid ten zu können. Bei Verwendung von modifizierter GOD in einer Enzymelektrode kann wie bei den mediatorchemisch modifizierten Elektroden ohne Zusatz von Reagenz gearbeitet werden.

2.2.4.3. Konduktometrische Messungen

Konduktometrische Messungen nutzen nicht-FARADAYsche Ströme, d. h. daß ein Wechselstrom kleiner Amplitude mit einer Frequenz von etwa 1 kHz angezeigt wird. Das Meßsignal spiegelt die Wanderung *aller* Ionen in der Lösung wider (Abb. 10). Es ist deshalb unspezifisch und kann nur bei einheitlicher Leitfähigkeit aller Meßproben benutzt werden. Durch Kombination eines enzymbedeckten Elektrodenpaares mit einem Paar von „Referenz-Elektroden", das nur mit dem enzymfreien Träger beschichtet ist, lassen sich diese Störungen weitgehend ausschalten. Zur Herstellung dieser Elektrodenanordnungen dienen Produktionsverfahren der Mikroelektronik. Beispielsweise werden Pt-Elektroden auf Keramikunterlagen nach der Siebdrucktechnik aufgebracht [WATSON et al. 1987/88]. In konduktometrischen Membransensoren sind die beiden Elektroden von der Meßlösung durch eine gaspermeable Membran getrennt. Es laufen die gleichen Diffusionsprozesse der angezeigten Gase wie in den entsprechenden gassensitiven ISE ab. Dadurch wird bei der Konduktometrie ebenfalls eine Verbesserung der Selektivität erzielt.

2.3. Biochemische Grundlagen von Biosensoren

Die Transduktoren bestimmen vor allem den *Wirkungsgrad* der Signalverarbeitung und -weiterleitung eines Biosensors. Seine analytische *Selektivität* beruht hingegen entscheidend auf der Spezifität, mit der die integrierte biologische Komponente mit einem Analyten in Wechselwirkung tritt und dabei Signale erzeugt. Darüber hinaus werden auch Ansprechzeit, Linearitätsbereich und Empfindlichkeit von Biosensoren durch charakteristische Eigenschaften des verwendeten Biomoleküls, z. B. durch die spezifische Aktivität eines Enzyms oder die Art der Immobilisierung, beeinflußt. Ferner sind biologische Systeme und Prozesse anfällig gegen Abweichungen vom physiologischen Milieu. Insbesondere weisen sie eine nur begrenzte chemische und thermische Stabilität auf. Diese Besonderheiten bestimmen maßgeblich die Einsatzmöglichkeiten und Leistungsgrenzen von Biosensoren.

Grundsätzlich kommen verschiedene biospezifische Wechselwirkungsprozesse für die Konstruktion von Biosensoren in Betracht. So können als „molekulare Erkennungselemente" Enzyme, Antikörper, Lectine, Hormone, Mikroorganismen, Organellen oder ganze Gewebe fungieren. Die größte Bedeutung haben bisher *Enzyme* erlangt. Zunehmend wird jedoch auch die Komplementarität von *Antikörpern* bzw. *Antigenen* sowie die Erkennungsspezifität komplexerer *membrangebundener Rezeptorsysteme* für die Konstruktion von Biosensoren genutzt. Diesen drei Sensortypen liegen unterschiedliche Mechanismen der Signalgebung zugrunde.

2.3.1. Enzyme und Substratumwandlungen

2.3.1.1. Struktur und katalytische Wirkung

Die biokatalytische Funktionstüchtigkeit eines Enzyms setzt die *native Raumstruktur* (Tertiärstruktur) voraus, die durch die Anzahl und Sequenz der enthaltenen Aminosäuren (Primärstruktur) determiniert ist. Teile der Polypeptidkette liegen – begünstigt durch Wasserstoffbrücken – zusätzlich in α-helikaler oder Faltblattstruktur vor (Sekundärstruktur). Die meisten Enzyme sind globuläre Proteine, deren Raumstruktur durch Disulfidbrücken zwischen Cysteinresten gefestigt sein kann. Ein Beispiel dafür ist das aus 129 Aminosäuren bestehende Hühnerei-Lysozym (Abb. 20). Eine definierte dreidimensionale Struktur wird in

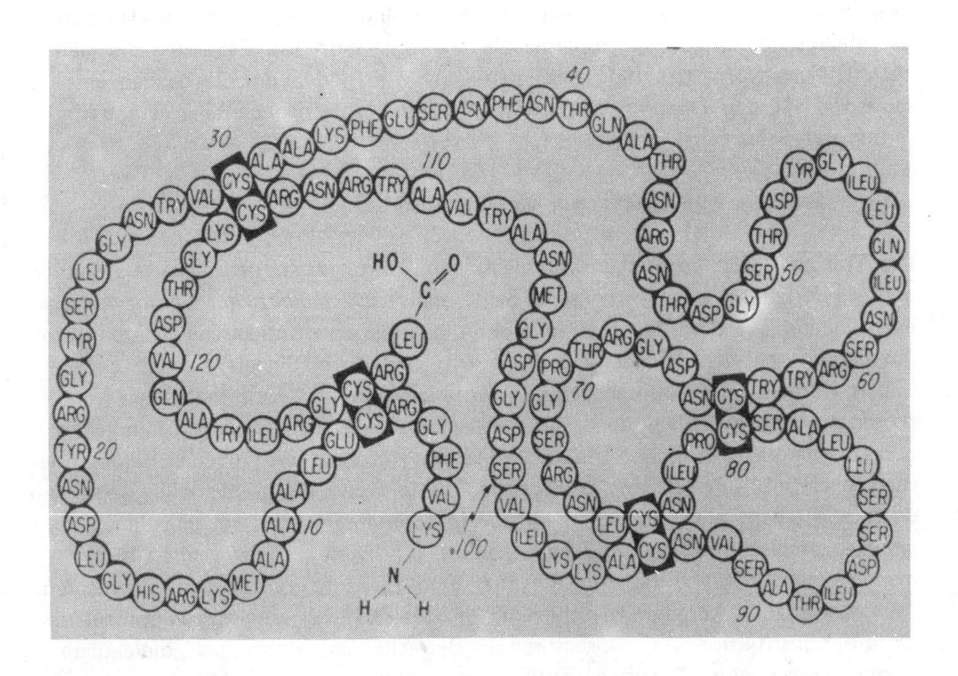

Abb. 20. Primärstruktur des Hühnerei-Lysozyms
[nach CANFIELD und LU 1965]
ALA – Alanin, ARG – Arginin, ASN – Asparagin, ASP – Asparaginsäure, CYS – Cystein, GLN – Glutamin, GLU – Glutaminsäure, GLY – Glycin, HIS – Histidin, ILE – Isoleucin, LEU – Leucin, LYS – Lysin, MET – Methionin, PHE – Phenylalanin, PRO – Prolin, SER – Serin, THR – Threonin, TRP – Tryptophan, TYR – Tyrosin und VAL – Valin

wäßriger Lösung ferner dadurch stabilisiert, daß sich polare und unpolare Aminosäure-Seitenketten zu hydrophilen bzw. hydrophoben Regionen formieren, die sich inter- oder intramolekular zusammenlagern können (Quartärstruktur, Micellbildung u. a.). Trotz dieser verklammernden Wechselwirkungen ist die geordnete Raumstruktur nur bis ca. 50 °C und im mittleren pH-Bereich beständig. Eine Ausnahme bilden Enzyme von Mikroorganismen, die sich im Laufe der Evolution extremen Umweltbedingungen, z. B. Temperaturen bis zu 90 °C angepaßt haben. Die *irreversible* thermische Inaktivierung ist nach neueren Erkenntnissen im physiologischen pH-Bereich vor allem auf die hydrolytische Spaltung der Amidseitenkette von Asparagin und der Peptidbindung von Asparaginsäure sowie den Bruch von Disulfidbrücken zurückzuführen [AHERN und KLIBANOV 1986].

In dem zumeist kugelförmigen, ellipsoiden oder nierenförmigen Eiweißkörper bildet eine lokale Vertiefung mit charakteristischer Konstitution und Stereokonfiguration das *katalytisch aktive Zentrum* (Abb. 21), in dem ein chemisch und räumlich kongruentes *Substrat* („Schlüssel–Schloß-Prinzip") in ein *Produkt* umgewandelt wird. In begrenztem Umfang kann sich die Proteinstruktur dem Substrat räumlich anpassen.

Enzyme beschleunigen die Einstellung des Gleichgewichts einer chemischen Reaktion um den Faktor 10^8 bis 10^{20} gegenüber nichtkatalysierten Reaktionen.

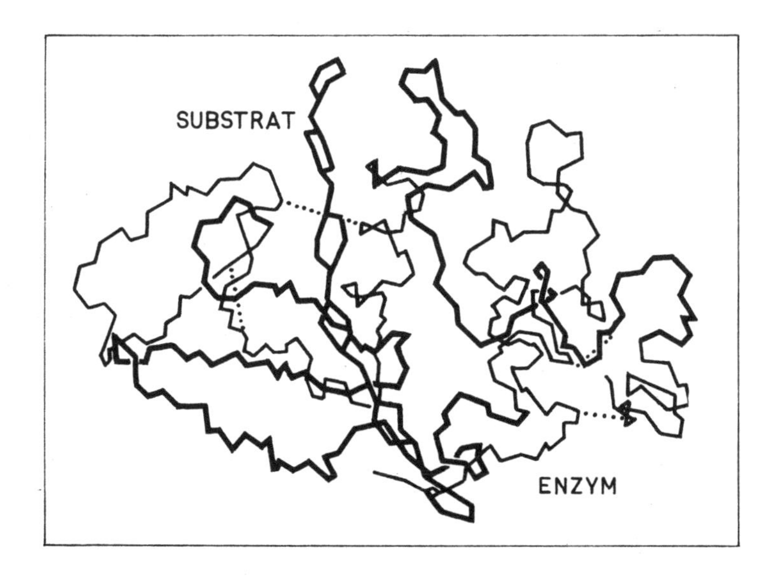

Abb. 21. Raumstruktur von Lysozym mit Substratlokalisation im aktiven Zentrum
Die gepunkteten Linien kennzeichnen Disulfidbrücken.

So verläuft z. B. die Hydrolyse von Harnstoff in Gegenwart von Urease bei pH 8 und 20 °C etwa 10^{14} mal schneller als ohne Katalyse, und die Spaltung von H_2O_2 wird durch Katalase um das $3 \cdot 10^{11}$fache erhöht. Anders ausgedrückt: Ist für die Zerlegung von H_2O_2 normalerweise eine Aktivierungsenergie von 75,4 kJ/mol (18 kcal/mol) nötig, so erniedrigt Katalase diesen Betrag auf 23 kJ/mol (5,5 kcal/mol) [HOFMANN 1984].

Die Aktivierungsenergie E_a kann mit Hilfe der *Arrhenius-Beziehung*

$$k = Z \cdot e^{-E_a/RT}$$

bestimmt werden. Darin ist k die Geschwindigkeitskonstante, Z ein die Stoßzahl implizierender Faktor und R die Gaskonstante. Durch Messung der Reaktionsgeschwindigkeit bei verschiedenen Temperaturen sowie Auftragung von ln k gegen 1/T läßt sich aus der Neigung der Geraden der Quotient $-E_a/R$ und damit die Aktivierungsenergie ermitteln. E_a beträgt für die meisten Reaktionen, die von biologischem Interesse sind, 40–80 kJ/mol [RAPOPORT 1977].

Zu dieser drastischen Verringerung der Aktivierungsenergie, gleichbedeutend mit einer starken Erhöhung der Anzahl reaktionsfähiger Substratmoleküle im aktivierten Übergangszustand, tragen maßgeblich Molekülspannungen bei, die durch die Enzym-Substrat-Komplexbildung in beiden Komponenten induziert werden.

2.3.1.2. Klassifizierung der Enzyme[3]

Die etwa 3 000 Enzyme, die gegenwärtig bekannt sind, werden nach den katalysierten Reaktionen in sechs Hauptklassen eingeteilt. Nur einige von ihnen werden gegenwärtig für analytische Zwecke genutzt.

Oxidoreduktasen katalysieren Oxidations- und Reduktionsreaktionen durch Übertragung von Wasserstoff bzw. Elektronen. Von analytischem Wert sind vor allem:

a) *Dehydrogenasen,* gekennzeichnet durch Wasserstoffübertragung vom Substrat S auf den Akzeptor A (der kein molekularer Sauerstoff ist) oder die umgekehrte Reaktion

$$SH_2 + A \rightleftharpoons S + AH_2,$$

Beispiel:

Lactatdehydrogenase (EC 1.1.1.27)

$$\text{L-Lactat} + NAD^+ \rightleftharpoons \text{Pyruvat} + NADH + H^+,$$

3 Die Schreibweise von Verbindungen biologischer Herkunft ist in der Literatur nicht einheitlich. Die hier verwendete Nomenklatur und die meisten Definitionen basieren im wesentlichen auf der Darstellungsweise von KLEBER und SCHLEE (1987).

b) *Oxidasen,* gekennzeichnet durch Wasserstoffübertragung vom Substrat auf molekularen Sauerstoff

$SH_2 + 1/2\,O_2 \rightarrow S + H_2O$ oder

$SH_2 + O_2 \rightarrow S + H_2O_2$

Beispiel:

Glucoseoxidase (EC 1.1.3.4)

β-D-Glucose + $O_2 \rightarrow$ Gluconolacton + H_2O_2,

c) *Peroxidasen,* gekennzeichnet durch die Oxidation eines Substrats S mit Hilfe von Wasserstoffperoxid

$2\,SH + H_2O_2 \rightarrow 2\,S + 2H_2O$ oder

$2\,S + 2H^+ + H_2O_2 \rightarrow 2\,S^+ + 2H_2O_2$

Beispiel:

Meerrettichperoxidase (EC 1.11.1.7)

$2[Fe(CN)_6]^{4-} + 2H^+ + H_2O_2 \rightarrow 2[Fe(CN)_6]^{3-} + 2H_2O$,

d) *Oxygenasen,* gekennzeichnet durch Substratoxidation mit molekularem Sauerstoff unter Einbeziehung eines Wasserstoffdonators D, den auch das Substrat selbst darstellen kann,

$SH + DH_2 + O_2 \rightarrow S{-}OH + D + H_2O$

Beispiel:

Lactat-2-monooxygenase (EC 1.13.12.4)

L-Lactat + $O_2 \rightarrow$ Acetat + CO_2 + H_2O.

Transferasen übertragen C-, N-, P- oder S-enthaltende Gruppen (Alkyl, Acyl, Aldehyd, Amino, Phosphat, Glykosyl) von einem Substrat auf ein anderes. Zu ihnen gehören Transaminasen, Transketolasen, Transaldolasen und Transmethylasen, sowie Kinasen:

$AX + B \leftrightharpoons A + BX$.

Beispiele:

Aspartataminotransferase (EC 2.6.1.1)

L-Aspartat + 2-Oxoglutarat $\leftrightharpoons$ Oxalacetat + L-Glutamat,

Hexokinase (EC 2.7.1.1)

D-Hexose + ATP $\leftrightharpoons$ D-Hexose-6-phosphat + ADP.

Hydrolasen katalysieren hydrolytische Spaltungen oder die rückläufige Fragmentkondensation. Nach Art der gespaltenen Bindung wird zwischen Peptidasen, Esterasen, Glykosidasen, Phosphatasen usw. unterschieden.

Beispiele:

Cholesterolesterase (EC 3.1.1.13)
Cholesterolester + H_2O → Cholesterol + Fettsäureanion,

Alkalische Phosphatase (EC 3.1.3.1)
Orthophosphatmonoester + H_2O → Alkohol + Orthophosphat,

Glucoamylase (Exo-1,4-α-D-glucosidase) (EC 3.2.1.3)
Amylose + nH_2O → n β-D-Glucose.

Lyasen entfernen auf nichthydrolytischem Wege Gruppen aus ihren Substraten unter Ausbildung von Doppelbindungen bzw. addieren umgekehrt Gruppen an Doppelbindungen. Enzyme aus dieser Klasse werden bisher nur vereinzelt für die Analytik genutzt.

Isomerasen katalysieren intramolekulare Umlagerungen und unterteilen sich weiter in Racemasen, Epimerasen, Mutasen, cis-trans-Isomerasen u. a.

Beispiele:

Glucoseisomerase (Xyloseisomerase) (EC 5.3.1.5)
D-Glucose ⇋ D-Fructose,

Mutarotase (Aldose-1-epimerase) (EC 5.1.3.3)
α-D-Glucose ⇋ β-D-Glucose.

Ligasen spalten die Bindung zwischen C–C, C–O, C–N, C–S oder C-Halogen ohne Hydrolyse oder Oxidation, meist unter gleichzeitigem Verbrauch energiereicher Verbindungen, wie Adenosintriphosphat (ATP) und anderen Nucleosidtriphosphaten.

Beispiel:

Pyruvatcarboxylase (EC 6.4.1.1)
Pyruvat + HCO_3^- + ATP ⇋ Oxalacetat + ADP + P.

2.3.1.3. Nomenklatur von Enzymen

Der systematische Name eines Enzyms wird aus zwei Teilen gebildet. Der erste Teil basiert auf der Gleichung des chemischen Umsatzes, der zweite zeigt den Reaktionstyp an. Weiterhin hat jedes Enzym entsprechend den Empfehlungen der IUPAC und der International Union of Biochemistry (1973) im internationalen EC-System (Enzyme Classification) eine Nummer, die sich aus vier Zahlengruppen zusammensetzt, welche die Einordnung in die Hauptklasse, die Unterklasse und die Untergruppe – ergänzt durch eine spezielle Enzymnummer – codieren. So resultiert beispielsweise die EC-Nummer 1.1.3.4 für das Enzym mit dem Trivialnamen Glucoseoxidase aus folgender Aufschlüsselung:

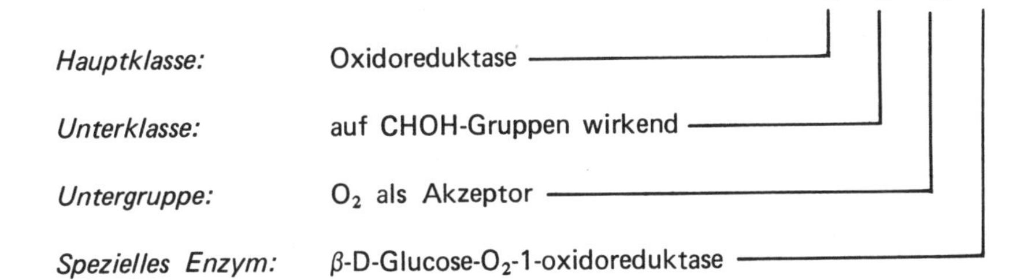

Im allgemeinen wird nach der Angabe der EC-Nummer eines Enzyms aus praktischen Gründen der Trivialname benutzt, sofern sprachliche Verwechslungen ausgeschlossen sind. In der klinischen Chemie, einem bevorzugten Bereich der Biosensoranwendung, hat sich für routinemäßig analysierte Enzyme ein Buchstaben-Code eingebürgert (z. B. ALAT für Alaninaminotransferase, ASAT für Aspartataminotransferase).

2.3.1.4. Wirkungsbeeinflussende Komponenten und Effektoren von Enzymen

Bei der Entwicklung und Anwendung von Biosensoren auf Enzymbasis ist zu berücksichtigen, daß viele Enzyme für den katalytischen Prozeß weitere Faktoren benötigen, die entweder direkt am katalytischen Vorgang beteiligt sind oder die Bildung des Enzym-Substrat-Komplexes beeinflussen (vgl. Abschnitt 2.2.4.). Sie werden als *Coenzyme, prosthetische Gruppen* oder *Effektoren* bezeichnet.

Coenzyme übernehmen während der enzymatischen Reaktion vom Substrat Redoxäquivalente, Protonen oder chemische Gruppen. Da Coenzyme leicht abdissoziieren, können sie als Gruppenüberträger zwischen verschiedenen Enzymmolekülen fungieren (z. B. Coenzym A). Wenn der Faktor nach der Umsetzung nicht durch das *gleiche* Enzym in seinen ursprünglichen Zustand zurückgeführt wird, ist häufig von *Cosubstraten* die Rede. Ein Beispiel dafür ist die Spaltung des energiereichen Adenosintriphosphats (ATP) in Adenosindiphosphat und Phosphat bei energieaufwendigen Stoffwandlungen und die Regenerierung des ATP durch Adenylatkinase. Verschiedene *Vitaminderivate* (z. B. Coenzym A, Pyridoxalphosphat, Thiaminpyrophosphat, Cobalamin bzw. Vitamin B_{12}) beteiligen sich als Coenzyme an der enzymatischen Stoffwandlung (Tab. 4). Oxidative Coenzyme mit definiertem Redoxpotential dienen als Wasserstoff- oder Elektronenüberträger bei der Oxidoreduktion.

Prosthetische Gruppen üben die gleiche Funktion wie Coenzyme aus, sind aber fest an das Enzym gebunden und meist nur unter Denaturierung des Proteins abzuspalten. Wichtige prosthetische Gruppen sind Flavinnucleotide und die Hämgruppe (Tab. 4).

Effektoren sind Reaktionskomponenten, die als *Aktivatoren* die enzymatische Umsetzung beschleunigen oder als *Inhibitoren* den katalytischen Prozeß blok-

Tabelle 4
Untergliederung, Stoffwechselfunktion und Herkunft wichtiger Coenzyme bzw. prosthetischer Gruppen

Verbindung	Funktion	Vitaminvorstufe
a) *Oxidoreduktion*		
Nicotinsäureamid-adenin-dinucleotid	Wasserstoffübertragung	Nicotinsäure
Nicotinsäureamid-adenin-dinucleotidphosphat	Wasserstoffübertragung	Nicotinsäure
Flavinmononucleotid	Wasserstoffübertragung	Riboflavin
Flavinadenin-dinucleotid	Wasserstoffübertragung	Riboflavin
Häm (Cytochrome)	Elektronenübertragung	
Ferredoxine	Elektronenübertragung, Wasserstoffaktivierung	
b) *Gruppenübertragung*		
Pyridoxalphosphat	Transaminierung, Decarboxylierung u. a.	Vitamin B_6
Adenosintriphosphat	Donor von Phosphat-gruppen	
Tetrahydrofolsäure	C_1-Gruppenübertragung	Folsäure
Biotin	Carboxylierung, Decarboxylierung	Biotin
Coenzym A	Transacylierung	Pantothensäure
Thiaminpyrophosphat (Vitamin B_1)	C_2-Gruppenübertragung	
Riboflavin (Vitamin B_2)	Wasserstoffübertragung	
5'-Desoxiadenosyl-cobalamin	Methyl- und andere Gruppenübertragung, Isomerisierung	Vitamin B_{12}

kieren. Ihre Bindung an die Enzyme ist verhältnismäßig locker, so daß sie leicht abdissoziieren können. Es handelt sich häufig um Metallionen, wie Mg^{++}, Ca^{++}, Mn^{++}, Zn^{++}, K^{+} und Na^{+}, die oftmals mit dem Substrat stöchiometrische Komplexe bilden, aber auch die für die enzymatische Katalyse optimale Proteinkonformation stabilisieren oder die Assoziation von Untereinheiten beeinflussen. Diese anorganischen Komplemente von Enzymreaktionen und die Coenzyme werden vielfach als *Cofaktoren* zusammengefaßt.

2.3.1.5. Kinetik enzymkatalysierter Reaktionen

Aus dem quantitativen Verlauf einer enzymkatalysierten Reaktion lassen sich Rückschlüsse auf Substrataffinitäten und den Katalysemechanismus im aktiven Zentrum sowie auf die Leistungsfähigkeit des Enzyms (Maximalgeschwindigkeit, Turnover-Zahl) ziehen.

Die Geschwindigkeit einer Enzymreaktion ist abhängig von der Substrat- bzw. Produktkonzentration (S bzw. P):

$$v = -dS/dt = dP/dt.$$

Gewöhnlich wird die Anfangsgeschwindigkeit einer Enzymreaktion (v_0) bestimmt, d. h. der auf den Zeitpunkt Null extrapolierte Anstieg der entsprechenden Meßkurve für den zeitlichen Verlauf der Substrat- bzw. Produktkonzentration (Abb. 22). Die Abhängigkeit der Reaktionsgeschwindigkeit v_0 von der Substratkonzentration S (bei konstanter Enzymkonzentration) geht aus Abbildung 23 hervor. Sie zeigt den typischen Effekt der *Substratsättigung.* Anfangs steigt v_0 proportional zur Substratmenge an. Bei weiterer Erhöhung der Substratkonzentration nimmt v_0 jedoch immer langsamer zu. Die Kurve nähert sich asymptotisch einem Maximalwert v_{max}. Im Bereich dieses Plateaus ergibt eine Veränderung der Konzentration von S keine meßbare Zu- oder Abnahme von v_0: Das Enzym ist „substratgesättigt" und hat damit die Grenze seiner Leistungsfähigkeit erreicht.

Dieser Kinetik liegt die relativ schnelle und reversible Bildung eines Enzym-Substrat-Komplexes ES aus dem Enzym E und dem Substrat S zugrunde, der dann in einer zweiten *langsameren* Reaktion unter Freisetzung des Produkts P zerfällt:

$$E + S \underset{k_{-1}}{\overset{k_{+1}}{\rightleftharpoons}} ES \underset{k_{-2}}{\overset{k_{+2}}{\rightleftharpoons}} E + P.$$

Da die zweite Reaktion geschwindigkeitsbestimmend ist, liegt bei sehr hohen Substratkonzentrationen nahezu das gesamte Enzym als ES-Komplex vor. Unter diesen Bedingungen wird ein Fließgleichgewicht (steady-state) erreicht, in dem das Enzym ständig mit Substrat gesättigt ist und die Anfangsgeschwindigkeit ein Maximum erreicht (v_{max}). Diese Beziehung zwischen Substratkonzentration und Geschwindigkeit einer Enzymreaktion wird durch die *Michaelis-Menten-Gleichung* beschrieben,

$$v_0 = \frac{v_{max} \cdot S}{K_M + S},$$

in der K_M die *Michaelis-Konstante* des Enzyms für das vorgegebene Substrat ist. Sie ist auch darstellbar durch die Beziehung

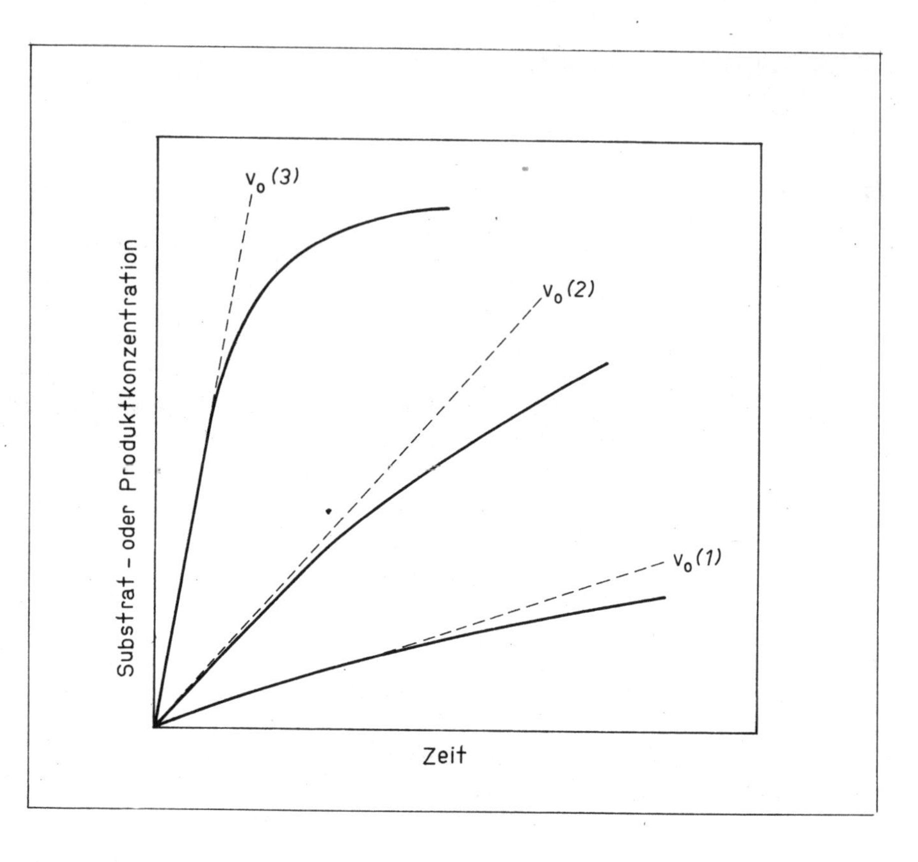

Abb. 22. Ermittlung der Anfangsgeschwindigkeit v_o einer enzymatischen Reaktion $v_o(1)$, $v_o(2)$, $v_o(3)$ sind Anfangsgeschwindigkeiten unter unterschiedlichen Umsetzungsbedingungen, z. B. für verschiedene Enzymkonzentrationen

$$K_M = \frac{k_{-1} + k_{+2}}{k_{+1}} .$$

Die Bedeutung von K_M wird deutlich, wenn $S = K_M$ und damit $v_o = 1/2\ v_{max}$ ist. Das heißt, K_M ist diejenige Substratkonzentration, bei der die Reaktionsgeschwindigkeit den halbmaximalen Wert erreicht (Abb. 23).

Der K_M-Wert charakterisiert die *Affinität* zwischen Enzym und Substrat. Wenn K_M und v_{max} bekannt sind, kann die Reaktionsgeschwindigkeit v_o eines Enzyms bei jeder vorgegebenen Substratkonzentration berechnet werden.

Ein geringer K_M-Wert entspricht einer hohen Affinität. Für Substratkonzentrationen $S \ll K_M$ ist die Reaktionsgeschwindigkeit der Substratmenge direkt proportional (Reaktion erster Ordnung); für hohe Konzentrationen $S \gg K_M$ ist die Reaktion dagegen von nullter Ordnung und nicht mehr von der Substrat-

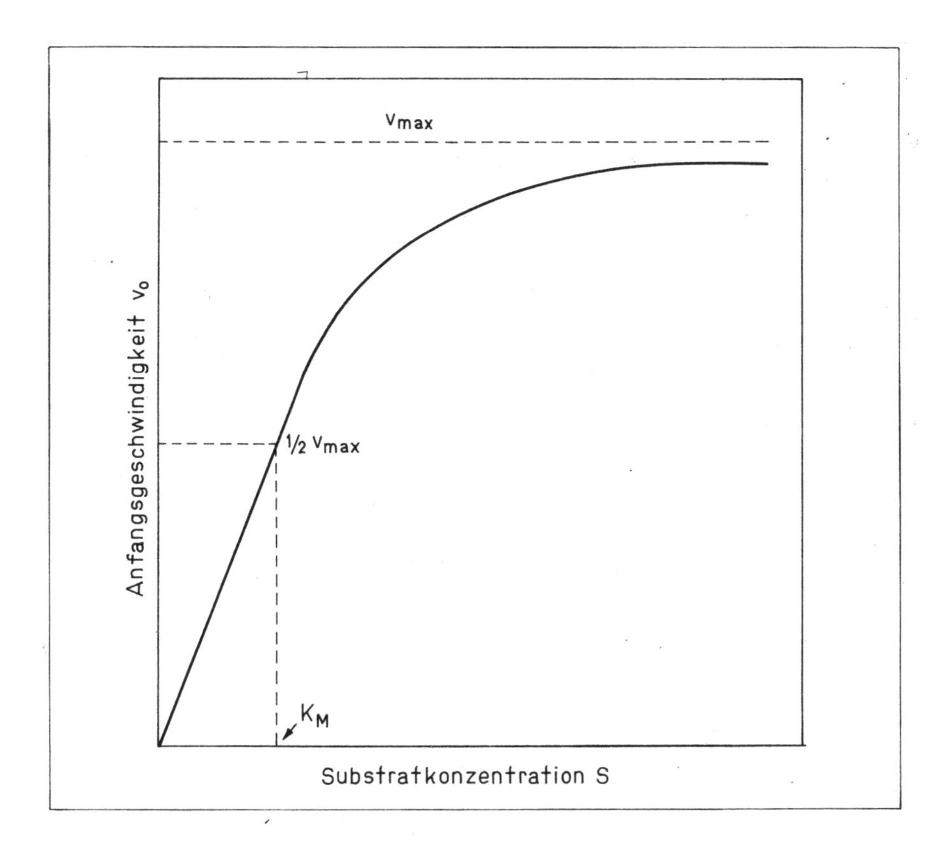

Abb. 23. Einfluß der Substratkonzentration auf die Anfangsgeschwindigkeit v_o einer enzymkatalysierten Reaktion und Ableitung der MICHAELIS-Konstante K_M

konzentration, sondern nur noch von der Enzymreaktion abhängig. Zur Ermittlung von K_M und v_{max} wie auch von Hemmkonstanten ist es vorteilhaft, die MICHAELIS-MENTEN-Beziehung zu transformieren, so daß lineare Abhängigkeiten zwischen S und v_o entstehen und graphisch ausgewertet werden können. Dazu eignet sich beispielsweise die *Lineweaver-Burk-Gleichung,* in die die reziproken Werte von v_o und S eingehen:

$$\frac{1}{v_o} = \frac{1}{v_{max}} \left(1 + \frac{K_M}{S}\right).$$

Aus einem entsprechenden Diagramm ergeben sich K_M und v_{max} an den Schnittpunkten der Geraden mit der Abszisse bzw. Ordinate (Abb. 24).

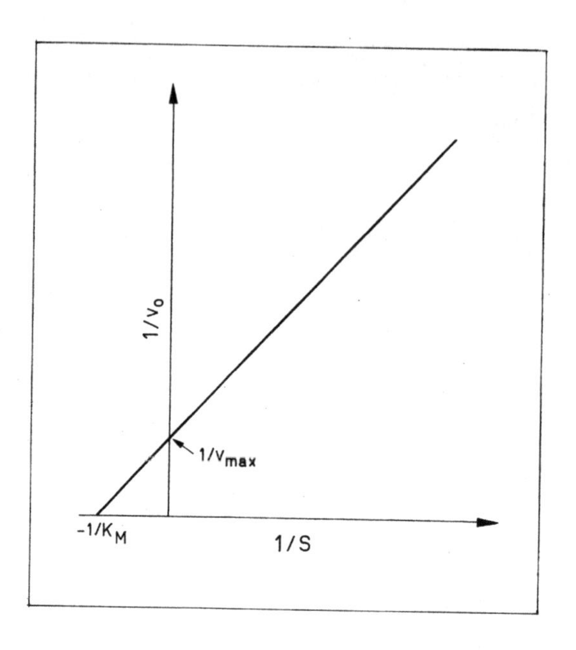

Abb. 24. Graphische Ermittlung der MICHAELIS-Konstante K_M und der Maximalgeschwindigkeit v_{max} nach LINEWEAVER und BURK

2.3.1.6. Enzymaktivität und Enzymkonzentration

Außer K_M und v_{max} sind die *Turnover-Zahl* (molare Aktivität) und die *spezifische Aktivität* weitere wichtige Parameter zur Charakterisierung von Enzymreaktionen. Beide werden unter der Bedingung der Substratsättigung bestimmt. Für hochgereinigte Enzyme gibt die Turnover-Zahl die Anzahl der Substratmoleküle an, die pro Zeiteinheit von einem einzelnen Enzymmolekül (oder einem einzelnen aktiven Zentrum) umgesetzt werden. Eines der schnellsten Enzyme, die Katalase, hat eine Turnover-Zahl von $2 \cdot 10^5$/s.

Die spezifische Aktivität von Enzymen wird in Einheiten (Units) pro Milligramm Protein angegeben. Eine Internationale Einheit (IU) ist diejenige Enzymmenge, die unter Standardbedingungen pro Minute 1 µmol Produkt bildet bzw. 1 µmol Substrat verbraucht. Die Basiseinheit ist ein *Katal,* es entspricht der Enzymmenge, die 1 mol Substrat pro Sekunde umsetzt:

$$1 \text{ Katal} = 6 \cdot 10^7 \text{ IU},$$

$$1 \text{ IU} = 16{,}67 \text{ nkat}.$$

Vielfach wird die Internationale Einheit nur mit U anstelle von IU angegeben.

Zur quantitativen Bestimmung der Enzymaktivität werden die Anfangsgeschwindigkeiten bei verschiedenen Enzymkonzentrationen im günstigsten Temperaturbereich (25 – 37 °C) und bei optimalem pH-Wert sowie einer Substratkonzentration nahe der Enzymsättigung gemessen. Die Enzymaktivität ist in einem bestimmten Bereich meist der Enzymkonzentration proportional. Aus dem linearen Teil der Auftragung kann die Enzymaktivität einer unbekannten Probe ermittelt werden.

2.3.1.7. pH- und Temperaturoptimum

Jedes Enzym besitzt ein charakteristisches pH-Optimum, bei dem seine Aktivität maximal ist. In diesem Bereich befinden sich wichtige Protonen-Donor- oder Protonen-Akzeptorgruppen im aktiven Zentrum des Enzyms im funktionell benötigten Ionisationszustand. Im ungünstigen pH-Bereich wird kein Substrat mehr gebunden und bei extremen pH-Werten das Enzym oft irreversibel denaturiert. Das pH-Optimum hängt von der Zusammensetzung des Mediums, der Temperatur und der Enzymstabilität im sauren bzw. basischen Milieu ab. Die pH-Beständigkeit muß mit dem pH-Optimum der Reaktionsgeschwindigkeit nicht unbedingt übereinstimmen.

Wie bei allen chemischen Reaktionen nimmt die Geschwindigkeit der enzymkatalysierten Reaktion mit der Temperatur zu (Faktor 1,4 bis 2,0 pro 10 K), wobei die Temperaturbeständigkeit des jeweiligen Enzyms eine Grenze setzt. Das Temperaturoptimum kann daher sehr unterschiedlich sein und zwischen 30 und 80 °C liegen.

2.3.1.8. Hemmung von Enzymreaktionen

Die Funktionstüchtigkeit von Biosensoren auf Enzymbasis wird durch Hemmstoffe des jeweiligen Enzyms stark beeinträchtigt. Die Hemmung kann *reversibel* sein oder *irreversibel* zu einer permanenten Inaktivierung des Enzyms führen.

Inhibitoren, die dem Substrat eines Enzyms strukturell ähneln, können im aktiven Zentrum gebunden werden und mit dem Substrat konkurrieren (*kompetitive Hemmung*). Wenn sich ein Inhibitor nicht nur am freien Enzym, sondern auch an den Enzym-Substrat-Komplex bindet, wird in der Regel durch Veränderung der Raumstruktur des Enzyms das aktive Zentrum deformiert und seine Funktion beeinträchtigt; Substrat und Inhibitor konkurrieren in diesem Fall nicht miteinander (*nichtkompetitive Hemmung*). Eine Raumstrukturänderung, z. B. durch Ca^{++}- oder Mg^{++}-Anlagerung, kann allerdings mit einer Aktivierung einhergehen. Kompetitive und nichtkompetitive Hemmung wirken sich unterschiedlich auf die Enzymkinetik aus. Die Unterschiede sind an folgenden Kriterien zu erkennen: Ein kompetitiver Hemmstoff verändert nicht

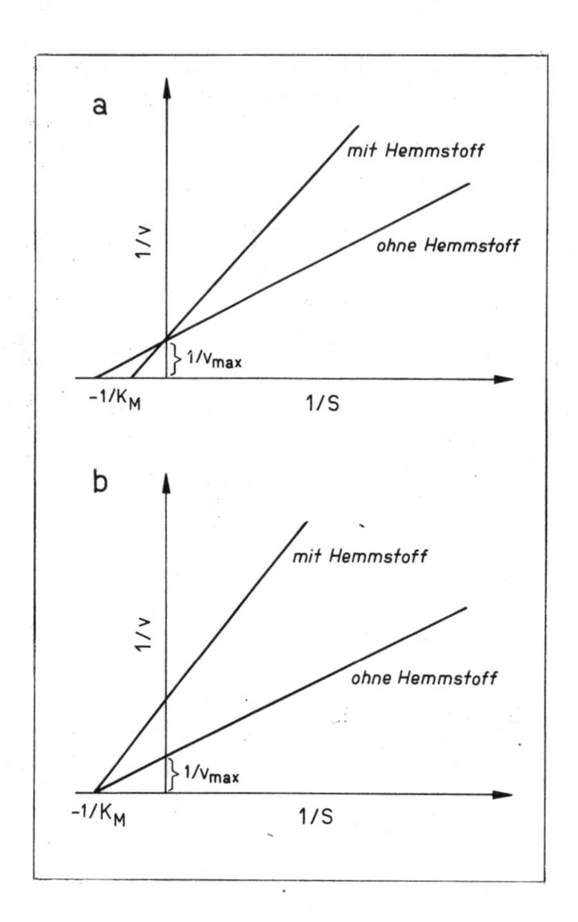

Abb. 25. Kinetik enzymkatalysierter Reaktionen bei a) kompetitiver und b) nichtkompetitiver Hemmung

v_{max}, erhöht aber K_M (Abb. 25a); ein nichtkompetitiver Hemmstoff läßt hingegen K_M unverändert, verringert aber v_{max} (Abb. 25b). Bei einigen Enzymen, z. B. Invertase, tritt auch eine Hemmung der enzymatischen Reaktion durch hohe Produktkonzentrationen (Produkthemmung) auf.

2.3.1.9. Isoenzyme und allosterische Enzyme

Viele Enzyme treten in mehr als einer molekularen Form auf. Diese *Isoenzyme* katalysieren die gleiche Reaktion, haben aber unterschiedliche kinetische Eigenschaften (K_M- bzw. v_{max}-Werte) und Aminosäuresequenzen. Ihre strukturellen Abweichungen sind also genetisch bedingt. So sind die Isoenzyme der Lactatdehydrogenase (LDH) zwar alle aus vier Untereinheiten aufgebaut, aber es existieren zwei verschiedene Polypeptidketten, und zwar der „Muskel(M)-Typ" und der „Herz(H)-Typ" mit unterschiedlicher Aminosäuresequenz. Es ergeben sich somit mehrere Möglichkeiten der Bildung von LDH-Isoenzymen (M_4, M_3H_1, M_2H_2, M_1H_3 und H_4). Hohe LDH-H_4-Aktivitäten im Serum weisen z. B. auf eine Schädigung des Herzgewebes hin.

Allosterische Enzyme sind oligomere Proteine, die anstelle der „normalen" hyperbelförmigen Abhängigkeit der Reaktionsgeschwindigkeit von der Substratkonzentration (klassische Michaelis-Menten-Kinetik) einen sigmoiden Kurvenverlauf zeigen: Die Umsatzgeschwindigkeit steigt bei Erhöhung der Substratkonzentration wenig, dann jedoch bis in die Nähe der Maximalgeschwindigkeit stark an. Die molekulare Ursache für dieses Verhalten liegt darin, daß außer dem katalytisch wirkenden Zentrum auf der gleichen oder einer anderen Untereinheit noch ein *regulatorisches allosterisches* Zentrum vorhanden ist. Mit diesem kann ein Effektor, z. B. ein Endprodukt der enzymatischen Umsetzung („feedback"-Prinzip), in Wechselwirkung treten. Über dadurch ausgelöste Konformationsänderungen wird ein hemmender oder fördernder Einfluß auf die Funktion des katalytischen Zentrums ausgeübt. Ein allosterisches Enzym kann dabei von einem spezifischen Effektor (monovalent) oder von mehreren Effektoren (poly-, multivalent) reguliert werden. Neben der reversiblen Wechselwirkung ist auch die kovalente Effektorbindung möglich. Auf Grund dieser Eigenschaften ist die Verwendung allosterischer Enzyme für Biosensoren problematisch.

2.3.2. Antikörper-Antigen-Wechselwirkung

Antikörper (Ak) sind hochmolekulare lösliche Proteine (*Immunoglobuline*), die als Antwort des Organismus auf eingedrungene körperfremde Stoffe (*Antigene,* Ag) gebildet werden und mit ihnen einen immunchemischen Komplex bilden:

$$\mathrm{Ak} + \mathrm{Ag} \rightleftharpoons \mathrm{AkAg}.$$

Die Immunoglobuline werden in Klassen eingeteilt (IgG, IgM, IgA, IgD und IgE), die sich in Molekulargewicht und Eigenschaften unterscheiden. Jedes Immunoglobulin besteht aus zwei „leichten" und zwei „schweren", also insgesamt vier Peptidketten, die durch Disulfidbindungen miteinander verknüpft sind. Das Antikörper-Molekül hat die Form eines beweglichen Y, an dessen Gabelspitzen sich je eine Bindungsstelle für Antigene befindet. Die Bindung von Antigenen und Antikörper erfolgt wie zwischen Enzym und Substrat nach dem Schlüssel-Schloß-Schema. Sie wird von relativ schwachen nichtkovalenten Kräften, wie H-Brücken, hydrophoben bzw. VAN-DER-WAALS-Kräften und ionischen Wechselwirkungen, bestimmt. Die Stärke der Wechselwirkung wird durch die *Affinitätskonstante* K ausgedrückt. Diese gibt die reziproke

Konzentration an freiem Antigen an, die benötigt wird, um die Hälfte der Antigen-Bindungsstellen des Antikörpers zu besetzen. Für K werden allgemein Werte von $5 \cdot 10^4$ bis 10^{12} l/mol erreicht.

Die Antigen-Antikörper-Bindung ist zwar hochspezifisch und damit für die Konstruktion entsprechender Biosensoren sehr attraktiv, aber die direkte Messung dieser Wechselwirkung ist heute noch problematisch. Daher arbeiten die meisten Biosensoren mit Antigen-Antikörper-Erkennung nach dem Prinzip des Enzymimmunoassays [MATTIASSON 1977, GEBAUER und RECHNITZ 1982]: Es wird eine bekannte Menge Antigen, an das ein Enzym chemisch gekoppelt ist, zu einer Probe unbekannter Antigenkonzentration gegeben. Wenn dieses Gemisch mit Antikörpern reagiert, konkurrieren enzymmarkierte und nicht markierte Antigene um die Bindungsstellen der Antikörper. Je mehr Antigen in der unbekannten Probe enthalten war, desto geringer ist der Anteil von enzymmarkiertem Antigen im Antigen-Antikörper-Komplex. Nach Entfernen der nichtgebundenen Antigene kann die Menge der enzymmarkierten gebundenen Antigene über den Substratumsatz des Enzyms ermittelt werden. Zu den am häufigsten verwendeten Indikatorenzymen gehören Meerrettichperoxidase und alkalische Phosphatase. Aber auch Urease und Desaminasen werden in Immunosensoren verwendet [MEYERHOFF und RECHNITZ 1979, GEBAUER und RECHNITZ 1982].

2.3.3. Relaiswirkung von Rezeptoren

Biologische *Rezeptoren* sind Eiweißmoleküle, die eine hohe spezifische Affinität für Hormone, Antikörper, Enzyme und andere biologisch aktive Verbindungen besitzen und meist an die Zellmembran gebunden sind. Ihre Funktionsweise ist dadurch gekennzeichnet, daß eine erfolgte Wechselwirkung anderen Molekülen in der Zelle signalisiert wird und dort Folgereaktionen ausgelöst werden. Am besten untersucht sind gegenwärtig Hormonrezeptoren. Viele Hormone, z. B. Insulin, Glucagon, Adrenalin, die ins Blut ausgeschüttet werden, dringen nicht in die Zellen ein, sondern reagieren an der Zelloberfläche mit spezifischen Rezeptoren, die oft in enorm großer Anzahl vorhanden sind. So befinden sich auf einer einzigen Fettzelle von etwa 50 μm Durchmesser allein 160 000 Insulin-Rezeptoren, also etwa 20 Rezeptoren/μm^2. Die Rezeptormoleküle durchdringen zumeist die Zellmembranen und sind auf deren Innenseite vielfach mit einem Enzymmolekül gekoppelt. Eine Konformationsänderung des Rezeptormoleküls infolge Hormonbindung kann direkt zum Enzym übermittelt werden und dessen Aktivierung bewirken. So reagiert beispielsweise der Adrenalin-Rezeptor auf der Oberfläche der Leberzellen mit Adrenalin, das im Mark der Nebennierenrinde gebildet und in Streßsituationen ins Blut abgegeben wird. Durch die daraus resultierende Konformationsänderung des Rezeptormoleküls wird assoziierte Adenylatzyklase aktiviert, die in das Innere der

Zelle reicht und energiereiches Adenosintriphosphat (ATP) in zyklisches Adenosinmonophosphat (cAMP) umwandelt. Das cAMP initiiert dann die Phosphatgruppenübertragung von ATP auf andere Enzyme durch Proteinkinase und setzt damit eine Reihe von Enzymreaktionen in Gang, was zu einem lawinenartigen Anwachsen aktivierter Enzyme führt. Letztlich hat ein einziges Adrenalinmolekül mehrere tausend Enzymmoleküle am Ende dieser „Enzymkaskade" angeregt, die ihrerseits in Sekundenschnelle aus gespeichertem Glykogen etwa drei Millionen Glucosemoleküle freisetzen. Nahezu schlagartig wird also enzymatisch ein äußerst schwaches chemisches Signal millionenfach verstärkt und entsprechend schnell die Zuckerreserve des Körpers mobilisiert.

Neben Hormonrezeptoren sind Geschmacks- und Geruchsrezeptoren typische Beispiele für dieses biospezifische Erkennungsprinzip. Es wird angenommen, daß es zwanzig bis dreißig primäre Gerüche gibt, deren verursachende Moleküle nach Bindung an „ihre" Rezeptorproteine Konformationsänderungen hervorrufen, die zur Depolarisation eines Teils der Nervenzellenmembranen führen und ein Aktionspotential initiieren.

Einen anderen Typ von Rezeptoren verkörpern die Lichtrezeptoren. Die Retina des menschlichen Auges enthält über 10^8 dichtgepackte Rezeptorzellen. Hier werden biochemische Reaktionen nicht durch Bindung chemischer Substanzen, sondern durch *Lichtquanten,* und zwar des Rhodopsinmoleküls, ausgelöst, die nachfolgend enzymatisch verstärkt und über eine Änderung des Membranpotentials von Nervenzellen in elektrische Impulse umgewandelt werden. Das Protein Bakteriorhodopsin der salztoleranten Halobakterien wird wegen seiner lichtabsorbierenden chemischen Gruppe als aussichtsreiches Modell für Photorezeptoren intensiv untersucht. Ein einziges Photon genügt, um eine Konformationsänderung des Eiweißes zu bewirken und zwei Protonen aus dem Innenraum der Zelle nach außen zu transportieren. Durch diese „Protonenpumpe" ergibt sich ein Protonen- und Spannungsgradient an der Zellmembran, der die Produktion von energiereichem ATP antreibt.

Die Erforschung der Struktur und Funktionsweise von membrangebundenen Rezeptoren und damit auch ihrer biotechnologischen Nutzungsmöglichkeit steckt im Vergleich zu den Enzymen noch in den Anfängen. Eine analoge Klassifizierung, etwa nach Erkennungsmechanismen oder „Spezifitäten", ist noch nicht abzusehen. Aber jeder Fortschritt auf diesem Gebiet dürfte auch für die Konstruktion von neuen Biosensoren auf Rezeptorbasis Impulse liefern.

2.4. Immobilisierung der Rezeptorkomponente in Biosensoren

Um Enzyme, Zellen, Antikörper und andere biologisch aktive Agenzien für die Substanzanalyse wiederholt verwenden zu können, sind Techniken zu ihrer Fixierung an Trägerstoffe entwickelt worden. Darüber hinaus ergibt sich besonders durch die Immobilisierung von Enzymen eine Reihe weiterer Vorteile für den analytischen Einsatz [CARR und BOWERS 1980]:

1. Die Stabilität des Enzyms wird meist erhöht.
2. Das System Enzym-Träger kann leicht von der zu analysierenden Lösung abgetrennt werden, ohne diese durch Bestandteile der Enzympräparation zu kontaminieren.
3. Durch die lange anhaltende und weitgehend gleichbleibende Enzymaktivität kann das immobilisierte Enzym zu einem integrierten Bestandteil des analytischen Instruments werden.

2.4.1. Immobilisierungsmethoden

Die Methoden zur Immobilisierung biologisch aktiver Agenzien umfassen physikalische und chemische Methoden sowie ihre Kombination. Zu den *physikalischen* Methoden gehören vorrangig die *Adsorption* an wasserunlöslichen Trägern und der *Einschluß* in wasserunlösliche polymere Gele. Die Immobilisierung auf *chemischem* Wege erfolgt durch kovalente Kopplung an derivatisierte wasserunlösliche Träger oder durch intermolekulare Vernetzung der Biomoleküle (Abb. 26). Typische Beispiele für die unterschiedlichen Immobilisierungsmethoden werden im Zusammenhang mit dem Glucosesensor (3.1.1.) beschrieben.

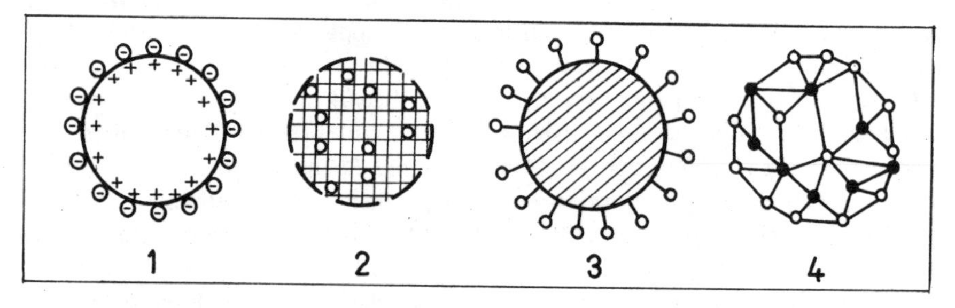

Abb. 26. Schematische Darstellung der in Biosensoren benutzten Immobilisierungsmethoden
o – Enzymmolekül, ● – Vernetzermolekül, 1 – Adsorption, 2 – Geleinschluß, 3 – kovalente Bindung an die äußere Oberfläche, 4 – Vernetzung

Jede dieser Methoden weist eine Vielzahl von Varianten auf, deren Eignung für eine bestimmte Zielstellung zumeist noch empirisch ermittelt wird. Es gibt jedoch eine Reihe genereller Aspekte, die im folgenden kurz dargelegt werden.

2.4.1.1. Adsorption

Die Adsorption von Biomolekülen an wasserunlöslichen Materialien ist die einfachste Methode der Immobilisierung. Dazu wird lediglich eine wäßrige Lösung der betreffenden Biomoleküle mit aktivem Material eine Zeitlang in Kontakt gebracht. Danach werden die nicht adsorbierten Moleküle abgewaschen. Als aktive Materialien fungieren anionische und kationische Ionenaustauscherharze, Aktivkohle, Silicagel, Tone, Aluminiumoxid, poröse Gläser und Keramik. Das Trägermaterial soll über eine hohe Affinität und Kapazität für das Biomolekül verfügen; letzteres muß im adsorbierten Zustand aktiv bleiben. Der Träger sollte weder Reaktionsprodukte noch Hemmstoffe des Biomoleküls adsorbieren.

Da die Adsorption eines Proteins an einer Oberfläche im Prinzip ein reversibler Prozeß ist, können Änderungen von pH-Wert, Ionenstärke, Substratkonzentration, Temperatur usw. dazu führen, daß die Bindung zum Träger gelöst wird („Ausbluten") [CARR und BOWERS 1980]. Ein Vorteil der Adsorption ist neben der einfachen Ausführbarkeit, daß unphysiologische Kopplungsbedingungen und Enzym- bzw. zellschädigende Einflüsse von Chemikalien entfallen. Aktivitätsverluste treten deshalb bei dieser schonenden Bindungsmethode kaum ein.

2.4.1.2. Geleinschluß

Durch Einschluß in polymere Gele können die Biomoleküle daran gehindert werden, aus dem Reaktionsraum herauszudiffundieren, während kleine Substrat-, Produkt- und Effektormoleküle leicht permeieren. Der Geleinschluß erfolgt ähnlich schonend wie die Adsorption, d. h. die Biomoleküle werden nicht kovalent an die Matrix oder Membran gebunden bzw. vernetzt. Diese Methode hat daher eine breite Anwendung gefunden. Am häufigsten benutzte Matrices sind Alginat, Carageenan, Kollagen, Zellulosetriacetat, Polyacrylamid, Gelatine, Agar, Silicongummi, Polyvinylalkohol und Präpolymere, die durch Wasserzugabe (z. B. Polyurethane) oder durch Licht endvernetzt werden.

2.4.1.3. Kovalente Kopplung

Um Biomoleküle, z. B. Enzyme und Antikörper, kovalent an Träger zu koppeln, kann entweder das gelöste Protein mit einem durch Funktionalisierung aktivierten wasserunlöslichen Träger umgesetzt oder mit einem reaktiven Monomer copolymerisiert werden. An der Reaktion sollten nur diejenigen Gruppen des Biomoleküls beteiligt sein, die nicht für das Zustandekommen seiner biologischen Aktivität verantwortlich sind. Chemisch reaktive Angriffspunkte eines Proteins können Aminogruppen, Carboxylgruppen, Phenolreste des Tyrosins, Sulfhydrylgruppen und die Imidazolgruppe des Histidins sein. Die Immobilisierung des Biomoleküls erfolgt in drei Stufen: Aktivierung des Trägers, Kopplung des Biomoleküls, Entfernung adsorptiv gebundener Biomoleküle. Nachteile der kovalenten Kopplung sind häufig Aktivitätsverluste. Als Träger werden wasserunlösliche Polysaccharide (Zellulose, Dextran, Agarosederivate) und hochmolekulare Proteine (Kollagen, Gelatine, Albumin) wie auch synthetische Polymere (Ionenaustauscherharze, Polyvinylchlorid) und anorganisches Material (poröses Glas) benutzt.

2.4.1.4. Vernetzung

Biopolymere können durch bifunktionelle oder multifunktionelle Reagenzien *intermolekular* vernetzt werden. Dafür existieren verschiedene Varianten: So können z. B. die Proteinmoleküle einer Probe nur miteinander oder aber mit einem anderen, funktionell inerten Protein (z. B. Albumin oder Gelatine) verknüpft werden. Es ist auch möglich, die Biomakromoleküle zuerst an wasserunlöslichen Trägern zu adsorbieren oder in Gele einzuschließen und danach zu vernetzen. Als bifunktionelle Reagenzien werden u. a. Glutaraldehyd, bis-Isocyanatderivate und bis-Diazobenzidin eingesetzt.

Vorzüge der Vernetzung sind die einfache Handhabung und die feste chemische Bindung der Biomoleküle. Ferner ermöglicht die Wahl des Vernetzungsgrades eine Beeinflussung der physikalischen Eigenschaften und der Partikelgröße. Der Hauptnachteil der Methode besteht darin, daß Aktivitätsverluste durch chemische Veränderungen am biologischen Wirkort der Proteine eintreten können.

2.4.2. Immobilisierungseffekte in Biosensoren

Für Biosensoren sind sowohl aus ökonomischen Gründen als auch im Interesse einer hohen Empfindlichkeit und Funktionsstabilität Immobilisierungsmethoden mit einer großen Aktivitätsausbeute wünschenswert. Darauf haben verschiedene Faktoren Einfluß, die bei der Herstellung der Biokomponente des Sensors zu berücksichtigen sind.

Ein Ausdruck für die biokatalytische Leistung eines immobilisierten Enzyms ist seine *meßbare Aktivität.* In homogener Lösung nimmt die Anfangsgeschwindigkeit der Substratumsetzung linear mit der Enzymkonzentration zu. Nur bei extrem großen Umsatzraten wird die Reaktionsgeschwindigkeit durch die Substratdiffusion beeinflußt. Für immobilisierte Enzyme hängt der gemessene Wert der Reaktionsgeschwindigkeit nicht nur von der Substratkonzentration und den kinetischen Konstanten K_M und v_{max}, sondern auch von den sogenannten Immobilisierungseffekten ab. Nach KOBAYASHI und LAIDLER (1974) sind diese Effekte auf folgende Veränderungen des Enzyms bei der Immobilisierung zurückzuführen:

1. Konformationsänderungen des Enzyms durch den Immobilisierungsprozeß

verringern im allgemeinen die Affinität zum Substrat (Erhöhung von K_M). Weiterhin kann eine teilweise Inaktivierung aller bzw. die völlige Desaktivierung eines Teils der Enzymmoleküle (Verringerung von v_{max}) erfolgen. Die Unterscheidung zwischen diesen beiden Fällen der konformationsbedingten Erniedrigung von v_{max} ist durch Resolubilisierung oder Titration des aktiven Zentrums mit einem irreversiblen Inhibitor möglich.

2. Ionische, hydrophobe oder andere Wechselwirkungen zwischen Enzym und Matrix (Milieueinflüsse) können ebenfalls zu einer Veränderung von K_M und v_{max} führen. Dabei handelt es sich im wesentlichen um reversible Effekte, die auf Änderung der Dissoziationsgleichgewichte geladener Gruppen des aktiven Zentrums beruhen.
3. Eine ungleiche Verteilung von Substrat oder Produkt in der Enzymmatrix und der angrenzenden Lösung wirkt sich beim immobilisierten Enzym auf die gemessenen (scheinbaren) kinetischen Konstanten aus.
4. In Biosensoren sind der Biokatalysator und der Signalumwandler räumlich kombiniert, so daß die Enzymreaktion in einer von der Meßlösung getrennten Schicht erfolgt. Durch konvektive Diffusion werden die Substrate aus der Lösung an das Membransystem des Biosensors transportiert. Die Geschwindigkeit dieser äußeren Transportprozesse hängt wesentlich vom Grad der Durchmischung ab. Im Schichtsystem vor dem Transduktor erfolgt der Stofftransport durch Diffusion.
   Langsamer Stofftransport zur und in der Enzymmatrix führt ebenfalls zu unterschiedlichen Konzentrationen der Reaktionspartner in der Meßlösung und in der Matrix. Die Diffusion und die enzymkatalysierte Reaktion verlaufen dabei nicht unabhängig voneinander; beide Prozesse sind vielmehr sehr komplex gekoppelt.

Die Theorie der Kopplung enzymkatalysierter Reaktionen mit Transportprozessen ist für folgende Grenzfälle eingehend behandelt worden [CARR und BOWERS 1980]:

1. Äußere Diffusionslimitierung infolge des Stofftransports durch Schichten, die *vor* der eigentlichen Enzymmembran liegen, z. B. die Diffusionsschicht an der Grenze Lösung/Biosensor und eine semipermeable Membran.
2. Innere Limitierung bei Begrenzung der Geschwindigkeit des Gesamtprozesses durch die Diffusion in der Enzymschicht oder die Enzymreaktion.

Bei den Biosensoren sind die Strömungsverhältnisse meist so gestaltet, daß der Stofftransport aus der Lösung bis zum Membransystem des Sensors schnell gegenüber inneren Diffusionsprozessen abläuft (Ausnahme: Implantierte Sensoren!). Dagegen wird die Variation des Diffusionswiderstandes der (semipermeablen) Dialysemembran gezielt zur Optimierung der Sensorcharakteristik benutzt. Eine semipermeable Membran mit einer Ausschlußgröße von 10 000 Dalton bei 10 μm Dicke beeinflußt die Ansprechzeit und die Empfindlichkeit kaum. Dagegen verursachen dickere Membranen, z. B. aus Polyurethan oder aus geladenen Materialien, erheblich längere Meßzeiten, wobei aber auch eine Erweiterung des linearen Meßbereichs erzielt werden kann.

Für Biosensoren, bei denen am Transduktor kein Verbrauch von Cosubstrat oder Produkt eintritt (z. B. potentiometrische Elektroden, optoelektronische Detektoren), leiteten BLAEDEL et al. (1972) folgende Beziehung für die Produktkonzentration P^d an der Transduktoroberfläche ab:

$$P^d = S^o \frac{D_S}{D_P} (1 - \sec h \sqrt{f_E}) \quad \text{für } S^o \ll K_M,$$

$$\text{mit} \quad f_E = \frac{v_{max} \cdot d^2}{K_M \cdot D_S},$$

$$v_{max} = k_{+2} \cdot E.$$

Danach hängt P^d – sofern die äußere Diffusion nicht limitierend ist – linear von der Substratkonzentration S^o (in der Meßlösung), dem Verhältnis der Diffusionskoeffizienten für Substrat D_S und Produkt D_P sowie nichtlinear von einem Wurzelausdruck ab, der als THIELE-Modulus (bzw. dessen Quadrat als Enzymbeladungsfaktor f_E) bezeichnet wird.

Diese Größe drückt das Verhältnis der Geschwindigkeiten von enzymatischer Reaktion, v_{max}/K_M, zur Diffusion, D_S/d^2 (d – Dicke der Enzymschicht), aus. Sie gibt damit Auskunft darüber, ob in einer Enzymschicht der Gesamtprozeß durch die Enzymkinetik oder die Diffusion des Substrates bestimmt wird. Bei Enzymbeladungsfaktoren $f_E < 25$ spricht man von *kinetischer Kontrolle.* Hier sinkt die Substratkonzentration an keinem Punkt der Enzymschicht auf Null, d. h. in einem Enzymsensor ist das Signal vor allem eine Funktion der „aktiven Enzymkonzentration". Deshalb üben Effektoren (Aktivatoren, Hemmfaktoren einschließlich H^+ oder OH^-) und die Enzymbeladung, d. h. die Enzymmenge vor dem Transduktor, aber auch die zeitabhängige Inaktivierung einen direkten Einfluß auf das Meßsignal aus.

Bei Sensoren mit *innerer Diffusionskontrolle* gilt $f_E > 25$. Hier werden alle Substratmoleküle, die die Enzymschicht erreichen, umgesetzt; das Enzym wird also nicht vollständig „ausgelastet". Diffusionskontrollierte Sensoren zeigen folgende Charakteristika:

1. Zeitlich konstante Empfindlichkeit, solange eine „Enzymreserve" vorhanden ist;
2. weitgehende Unabhängigkeit der Empfindlichkeit von Inhibitoren und pH-Schwankungen;
3. geringer Temperatureinfluß; die Aktivierungsenergie der Diffusion ist kleiner als die für die Enzymkatalyse.

Bei sehr hohen Substratkonzentrationen ($S^o \gg K_M$) erreicht die Geschwindigkeit der Enzymreaktion den Grenzwert v_{max}. Deshalb nimmt auch das Signal des Enzymsensors den konzentrationsunabhängigen Wert an, der der Produktkonzentration P^d an der Transduktoroberfläche entspricht:

$$P^d = \frac{v_{max} \cdot d^2}{2\, D_P} .$$

Für amperometrische Enzymelektroden, wo entweder das Reaktionsprodukt oder ein Cosubstrat an der Elektrode umgesetzt werden, sind analoge Beziehungen für die Sensorcharakteristik abgeleitet worden [CARR und BOWERS 1980; Beispiele zur Modellierung s. Kap. 2.5.].

Für Aufbau und Funktion eines Biosensors ("sensor design") können aus der Analyse der Kopplung von Enzymreaktion und Stofftransport folgende Schlußfolgerungen gezogen werden:

1. Die Substratkonzentration, bei der Abweichungen vom analytisch nutzbaren linearen Meßbereich eintreten, hängt vom Anteil der Diffusionslimitierung ab. Bei kinetischer Kontrolle ist – entsprechend der MICHAELIS-MENTEN-Beziehung – eine lineare Abhängigkeit nur für Substratkonzentrationen unterhalb von K_M zu erwarten. Bei Diffusionskontrolle erniedrigt die zu langsame Substratdiffusion die Substratkonzentration in der Enzymschicht, so daß ein größerer linearer Meßbereich resultiert. Dabei ist zu berücksichtigen, daß Abweichungen von der Linearität bei Zweisubstratreaktionen auch durch den Verbrauch des Cosubstrates hervorgerufen werden können.
2. Die Empfindlichkeit des kinetisch limitierten Sensors nimmt bei niedriger Enzymkonzentration linear mit v_{max} zu. Werden also mehrere identische Enzymschichten übereinander vor dem Transduktor angeordnet, dann erhöht sich das Meßsignal entsprechend. Wenn die Enzymmenge für die vollständige Substratumsetzung in der Enzymschicht ausreicht, erfolgt der Übergang zur Diffusionskontrolle. Unter diesen Bedingungen führt die Herabsetzung des Diffusionswiderstandes bei Verringerung der Schichtdicke zu einer erhöhten Empfindlichkeit. Trotzdem besitzt eine membranbedeckte Enzymelektrode nur 10 bis 50 % der Empfindlichkeit einer „nackten" Elektrode für einen analogen elektrodenaktiven Stoff.
3. Ein diffusionslimitierter Enzymsensor gewährleistet eine höhere Funktionsstabilität durch die in der Membran vorhandene Enzymreserve. Mit solchen Sensoren werden 2 000 bis 10 000 Messungen je Enzymmembran erreicht, während kinetisch kontrollierte Sensoren nur etwa 200 bis 500 Messungen erlauben.
4. Die Ansprechzeit wird durch das Verhältnis d^2/D_P bestimmt. Mit „trägheitslosen" Transduktoren (z. B. amperometrischen Elektroden) wird das stationäre Signal in einer Zeitspanne von fünf Sekunden bis zu einigen Minuten erreicht.

Zusammenfassend ist festzustellen, daß sich durch eine hohe Enzymaktivität in einer dünnen Schicht ein Optimum an Sensitivität und Kürze der Meßdauer erzielen läßt.

2.4.3. Beispiele für die Charakterisierung des immobilisierten Enzyms in Biosensoren

2.4.3.1. Wiederfindung der Enzymaktivität

Um die Effektivitäten unterschiedlicher Immobilisierungsmethoden miteinander zu vergleichen, ist es zweckmäßig, den nach der Immobilisierung verbleibenden Teil der Enzymaktivität zu bestimmen. Während die Messung der „scheinbaren" Aktivität der intakten Enzymmembran durch Immobilisierungseffekte verfälscht wird, liefert die Ermittlung der verbleibenden Enzymaktivität nach Wiederauflösen der Membran einen realeren Wert.

Für Glucoseoxidase (GOD)–Membranen wird die Restaktivität aus der Anfangsgeschwindigkeit der H_2O_2-Bildung in 5 mmol/l Glucoselösung bei 37 °C mit einer auf +600 mV polarisierten Pt-Elektrode bestimmt, nachdem definierte Teile der resolubilisierten Membran zugesetzt worden sind. Wenn das Enzym in unvernetzte Gelatine eingebettet ist, werden nach Immobilisierung und Resolubilisierung 70 bis 90 % der Ausgangsaktivität gefunden. Die GOD-Membran wird dazu in 0,05 mol/l Phosphatpuffer, pH 5,5, bei 40 °C aufgelöst [SCHELLER et al. 1988].

Der Einschluß der GOD in photopolymerisiertes Polyacrylamid ergibt noch 22 % der ursprünglichen Aktivität. Bei einer an Seide mit Rinderserumalbumin (RSA) durch Glutaraldehyd vernetzten Schicht werden nur noch etwa 3 % festgestellt. Die hohe Restaktivität in der Gelatine belegt die schonenden Bedingungen dieser Immobilisierungsmethode und die stabilisierende Wirkung des „nativen Milieus". Selbst mit dem sehr instabilen Cytochrom P-450-System bleiben bei Einschluß von Lebermikrosomen [SCHUBERT und SCHELLER 1988] in Gelatine 60 % der eingesetzten Aktivität erhalten. Dagegen weist die Aktivitätsabnahme der GOD in Polyacrylamid auf eine Desaktivierung des Enzyms durch die aggressiveren „Starterreagenzien" der Photopolymerisation hin. Die niedrige Restaktivität bei Vernetzung mit Glutaraldehyd ist wahrscheinlich auf eine unvollständige Resolubilisierung zurückzuführen. MALPIECE et al. (1981) erhalten nach der gleichen Methode ohne Seideträger eine Restaktivität von 75 %.

2.4.3.2. Effektivitätsfaktor

Die Bestimmung der Anfangsgeschwindigkeit der Produktbildung oder des Substratverbrauchs in der Meßzelle unter Verwendung der intakten Membran oder des gesamten Sensors liefert ein Maß für die im Meßvorgang wirksame Enzymaktivität. Der Vergleich mit der Restaktivität ergibt den „Überschuß" an Enzym.

Mit GOD-Elektroden kann die Anfangsgeschwindigkeit v_2 der H_2O_2-Akkumulation in einer Doppelmeßzelle (Abb. 27) nach SCHELLER et al. (1983b), die mit luftgesättigter Pufferlösung gefüllt ist, nach Zugabe von Glucose bestimmt werden. Eine enzymfreie, auf +600 mV polarisierte Elektrode zeigt die Geschwindigkeit der H_2O_2-Akkumulation an; die andere Elektrode wird mit der GOD-Membran versehen, jedoch nicht an ein Meßgerät angeschlossen, so daß das entstehende H_2O_2 bei Glucosezugabe in die Meßzelle diffundiert.

Abb. 27. Konstruktion einer Doppelmeßzelle
(Bei der Bestimmung der scheinbaren Aktivität der GOD-Elektrode wird die Geschwindigkeit v_2 der H_2O_2-Akkumulation in der Meßzelle mit einer enzymfreien, auf +600 mV polarisierten Elektrode angezeigt. Im Gegensatz dazu wird bei Glucosemessungen das zur Elektrode diffundierende H_2O_2 erfaßt und in der kurzen Meßzeit nur eine vernachlässigbar kleine H_2O_2-Menge in die Meßzelle transportiert.)

Mit Gelatinemembranen, die zwischen zwei Dialysemembranen eingeschlossen sind, entspricht die H_2O_2-Bildung bei einer Enzymkonzentration von 46 U/cm^2 nur 110 mU/cm^2, d. h. weniger als 1 % der eingesetzten Enzymaktivität

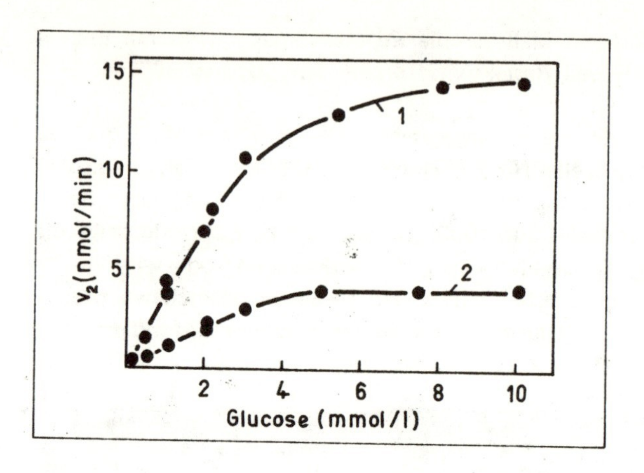

Abb. 28. Konzentrationsabhängigkeit der H_2O_2-Akkumulation v_2 in der Meßzelle als Maß der scheinbaren Enzymaktivität der in Gelatine eingeschlossenen GOD. Die zur Meßlösung exponierte Fläche beträgt 0,13 mm^2. Die Enzymschicht ist zwischen zwei Dialysemembranen eingeschlossen.
Meßlösung: 66 mmol/l Phosphatpuffer; pH 7,0; 25 °C;
GOD-Beladung: 1 – 46 U/cm^2, d. h. 6 U je Elektrode;
2 – 46 mU/cm^2, d. h. 6 mU je Elektrode.

(Abb. 28). Das Ergebnis weist einen hohen Enzymüberschuß aus. Die Membran arbeitet also unter *Diffusionskontrolle.* Die niedrige scheinbare Aktivität ist vor allem auf den Diffusionswiderstand der Dialysemembran für Glucose zurückzuführen. Andererseits beträgt die gemessene Aktivität der Membran bei 46 mU/cm^2 GOD schon etwa 70 % der zur Immobilisierung eingesetzten Ausgangsaktivität. Dieser Wert liegt also nahe bei dem für eine rein *kinetische Kontrolle* des Gesamtvorganges [SCHELLER et al. 1983a].

Ein Vergleich der scheinbaren Aktivitäten von Enzymmembranen mit eingeschlossenen oder kovalent fixierten Enzymen sowie direkt an der Elektrodenoberfläche adsorbierten oder fixierten Enzymen ist in Tabelle 5 dargestellt. Daraus kann gefolgert werden, daß mit den unterschiedlichen Immobilisierungsverfahren etwa gleich große scheinbare Aktivitäten erzielt werden. Der Vorteil der direkten Fixierung auf der Transduktoroberfläche liegt in dem niedrigen Diffusionswiderstand der monomolekularen Enzymschicht. Dagegen haben Enzymmembranen infolge des Enzymüberschusses meist eine höhere Funktionsstabilität.

Tabelle 5
Scheinbare Enzymaktivitäten und K_M-Werte von Adsorptionsschichten und Enzymmembranen

Enzym	Träger	scheinbare Enzymaktivität (mU/cm²)	scheinbare K_M-Werte löslich (mmol/l)	immobilisiert	Literatur
GOD	Gelatine-einschluß	110	3,8	7,5	[SCHELLER et al. 1988]
GOD	Kollagen, kovalent	60–80		3,0	[THEVENOT et al. 1979]
GOD	Zelluloseacetat, kovalent	340			[TSUCHIDA und YODA 1981]
GOD	PVA-Einschluß	160–700			[MIZUTANI et al. 1985]
GOD	Spektralkohle, adsorbiert	150–200			[HINTSCHE und SCHELLER 1987]
GOD	Kohle, kovalent	50–170		3,1–19,1	[RAZUMAS et al. 1984]
β-Galactosidase	Gelatine-einschluß	1 000			[PFEIFFER et al. 1988]
Urease	Zellulosetriacetat-einschluß	3–30	2,3	2,4	[HAMANN 1987]
Cholesteroloxidase	Kollagen, kovalent	3			[BERTRAND et al. 1979]
Creatinin-amidohydrolase	Zelluloseacetat, kovalent	1 140	35	278	
Creatinamidinohydrolase	Zelluloseacetat, kovalent	110	13,5	64,9	
Sarcosinoxidase	Zelluloseacetat, kovalent	13	6,7	2,4	[TSUCHIDA und YODA 1983]

2.4.3.3. Enzymbeladungstest

Die Variation der Enzymbeladung dient der Ermittlung der minimal erforderlichen Enzymmenge für eine maximale Empfindlichkeit. Andererseits gibt dieser Test Auskunft darüber, wie hoch die *Enzymreserve* eines diffusionskontrollierten Sensors ist.

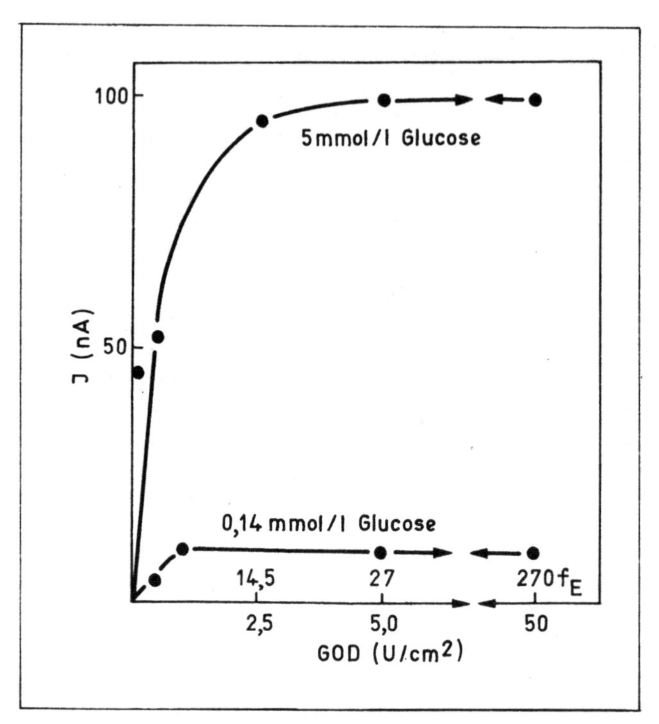

Abb. 29. Enzymbeladungstest für in Gelatine eingeschlossene GOD bei pH 7 und 25 °C
[nach SCHELLER et al. 1988]

Abbildung 29 widerspiegelt das Resultat eines Enzymbeladungstests für GOD, die in eine 30 μm dicke Gelatineschicht (zwischen zwei Dialysemembranen von je 15 μm Dicke) eingeschlossen ist. Der stationäre Strom für 0,14 mmol/l Glucose (unterer Teil des linearen Meßbereiches) und für 5 mmol/l Glucose (Sättigungsgebiet) steigt jeweils linear mit der Enzymbeladung von 46 mU/cm² bis 1 U/cm². Bei höherer GOD-Beladung wird ein Sättigungswert erreicht. Zur Berechnung des Enzymbeladungsfaktors f_E dienen folgende Werte:

Dicke d = 30 μm,
MICHAELIS-Konstante für Glucose K_M = 10 mmol/l,
Diffusionskoeffizient für Glucose $D_S = 1{,}63 \cdot 10^{-6}$ cm²/s.

Wie aus Abbildung 29 hervorgeht, erfolgt der Übergang vom linearen Gebiet zur Sättigung bei f_E zwischen 7 und 20. Das stimmt mit dem aus der Theorie der Reaktions-Transport-Kopplung vorhergesagten Wert überein und belegt, daß der Gesamtprozeß der GOD-Elektrode oberhalb 1 U/cm² durch interne Diffusion kontrolliert wird.

Der Übergang vom kinetisch limitierten zum diffusionskontrollierten Gebiet wird für verschiedene Enzymelektroden wegen der verschiedenen K_M-Werte und Schichtdicken bei sehr unterschiedlichen Enzymaktivitäten festgestellt. Durch Einschluß in Gelatine ergeben sich Werte von 0,17 U/cm^2 für Uricase (K_M = 17 μmol/l), 16 U/cm^2 für Urease (K_M = 2 mmol/l) sowie von 1,0 U/cm^2 für Lactatmonooxygenase (K_M = 7,2 mmol/l).

2.4.3.4. Konzentrationsabhängigkeit des Signals und linearer Meßbereich

Der lineare Meßbereich von Biosensoren erstreckt sich über 2 bis 5 Konzentrationsdekaden. Für einfache amperometrische Enzymelektroden liegt die Substratnachweisgrenze bei 100 nmol/l. Potentiometrische Sensoren können nur bis 100 μmol/l eingesetzt werden. Daraus geht hervor, daß die Empfindlichkeit sowohl durch die Enzymreaktion als auch durch den Transduktor beeinflußt wird.

Im Fall der amperometrischen Glucoseelektrode entspricht der Meßwertanstieg mit wachsender Substratkonzentration dem Verlauf einer MICHAELIS-MENTEN-Kurve und erreicht den der Maximalgeschwindigkeit v_{max} entsprechenden, konzentrationsunabhängigen Sättigungswert. Dabei hängt die Empfindlichkeit auch von der Enzymbeladung ab (Abb. 30). Die Substratkonzentration, die in luftgesättigter Meßlösung den „halbmaximalen" Strom hervorruft, liegt zwischen 1,4 und 1,8 mmol/l. Das lineare Gebiet erstreckt sich bis zu einer Konzentration von 2 mmol/l Glucose in der Meßzelle. In diesem Bereich erhöht die Sättigung der Meßlösung mit Sauerstoff das Signal nur um etwa 10 %. Die Enzymreaktion wird auch bei Luftsättigung durch die niedrige Cosubstratkonzentration (etwa 200 μmol/l) nur unwesentlich beeinflußt. Dagegen steigt der Strom im Sättigungsgebiet oberhalb 2 mmol/l um den Faktor 4,5 an. Auch das lineare Gebiet wird durch die Sättigung der Meßlösung mit Sauerstoff erweitert.

Die Auftragung der reziproken Werte des Stromes gegen die reziproke Glucosekonzentration liefert bei niedriger Enzymbeladung eine lineare Abhängigkeit und folgt damit der MICHAELIS-MENTEN-Gleichung (Abb. 31). Aus dieser Darstellung ergibt sich für Glucose der scheinbare K_M-Wert von 7,5 mmol/l. Der scheinbare K_M-Wert für lösliche GOD wurde dagegen mit 3,8 mmol/l bestimmt. Diese Zunahme deutet auf die Überlagerung von Diffusions- und kinetischer Kontrolle hin.

Eine Erhöhung der scheinbaren K_M-Werte wird in der Literatur auch für andere Enzyme beschrieben, die nach unterschiedlichen Methoden fixiert wurden (s. Tab. 5). Diese Vergrößerung des scheinbaren K_M-Wertes erweitert den linearen Meßbereich.

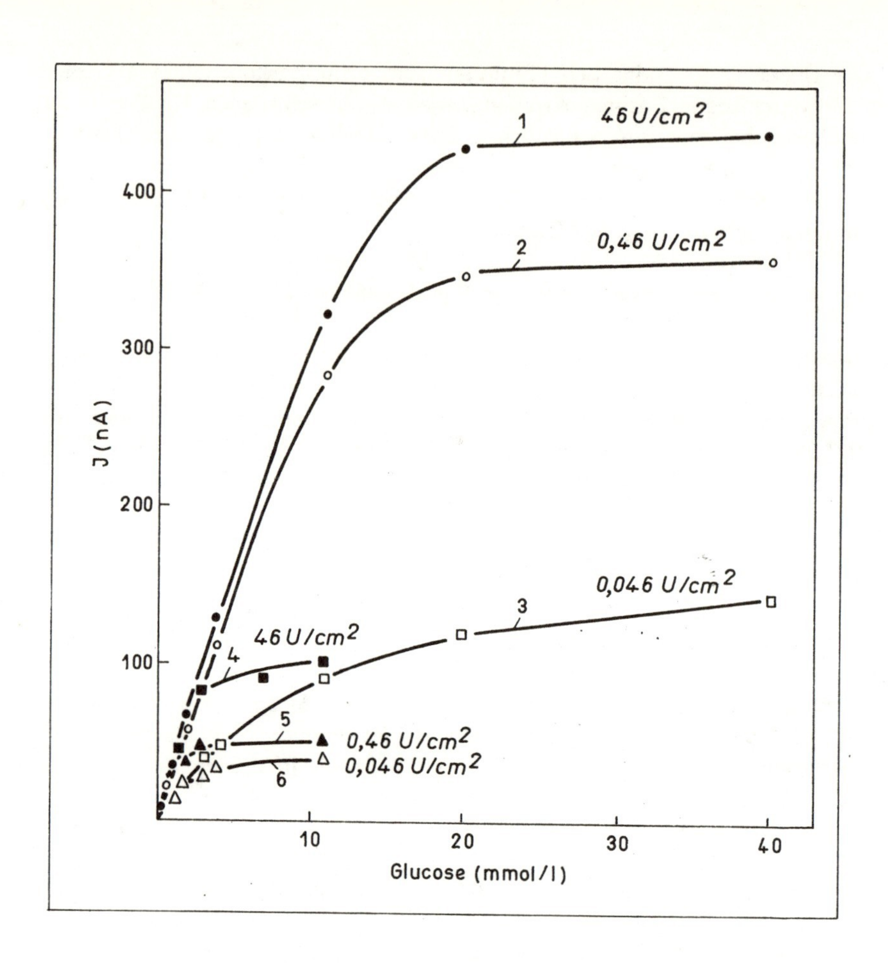

Abb. 30. Konzentrationsabhängigkeit des stationären Stroms der GOD-Elektrode bei verschiedenen Enzymbeladungen
Elektrodenfläche 0,22 mm^2,
Elektrodenpotential +600 mV *vs.* Ag/AgCl,
Bedingungen wie in Abbildung 28,
Kurven 1 bis 3 – O_2 gesättigte Lösung,
Kurven 4 bis 6 – luftgesättigte Lösung.

2.4.3.5. pH-Abhängigkeit

Wenn ein großer Enzymüberschuß in der Membran vorliegt, sollte sich eine pH-Verschiebung, die eine Aktivitätsänderung bewirkt, nur wenig auf den Gesamtprozeß auswirken. Daher müßten die pH-Kurven für das lineare Meßgebiet bei Diffusionskontrolle erheblich flacher sein als jene für das entsprechende

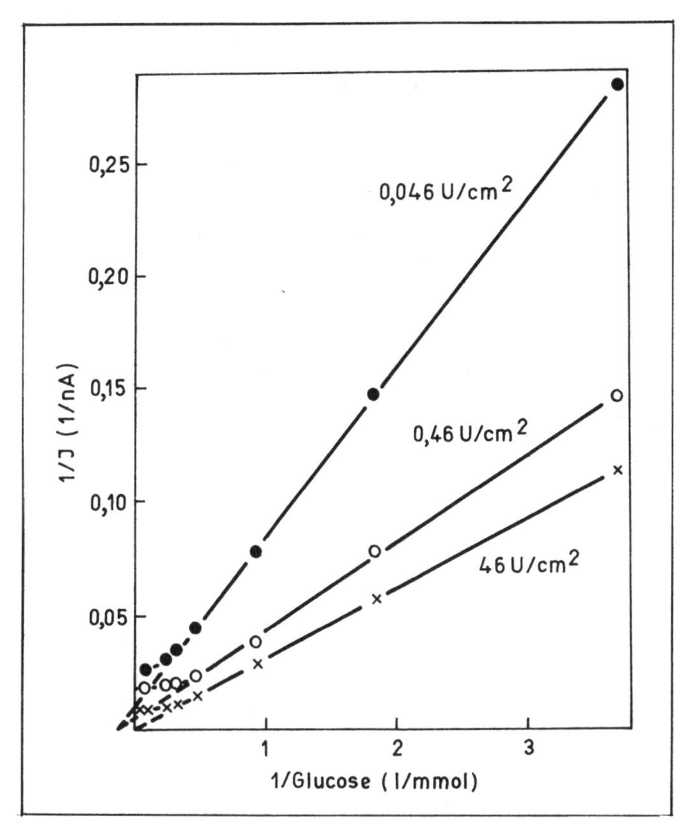

Abb. 31. Elektrochemischer LINEWEAVER-BURK-Plot für GOD-Elektroden Bedingungen wie in Abbildung 30, luftgesättigte Lösung.

lösliche Enzym [CARR und BOWERS 1980]. Dieses Postulat steht im Einklang mit den Ergebnissen, die mit der GOD-Membran in Gelatine erhalten werden (Abb. 32). Für 0,14 mmol/l Glucose ist die pH-Kurve fast ebenso flach wie die für das H_2O_2-Signal. Andererseits ist für 10 mmol/l Glucose ein deutliches Maximum bei pH 6,5 ausgebildet. Hier im Sättigungsgebiet hängt das Signal von der Enzymaktivität und deshalb deutlich vom pH-Wert ab. Das pH-Optimum ist für die immobilisierte GOD um etwa 0,9 pH-Einheiten in der Richtung zum alkalischen Bereich verlagert. Offensichtlich bewirkt die Bildung von Gluconsäure eine lokale pH-Erniedrigung in der GOD-Membran, so daß das Optimum zu einem höheren pH-Wert der Meßlösung verschoben wird.

Analoge pH-Abhängigkeiten sind auch für andere immobilisierte Enzyme festgestellt worden [CARR und BOWERS 1980].

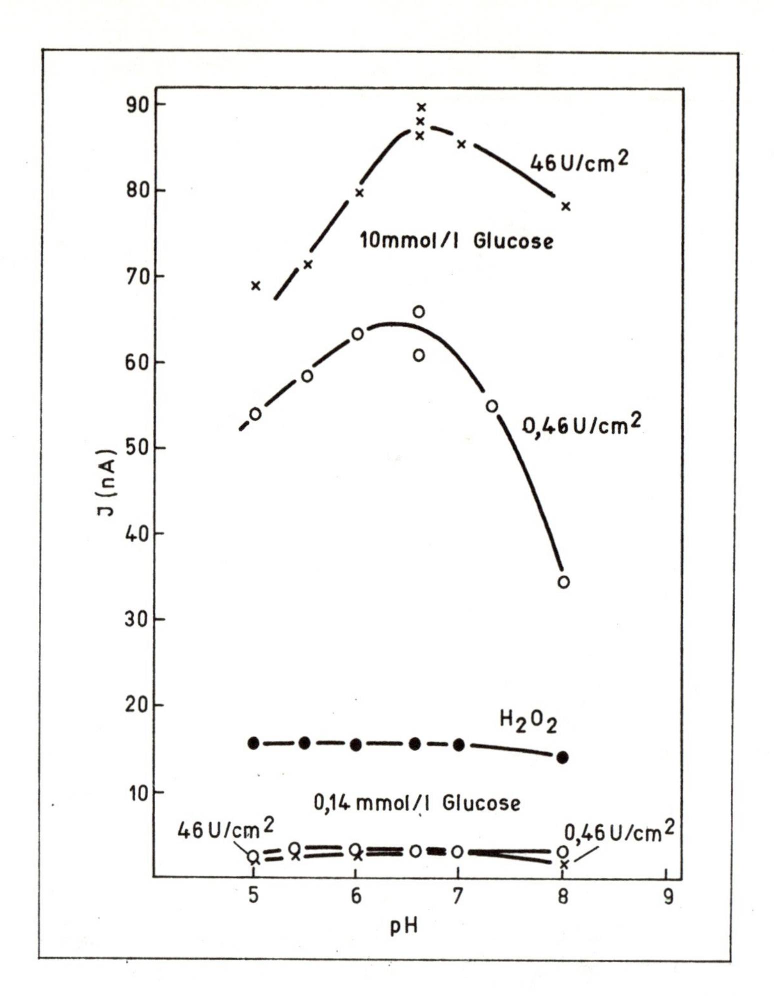

Abb. 32. pH-Abhängigkeit des Meßsignals
Meßbedingungen wie in Abbildung 30.

2.4.3.6. Temperaturabhängigkeit

Die Reaktionsgeschwindigkeit von Enzymreaktionen nimmt mit der Temperatur bis zu einem Optimum zu. Oberhalb dieses Punktes wirkt sich die thermische Desaktivierung stärker aus als die Erhöhung der Stoßzahl.

Durch Immobilisierung wird häufig eine Stabilisierung erzielt, die sich auch als Erhöhung des Temperaturoptimums der Substratumsetzung widerspiegeln kann. Wenn sich die kinetische und die Diffusionslimitierung überlagern, wird die Enzymreaktion bei niedrigeren Temperaturen, z. B. bei Raumtemperatur, durch eine Temperaturerhöhung überwiegend auf Grund der höheren Aktivie-

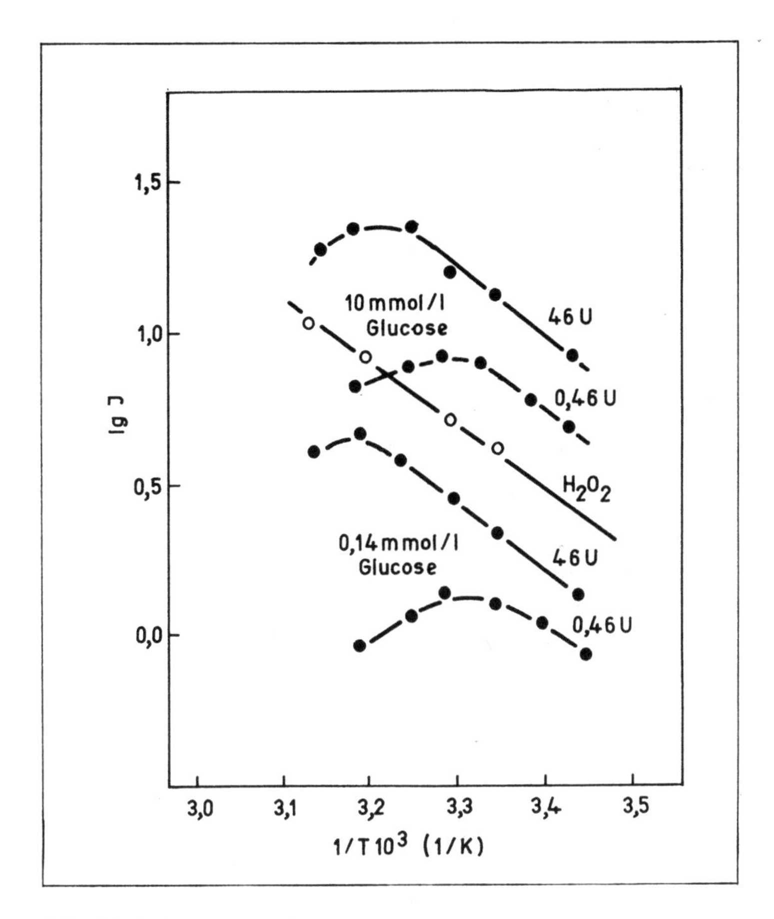

Abb. 33. Auftragung der Temperaturabhängigkeit nach ARRHENIUS Meßbedingungen wie in Abbildung 30.

rungsenergie beschleunigt. Mit weiterer Erwärmung führt die langsamere Erhöhung der Diffusionsgeschwindigkeit dazu, daß der Stofftransport zum begrenzenden Faktor wird. Deshalb wird häufig die bei niedrigeren Temperaturen bestimmte Aktivierungsenergie der Enzymreaktion und der Wert bei relativ hohen Temperaturen der Diffusion zugeschrieben. Neben diesen Effekten beeinflussen temperaturabhängige Konformationsänderungen des Enzyms und eine Erniedrigung der Cosubstratlöslichkeit die Temperaturfunktion.

Für die GOD-Gelatinemembran ergibt sich ein Temperaturoptimum von etwa 40 °C. Die Auftragung eines ARRHENIUS-Plots mit den Koordinaten lg I gegen 1/T (Abb. 33) liefert unterhalb des Temperaturoptimums parallele Geraden für verschiedene Glucosekonzentrationen sowie GOD-Beladungen. Wahrscheinlich ist der Unterschied der Aktivierungsenergie zwischen der H_2O_2-Diffusion von 33,5 kJ/mol und der Glucoseumsetzung in Gegenwart von gelöster GOD (25,5 kJ/mol) zu gering für die deutliche Ausbildung von zwei getrennten linearen Bereichen. Deshalb weisen rein diffusionskontrollierte und teilweise kinetisch kontrollierte GOD-Elektroden keine wesentlichen Unterschiede in der Aktivierungsenergie auf.

2.5. Modellierung von amperometrischen Enzymelektroden

2.5.1. Grundzüge der mathematischen Modellierung

Seit der Entwicklung der ersten amperometrischen Enzymelektroden [CLARK und LYONS 1962, UPDIKE und HICKS 1967] sind zahlreiche mathematische Modelle aufgestellt und untersucht worden. Da es im allgemeinen nur möglich ist, die Brutto-Vorgänge in Enzymelektroden durch Meßgeräte sichtbar zu machen, war die Benutzung von Modellen von Anfang an eine wichtige Methode zur Optimierung der analytischen Charakteristik.

Zur Entwicklung und Bearbeitung von mathematischen Modellen von amperometrischen Enzymelektroden werden verschiedene Ansätze benutzt. Prinzipiell kann zwischen einer physikalisch orientierten, nach großer Modelltreue strebenden Richtung [z. B. LEYPOLDT und GOUGH 1984] und einer qualitativ orientierten, nach guter Handhabbarkeit strebenden Richtung [z. B. CARR und BOWERS 1980, KULYS 1981], unterschieden werden. Beide Ansätze erscheinen sinnvoll und notwendig und haben Vor- und Nachteile. In diesem Kapitel wird die letztgenannte Richtung verfolgt.

Die Modelle der amperometrischen Enzymelektroden lassen sich nach verschiedenen Merkmalen klassifizieren:

1. *Anzahl der modellierten Enzymreaktionen*

   Die Grundidee von Enzymelektroden ist die Bestimmung der Analytkonzentration durch die Messung der Konzentration anderer Substanzen, die leichter meßbar sind und die mit der zu bestimmenden Substanz in einem stöchiometrischen Zusammenhang stehen. In einfachen Enzymelektroden genügt ein Enzym, um ein nicht meßbares Substrat in ein meßbares elektroaktives Produkt umzuwandeln. Dabei treten häufig weitere Ausgangsstoffe und Nebenprodukte auf, die ohne Einfluß auf die betrachteten Umwandlungen sind.

   Für die Messung spezieller Substrate wird die Verwendung von zwei oder mehreren Enzymen in der Enzymschicht zunehmend notwendig.

2. *Anzahl der Schichten des Modells*

   Enzymelektroden sind in der Regel Anordnungen von mehreren aufeinanderliegenden Membranen. Die empfindlichen Enzymmembranen werden meistens durch dünne enzymfreie Dialysemembranen mechanisch stabilisiert. Die Entscheidung, ob dieser Schichtenaufbau berücksichtigt oder im Interesse eines einfacheren Modells vernachlässigt wird, führt zu qualitativ sehr unterschiedlichen Modellen. Enzymelektroden mit mehreren Enzymen gibt es sowohl mit Membranen, in denen die Enzyme gemeinsam in einer Schicht immobilisiert sind, als auch als Hintereinanderpackung von entsprechenden Monoenzymmembranen. Die zugehörigen Modelle sind entsprechend unterschiedlich.

3. *Linearität oder Nichtlinearität der Enzymreaktion*

   Ein für die Modellierung besonders wichtiges Merkmal ist die Linearität (bzw. Nichtlinearität) der Reaktionskinetik. Lineare Reaktionsraten gestatten die Modellierung als parabolische Differentialgleichung mit linearen Termen. Das wiederum ermöglicht häufig die Ableitung expliziter Lösungsformeln, die für die Simulation der Dynamik der Elektrode gegenüber numerischen Berechnungen wesentlich vorteilhafter sind.
   Da für die hier betrachteten Enzymelektroden angenommen wird, daß die Reaktionsgeschwindigkeit direkt proportional zur Substratkonzentration ist, können lineare Terme benutzt werden. Die Verwendung nichtlinearer Modelle führt bis auf wenige Ausnahmen zu rein numerischen Lösungsmethoden, die sehr viel aufwendiger sind als explizite Formeln.

4. *Stationäres oder nichtstationäres Meßprinzip*

   Die Modellierung einer stationär arbeitenden Enzymelektrode ist der Spezialfall der nichtstationären Modellierung. *Stationär* bedeutet hier die Betrachtung des Verhaltens, das sich nach unendlich langer Zeit als Fließgleichgewicht einstellt, d. h., es werden Lösungen gesucht, deren zeitliche Ableitung gleich Null ist. Für alle betrachteten Modelle wird die Existenz einer eindeutigen und stabilen mathematischen Lösung vorausgesetzt. Da die entsprechenden partiellen Differentialgleichungen lineare Rand-Anfangswert-Probleme sind, kann auf bekannte Existenz- und Eindeutigkeitssätze zurückgegriffen werden [KAMKE 1956, FIFE 1979, ÖZISIK 1980].

5. *Beschreibung der Verhältnisse an den Grenzschichten*

   Neben den Differentialgleichungen gehört zur vollständigen Formulierung des Modells ein Satz von Rand- und Anfangsbedingungen. Diese müssen die Verhältnisse an den Grenzübergängen von der Meßlösung zur Enzymelektroden-Membran und von dieser Membran zum Sensor widerspiegeln. Für die hier betrachteten Modelle wird angenommen, daß die Meßlösung perfekt gerührt wird und im Verhältnis zum temporären Substratumsatz in der Enzymmembran sehr viel Substrat enthält. Es existieren experimentelle Befunde, daß die Diffusion in Meßlösungen gegenüber den Membranprozessen sehr schnell verläuft [CARR und BOWERS 1980]. Ein Grenzschichten-Effekt wird nicht berücksichtigt. Alle nicht elektroaktiven Substanzen erfüllen an der Sensorseite no-flux-Bedingungen. Sollte das Modell mehrere Schichten enthalten, kann der Übergang zwischen den Schichten durch Massenerhaltungsbeziehungen modelliert werden. Die entsprechenden Gleichungen werden in den nachfolgenden Abschnitten angegeben.

6. *Die elektroaktive Substanz*

   Je nach angelegter Spannung finden am Sensor elektrochemische Umwandlungen statt. Unterschiedliche Spannungen können so zu völlig unterschiedlichen Enzymelektroden und qualitativ ganz verschiedenen Modellen führen. Die am Sensor umgesetzten Substanzen haben im Modell dort die Konzentration Null.

Nahezu allen mathematischen Ansätzen gemeinsam sind

a) die Benutzung eines Reaktions-Diffusions-Systems nach dem zweiten FICKschen Gesetz,
b) die Reduzierung auf *eine* Raumdimension und
c) die Annahme, daß die immobilisierten Enzyme gleichmäßig verteilt sind.

Es ist offensichtlich, daß die Anzahl verschiedener Modelle sehr groß ist. Eine allgemeine Modellierung ist nicht möglich, da die Form der Lösungen erheblich von den gewählten Merkmalen abhängt.

In diesem Kapitel werden folgende Schreibweisen bzw. Notationen benutzt:

a) Große Buchstaben symbolisieren die Konzentrationswerte der beteiligten Substanzen, z. B. S, P, Y, Z, H.
b) Die kleinen Buchstaben x und t stellen die Raum- bzw. Zeitkoordinate dar.
c) Die Schichtdicke einer Membran und die Geschwindigkeitskonstante der Enzymreaktion werden durch d bzw. k wiedergegeben, wobei $k = v_{max}/K_M$ ist.
d) Die Diffusionskoeffizienten der einzelnen Substrate werden mit D_S, D_P, D_Y usw. bezeichnet.
e) Die Ableitungen einer Konzentrationsfunktion, z. B. S(x,t) nach x bzw. t werden durch entsprechende Indizierung, z. B. $S_x(x,t)$ bzw. $S_t(x,t)$, beschrieben. Für stationäre Lösungen wird $\bar{S}(x)$, $\bar{P}(x)$ usw. verwendet.
f) Die Konzentrationswerte der in der Meßlösung vorliegenden Substanzen werden durch S^o, P^o, Y^o usw. bezeichnet.

Die Grenzschicht zwischen Meßlösung und Enzymmembran wird mit $x = 0$ und die sensorseitige Grenzschicht mit $x = d$ identifiziert. In Mehrschichtmodellen wird ein zusätzlicher Index i eingeführt. Die Modellierung beginnt prinzipiell zum Zeitpunkt $t = 0$.

Demnach lautet z. B. die Modellierung des dynamischen Verhaltens einer nichtelektroaktiven Substanz S in einer Monoenzymschicht bei einer zu S linearen Reaktionsrate:

$$
\begin{aligned}
S_t &= D_S S_{xx} - kS, && \\
S(0,t) &= S^o && \text{für } t > 0, \\
S_x(d,t) &= 0 && \text{für } t > 0, \\
S(x,0) &= 0 && \text{für } 0 < x \leqslant d.
\end{aligned}
$$

Im stationären Fall gilt anstelle der partiellen Differentialgleichung:

$$0 = D_S \bar{S}_{xx} - k\bar{S}.$$

2.5.2. Die einschichtige Monoenzymelektrode

Wird die angegebene Klassifikation benutzt, so ist das einfachste Modell eines amperometrischen Sensors eine stationäre einschichtige Monoenzymelektrode mit linearer Reaktionskinetik und elektroaktivem Produkt P [SCHULMEISTER und SCHELLER 1985a].

Das Reaktionsschema ist

$$
\begin{aligned}
S + A_1 &\xrightarrow{k} P + A_2, \\
P &\xrightarrow{\pm ne} A_3.
\end{aligned}
$$

Die Bezeichnung A_i ($i = 1, 2, 3$) steht für Substanzen, die keinen Einfluß auf die Funktion der Enzymelektroden ausüben; n gibt die Anzahl der in der elektrochemischen Reaktion ausgetauschten Elektronen an.

Ein linearer Ansatz ist auch für nichtlineare Reaktionskinetiken verwendbar, wenn die entsprechenden Konzentrationen in einem Bereich liegen, der eine Linearisierung des Reaktionsterms gestattet [vgl. SCHULMEISTER und SCHELLER 1985a].

Für das mathematische Modell ergibt sich dann

$$
\begin{aligned}
0 &= D_S \bar{S}_{xx} - k\bar{S}, \\
0 &= D_P \bar{P}_{xx} + k\bar{S}, \\
\bar{S}(0) &= S^o, \\
\bar{S}_x(d) &= 0, \\
\bar{P}(0) &= 0, \\
\bar{P}(d) &= 0.
\end{aligned}
$$

Die Lösungen dieser gewöhnlichen Differentialgleichungen können durch die

Anwendung der Formeln für ungedämpfte inhomogene Schwingungen [KAMKE 1956] leicht bestimmt werden:

$$\bar{S}(x) = S^o \frac{\cosh Q(d-x)}{\cosh Qd},$$

$$\bar{P}(x) = S^o \left\{\frac{x}{d}\left(\frac{1}{\cosh Qd} - 1\right) + 1 - \frac{\cosh Q(d-x)}{\cosh Qd}\right\} \frac{D_S}{D_P},$$

wobei $Q = \sqrt{k/D_S}$.

Die kinetische Meßmethode kann durch folgendes System modelliert werden:

$$S_t = D_S S_{xx} - kS,$$

$$P_t = D_P S_{xx} + kS,$$

$$S(0,t) = S^o,\ S_x(d,t) = 0 \ \text{für}\ t > 0,\ S(x,0) = 0 \ \text{für}\ 0 < x \leqslant d,$$

$$P(0,t) = 0,\ P(d,t) = 0 \ \text{für}\ t > 0,\ P(x,0) = 0 \ \text{für}\ 0 \leqslant x \leqslant d.$$

Diese parabolischen Differentialgleichungen können durch die Anwendung einer Formel für inhomogene Wärmeleitungsprobleme [ÖZISIK 1980] gelöst werden:

$$S(x,t) = S^o \left\{1 - \frac{4}{\pi} \sum_{n=0}^{\infty} \left[\frac{(-1)^n}{2n+1} \cos\left(\frac{2n+1}{2} \pi \frac{d-x}{d}\right) \frac{k+u \exp(-(u+k)t)}{u+k}\right]\right\},$$

$$u = D_S \frac{(2n+1)^2 \pi^2}{4d^2};$$

$$P(x,t) = \frac{2k}{\pi} S^o \sum_{m=1}^{\infty} \sin\left(\frac{m\pi x}{d}\right) \left\{\frac{1-(-1)^m}{mw} [1-\exp(-wt)]\right.$$

$$+ \frac{4(-1)^m}{\pi} \sum_{n=0}^{\infty} \left[\frac{(-1)^n}{(2n+1)(k+u)} \left(\frac{k(1-\exp(-wt))}{w}\right.\right.$$

$$\left.\left.\left. + \frac{u[\exp(-(k+u)t) - \exp(-wt)]}{w-k-u}\right) \frac{4m}{4m^2-(2n+1)^2}\right]\right\};$$

$$w = D_P \frac{m^2 \pi^2}{d^2}.$$

Diese Formeln sind leicht auf einem Personalcomputer programmierbar. Eine Anwendung des Modells auf eine Enzymelektrode für β-D-Glucose haben SCHULMEISTER und SCHELLER (1985a) dargestellt.

Die Strom-Zeit-Kurve kann aus dem FARADAYschen Gesetz und dem ersten FICKschen Gesetz abgeleitet werden [ADAM et al. 1977]:

$$I(t) = n\ F\ A\ D_P\ P_x(d,t),$$

wobei $F = 9{,}65 \cdot 10^4 \ \frac{C}{mol}$

die FARADAYsche Konstante und A die Oberfläche des Sensors bezeichnet. Im stationären Regime lautet die Stromformel entsprechend:

$$I_{st} = n\ F\ A\ D_P\ P_x(d);$$

für den betrachteten Fall gilt also:

$$I_{st} = n\ F\ A\ D_P\ S^o\left(\frac{1}{\cosh Qd} - 1\right)/d.$$

Die abgeleiteten Stromformeln sind Reihen von trigonometrischen und Exponentialausdrücken (mit negativem Exponent). Entsprechend klingt der Anstieg für wachsende Zeit ab. Eine Sättigung wird erreicht, die von der entsprechenden stationären Formel beschrieben wird. Der typische Kurvenverlauf ist in Abbildung 34 dargestellt.

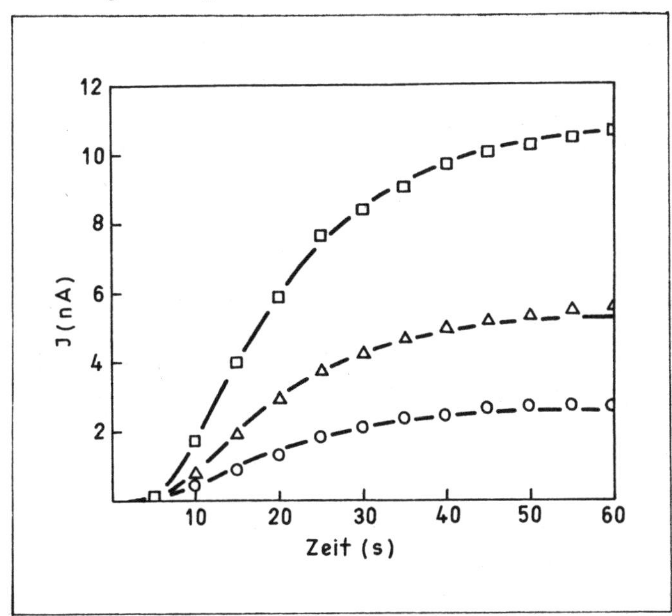

Abb. 34. Simuliertes Strom-Zeit-Verhalten einer Glucoseelektrode [SCHULMEISTER und SCHELLER 1985a]. Die Elektrodenparameter wurden durch least-squares-Anpassung an experimentell bestimmte Strom-Zeit-Daten bestimmt: $D_S = 1{,}53 \cdot 10^{-4}\ mm^2/s$; $D_P = 3{,}56 \cdot 10^{-4}\ mm^2/s$; $k = 0{,}95\ s^{-1}$; $d = 0{,}094$ mm. Den Meßdaten entsprechen die Symbole.

Mit Hilfe entsprechender least-squares-Verfahren können Strom-Zeit-Kurven an gemessene Strom-Zeit-Daten angepaßt und so unbekannte Elektrodenparameter

(z. B. die Membrandicke d oder die kinetische Geschwindigkeitskonstante k) bestimmt werden (Abb. 34). Die Güte der ermittelten Parameter hängt dabei wesentlich von der Exaktheit des Modells und den bekannten, fest vorgegebenen Elektrodenparametern ab. Eine eindeutige Anpassung der Strom-Zeit-Kurven an experimentelle Daten ist nur bei höchstens drei freien Parametern möglich.

Das hier vorgestellte Einschichtmodell berücksichtigt keine Dialysemembranen. Daher sind damit quantitative Untersuchungen nur in begrenztem Umfang möglich. Für eine qualitative Modellierung ist es allerdings sehr gut geeignet.

2.5.3. Einschichtige Bienzymelektroden

Drei Arten der Kopplung von zwei Enzymreaktionen lassen sich unterscheiden. Sie sind dadurch gekennzeichnet, daß die beiden Reaktionen hintereinander, nebeneinander oder gegeneinander (zyklischer Substratumsatz) ablaufen. Alle drei Mechanismen werden zur Konstruktion von Enzymelektroden benutzt [RENNEBERG et al. 1986]. Die lineare Modellierung führt zu Systemen von Differentialgleichungen, die eine Verallgemeinerung der Gleichungen in Abschnitt 2.5.2. darstellen. Im allgemeinen können die gleichen Lösungsformeln benutzt werden, nur eben mehrfach.

2.5.3.1. Enzymsequenzelektroden

Bei dieser Enzymelektrode wird das Produkt Z einer primären Enzymreaktion durch eine zweite Enzymreaktion in ein weiteres Produkt P umgewandelt [PFEIFFER et al. 1980; KULYS 1981; RENNEBERG et al. 1982; KULYS et al. 1986a]:

$$S + A_1 \xrightarrow{k_1} Z + A_2,$$

$$Z + A_3 \xrightarrow{k_2} P + A_4.$$

Als elektroaktive Substanz kämen sowohl Z als auch P in Frage. Es sei der zweite Fall betrachtet, nämlich

$$P \xrightarrow{\pm ne} A_5.$$

Für das entsprechende mathematische Modell ergibt sich:

$$S_t = D_S S_{xx} - k_1 S,$$

$$Z_t = D_Z Z_{xx} + k_1 S - k_2 Z,$$

$$P_t = D_P P_{xx} + k_2 Z,$$

$$S(0,t) = S^o,\ S_x(d,t) = 0 \text{ für } t > 0,\ S(x,0) = 0 \text{ für } 0 < r \leqslant d,$$
$$Z(0,t) = 0,\ Z_x(d,t) = 0 \text{ für } t > 0,\ Z(x,0) = 0 \text{ für } 0 < r \leqslant d,$$
$$P(0,t) = 0,\ P(d,t) = 0 \text{ für } t > 0,\ P(x,0) = 0 \text{ für } 0 < r \leqslant d.$$

Die Lösungen lauten [SCHULMEISTER und SCHELLER 1985b]:

$$S(x,t) = S^o \{1 - \frac{4}{\pi} \sum_{m=0}^{\infty} \frac{\sin[(2m+1)\pi x/(2d)]}{2m+1} \cdot \frac{k_1 + u \exp[-(u+k_1)t]}{k_1+u}\},$$

$$Z(x,t) = \frac{4}{\pi} k_1 S^o \sum_{m=0}^{\infty} \frac{\sin[(2m+1)\pi x/(2d)]}{2m+1} \cdot \frac{u}{k_1+u}$$

$$\cdot \{\frac{1-\exp[-(k_2+w)t]}{k_2+w} \cdot \frac{\exp[-(k_1+u)t]-\exp[-(k_2+w)t]}{w+k_2-u-k_1}\},$$

$$u = D_S \frac{(2m+1)^2\pi^2}{4d^2},$$

$$w = D_Z \frac{(2m+1)^2\pi^2}{4d^2},$$

$$P(x,t) = \frac{8}{\pi^2} \cdot k_1 k_2 S^o \sum_{n=1}^{\infty} (-1)^n \sin(\frac{n\pi x}{d}) \sum_{m=0}^{\infty} \frac{(-1)^{m+1}}{2m+1} \frac{n}{n^2-(2m+1)^2/4}$$

$$\cdot \frac{u}{k_1+u} \{\frac{1}{w+k_2} [\frac{1-\exp(-yt)}{y} - \frac{\exp[-(k_2+w)t] - \exp(-yt)}{y-k_2-w}]$$

$$- \frac{1}{w+k_2-u-k_1} [\frac{\exp[-(k_1+u)t]-\exp(-yt)}{y-k_1-u} - \frac{\exp[-(k_2+w)t]-\exp(-yt)}{y-k_2-w}$$

$$y = D_P \frac{n^2\pi^2}{d^2}.$$

Die entsprechenden stationären Lösungen sind [SCHULMEISTER und SCHELLER 1985b; KULYS et al. 1986a]:

$$\bar{S}(x) = S^o \frac{\cosh Q_1(d-x)}{\cosh Q_1 d},$$

$$\bar{Z}(x) = S^o \frac{k_1}{D_Z(Q_2^2 - Q_1^2)} \{\frac{\cosh Q_1(d-x)}{\cosh Q_1 d} - \frac{\cosh Q_2(d-x)}{\cosh Q_2 d}\},$$

$$Q_1 = \sqrt{k_1/D_S},$$

$$Q_2 = \sqrt{k_2/D_Z},$$

$$\bar{P}(x) = \frac{k_1 k_2 S^0}{D_Z D_P (Q_1^2 - Q_2^2)} \left[\frac{1}{Q_1^2} - \frac{1}{Q_2^2}\right] \left(\frac{x}{d} - 1\right) + \frac{\cosh Q_1 (d-x) - x/d}{Q_1^2 \cosh Q_1 d} - \frac{\cosh Q_2 (d-x) - x/d}{Q_2^2 \cosh Q_2 d} .$$

Eine Darstellung dieser Formeln als Konzentrationsprofile ist in Abbildung 35 für eine Maltose-Sequenzelektrode wiedergegeben (S – Maltose, Z – Glucose, P – Wasserstoffperoxid).

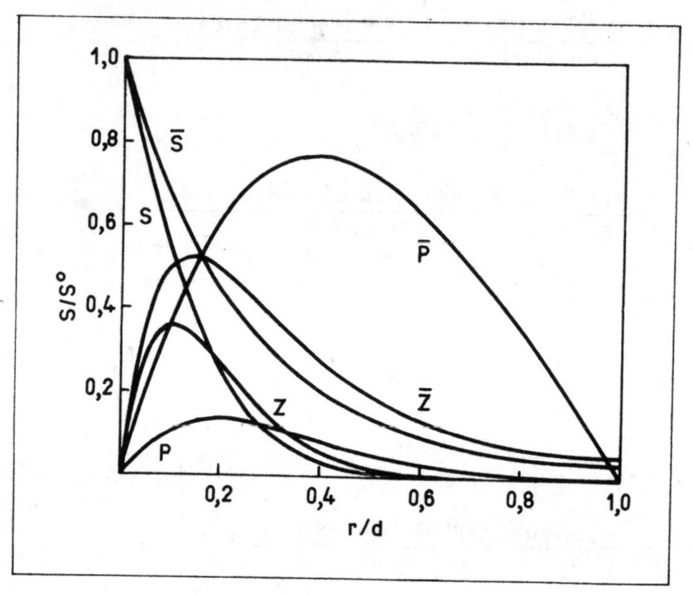

Abb. 35. Konzentrationsprofile des Modells einer Maltose-Sequenzelektrode [SCHULMEISTER und SCHELLER 1985b]
Parameterwerte $D_S = 7{,}52 \cdot 10^{-5}\,mm^2/s$; $D_Z = 1{,}53 \cdot 10^{-4}\,mm^2/s$;
$D_P = 2{,}46 \cdot D_Z$;
$k_1 = 0{,}06\,s^{-1}$; $k_2 = 0{,}95\,s^{-1}$; $d = 0{,}141$ mm.
Die Profile sind für t = 5 s und den stationären Fall (mit Strich) berechnet.
Bezeichnungen: S – Maltose, Z – Glucose, P – Wasserstoffperoxid.
Die Darstellung ist durch d bzw. S^0 normiert.

2.5.3.2. Enzymkonkurrenzelektroden

Bei dieser Enzymelektrode dient ein gemeinsames Substrat S zwei unterschiedlichen Enzymreaktionen als Ausgangsstoff. Eine der beiden Reaktionen liefert das elektroaktive Produkt P. Diese Reaktion arbeitet im stationären Regime. Durch Zugabe eines zu messenden Cosubstrates Y beginnt zum Zeitpunkt t = 0 die andere Reaktion. Die zweite Reaktion verbraucht ebenfalls Substrat und verringert dadurch die Produktbildung. Der resultierende Stromabfall ist die Meßgröße der Enzymelektrode [PFEIFFER et al. 1980, KULYS 1981, SCHULMEISTER und SCHELLER 1985b, KULYS et al. 1986a] gemäß:

$$S + A_1 \xrightarrow{k_4} P + A_2,$$

$$S + Y \xrightarrow{k_3} A_3 + A_4,$$

$$P \xrightarrow{\pm ne} A_5.$$

Für das mathematische Modell können die Anfangsbedingungen aus den Formeln für die Monoenzymelektrode benutzt werden [SCHULMEISTER und SCHELLER 1985b].

$$S_t = D_S S_{xx} - k_4 S - k_3 Y$$

$$P_t = D_P P_{xx} + k_4 S$$

$$Y_t = D_Y Y_{xx} - k_3 Y$$

$$S(0,t) = S^o, \quad S_x(d,t) = 0 \qquad \text{für } t > 0,$$

$$S(x,0) = S^o \frac{\cosh Q_4 (d-x)}{\cosh Q_4 d} \qquad \text{für } 0 \leqslant x \leqslant d,$$

$$P(0,t) = P^o, \quad P(d,t) = 0 \qquad \text{für } t > 0,$$

$$P(x,0) = P^o \left(1 - \frac{x}{d}\right) + S^o \left\{\frac{x}{d}\left(\frac{1}{\cosh Q_4 d} - 1\right) + 1 - \frac{\cosh Q_4 (d-x)}{\cosh Q_4 d}\right\} \frac{D_S}{D_P}$$

$$\text{für } 0 \leqslant x \leqslant d,$$

$$Y(0,t) = Y^o, \quad Y_x(d,t) = 0 \qquad \text{für } t > 0,$$

$$Y(x,0) = 0 \qquad \text{für } 0 \leqslant x \leqslant d.$$

Sollte die Meßanordnung die gleichzeitige Zugabe von Substrat und Cosubstrat vorsehen, so sind die Anfangsbedingungen für S und P gleich Null, und es ergeben sich entsprechend andere Lösungsformeln [SCHULMEISTER und SCHELLER 1985b]. Für den hier betrachteten Fall gilt

$$S(x,t) = S^o \frac{\cosh Q_4 (d-r)}{\cosh Q_4 d} - k_3 Y^o \frac{4}{\pi} \sum_{m=0}^{\infty} \frac{\sin[(2m+1)\pi x/(2d)]}{2m+1} \cdot \frac{v}{v+k_3}$$

$$\cdot \left\{\frac{1-\exp[-(k_4+z)t]}{k_4+z} - \frac{\exp[-(k_3+v)t] - \exp[-(k_4+z)t]}{k_4+z-k_3-v}\right\},$$

$$Y(x,t) = Y^o \left\{1 - \frac{4}{\pi} \sum_{m=0}^{\infty} \frac{\sin[(2m+1)\pi x/(2d)]}{2m+1} \; \frac{k_3 + v \exp[-(k_3+v)t]}{k_3+v}\right\},$$

$$v = D_Y \frac{(2m+1)^2 \pi^2}{4d^2},$$

$$z = D_S \frac{(2m+1)^2 \pi^2}{4d^2},$$

$$P(x,t) = S^o \frac{D_S}{D_P} \{\frac{x}{d} [\frac{1}{\cosh Q_4 d} - 1] - \frac{\cosh Q_4 (d-x)}{\cosh Q_4 d} + 1\} + P^o (1 - \frac{x}{d})$$

$$- Y^o k_3 k_4 \frac{8}{\pi^2} \sum_{n=1}^{\infty} \sin (\frac{n\pi x}{d}) (-1)^n \sum_{m=0}^{\infty} \frac{(-1)^{m+1}}{2m+1} \frac{n}{n^2 - (2m+1)^2/4}$$

$$\cdot \frac{v}{k_3 + v} \{\frac{1}{k_4 + z} [\frac{1 - \exp(-ut)}{u} - \frac{\exp[-(k_4 + z)t] - \exp(-ut)}{u - k_4 - z}]$$

$$- \frac{1}{k_4 + z - k_3 - v} [\frac{\exp[-(k_3 + v)t] - \exp(-ut)}{u - k_3 - v}$$

$$- \frac{\exp[-(k_4 + z)t] - \exp(-ut)}{u - k_4 - z}]\},$$

$$u = D_P \frac{n^2 \pi^2}{d^2}.$$

Die stationären Lösungen lauten [SCHULMEISTER und SCHELLER 1985b, KULYS et al. 1986a]:

$$\bar{S}(x) = Y^o \frac{k_3}{D_Y (Q_3^2 - Q_4^2)} \{\frac{\cosh Q_3 (d-x)}{\cosh Q_3 d} - \frac{\cosh Q_4 (d-x)}{\cosh Q_4 d}\} + S^o \frac{\cosh Q_4 (d-x)}{\cosh Q_4 d},$$

$$\bar{Y}(x) = Y^o \frac{\cosh Q_3 (d-x)}{\cosh Q_3 d},$$

$$\bar{P}(x) = - \frac{k_4}{D_P} \{\frac{S^o}{Q_4^2} [\frac{\cosh Q_4 (d-x)}{\cosh Q_4 d} + (1 - \frac{1}{\cosh Q_4 d}) \frac{x}{d} - 1]$$

$$+ \frac{k_3 Y^o}{D_S (Q_3^2 - Q_4^2)} [\frac{\cosh Q_3 (d-x)}{Q_3^2 \cosh Q_3 d} - \frac{\cosh Q_4 (d-x)}{Q_4^2 \cosh Q_4 d}$$

$$+ \frac{x}{d} (\frac{\cosh Q_3 d - 1}{Q_3^2 \cosh Q_3 d} - \frac{\cosh Q_4 d - 1}{Q_4^2 \cosh Q_4 d}) - (\frac{1}{Q_3^2} - \frac{1}{Q_4^2})]\} + P^o (1 - \frac{x}{d}).$$

2.5.3.3. Zyklische Enzymreaktion

Bei diesem Bienzymelektroden-Typ laufen zwei gegeneinander gerichtete Enzymreaktionen ab. Dadurch wird das zu messende Substrat S permanent in ein Produkt P umgewandelt und daraus wieder regeneriert. Die Konzentrationsänderung eines elektroaktiven Cosubstrates H, das nicht zurückgebildet wird, erzeugt dabei eine Stromänderung [SCHELLER et al. 1985b, MIZUTANI et al. 1985, KULYS et al. 1986a, SCHUBERT et al. 1986b]:

$$S + H \xrightarrow{k_1} P + A_1,$$

$$P + A_2 \xrightarrow{k_2} S + A_3,$$

$$H \xrightarrow{\pm ne} A_5.$$

Das zugehörige mathematische Modell lautet

$$S_t = D_S S_{xx} - k_1 S + k_2 P,$$

$$P_t = D_P P_{xx} + k_1 S - k_2 S,$$

$$H_t = D_H H_{xx} - k_1 S,$$

$$S(0,t) = S^o, \quad S_x(d,t) = 0 \quad \text{für } t > 0, \quad S(x,0) = 0 \quad \text{für } 0 \leqslant x \leqslant d,$$

$$P(0,t) = 0, \quad P_x(d,t) = 0 \quad \text{für } t > 0, \quad P(x,0) = 0 \quad \text{für } 0 \leqslant x \leqslant d,$$

$$H(0,t) = H^o, \quad H(d,t) = 0 \quad \text{für } t > 0, \quad H(x,0) = H^o (1-\tfrac{x}{d}) \quad \text{für } 0 \leqslant x \leqslant d.$$

Im hier betrachteten Fall werden für das Cosubstrat H stationäre Anfangsbedingungen angenommen. Das entspricht einem existierenden Arrangement [SCHELLER et al. 1985b, MIZUTANI et al. 1985].

Die angegebenen Differentialgleichungen sind nur explizit lösbar, wenn angenommen wird, daß

$$D_S = D_P = D.$$

Das bedeutet keine wesentliche Einschränkung, weil die zyklisch umgewandelten Substrate zumeist einander sehr ähnlich sind. Es ergeben sich folgende Formeln [SCHULMEISTER 1987b]:

$$S(x,t) = S^o \frac{4}{\pi} \sum_{n=0}^{\infty} \frac{\sin[(2n+1)\pi x/(2d)]}{2n+1} \{\frac{k_2+v}{k+v} [1 - \exp(-(k+v)t)]$$

$$- \frac{k_2}{k} [\exp(-vt) - \exp(-(k+v)t)]\},$$

$$P(x,t) = S^o [1 - \frac{4}{\pi} \sum_{n}^{\infty} \frac{\sin[(2n+1)\pi x/(2d)]}{2n+1} \exp(-vt)] - S(x,t),$$

$$v = D \frac{(2n+1)^2 \pi^2}{4d^2},$$

$$k = k_1 + k_2,$$

$$H(x,t) = H^o\left(1-\frac{x}{d}\right) - \frac{8}{\pi^2} k_1 S^o \sum_{m=1}^{\infty} \left\{\sin\left(\frac{m\pi(x-d)}{d}\right) \sum_{n=0}^{\infty} \frac{(-1)^n}{2n+1} \cdot \frac{m}{m^2-(2n+1)^2/4}\right.$$

$$\left[\frac{k_2+v}{k+v}\left(\frac{1-\exp(-wt)}{w} - \frac{\exp(-(k+v)t)-\exp(-wt)}{w-k-v}\right)\right.$$

$$\left.\left. - \frac{k_2}{k}\left(\frac{\exp(-vt)-\exp(-wt)}{w-v} - \frac{\exp(-(k+v)t)-\exp(-wt)}{w-k-v}\right)\right]\right\},$$

$$w = D_H \frac{m^2\pi^2}{d^2}.$$

Die stationären Lösungen lauten:

$$\bar{S}(x) = S^o\left(Q_1^2 \frac{\cosh Q(d-x)}{\cosh Qd} + Q_2^2\right)/Q^2,$$

$$\bar{P}(x) = S^o - \bar{S}(x),$$

$$\bar{H}(x) = H^o\left(1-\frac{x}{d}\right) + S^o \frac{k_1}{D_H Q^2}\left[\frac{Q_1^2}{Q^2} \frac{\cosh Q(d-x) - x/d}{\cosh Qd} + \frac{Q_2^2}{2} x(x-d) - \frac{Q_1^2}{Q^2} \frac{(d-x)}{d}\right],$$

wobei $Q_1 = \sqrt{k_1/D}$,

$Q_2 = \sqrt{k_2/D}$,

$Q = \sqrt{k/D}$.

Die für das Eindiffundieren von Substrat und die Bildung von Produkt typische Entwicklung der Konzentrationsprofile bis zu einem stationären Niveau ist in Abbildung 36 gut zu erkennen.

Durch die zyklische Reaktion findet ein wesentlich höherer Cosubstrat-Umsatz statt als im Fall eines Monoenzym-Arrangements ($k_2 = 0$). Die Signalverstärkung kann den Meßbereich der Enzymelektrode um Größenordnungen erweitern. Die Formel für den Verstärkungsfaktor G lautet [SCHULMEISTER 1987b]:

$$G = \frac{\frac{k_1}{Q^2}\left(\frac{k}{Q^2 \cosh Qd} - \frac{k_1}{Q^2} - \frac{k_2 d^2}{2}\right)}{D^2\left(\frac{1}{\cosh Q_1 d} - 1\right)}.$$

Für hohe Enzymbeladungen (d. h. $Q_1 d$, $Qd \gg 1$) ergibt sich eine gute Abschätzung für diesen Faktor:

$$G \approx \frac{k_1 k_2 d^2}{2Dk}.$$

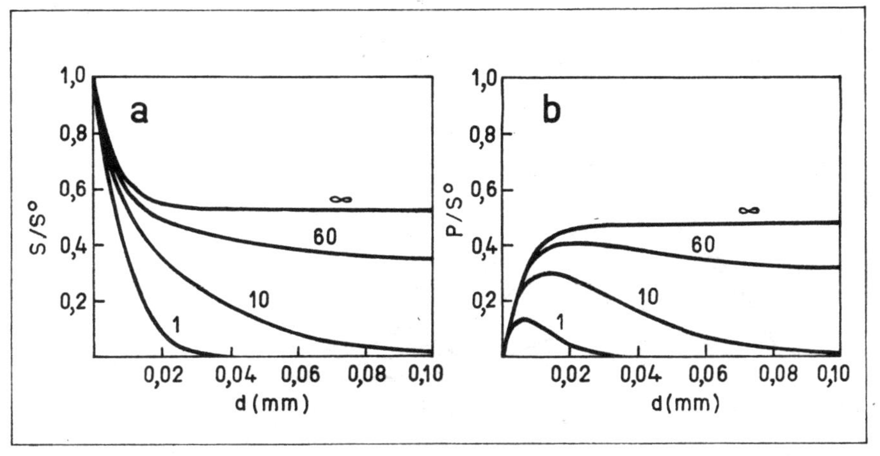

Abb. 36. Konzentrationsprofile des Modells einer zyklischen Lactatelektrode. Die Profile von Lactat (a) und Pyruvat (b) sind für t = 1, 10 und 60 s sowie den stationären Fall dargestellt. Die Profile sind durch S^o auf eine dimensionslose Form normiert. Parameterwerte $k_1 = 1{,}0\ s^{-1}$; $k_2 = 1{,}1\ s^{-1}$; $D = 9{,}0 \cdot 10^{-5}\ mm^2/s$; d = 0,1 mm; n = 4.

2.5.4. Vielschichtelektroden

Modelle mit mehreren Schichten erfordern im Vergleich zu den vorgestellten Ableitungen mathematisch ein grundsätzlich neues Herangehen. Entweder ist zur rein numerischen Behandlung der entsprechenden Systeme partieller Differentialgleichungen überzugehen [SMITH 1965, LASIA 1983, BERGEL und COMTAT 1984], oder die Probleme sind mit einem neuen Ansatz zu überwinden. Das mathematische Problem besteht darin, daß die Randbedingungen nicht für alle Schichten bekannt sind. Für die Berührungsflächen der verschiedenen Membranen sind anstelle der bisher gegebenen Randwerte bzw. no-flux-Bedingungen nur Masse-Erhaltungsbeziehungen bekannt. Diese lauten:

$$H^i(d_i, t_j) = H^{i+1}(0, t_j),$$

$$D_i H_x(d_i, t_j) = D_{i+1} H_x(0, t_j).$$

D_i und D_{i+1} seien die Diffusionskoeffizienten des betrachteten Substrates H in der i-ten bzw. (i+1)-ten Schicht. Jede der I Schichten wird für sich modelliert, die Schichtdicke sei d_i (i = 1, ..., I). Die Masse-Erhaltungsbeziehungen werden jeweils für feste Zeitpunkte t_j (j = 1, 2, ...) betrachtet. Die Idee des Vielschichtansatzes läßt sich dann wie folgt formulieren [SCHULMEISTER 1987a]: Aus der bereits mehrfach benutzten Lösungsformel ist bekannt, daß für lineare Anfangs- und Randwertbedingungen die Lösung für ein Einschichtmodell eine multilineare Funktion bezüglich der Parameter dieser Anfangs- und Randwert-

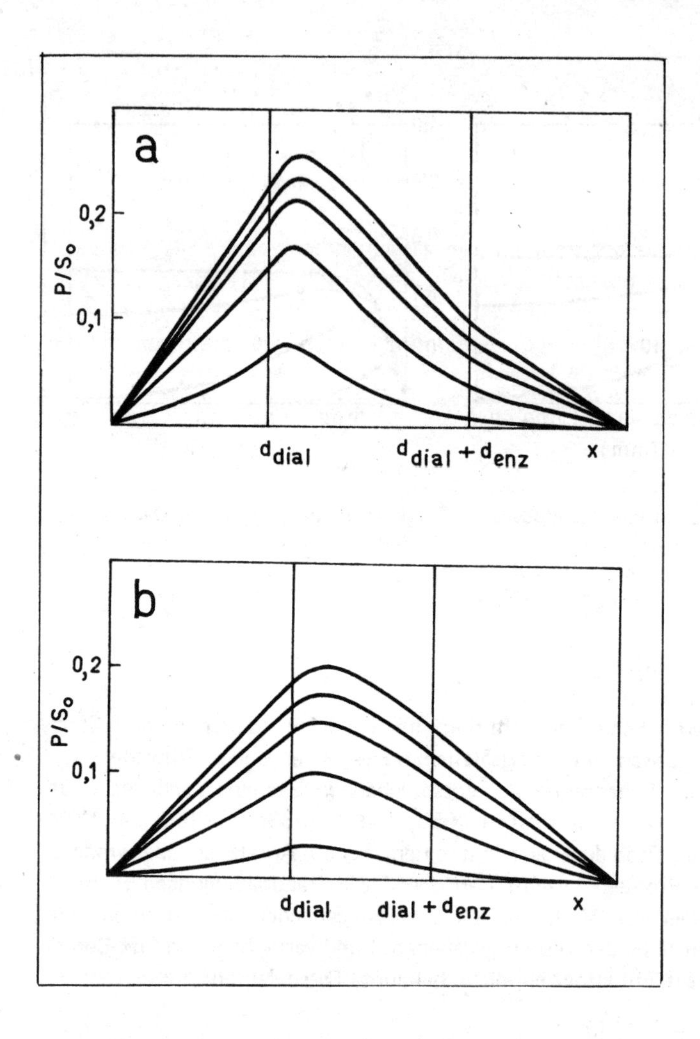

Abb. 37. Konzentrationsprofile für das Produkt P in zwei 3-Schicht-Modellen [SCHULMEISTER 1987a]. In beiden Fällen ist eine aktive Membran (Schichtdicke d_{enz}) durch zwei Dialysemembranen (Schichtdicke d_{dial}) stabilisiert. Die Profile sind von unten beginnend für t = 1,5, 3, 4,5 und 6 s sowie den stationären Fall dargestellt. Parameterwerte:

a) $k = 6{,}40\ s^{-1}$; $D_{S,1} = 1{,}18\ mm^2/s$; $D_{S,2} = 1{,}98\ mm^2/s$; $d_{enz} = 0{,}038$ mm; $d_{dial} = 0{,}03$ mm.

b) $k = 3{,}29\ s^{-1}$; $D_{S,1} = 1{,}30\ mm^2/s$; $D_{S,2} = D_{S,1}$; $d_{enz} = 0{,}022$ mm; $d_{dial} = 0{,}029$ mm.

Für den Diffusionskoeffizienten des Produktes, D_P, gilt in jeder Schicht $D_P = 2{,}46\ D_S$.

funktionen darstellt. Diese Parameter sind aber genau die unbekannten Funktionswerte $H^i(0,t_1)$, $H^i(d_i,t_1)$, $H^i(0,t_2)$ und $H^i(d_{i+1},t_2)$, wobei $t_2 - t_1$ den Schritt in der Zeitrechnung bedeutet. Daher läßt sich die Lösung $H(x,t)$ für jede Schicht bestimmen und am Rand bezüglich der Raumkoordinate x ableiten.

Werden diese Ausdrücke in die Masse-Erhaltungsbeziehungen eingesetzt, folgt ein lineares Gleichungssystem für die gesuchten Parameter. Die Lösung dieses Gleichungssystems bedeutet daher die Berechnung des Konzentrationsprofils für den betrachteten Zeitpunkt t_2. Da hier die Werte des Konzentrationsprofils zum Zeitpunkt t_1 notwendig sind, muß in der Zeitrechnung schrittweise von einem Konzentrationsprofil zum nächsten gerechnet werden. Da weiterhin die Benutzung linearer Anfangs- und Randwertbedingungen innerhalb des Arrangements eine Approximation darstellt, ist sowohl in der Zeit- als auch in Raumrichtung in kleinen Schichten zu rechnen. Mit anderen Worten, wird eine hinreichende Verfeinerung des Schichtenaufbaues (durch Unterteilung der gegebenen Schichten) gewählt und in hinreichend kleinen Zeitschritten gerechnet, so ist die sukzessive Berechnung von Konzentrationsprofilen mit hoher Genauigkeit möglich. Der Algorithmus ist publiziert und durch Fallstudien illustriert worden [SCHULMEISTER 1987a]. Ein Beispiel ist in Abbildung 37 wiedergegeben.

2.5.5. Schlußfolgerungen

Der hier vorgestellte lineare Ansatz läßt sich sowohl in Richtung Multienzymelektroden als auch für Vielschichtelektroden ausbauen. Auch Vielschichtmodelle von Bienzymelektroden sind, zumindest für den stationären Fall, leicht zu behandeln. Der gesamte Apparat ist ohne Schwierigkeiten auf potentiometrische Enzymelektroden übertragbar [CARR und BOWERS 1980]. Es muß jedoch angemerkt werden, daß die Überlegenheit gegenüber rein numerischen Lösungsverfahren mit zunehmender Anzahl von Enzymspezies und im Vielschichtmodell nachläßt. Der Vorteil der Rechengeschwindigkeit beträgt bei den gezeigten Summenformeln (z. B. in Abschnitt 2.5.2.) etwa zwei Größenordnungen. Dieser Vorteil reduziert sich bei Vielschichtelektroden und Formeln mit Doppel- bzw. Dreifachsummen auf etwa eine Größenordnung.

In zahlreichen Fällen ist die Benutzung linearer Modelle nicht möglich, und zwar immer dann, wenn

a) die Enzymkinetik von mehreren Substraten abhängt und
b) der zu untersuchende Konzentrationsbereich keine Approximation der Reaktionsgeschwindigkeit der Enzymreaktion durch einen linear von der Substratkonzentration abhängigen Ausdruck gestattet.

Zur numerischen Realisierung des entsprechenden Modells existieren verschiedene Methoden [SMITH 1965, LASIA 1983]. Da die mathematisch günstigen Anfangs- und Randwertbedingungen auch bei Verwendung einer nichtlinearen Reaktionsrate benutzbar sind, kann das zu lösende System parabolischer Differentialgleichungen durchaus mit der relativ einfachen Linien-Methode, durch zentrale Differenzen zweiter Ordnung, behandelt werden. Die Verwendung von 100 Diskretisierungsorten reicht dabei im allgemeinen aus.

Die Betrachtung von Spezialfällen kann auch für nichtlineare Modelle zur Ableitung von Näherungsformeln für den Strom führen. Diese erweisen sich trotz der notwendigen Einschränkungen oft als ausreichend [CARR und BOWERS 1980].

3. Metabolismussensoren

Von den einleitend skizzierten Biosensorgrundtypen sind die Metabolismussensoren, die auf der molekularen Erkennung und Umwandlung der Analyten durch Enzyme beruhen, am längsten bekannt und bisher am besten erforscht.

Entsprechend dem Integrationsgrad der Biokomponente können sie in Monoenzymsensoren, Biosensoren mit gekoppelten Enzymreaktionen, Organellen- und Gewebeschnittsensoren sowie mikrobielle Sensoren unterteilt werden. Diesem Grad der steigenden Komplexität entspricht die Gliederung dieses Kapitels.

3.1. Monoenzymsensoren

Dieser Typ von Biosensoren hat die Entwicklung des neuen Gebietes der bioanalytischen Chemie initiiert und auch die breiteste praktische Anwendung erreicht. Bisher sind Enzymsensoren vor allem auf der Grundlage von Oxidoreduktasen und Hydrolasen beschrieben und genutzt worden.

3.1.1. Sensoren für Glucose

Die Glucosebestimmung ist sowohl im klinischen Labor als auch in der mikrobiologischen und Lebensmittelindustrie eine der häufigsten analytischen Routineaufgaben, für die sich der Einsatz von Glucoseelektroden empfiehlt. Weiterhin sind die Glucosesensoren nach Kopplung mit anderen Enzymen zur Messung von Di- und Polysacchariden und von Amylase- sowie Zellulaseaktivitäten, wie sie in einschlägigen biotechnologischen Prozessen ständig erfolgen muß, geeignet. Aus dieser Anwendungsvielfalt erklärt es sich, daß gegenwärtig weltweit zahlreiche Forschungsgruppen intensiv an der Entwicklung neuer und der Optimierung bekannter Glucosesensoren arbeiten.

Diese bieten das umfangreichste Beispiel für unterschiedliche Varianten der Kopplung immobilisierter Enzyme mit Signaltransduktoren. Die Vielfalt im Aufbau ergibt sich aus den spezifischen Anforderungen und den Leistungsgrenzen sowie den unterschiedlichen optimalen Bedingungen der Sensorbestandteile. Zum Verständnis dieser Zusammenhänge werden aufbauend auf den in Kapitel 2 beschriebenen elektrochemischen und biochemischen Grundlagen zunächst die glucoseumsetzenden Enzyme und ihre Verwendung in Enzymreaktoren als Vorläufer von Biosensoren und daran anschließend die drei Generationen der Glucosesensoren vorgestellt.

Die Enzymsensoren für Glucose nutzen überwiegend die Glucoseumsetzung mit Hilfe von Glucoseoxidase. Nur wenige Glucosesensoren enthalten NADH-abhängige Glucosedehydrogenase, eine Chinoprotein-Dehydrogenase oder Hexo-

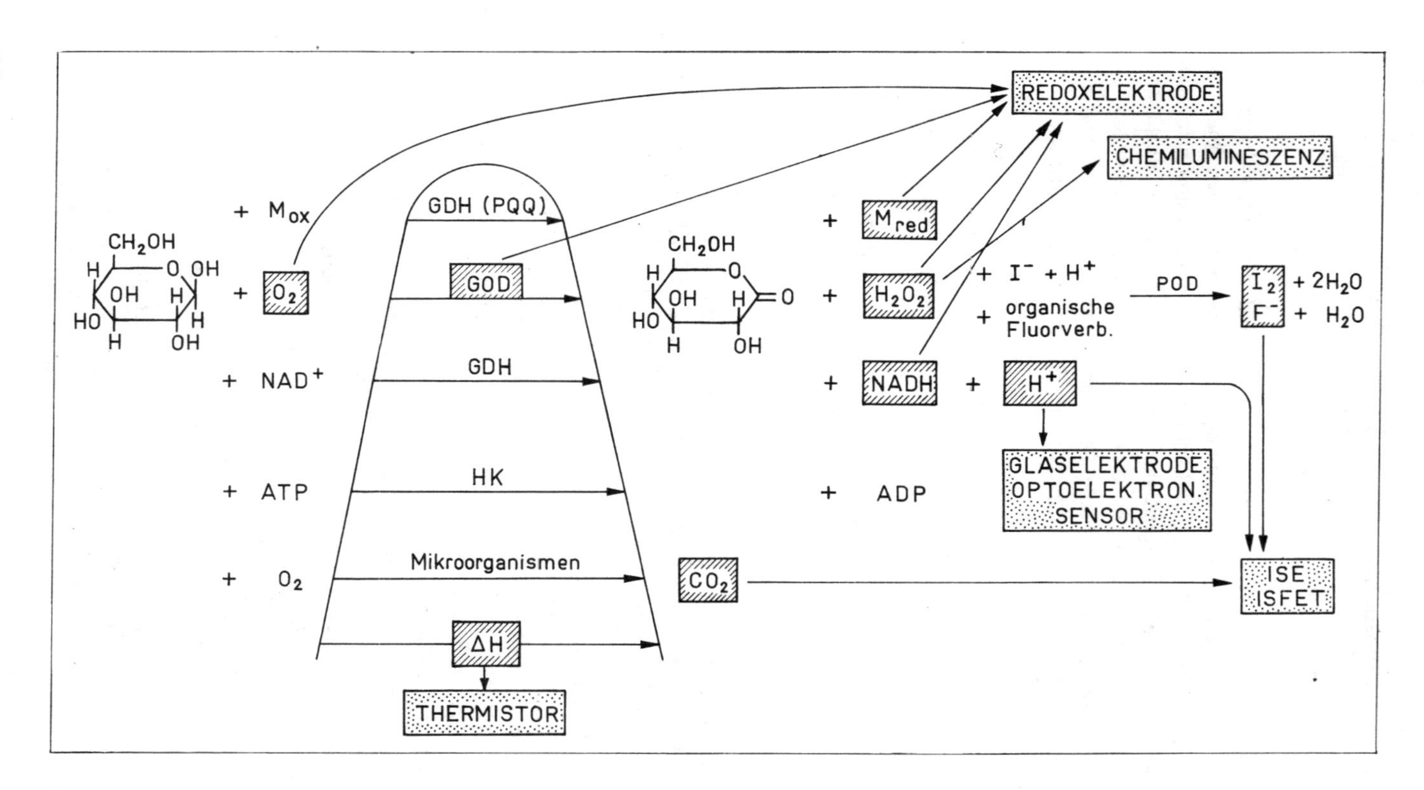

Abb. 38. Varianten der Glucoseumsetzung und Anzeigemöglichkeiten der resultierenden Reaktionseffekte mittels Biosensoren

GOD – Glucoseoxidase, GDH – Glucosedehydrogenase, GDH (PQQ) – Chinoprotein-GDH, HK – Hexokinase, M_{ox} – oxidierter Mediator, M_{red} – reduzierter Mediator kinase (Abb. 38) bzw. koppeln zusätzlich Peroxidase, Katalase oder Glucose-isomerase als Zweitenzym an. Bei mikrobiellen Glucosesensoren wird der O_2-Verbrauch bei der Oxidation bis zum CO_2 ausgenutzt (s. 3.3.). Weiterhin ist auch das glucosebindende Glykoprotein Concanavalin A eingesetzt worden.

Glucoseumsetzende Enzyme

Glucoseoxidase (GOD, EC 1.1.3.4), isoliert aus *Aspergillus niger* (MG 160 000) oder *Penicillium notatum* (MG 152 000), ist ein Glykoprotein, das aus zwei identischen Untereinheiten besteht, die über Disulfidbrücken miteinander verbunden sind. Jede Untereinheit enthält ein Molekül Flavinadenin-Dinucleotid (FAD) als prosthetische Gruppe. GOD katalysiert die Oxidation von β-D-Glucose in Gegenwart eines Elektronenakzeptors zu D-Glucono-δ-lacton. Es gibt verschiedene Möglichkeiten der Reoxidation der reduzierten Form des Enzyms, wie aus dem vereinfachten Reaktionsschema hervorgeht.

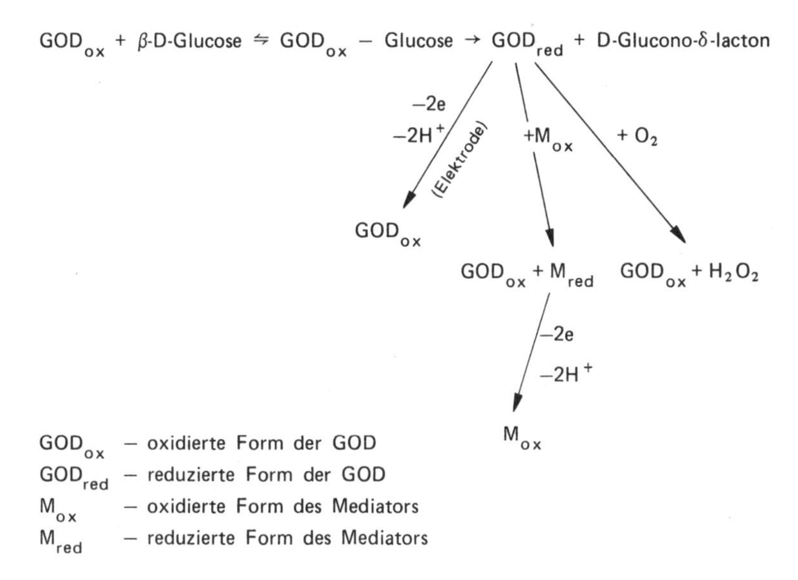

Im einfachsten Fall läuft die Reaktion mit Luftsauerstoff ab, der zu H_2O_2 reduziert wird. Andere Elektronenakzeptoren, wie Hexacyanoferrat(III), können den Sauerstoff substituieren. Wird das Enzym direkt an der Elektrode adsorbiert, gelingt es, die Elektronen ohne Mediator unmittelbar von der prosthetischen Gruppe zu übertragen.

Die GOD weist eine hohe Funktionsstabilität auf. Aus experimentellen Daten ist eine maximale Stabilität von 10^7 Zyklen extrapoliert worden [BOURDILLON et al. 1982]. Das Enzym ist spezifisch für β-D-Glucose; α-D-Glucose wird nicht umgesetzt, was z. B. für das Ankoppeln von α-D-Glucose-produzierenden Disaccharidasereaktionen von Bedeutung ist. Die K_M-Werte für Glucose von 9,6 mmol/l (*P. notatum*) und 33 mmol/l (*A. niger*) sind in Verbindung mit Aktivitäten bis zu 220 U/mg ausreichend für die Verwendung in Enzymelektroden.

Selektive β-D-Glucosemessungen können auch mit *Glucosedehydrogenase* (GDH, EC 1.1.1.47) ausgeführt werden:

$$\beta\text{-D-Glucose} + \text{NAD(P)}^+ \xrightarrow{\text{GDH}} \text{D-Glucono-}\delta\text{-lacton} + \text{NAD(P)H} + \text{H}^+.$$

Gegenüber der GOD ist bei GDH der Cofaktor NAD^+ (bei EC 1.1.1.118) bzw. $NADP^+$ (bei EC 1.1.1.119) nicht durch andere Mediatoren oder O_2 zu ersetzen. GDH wird aus Leber oder Bakterien, z. B. *Bacillus megaterium,* gewonnen. Das tetramere Molekül mit einem Molekulargewicht von 118 000 dissoziiert bei pH 9 in identische Untereinheiten. Der K_M-Wert für Glucose (GDH aus *B. megaterium*) liegt mit 47,5 mmol/l in einer für Enzymelektroden günstigen Größenordnung (K_M von NAD^+ = 4,5 mmol/l. Die spezifischen Aktivitäten von GDH und GOD sind etwa gleich.

Außer der pyridinnucleotidabhängigen Glucosedehydrogenase ist eine GDH isoliert worden, die 2,7,9-Tricarboxy-1H-pyrrolo[2,3]chinolin-4,5-dion (PQQ) als prosthetische Gruppe enthält. Dieses NADH-unabhängige Enzym (EC 1.1.99.17) aus *Bacterium anitratum* hat ein Molekulargewicht von 86 000 und eine spezifische Aktivität von 3000 U/mg. Das entspricht einer "turnover number" von 320 000 min^{-1}, also einem 30mal höheren Wert als für GOD. Diese GDH katalysiert die Glucoseoxidation in Gegenwart künstlicher Elektronenakzeptoren, wie NMP^+ oder Ferricinium, nicht aber mit Hilfe von O_2, FAD oder Cytochrom c. Neben der hohen spezifischen Aktivität erweist sich der große K_M-Wert für Glucose von 11,5 mmol/l sehr günstig für den Einsatz in Enzymelektroden [HIGGINS et al. 1987, D'COSTA et al. 1986].

Die ATP-abhängige Hexokinase (HK, EC 2.7.1.1) setzt *beide* Anomere der Glucose um. Der K_M-Wert für Glucose beträgt 10 mmol/l. Das tetramere Protein (MG 100 000) enthält acht SH-Gruppen pro Molekül, von denen vier für die Funktion erforderlich sind. Die Glucosebestimmung mit Hexokinase hat sich auf Grund der sehr hohen Spezifität international als Referenzmethode durchgesetzt. Die spezifische Aktivität von Hexokinase aus Hefe ist mit 140 U/mg für den Einsatz in Biosensoren ausreichend.

3.1.1.1. Analytische Enzymreaktoren

Zur rationellen Nutzung von Enzymen, z. B. in der klinisch-chemischen Diagnostik und der Prozeßanalytik, werden diese Biokatalysatoren zunehmend in immobilisierter, d. h. wiederverwendbarer Form eingesetzt. Es existieren drei Grundtypen von analytischen Enzymreaktoren [MOTTOLA 1983]:

1. In *Festbettreaktoren* erfolgt die enzymkatalysierte Umsetzung in einer Säule (Volumen 100 µl – 10 ml). Sie ist mit kleinen Teilchen gefüllt, die das immobilisierte Enzym tragen. Die im Durchflußverfahren entstehenden Reaktionsprodukte werden kolorimetrisch oder elektrochemisch angezeigt. Als Enzymträger mit gutem Fließverhalten dienen vor allem poröses Glas mit definierter Porenweite, organische Polymere, wie Nylonpulver, oder anorganische Polymere.
2. Im *offenen Rohrreaktor* sind die Enzyme direkt an der Innenwand des Rohr- oder Schlauchmaterials als Monoschicht fixiert. Dadurch ist die Beladungsdichte relativ niedrig, und zur Gewährleistung eines großen Umsatzes kann eine erhebliche Reaktorlänge erforderlich sein (bis zu 4 m). Als Röhrenmaterial dient Glas oder Nylon. Diese Reaktoren haben eine bessere Fließcharakteristik als die Festbettreaktoren und erlauben eine Meßfrequenz bis zu 200/h.
3. Im sogenannten *single-bead-string-Reaktor* sind die Enzyme sowohl an der Reaktorwand als auch an einem Träger im Reaktor gebunden. Er sichert im Vergleich zum offenen Rohrreaktor einen besseren Umsatz bei geringerer Probendurchmischung.

Für die Glucosebestimmung sind alle drei Typen von Enzymreaktoren benutzt worden. Dabei dominieren GOD-Festbettreaktoren in Kombination mit kolorimetrischen Anzeigesystemen, wobei häufig ein Peroxidasereaktor für die Farbreaktion nachgeschaltet ist [GORTON und ÖGREN 1981]. Bei den offenen Rohrreaktoren hat sich die Coimmobilisierung von Hexokinase und Glucose-6-phosphat-dehydrogenase mit spektralphotometrischer Anzeige des gebildeten NADPH bewährt. Damit wird beispielsweise in Technikon-Analysatoren ein Durchsatz von 150 Proben/h bei einer Funktionsstabilität von 1 Monat erreicht. Ebenfalls an den Innenwänden von Nylonschläuchen (25–50 cm) ist die GOD bei den Technikon AAI-Analysatoren fixiert. Zum kolorimetrischen Nachweis wird die Farbreaktion mit gelöster Peroxidase benutzt [ENDO et al. 1979].

Apparativ einfache Durchflußanordnungen sind Kombinationen von Enzymreaktoren mit direkter elektrochemischer Anzeige der Reaktionsprodukte. So liefert eine Fließinjektionsanordnung (f.i.a.) mit einem GDH-Reaktor und einer modifizierten Elektrode für die Anzeige des NADH hervorragende analytische Parameter, z. B. einen Variationskoeffizienten (VK) von 0,2 bis 0,6 % für die Glucosemessung [APPELQVIST et al. 1985 (Abb. 39)]. Analog dazu kann zur Glucosebestimmung das in einem GOD-Reaktor gebildete H_2O_2 mit einer modifizierten Elektrode angezeigt werden. KUAN und GUILBAULT (1977) haben GDH auf der Oberfläche eines Rührers immobilisiert und das entstehende NADH fluorimetrisch registriert. Dieser „Enzymrührer" (Abb. 40) ist zwei Monate stabil und erlaubt 500 Glucoseanalysen in Plasma.

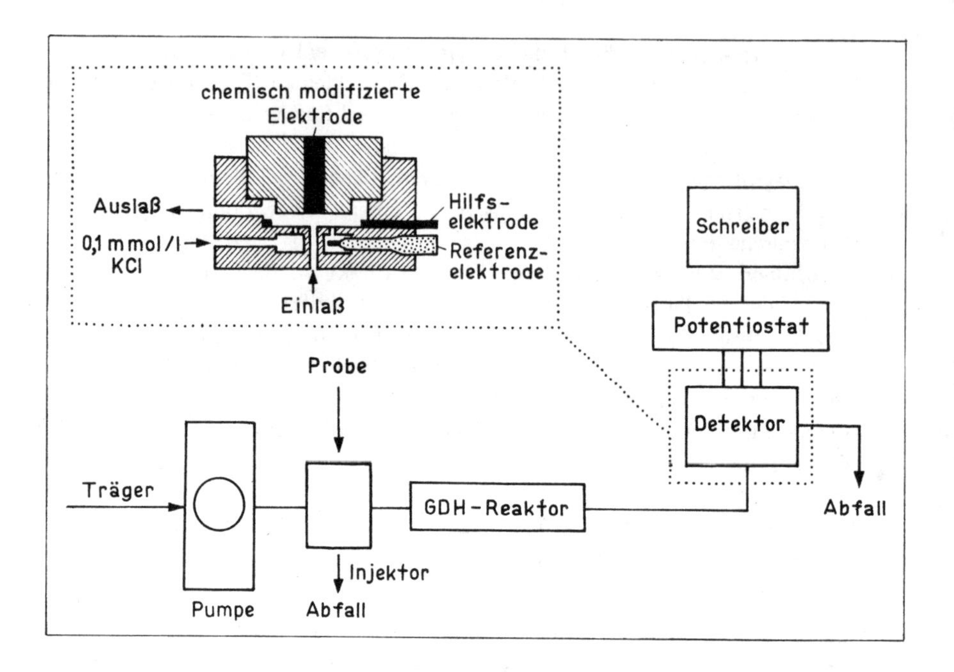

Abb. 39. Schematische Darstellung der Apparatur für die Fließinjektionsanalyse (f.i.a.) zur Bestimmung von Glucose auf der Grundlage eines GDH-Reaktors und einer chemisch modifizierten Elektrode für den NADH-Nachweis
[nach APPELQVIST et al. 1985]

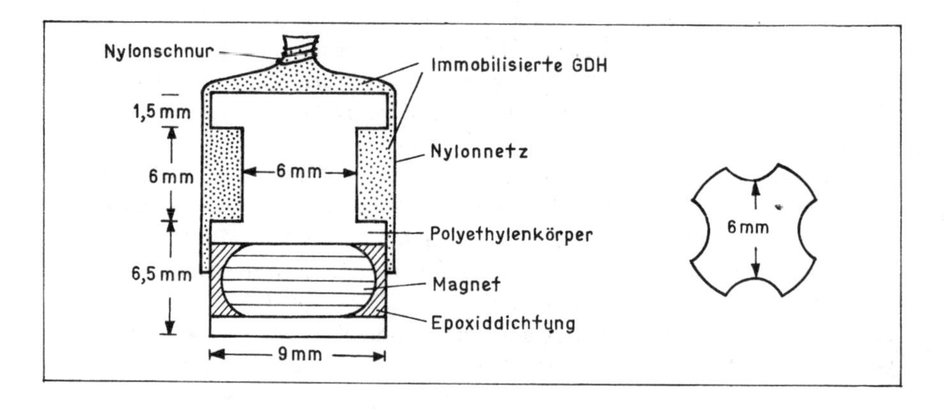

Abb. 40. Querschnitt eines Enzymrührers mit immobilisierter GDH
[nach KUAN und GUILBAULT 1977]

Auch im Enzymthermistor vom Durchflußtyp wird das immobilisierte Enzym in Form eines Festbettreaktors eingebracht. Mit diesem Meßprinzip kann zur Glucosemessung GOD sowohl allein als auch mit Katalase coimmobilisiert benutzt werden. Im zweiten System wird die Reaktionsenthalpie durch die H_2O_2-Zersetzung erheblich gesteigert (s. Tab. 2), was die Nachweisgrenze von 0,01 auf 0,002 mmol/l Glucose erniedrigt. Der lineare Meßbereich erstreckt sich bis zu 1 mmol/l. Dagegen kann der Meßbereich mit dem Hexokinasereaktor bis 25 mmol/l erweitert werden. 30 – 40 Serumproben, die 50- bis 100fach verdünnt waren, wurden mit sehr guter Präzision bestimmt (VK = 0,6 %). Durch Kombination mit einem automatischen Probenahmesystem ist der GOD-Thermistor für die kontinuierliche Messung der Glucosekonzentration adaptiert worden [DANIELSSON et al. 1981].

3.1.1.2. Enzymmembransensoren für Glucose

Dieser Entwicklungsabschnitt der Glucosesensoren hat mit der ersten Enzymelektrode von CLARK begonnen und erstreckt sich bis zur Gegenwart. Die einzelnen Sensoren unterscheiden sich durch unterschiedliche biologische Komponenten, vor allem aber im angewandten Transduktortyp. Allen gemeinsam ist jedoch, daß die Biokomponente vor dem Transduktor durch eine semipermeable Membran fixiert wird.

1. *Potentiometrische Glucosesensoren*

Schon in der Arbeit von CLARK und LYONS (1962) über den ersten amperometrischen Enzymsensor ist auf die Möglichkeit der Kopplung einer Glucoseoxidaseschicht mit einer pH-Glaselektrode hingewiesen worden. Dieses Prinzip ist 1973 von NILSSON et al. benutzt worden. Wegen der langen Meßzeiten bis zur Einstellung des stationären Zustands nach Substratzugabe (rund 10 min), der Empfindlichkeit gegenüber Änderungen der Pufferkapazität sowie einer logarithmischen Konzentrationsabhängigkeit für Glucose (von 1 bis 100 mmol/l) hat sich diese Methode nicht durchgesetzt.

Einen potentiometrischen Glucosesensor auf der Basis immobilisierter GOD (oder GOD + Katalase) an einem Platinnetz oder Platindraht haben WINGARD et al. (1982) beschrieben. Für die Ausbildung des Potentials, dessen Änderung sich zum Logarithmus der Glucosekonzentration proportional verhält, ist wahrscheinlich das H_2O_2/O_2-Redoxpaar verantwortlich. Die Autoren postulieren die Möglichkeit des Einsatzes dieses Sensors für *in vivo*-Messungen. Dazu müßte aber der bisher erreichte Meßbereich (bis 8,33 mmol/l Glucose) erheblich erweitert werden. Interferenzen durch Aminosäuren und Galactose werden nicht ausgeschlossen.

Prinzipiell ist es auch möglich, die GOD-Reaktion zusammen mit der durch Peroxidase (POD) katalysierten Oxidation in ionenselektive Elektroden zu koppeln. NAGY et al. (1973) haben die Glucose durch Verminderung der Iodidkonzentration mit Hilfe einer iodidsensitiven Elektrode registriert:

$$\text{Glucose} + O_2 \xrightarrow{\text{GOD}} \text{Glucono-}\delta\text{-lacton} + H_2O_2$$

$$H_2O_2 + 2I^- + 2H^+ \xrightarrow{\text{POD}} I_2 + 2H_2O.$$

Sie konnten weder durch physikalischen Einschluß der Enzyme in Polyacrylamid an Nylonnetz noch durch chemische Bindung an Polyacrylsäure-Derivate ausreichend kurze Meßzeiten erzielen. Verbesserungen des Systems zugunsten der Ansprechzeit führten zu unzureichenden Empfindlichkeiten des Sensors. So werden optimale Ansprechzeiten von 77 bis 235 Sekunden angegeben, wobei eine Empfindlichkeit von 40 mV/Dekade erreicht wird. Neben der geringen Spezifität der iodidsensitiven Elektrode (Interferenzen durch Thiocyanat, Sulfid, Cyanid, Silber(I)-ionen) wird die Anwendbarkeit dieser Methode dadurch eingeschränkt, daß Harnsäure, Ascorbinsäure und Fe(II)-ionen als Konkurrenzsubstrate der POD erheblich stören.

AL-HITTI et al. (1984) haben das POD/GOD-System mit einer Anordnung verglichen, in der anstelle von POD Ammoniummolybdat als Katalysator verwendet wird:

$$H_2O_2 + 2I^- + 2H^+ \xrightarrow{\text{Mo(IV)}} I_2 + 2H_2O.$$

Die Enzyme werden in Polyvinylchlorid auf folgende Weise immobilisiert:
50 mg GOD (6 500 U) und 18 mg POD (6 000 U) werden mit 20 mg PVC und 6 cm^3 Tetrahydrofuran als Lösungsmittel vermischt. 40 mg Dioctylphenylphosphat als Weichmacher dienen zur Herstellung einer gut handhabbaren und geschmeidigen 230 – 250 μm dicken Membran.

Die Autoren erzielen eine Empfindlichkeit von 74 mV/Dekade. Die Stabilität liegt mit POD bei 7 Tagen im Vergleich zu 3 Tagen mit GOD/Mo(IV). Die Ansprechzeiten von 2 bis 12 Minuten und Meßzeiten von 35 bis 70 Minuten sind unbefriedigend. Durch Glutaraldehyd-Fixierung der GOD mit Rinderserumalbumin (RSA) kann zwar die Stabilität auf 14 Tage erhöht werden, die Empfindlichkeit wird dadurch aber um fast 50 % reduziert (43 mV/Dekade).

Auf der Umsetzung des in der GOD-Reaktion entstehenden H_2O_2 mit einer organischen Fluorverbindung in Gegenwart von POD basiert der potentiometrische Glucosesensor von HO und WU (1985):

$$H_2O_2 + \text{4-Fluorphenol} \xrightarrow{\text{POD}} H_2O + \text{polymeres Produkt} + F^-.$$

Das entstehende Fluorid wird an einer fluoridsensitiven Elektrode angezeigt. Als Substrat wird 4-Fluorphenol gewählt, das neben einer hohen Reaktionsgeschwindigkeit ein günstiges Diffusionsverhalten aufweist. Die Autoren finden keine Interferenzen durch Ascorbinsäure und Harnsäure. Lediglich Glutathion stört oberhalb von 0,87 mg/ml.

Die im Gemisch mit RSA durch Glutaraldehyd vernetzten Enzyme (Optimum: 660 U POD + 400 U GOD pro Elektrode) sind 30 Tage stabil.

CHEN und LIU (1977) haben GDH, die in Polyacrylamidgel an der Oberfläche eines Platinnetzes immobilisiert ist, zur potentiometrischen Glucoseanalyse eingesetzt. Die Empfindlichkeit beträgt bei der optimalen NAD^+-Konzentration von 0,015 mmol/l und 25 °C im Bereich von 0,1 bis 5 mmol/l Glucose 15 mV/Dekade. Dieses Resultat ist sowohl ohne als auch in Gegenwart von 2 mmol/l Ferricyanid erzielt worden. Offensichtlich ist Ferricyanid als Elektrodenmediator nicht wirksam.

2. *Amperometrische Glucosesensoren*

Die Vielzahl der Patente, Publikationen und die vorhandenen kommerziellen Analysatoren belegen die führende Position der amperometrischen Glucoseelektroden. Sie nutzen die Vorteile FARADAYscher Elektrodenprozesse, z. B. Unabhängigkeit von der Pufferkapazität, lineare Konzentrationsabhängigkeit sowie große Empfindlichkeit bei der Substraterfassung und lassen ein einfaches und gut handhabbares Meßregime zu.

An der GOD-katalysierten Glucoseoxidation sind als elektrodenaktive Substanzen das Cosubstrat (O_2) und das entstehende H_2O_2 beteiligt. Als Indikatorelektroden dienen deshalb gassensitive oder Redoxelektroden (s. auch Abb. 38).

a) Registrieren des Cosubstratverbrauchs

Das natürliche Cosubstrat ist der Luftsauerstoff. Bei der Glucosemessung wird die Differenz zum relativ hohen O_2-Grundstrom durch Registrierung des Verbrauchs an Sauerstoff [z. B. nach TRAN-MINH und BROUN 1975] ausgewertet (Abb. 41). Deshalb ist die erreichbare Empfindlichkeit limitiert. Weiterhin ist diese Methode für Meßlösungen mit variierendem Sauerstoffgehalt ungeeignet, da die Sauerstoffelektrode die Summe des O_2-Verbrauchs in der GOD-Membran und in der Meßlösung anzeigt. Das trifft z. B. für Blutglucosemessungen zu, bei denen Desoxyhämoglobin einen Teil des Sauerstoffs aus der Meßlösung bindet und damit einen zu hohen Glucosewert vortäuscht. Deshalb schreiben z. B. die Entwickler des BECKMAN-Glucoseanalysators den Einsatz von Plasma zur Blutglucosemessung vor. Dies erfordert, daß die Proben vorher zentrifugiert werden. Nur eine Differenzmessung mit einer enzymfreien O_2-Elektrode ergibt den richtigen Glucosewert für venöses Blut [UPDIKE und HICKS 1967].

REITNAUER (1977) hat während der gesamten Messung von Blutproben der Meßzelle kontinuierlich Luft zugeführt, um den O_2-Verbrauch in der Meßzelle zu kompensieren. Dabei kann aber die Reproduzierbarkeit durch partielle O_2-Übersättigung beeinträchtigt sein.

ROMETTE et al. (1979) haben versucht, das Problem des schwankenden O_2-Gehalts durch die Verwendung einer Enzymmembran mit einer hohen Sauerstofflöslichkeit zu lösen. Dazu wird ein GOD-Gelatine-Glutaraldehydgemisch auf

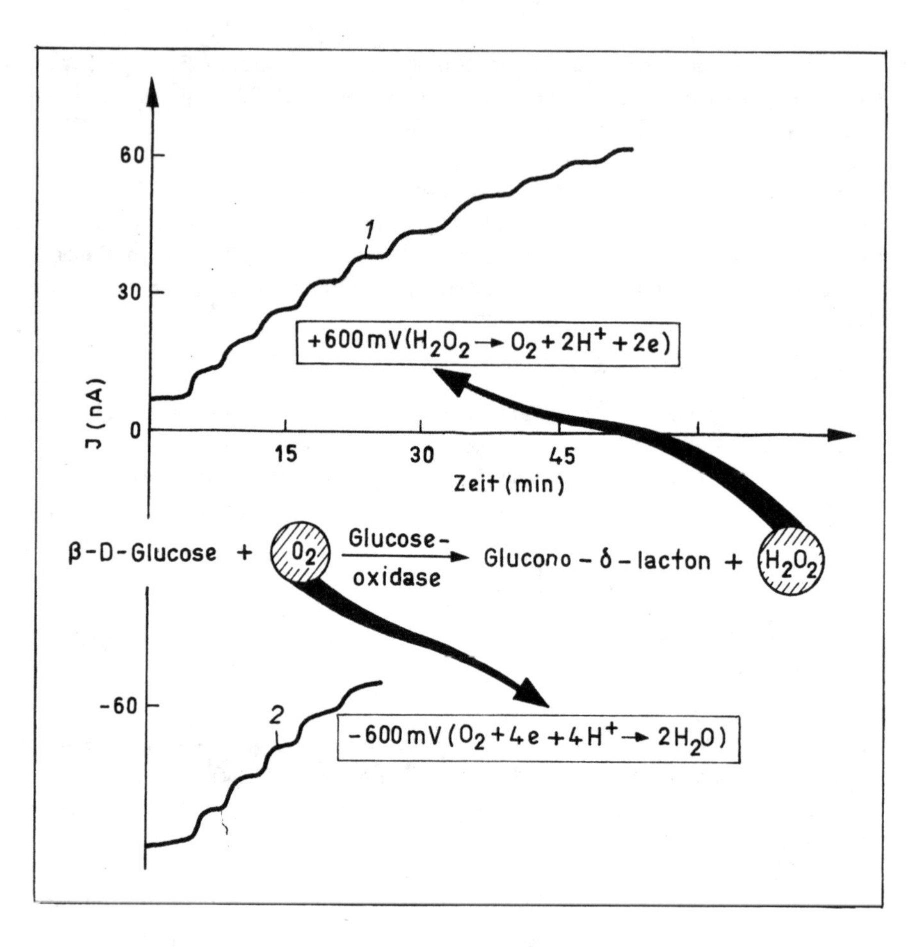

Abb. 41. Vergleich von Meßkurven der Anzeige der H_2O_2-Bildung (1) und des Sauerstoffverbrauchs (2) bei schrittweiser Zugabe von Glucose

eine 6 μm dicke hydrophobe Polypropylenmembran aufgesprüht, die mit 0,5-prozentigem Laurylsulfat vorbehandelt ist. Die Membran wird vor jeder Analyse mit Luft gesättigt, so daß in einem Konzentrationsbereich von 0 – 22 mmol/l Glucose nur O_2 aus dem Membranraum verbraucht wird. Die Sauerstoffkonzentration innerhalb der Membran (20mal höher als in Wasser bei gleichem Partialdruck) reicht aber nicht für *in situ*-Messungen zur Prozeßkontrolle im Fermenter aus [ROMETTE 1987].

CLARK und DUGGAN (1982) haben bei der Messung von Strom-Potential-Kurven einen Glucosebereich von 0 – 55 mmol/l (Verdünnung 1 : 15 mit Puffer) erfaßt. Hier wird nicht der hohe O_2-Verbrauch im stationären Zustand abgewartet.

b) Begrenzung des Meßbereichs durch die Löslichkeit von Sauerstoff
Luftgesättigte Lösungen enthalten 7 mg/l Sauerstoff. Das entspricht dem Sauerstoffbedarf der GOD-Schicht für die Oxidation von 79 mg Glucose/l. Wegen der schnelleren Diffusion des O_2 in das Membransystem (verglichen mit der Glucose) können in luftgesättigten Lösungen bis zu 3 g/l Glucose erfaßt werden. Durch Verwendung einer zusätzlichen Diffusionsbarriere vor der GOD-Schicht aus Polyurethan kann der lineare Meßbereich bis auf 20 g/l Glucose erweitert werden (Abb. 42). Dieses Material wird jetzt allgemein bei implantierbaren Glucoseelektroden im Tauchverfahren zur Erweiterung des Meßbereiches aufgebracht.

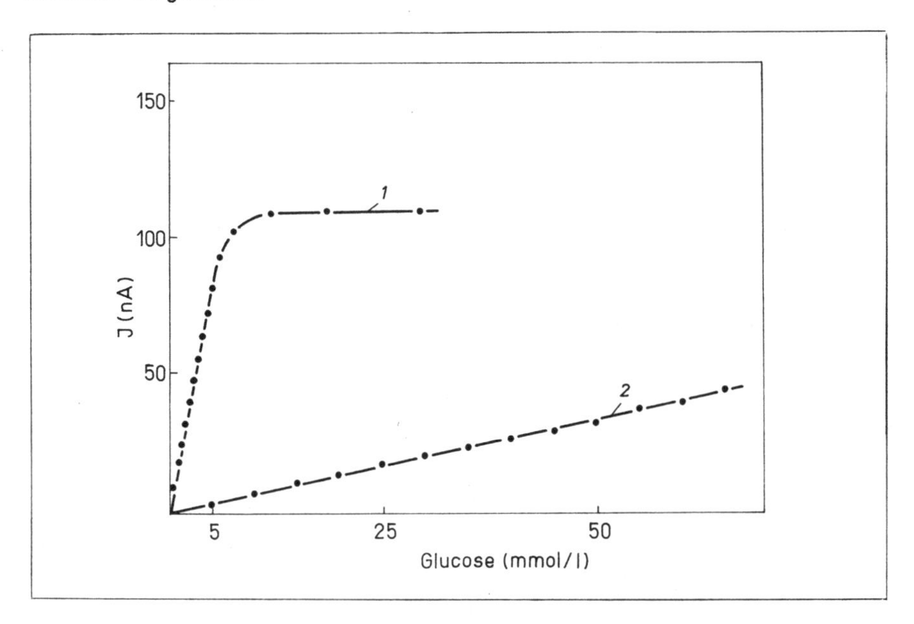

Abb. 42. Vergleich der Konzentrationsabhängigkeiten des stationären Stroms mit in einer Gelatineschicht zwischen zwei Nephrophanmembranen eingeschlossener GOD (1) und mit einer zusätzlich auf der Lösungsseite aufgebrachten Polyurethanmembran (2)

ABEL et al. (1984) haben die Geometrie der Elektrode gezielt verändert, um das Problem der O_2-Limitierung zu lösen. Sie bringen zusätzlich zur üblichen Cuprophanmembran eine hydrophile (Polyurethan, Zelluloseacetat) sowie eine perforierte hydrophobe (Polyethylen) Membran zwischen das Enzym und die Meßlösung. Dadurch wird die Diffusion der Glucose aus der Lösungsphase auf das perforierte Gebiet begrenzt, während der Sauerstoff vermöge nichtlinearer Diffusion durch einen wesentlich größeren Querschnitt in die Enzym-

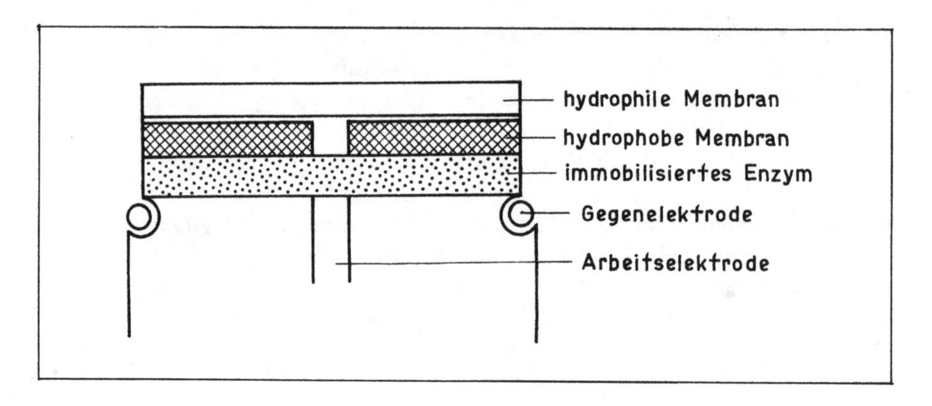

Abb. 43. Enzymelektrode zur Glucosemessung in unverdünntem biologischem Medium [nach MÜLLER et al. 1986]

schicht gelangt (Abb. 43). Dieses Prinzip ist von GOUGH et al. (1985) mit der Entwicklung der „zweidimensionalen" Enzymelektrode erweitert worden. Während Glucose lediglich *axial* in die Enzymschicht diffundieren kann, gelangt Sauerstoff zusätzlich in *radialer* Richtung zur GOD. Dazu ist die Enzymschicht seitlich mit einem (glucoseundurchlässigen) O_2-permeablen Mantel umgeben (Abb. 44).

Sauerstoffverarmung der Kulturlösungen in Fermentern schränkt den Meßbereich bei *in situ*-Messungen ein. Die von ENFORS (1981, 1982) vorgestellte O_2-stabilisierte Glucoseelektrode basiert auf einer galvanischen, O_2-erzeugenden Elektrode, die sich in der Enzymschicht befindet. Eine normale O_2-Elektrode dient als Referenzelektrode. Der durch die Glucoseoxidation entstehende O_2-Verbrauch wird durch die elektrolytische Bildung von O_2 aus Wasser kompensiert. Dadurch kann dieses System in Lösungen mit unterschiedlichen Sauerstoffkonzentrationen eingesetzt werden. Selbst in vollständig O_2-freien Medien kann das erforderliche Cosubstrat durch die Elektrolyse erzeugt werden. Bei kontinuierlichen *in situ*-Glucoseanalysen während einer Fermentation von *Candida utilis* zeigt sich, daß Störungen wegen des variierenden O_2-Gehaltes eliminiert werden [ENFORS 1982].

Bei der „extern gepufferten" Enzymelektrode [CLELAND und ENFORS 1984] ist die Meßanordnung so gewählt, daß ein substratfreier Pufferstrom zwischen Dialysemembran und Enzymschicht gepumpt werden kann. Das heißt, es wird verdünnt, bevor die Enzymschicht erreicht ist (Abb. 45). Die Intensität des Pufferflusses ist in diesem Falle die Variable zur Einstellung des Meßbereichs und der Empfindlichkeit. Besonders wichtig ist diese Variante durch die Möglichkeit der Sterilisierung des Sensors. Während die Membran kontinuierlich mit Puffer durchspült und somit geschützt wird, kann der restliche Sensor 1 Stunde in einer Lösung aus 95 % Ethanol und 5 % H_2SO_4 sterilisiert werden.

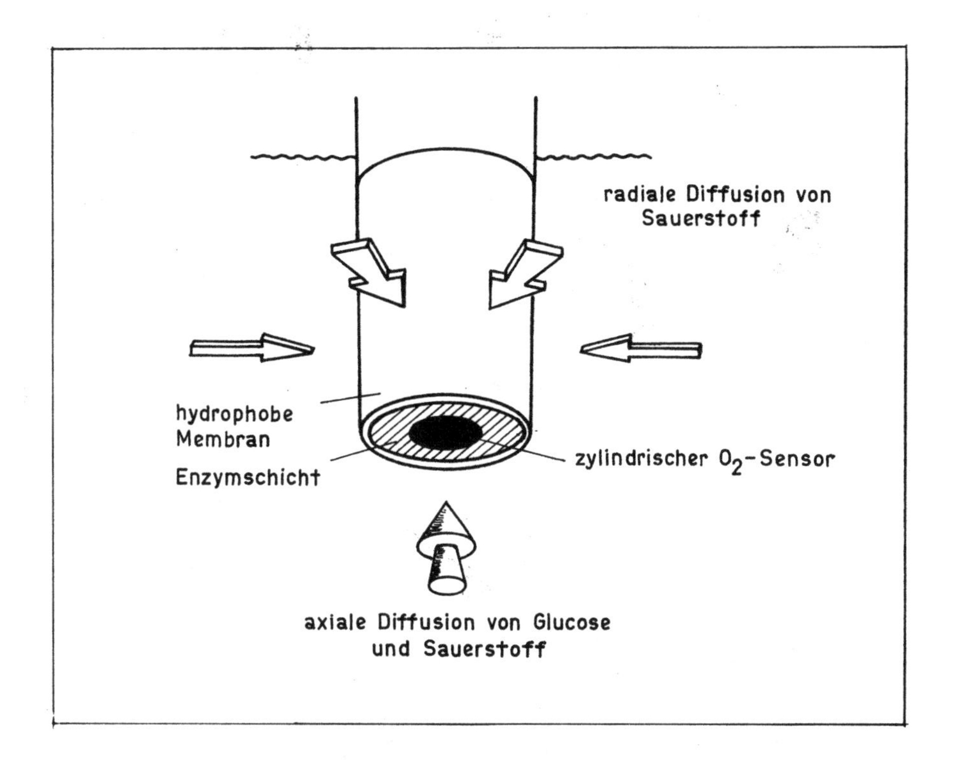

Abb. 44. Schematische Darstellung der „zweidimensionalen" Enzymelektrode für Glucose [nach GOUGH et al. 1985]

Für die Routineanalytik haben Enzymelektroden in Fließsystemen mehrere Vorteile: Sie sind einfacher zu handhaben, erlauben eine höhere Probenfrequenz und sind automatisierbar.

MACHOLÁN et al. (1981) und PACÁKOVÁ et al. (1984) benutzen O_2-anzeigende GOD-Elektroden in einem Fließsystem. Die GOD ist an eine Polyamidfolie bzw. in Gelatine fixiert. Die von den Autoren angegebenen Meßfrequenzen von 30/h und 60/h beziehen sich auf wäßrige Glucoselösungen. Resultate biologischer Proben, wie Blut, Serum oder Plasma, werden nicht mitgeteilt.

Glucosesensoren auf der Basis des O_2-Verbrauchs immobilisierter Mikroorganismen [z. B. KARUBE et al. 1979b] werden unter 3.3. behandelt.

c) Amperometrische Produktanzeige

Die Registrierung der Glucosekonzentration aus der Oxidation des entstehenden H_2O_2 gemäß

$$H_2O_2 \longrightarrow O_2 + 2H^+ + 2e$$

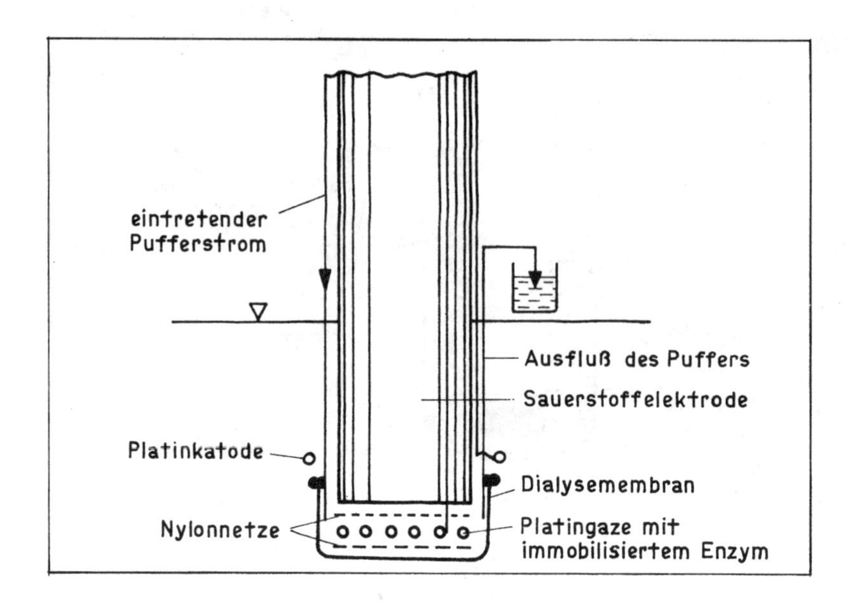

Abb. 45. Schematische Darstellung der „extern gepufferten" Enzymelektrode [nach CLELAND und ENFORS 1984]

ergibt ein mit der Konzentration ansteigendes Stromsignal (s. Abb. 41). Der Grundstrom ist hier etwa 50mal geringer als bei der Sauerstoffverbrauchsmessung. Deshalb wird eine deutliche Empfindlichkeitssteigerung erreicht (untere Nachweisgrenze 10 nmol/l).

GUILBAULT und LUBRANO (1973) haben dieses Prinzip auf in Polyacrylamid eingeschlossene GOD angewendet und einen Meßbereich von 0,5 – 10 mmol/l erzielt.

Zur Herstellung wird die mit einem 90 μm dicken Nylonnetz überzogene Elektrode mit einem dünnen Enzymgelfilm beschichtet (1 800 U GOD in 1 ml Gellösung, bestehend aus 1,15 g N,N'-Methylenbisacrylamid, 6,06 g Acrylamid und 5,5 mg Riboflavin in 50 ml Wasser) und 1 Stunde mit einer 150 W-Photolampe bestrahlt. Sauerstoff wird vor und während der Polymerisation durch N_2-Zufuhr entfernt.

Interessant ist der Befund, daß durch Eintauchen des Sensors in die ungerührte Meßlösung reproduzierbare Ergebnisse erhalten werden.

MASCINI und PALLESCHI (1983a) erreichten mit einer GOD-Nylonmembran eine gute Stabilität des Sensors. Das benutzte Nylonnetz ist 100 μm dick und hat eine freie Oberfläche von 35 %. Es wird zuerst in wasserfreiem Methanol mit Dimethylsulfat aktiviert und daran Lysin als Spacer gebunden. Nach Glutaraldehydbehandlung (12,5 %, 45 min) erfolgt die GOD-Bindung. Mit dieser Membran beträgt die Stabilität mehr als 6 Monate.

Zu einer deutlichen Verbesserung der Funktionsstabilität der GOD–Membran führt die Kopplung der Enzymmembran mit einer asymmetrischen Ultrafiltrationsmembran [KOYAMA et al. 1980].

Dazu wird eine GOD-Zelluloseacetatmembran benutzt, die nach folgendem Verfahren hergestellt wird: Eine Lösung von 250 mg Zellulosetriacetat wird in 5 ml Dichlormethan gelöst, mit 0,2 ml 50 % Glutaraldehyd und 1 ml 1,8-Diamino-4-aminomethyloctan versetzt, auf eine Glasplatte gesprüht und getrocknet. Nach drei Tagen wird die gebildete Membran von der Glasplatte gelöst und eine Stunde bei 35 °C in 1%ige Glutaraldehydlösung gegeben, dann mit Wasser gespült und zwei bis drei Stunden der Einwirkung eines 1 mgGOD/ml-haltigen Phosphatpuffers (pH 7,7) ausgesetzt. Es folgen die Nachbehandlung mit Na-Tetrahydroborat, Waschen mit H_2O und die Aufbewahrung bei 4–10 °C.

Diese GOD-Membran wird folgendermaßen mit der Ultrafiltrationsmembran kombiniert: 20 g Zellulosediacetat werden in einer Mischung aus 35 g Formamid und 45 g Aceton gelöst und auf eine Glasplatte gebracht. Die Lösungsmittel verdampfen innerhalb von 10 bis 30 Sekunden bei Raumtemperatur, und es bleibt eine 0,03 mm dicke Membran zurück, die vor der Anwendung im Sensor eine Stunde in Eiswasser zu legen ist.

Die Kopplung beider Membranen ergibt bei Zimmertemperatur eine Funktionsstabilität von mehr als 100 Tagen (bei 0,196 mmol/l Glucose), während ohne diese vorgeschaltete Membran nur 15 Tage erreicht werden. Die Verzögerung der Reaktion durch die Zellulosediacetatmembran ist unbedeutend.

Verschiedene reduzierende Substanzen die in biologischen Lösungen auftreten und parallel zu dem Reaktionsprodukt cooxidiert werden, können bei der Oxidation des H_2O_2 beträchtlich zum Gesamtstrom beitragen. Dazu gehören z. B. Ascorbinsäure, Harnsäure und Glutathion. In Abhängigkeit von den medikamentös verordneten Dosen sowie dem Stoffwechsel existieren derartige Substanzen in sehr variablen Konzentrationen. Es sind verschiedene Möglichkeiten beschrieben worden, diese Störungen zu eliminieren:

LOBEL und RISHPON (1981) benutzen eine negativ geladene Dialysemembran zur Unterdrückung der Permeation von Ascorbinsäure und Harnsäure. Die Dialysemembranen (Molekulargewichtsausschluß 1 000 bzw. 6 000–8 000) werden dazu bei Zimmertemperatur zwei Stunden einer wäßrigen Lösung von 10 % Triazenyl(Brilliant-Orange)-Farbstoff und 3 % Na_2CO_3 bei pH 10,5 ausgesetzt und danach gründlich gespült. Bis zu 0,0852 mmol/l Ascorbinsäure und 0,464 mmol/l Harnsäure wird das Störsignal eliminiert. Der Einfluß von Glutathion und Bilirubin kann auf diese Weise nicht unterdrückt werden.

THEVENOT et al. (1979) haben aus der Stromdifferenz zwischen einem Enzymsensor und einem Sensor ohne Enzym hochempfindliche Glucosemessungen in biologischen Proben vorgenommen. Dazu wird eine Kollagenmembran aus dem Centre Technique du Ciur (Lyon, Frankreich) benutzt, die nach dem Acyl-Azid-Verfahren aktiviert und anschließend mit GOD beladen wird (Abb. 46). Diese Immobilisierung verändert die Permeabilität der (dicken) Kollagenmembran nur unwesentlich, so daß beide Elektroden vergleichbare Empfindlichkeiten für die elektrodenaktiven Störsubstanzen besitzen. Die untere Nachweisgrenze dieser

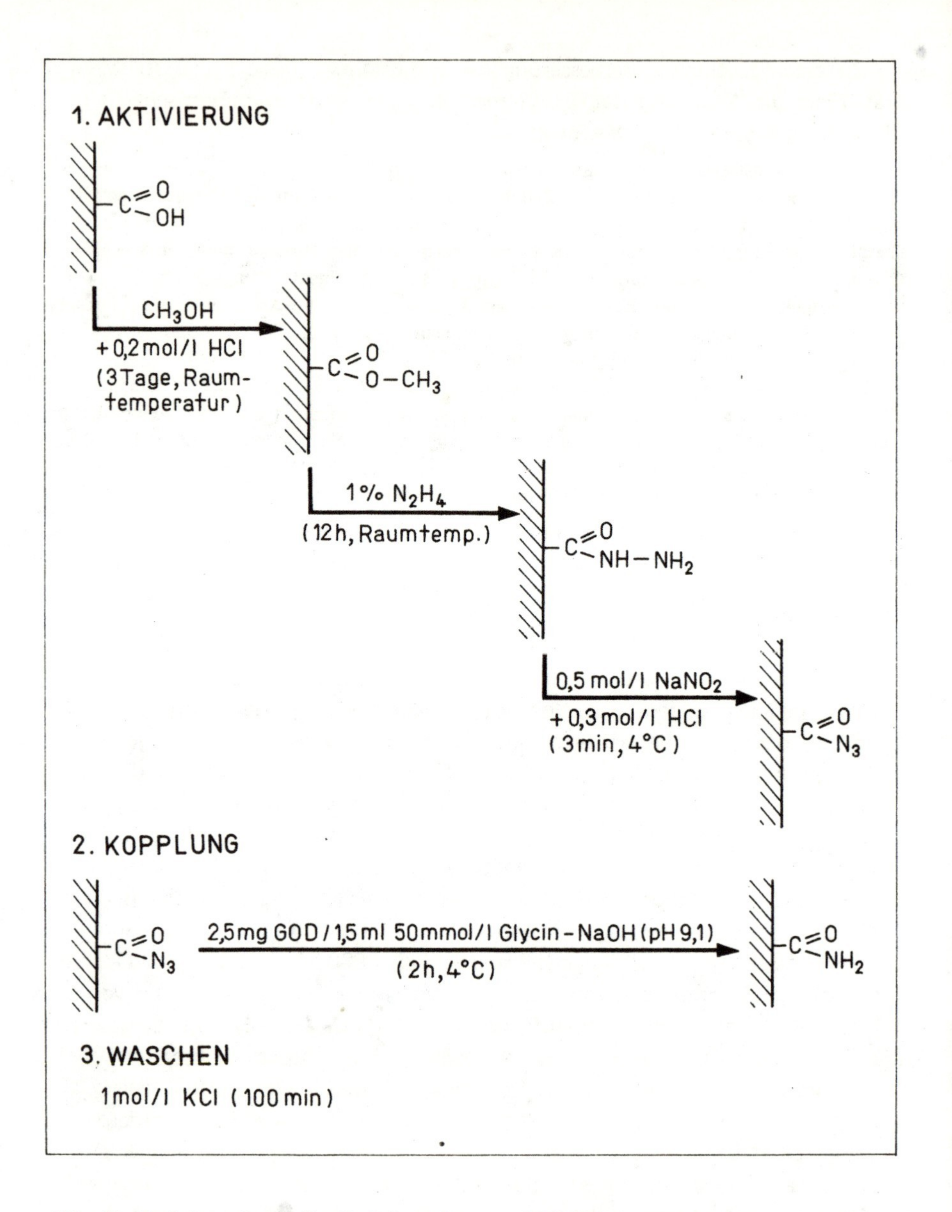

Abb. 46. Reaktionsschema für die Präparation von GOD-Kollagenmembranen

Anordnung für Glucose liegt bei 0,01 mmol/l, der lineare Meßbereich erstreckt sich von 0,1 µmol/l – 2 mmol/l. Diese Enzymelektrode wird im mikroprozessorgestützten Analysator "Glucoprocesseur" der Fa. Solea-Tacussel (Lyon) eingesetzt. Er hat eine Ansprechzeit von 30 Sekunden und ist vor allem für die Glucosebestimmung in der Lebensmittelindustrie vorgesehen.

Wegen auftretender Schwankungen in den Parametern der Kollagenmembranen ist von ASSOLANT-VINET und COULET (1986) eine speziell voraktivierte Membran der Fa. Pall (USA) für die Enzymimmobilisierung benutzt worden. Bei dieser „Biodyne Immunoaffinity Membrane" wird das Enzym spontan nach einfachem Auftropfen der Lösung gebunden, so daß sich der Nutzer seine Enzymmembran jeweils selbst herstellen kann. COULET (1987) erhält mit diesen Membranen sehr gute analytische Ergebnisse mit GOD, Lactatoxidase sowie Oxalatoxidase.

NEWMAN (1976) sowie TSUCHIDA und YODA (1981) haben direkt vor der Platinelektrode eine H_2O_2-selektive asymmetrische Zelluloseacetatmembran angeordnet, um störende Fremdsubstanzen auszuschließen.

Die Membran (Dicke von 15,3 μm) wird aus Acetylzellulose hergestellt, die in Aceton/Cyclohexanon gelöst ist. Ein Gemisch von 400 U GOD, 2 mg Rinderserumalbumin und 0,25 % Glutaraldehyd in 0,15 ml 0,05 mol/l Acetatpuffer (pH 5,1) wird auf 630 mm^2 der porösen Seite der asymmetrischen Membran gebracht. Nach 24 Stunden wird die Membran abschließend mit Glycinpuffer gespült [TSUCHIDA und YODA 1981].

Mit den nach diesem Verfahren hergestellten Membranen, die allerdings mechanisch instabil sind, können die meisten der interferierenden Substanzen ausgeschlossen werden.

Die so erzeugten asymmetrischen GOD-Membranen werden im Glucosemeßgerät GLUCO 20 der japanischen Firma Fuji Electric genutzt [OSAWA et al. 1981]. Mit unverdünntem Vollblut liefert dieses Meßsystem aber zu niedrige Meßwerte [NIWA et al. 1981]. Die von NEWMAN (1976) beschriebene Membran wird im Glucoseanalysator 23A von Yellow Springs Instruments (USA) benutzt (s. Kap. 5.2.3.). Daß die Zelluloseacetatmembran für H_2O_2 nicht selektiv ist, sondern die Permeabilität größerer Moleküle lediglich behindert, haben LINDH et al. (1982) durch Untersuchungen mit dem Glykolysehemmstoff Acetaminophen (Paracetamol) gefunden. Im Vergleich zu Glucose zeigt das Meßsystem gegenüber der Störsubstanz eine 3fach höhere Empfindlichkeit, wobei die Durchlässigkeit vom Alter der Membran abhängt.

SCHELLER und PFEIFFER (1978) haben durch Kombination der derivativen (kinetischen) Registriermethode mit einer zusätzlichen Diffusionsbarriere hinter der Enzymmembran exakte und schnelle Glucosemessungen in Blut und Serum auch ohne permselektive Membran erzielt. Bei der derivativen Registrierung wird gegenüber der stationären Methode (stationärer Zustand von Diffusionsprozessen und Enzymreaktion) der maximale Anstieg der Strom-Zeit-Abhängigkeit ausgewertet. Neben dem Vorteil einer bedeutend schnelleren Ansprechzeit (3 s) kann dadurch die Erfassung von oxidierbaren Substanzen weitgehend ausgeschlossen werden. Die Störsubstanzen diffundieren langsamer durch die elektrodennahe Membran als H_2O_2, wie der Vergleich der I-t-Kurven für reine Glucose-Kalibrierlösungen und physiologische Lösungen zeigt (Abb. 47).

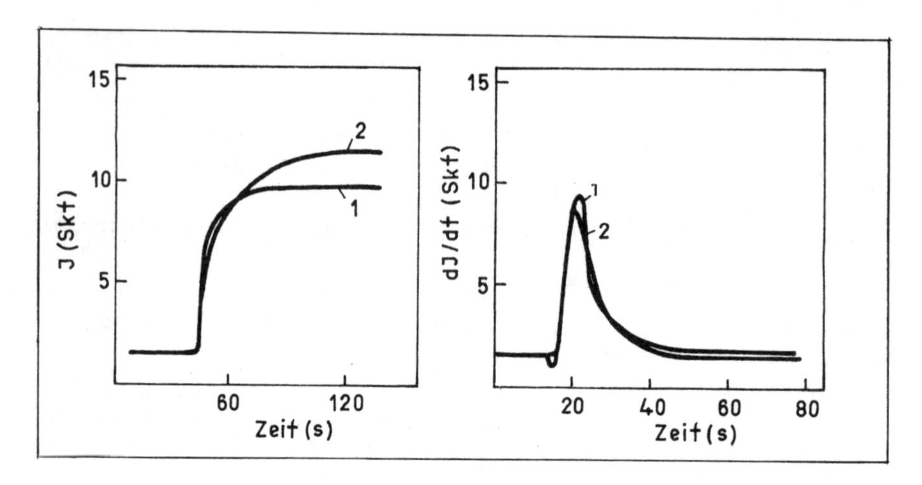

Abb. 47. Gegenüberstellung der stationären und der kinetischen Meßkurven für Glucose-Standardlösung und Serum
1 – Glucose-Standardlösung, 5,5 mmol/l
2 – Kontrollserum Serulat, 4,8 mmol/l

Die verwendeten Gelatine-GOD-Membranen werden nach folgender Vorschrift hergestellt: Eine 5%ige Gelatinelösung wird 1 Stunde mit der Hälfte des Endvolumens aqua dest. bei Zimmertemperatur vorgequollen und anschließend 1 Stunde unter Rühren bei 40 °C vollständig gelöst. Für 1 cm^2 Membranfläche werden 40 μl Gelatinelösung mit 1 mg GOD (*P. notatum,* 46 U/mg) 1 min verrührt und anschließend auf eine plane Filmunterlage gegossen. Nach 6 Stunden Trocknung kann die Membran leicht von der Unterlage abgehoben werden. Sie wird bei 4 °C trocken gelagert.

Funktionsstabilitäten von 1 000 Messungen pro Membran innerhalb von 10 Tagen (im kontinuierlich messenden System 5 000 Messungen/Membran) sprechen für die hohe Qualität der Präparation, die seit längerem im Glucoseanalysator „Glukometer GKM" (ZWG Berlin, DDR) verwendet wird.

Für Lösungen mit extrem hohen Konzentrationen oxidierbarer Substanzen (z. B. Urin), die eine exakte Glucosemessung mit keiner der oben genannten Varianten zulassen, haben WOLLENBERGER et al. (1986) eine Eliminierung der störenden Substanzen durch eine vorgeschaltete Laccase-katalysierte Reaktion erreicht. Durch Zusatz von Ferricyanid werden die störenden Substanzen bereits im Prüfansatz oxidiert. Das gebildete Ferrocyanid wird durch die Laccase, die sich gemeinsam mit der GOD in der Enzymmembran befindet, unter Sauerstoffverbrauch oxidiert und somit bei Potentialen von +600 mV nicht an der Platinelektrode registriert.

Neben der Verfälschung des Meßsignals durch oxidierbare Substanzen können Katalase-Verunreinigungen der GOD auf Grund ihrer H_2O_2-zersetzenden Wirkung die Empfindlichkeit herabsetzen. Mit Katalasehemmern, z. B. Natriumazid oder

Aminotriazol, kann dieses Problem weitgehend beseitigt werden. Prinzipiell sollte aber für Glucosemessungen durch Erfassung des entstehenden H_2O_2 eine Glucoseoxidase ohne oder mit geringer Katalase-Nebenaktivität eingesetzt werden.

Ein neuartiger Glucosesensor, der auf der Anzeige von H_2O_2-Dampf beruht, ist von KESSLER et al. (1984) vorgestellt worden. Die Gold-Anode ist mit einer lipophilen PVC-Membran bedeckt, vor der sich die GOD befindet. Durch diese Membran gelangen geringe Mengen von gasförmigem H_2O_2 an die Elektrode. Ionencarrier in der lipophilen Membran beseitigen die bei der anodischen H_2O_2-Oxidation entstehenden Protonen. Die Ströme liegen im Bereich von nur 1 – 20 pA/cm^2, d. h., der Widerstand des Sensors entspricht etwa dem einer potentiometrischen Elektrode (Abb. 48). Das Meßsystem soll sich durch sehr gute analytische Parameter auszeichnen. Die Drift von weniger als 1 mV/ 24 h und die Stabilität von drei Monaten bei Tierexperimenten (wie auch die niedrige Permeabilität für Glucose und der daraus folgende extrem geringe Sauerstoffbedarf) lassen diesen Sensor für einen *in vivo*-Einsatz (bzw. zur Implantation) aussichtsreich erscheinen.

Trotz der oben diskutierten Probleme ist die direkte elektrochemische Oxidation des H_2O_2 bis heute die bevorzugte und erfolgreichste Methode zur Glucosebestimmung auf der Basis von Biosensoren. Das erste Glucosemeßgerät mit einer Glucoseelektrode wird seit 1975 durch Yellow Springs Instruments (USA) kommerziell vertrieben. Es beruht, wie auch der von FOGT et al. (1978) erstmals vorgestellte "on-line"-Glucoseanalysator, auf dem Prinzip der elektrochemischen Anzeige des enzymatisch generierten H_2O_2. Der on-line-Analysator

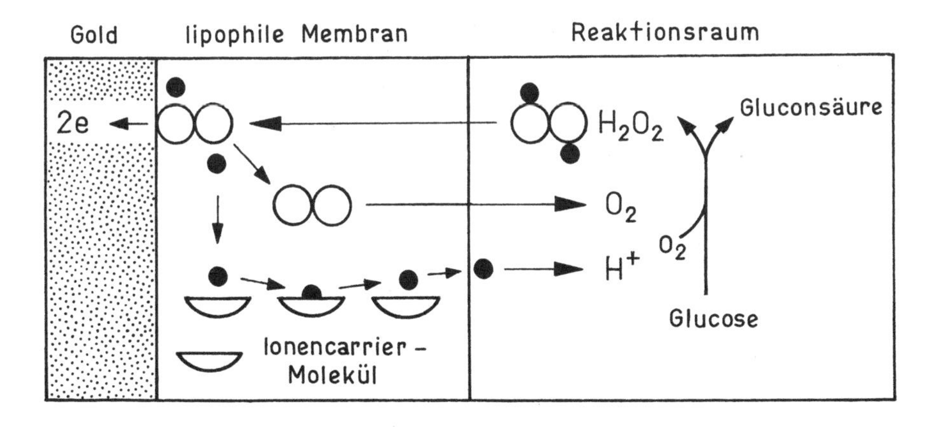

Abb. 48. Schematische Darstellung einer Glucoseelektrode auf der Grundlage der Anzeige von gasförmigem H_2O_2
[nach KESSLER et al. 1984]

ist später in ein computergesteuertes feedback-System integriert worden und wird von Life Science Instruments (USA) angeboten ("Biostator GC IIS").

Die bisher höchste Meßfrequenz bei sehr guter Präzision wird mit einer amperometrischen Durchflußmeßzelle [BERTERMANN et al. 1981] in einem computerkontrollierten "flow injection analysis"-System (f.i.a.) erzielt [OLSSON et al. 1986b]. Eine 0,5 mm Pt-Elektrode (VEB Metra Radebeul, DDR) wird als Detektor für H_2O_2 benutzt. Beschichtet wird sie mit einer GOD-Polyurethanmembran (0,02 mm dick, 50 U/cm² GOD), die sandwichartig zwischen zwei Zellulose-Dialysemembranen angeordnet ist [NENTWIG et al. 1986]. Wegen der hohen GOD-Aktivität in der Membran ist die Gesamtreaktion durch die Diffusion der Glucose im Membransystem begrenzt [SCHELLER et al. 1983a]. Mit dem von diesen Autoren entwickelten mathematischen Modell für diffusionslimitierte amperometrische Enzymelektroden in der f.i.a. sind die Optima für Probendurchsatz und Empfindlichkeit berechnet worden. In guter Übereinstimmung mit der Theorie wird in einem linearen Meßbereich von 0,01 – 100 mmol/l die Glucose mit einer Empfindlichkeit von 0,5 μA · l/mol erfaßt. Der optimale Durchsatz liegt mit einem Injektionsvolumen von 1,5 μl bei 300 Proben/h (Abb. 49), wobei in einer Serie von n = 40 ein Variationskoeffizient von 0,5 % erreicht wird.

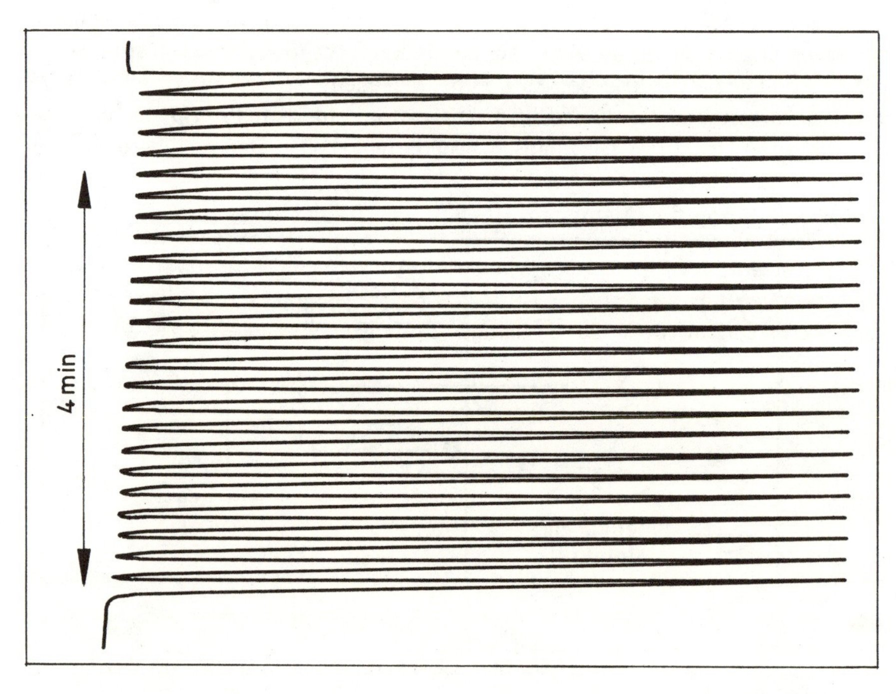

Abb. 49. Meßkurve für Glucose bei 25 Injektionen von 1 mmol/l und einer Frequenz von 300 Proben/h mit einer GOD-Polyurethanmembran in einer f.i.a.-Apparatur
[nach OLSSON et al. 1986b]

Auch die Glucosebestimmung durch Registrierung der H_2O_2-Bildung setzt in der Meßlösung einen minimalen Sauerstoffgehalt voraus. Deshalb wird alternativ zum natürlichen Cosubstrat Sauerstoff der Einsatz künstlicher Elektronenakzeptoren untersucht:

$$\text{Glucose} + M_{ox} \xrightarrow{\text{GOD}} \text{Glucono-}\delta\text{-lacton} + M_{red}.$$

Der reduzierte Elektronenakzeptor M_{red} wird an der Elektrode reoxidiert:

$$M_{red} \xrightarrow{\text{Pt}} M_{ox} + 2e + 2H^+.$$

MINDT et al. (1973) haben 2,6-Dichlorphenolindophenol (DCPIP) als Mediator verwendet. MOR und GUARNACCIA (1977) nutzen für eine Differenzmessung zum Ausschluß der Interferenzen durch mediatorverbrauchende Substanzen mit einer GOD- und einer Hilfselektrode als Mediator das $[Fe(CN)_6]^{3-}/[Fe(CN)_6]^{4-}$-System. Die Konzentration von Hydrochinon, das aus p-Benzochinon entsteht, ist von GEPPERT und ASPERGER (1987) zur Erfassung der Glucosekonzentration registriert worden. MULLEN et al. (1985) umgehen das Problem der Sauerstoffabhängigkeit mit Hilfe des Chinoproteins Glucosedehydrogenase aus *Pseudomonas* oder *Acinetobacter* species.

Dazu werden 10 μl der Enzymlösung (1 mg/ml) mit 10 μl RSA (100 mg/ml) und 5 μl einer 25%igen Glutaraldehydlösung auf einer Glasplatte vermischt, sofort auf die rauhe Seite einer Polycarbonat-Ultrafiltrationsmembran (Porendurchmesser 1 μm) aufgebracht und mit einer zweiten Polycarbonatmembran abgedeckt. Nach einer Vernetzungsdauer von etwa 1 Stunde bei Raumtemperatur kann die Enzymmembran verwendet werden.

Als Elektronenakzeptoren dienen Phenazinethosulfat (PES) und DCPIP. Das PES-System hat sich jedoch bei Glucosekonzentrationen oberhalb von 1,2 mmol/l als instabil erwiesen und hat eine Ansprechzeit von 3 bis 5 Minuten. Für das DCPIP-System ist eine sehr langsame Ansprechzeit charakteristisch (30–60 min). Weiterhin entstehen durch die Autoxidation der reduzierten Mediatoren Störungen, wenn von luftfreier zu O_2-haltiger Lösung übergegangen wird. Der hohe Preis des Enzyms spricht ebenfalls gegen eine breite Nutzung.

3. *Thermistoren und optoelektronische Sensoren*

TRAN-MINH und VALLIN (1978) haben gegenüber den beschriebenen Reaktoranordnungen einen Thermistor direkt mit einer Enzymmembran aus katalasehaltiger GOD* in einem RSA-Glutaraldehyd-Gemisch beschichtet. Mit einem zweiten Referenzthermistor (bedeckt mit einer RSA-Membran) eliminieren sie Temperaturschwankungen. Die erzielte Ansprechzeit von zehn Sekunden entspricht der von Enzymelektroden; über die Dauer des Waschvorgangs wird nichts ausgesagt. Da die Enthalpieänderung der GOD-Katalase-Reaktion eine Funktion der O_2-Konzentration ist, erfordert die Glucosebestimmung auch hier einen definierten O_2-Gehalt. Die Autoren haben dieses Problem durch H_2O_2-Zugaben zur Meßlösung gelöst, womit innerhalb des Membransystems durch die Wirkung der Katalase ein von Temperatur und Luftdruck unabhängiger Sauerstoffpartialdruck eingestellt wird. Durch unterschiedliche H_2O_2-Zugaben kann der lineare Meßbereich um fast eine Größenordnung verschoben werden. Die Stabilität von zwei bis drei Wochen ist als gut einzuschätzen.

Prinzipiell ist es auch möglich, das bei der Glucoseoxidation produzierte H_2O_2 mittels Chemilumineszenz nachzuweisen [SEITZ et al. 1982]. Diese Methode ist zwar extrem empfindlich (Nachweisgrenze 7 nmol/l Glucose), hat aber wegen der notwendigen Vorbehandlung physiologischer Proben und kostenaufwendiger Materialien keine praktische Anwendung erlangt.

Die Bildung von Protonen bei der Glucoseoxidation haben LOWE et al. (1983) für die Anzeige in einem optoelektronischen Sensor genutzt. Glucoseoxidase (*A. niger*) wird gemeinsam mit dem pH-sensitiven Triphenylmethan-Farbstoff Bromkresolgrün an einer transparenten Zellophanmembran gebunden. Die Farbstoff-Enzym-Membran wird in einer Durchflußmeßzelle zwischen einer Licht-Emitter-Diode (LED) und einer Photodiode angebracht (s. Abb. 8). Im Verlauf der enzymatischen Glucoseoxidation ruft die Änderung der Protonenkonzentration eine Farbänderung des Bromkresolgrüns hervor (blau-grün zu gelb) und löst damit eine Änderung der Ausgangsspannung der Photodiode aus. Eine lineare Abhängigkeit der Spannungsänderung von der Glucosekonzentration wird für den Bereich von 0 bis 70 mmol/l Glucose erreicht, wobei einer Dekade eine Spannungsänderung von 1,5 mV/min entspricht.

Analog dazu ist GOD gemeinsam mit Rinderserumalbumin durch Glutaraldehyd zu einer etwa 50 μm dicken Schicht vernetzt und auf einer Fluoreszenz-Optode für O_2 aufgebracht worden [OPITZ und LÜBBERS 1987]. Diese Schicht wird mit einer zusätzlichen Zellophanmembran abgedeckt. Die relative Fluoreszenzintensität, photometrisch angezeigt, hängt bis etwa 7 mmol/l linear von der Glucosekonzentration ab.

3.1.1.3. Enzymchemisch modifizierte Elektroden (ECME)

Die direkte Fixierung des Biokatalysators auf der sensitiven Oberfläche des Transduktors erlaubt den Verzicht auf die „inaktive" Dialysemembran. Allerdings gehen damit auch Vorteile der Membrantechnologie verloren, wie die Steuerbarkeit des linearen Meßbereichs durch Variation des Diffusionswiderstands und die Selektivität permselektiver Schichten. Weiterhin hat sich die Membrantechnologie bei wiederverwendbaren Transduktoren bewährt, da die Wiederbeladung mit Enzym sehr einfach ist. Daraus ergibt sich, daß eine direkte Enzymfixierung vor allem für Einwegsensoren geeignet ist. Das trifft besonders für Elektroden auf der Basis von Kohlematerial bzw. auf die auf Keramik gedruckten Metalldünnschichtelektroden zu sowie bedingt für optoelektronische Sensoren, die nach einer Massenproduktionstechnologie hergestellt werden. Zukünftig könnten auch Feldeffekttransistoren als Grundelemente von Einwegbiosensoren in Betracht kommen.

Die einfachste Methode zur Modifizierung von Elektroden ist die Adsorption des Enzyms an der Oberfläche. Bereits 1976 hat SILVER über eine Glucosemikroelektrode berichtet, die durch Adsorption des Enzyms an der Pt-Elektrode präpariert worden ist. Dieser Sensor zeigt zwar eine gute Anfangsaktivität, das Signal fällt aber innerhalb weniger Stunden ab.

Die Anwesenheit verschiedener funktioneller Gruppen auf der Oberfläche, die hohe Leitfähigkeit und die Porosität bewirken eine effektive Enzymadsorption an Kohlematerial. So ist GOD durch Antrocknen einer konzentrierten Enzymlösung auf der Oberfläche einer Graphitelektrode irreversibel adsorbiert worden [IKEDA et al. 1984]. Bei 500 mV *vs.* SCE wird in Gegenwart von p-Benzochinon als Mediator ein elektrokatalytischer Strom beobachtet. Das Meßsignal ist unabhängig von der Rührgeschwindigkeit. Aus der Analyse der Konzentrationsabhängigkeit geht hervor, daß die Kinetik der immobilisierten GOD im wesentlichen mit derjenigen des gelösten Enzyms übereinstimmt. Für beide Formen beträgt die Aktivierungsenergie der Maximalgeschwindigkeit 45 kJ/mol, und das pH-Optimum liegt übereinstimmend bei 6,5. Auch die maximale "turnover number" und der K_M-Wert für Glucose (60 – 70 mmol/l) stimmen für gelöste und adsorbierte GOD sehr gut überein. Zur Erhöhung der Funktionsstabilität hat es sich als notwendig erwiesen, die Adsorptionsschicht mit einer dünnen Kollodiummembran zu überziehen.

An Spektralkohle *adsorbierte* GOD ist in einer "wall jet"-Durchflußzelle in einem f.i.a.-System zur Glucosebestimmung eingesetzt worden. Bis zu 120 Proben pro Stunde können mit sehr guter Präzision bestimmt werden. Die Enzymelektrode ist für drei bis sieben Tage stabil [GORTON et al. 1985]. Die Beschichtung der Kohleelektrode mit einer Pd/Au-Schicht von 20 μm Dicke erlaubt die anodische H_2O_2-Anzeige bereits bei +450 mV *vs.* SCE, wobei die GOD im adsorbierten Zustand ebenfalls aktiv bleibt. Eine relativ niedrige Funktionsstabilität nach Adsorption ist auch mit anderen Enzymen festzustellen. Die Instabilität resultiert aus dem nicht völlig unterdrückten Desorptionsprozeß. Dieser Vorgang kann durch intermolekulare Vernetzung der adsorbierten Enzyme (z. B. mit 2,5%iger Glutaraldehydlösung) oder durch Aufbringen einer dünnen semipermeablen Membran beträchtlich verringert werden.

Die simultane Adsorption von GOD während der elektrolytischen Abscheidung von Platinschwarz auf einer Mikroelektrode liefert einen Glucosesensor mit einer hohen Empfindlichkeit und einer extrem kurzen Ansprechzeit von nur drei Sekunden für den stationären Meßwert [IKARIYAMA et al. 1987].

Die *kovalente* Fixierung von GOD an der Oberfläche von Kohleelektroden erfolgt durch Anheftung mit Glutaraldehyd an aliphatische Amine in Graphitpasteelektroden [SHU und WILSON 1976] oder mittels Carbodiimid an Carboxylgruppen der Kohleoberfläche [WIECK et al. 1984, BOURDILLON et al. 1980] sowie mittels Cyanurchlorid an Hydroxylgruppen der Kohleoberfläche [IANNIELLO und YACYNYCH 1981]. Bei der erstgenannten Methode kann die Fixierungsausbeute gesteigert werden, wenn eine zusätzliche Albuminschicht zwischen Elektrodenoberfläche und GOD aufgebracht wird. Bei der Berechnung der Oberflächenkonzentration entstehen Probleme durch die unbekannte Rauhigkeit der Oberfläche, so daß nicht entschieden werden kann, ob eine Mono- oder Polyschicht ausgebildet wird. Es ist aber festgestellt worden, daß die spezifische Aktivität mit zunehmender Enzymkonzentration abfällt [RAZUMAS et al. 1984]. Daher ist die Ausbildung von Mehrfachschichten anzunehmen.

Die starke Veränderung des Mikromilieus bei der kovalenten Fixierung spiegelt sich in der Verschiebung der kinetischen Eigenschaften der GOD wider. So kann für unterschiedliche Fixierungsmethoden das pH-Optimum gegenüber dem gelösten Enzym bis zu einer Einheit sowohl in alkalische als auch in saure Richtung verschoben werden. Der scheinbare K_M-Wert für Glucose variiert über den großen Bereich von 3,1 – 19,1 mmol/l.

Die Elektroden mit kovalent fixiertem Enzym zeichnen sich durch eine hohe Funktionsstabilität aus. Bei intermittierendem Einsatz sind nach 30 Tagen noch 75 % der Ausgangsaktivität vorhanden. Bei ständigem Kontakt mit Glucoselösungen erfolgt durch die „Selbstdesaktivierung" der GOD ein Aktivitätsabfall von 75 % innerhalb von 6 Stunden [BOURDILLON et al. 1982].

Ein interessantes Prinzip stellen die „Dualelektroden" dar [IANIELLO et al. 1982a], bei denen die Substratmessung sowohl amperometrisch als auch potentiometrisch erfolgen kann. Dazu wird ein reversibles Redoxsystem, z. B. Ferrocyanid, als künstlicher Elektronenakzeptor der Meßprobe zugesetzt und entweder der Diffusionsgrenzstrom (bei konstantem Potential) oder das sich einstellende Redoxpotential im stromlosen Zustand ausgewertet.

Zur Verbesserung des Signal/Rausch-Verhältnisses und zur Unterdrückung von Störungen durch elektrodenaktive Serumbestandteile haben YACYNYCH et al. (1987) die ECME wie folgt weiter entwickelt: Auf einem Teil der Oberfläche einer porösen Kohleelektrode wird Platin elektrolytisch abgeschieden, wodurch das Elektrodenpotential bei der H_2O_2-Anzeige auf +600 mV (gegenüber +900 mV für die freie Kohle) erniedrigt werden kann. An der freien Kohleoberfläche erfolgt die kovalente Fixierung von GOD über Carbodiimid. Schließlich wird durch Elektropolymerisation von Diaminobenzen ein Film auf der Elektrodenoberfläche erzeugt, der nur für H_2O_2 durchlässig ist. Dieser Sensor ist in einer f.i.a.-Apparatur über einen Zeitraum von drei Monaten zur Glucosebestimmung benutzt worden. Die Autoren haben für diesen Sensor den Begriff „integriertes elektrochemisches Biosensorsystem" eingeführt, weil das Elektrodenmaterial auf mikroskopisch kleinem Raum als Enzymträger, Reaktor und Detektor dient.

Zur direkten Fixierung von Enzymen an *Platinelektroden* wird die Oberfläche mit Aminopropylsilan behandelt und an den Alkylaminogruppen ein Gemisch von RSA und GOD mit Glutaraldehyd vernetzt [YAO 1983, CASTNER und WINGARD 1984]. Der Hauptvorteil dieser Elektrode ist die geringe Ansprechzeit, so daß bis zu 100 Messungen pro Stunde ausgeführt werden können.

Die simultane Immobilisierung von Enzym und Mediator macht den Meßvorgang unabhängig von der Cosubstratkonzentration in der Probe und ermöglicht ein reagenzloses Meßregime. Außer dem Analyten sind alle für die Messung notwendigen Reaktionspartner schon auf die Sensoroberfläche aufgebracht (s. Abb. 19).

Wie bereits im Abschnitt 3.1.1.2. erwähnt, haben MINDT et al. (1973) die Funktionsfähigkeit von Glucoseelektroden bei Verwendung von künstlichen Elektronenakzeptoren und GOD nachgewiesen. Sie schlagen in einem Patent vor, diese Mediatoren in festem Zustand in Spalten einer Kohleelektrode einzubringen und durch Abdecken mit einer Dialysemembran das Auswaschen zu verhindern [MINDT et al. 1971]. Dieser Sensortyp ist jedoch nie zur Praxisreife gelangt, da die hohe Löslichkeit der eingesetzten Mediatoren den Sensor schnell erschöpft. Deshalb sind schwerlösliche Elektronenakzeptoren, wie Chloranil und Ferrocen vorzuziehen. Eine günstige Alternative zum Aufbringen des Mediators auf die Elektrodenoberfläche bietet seine Integration in den Elektrodenkörper. IKEDA et al. (1985) haben eine Graphitpasteelektrode hergestellt, indem sie 3 – 20 % Benzochinon (BQ) mit Graphitpulver und Paraffinöl verrührten. Die Elektrodenoberfläche wird durch Auftropfen einer GOD-Lösung beladen und nach Eintrocknen mit einer dünnen Kollodiummembran überzogen. Für das BQ stellt sich ein stationärer Zustand ein, da das Auswaschen in die Lösung und die Nachlieferung aus dem Elektrodeninneren gleich schnell verlaufen. Bei Zugabe von Glucose wird innerhalb von 20 Sekunden ein rührunabhängiger Oxidationsstrom für das gebildete Hydrochinon erreicht. Die Elektrode ist für eine Woche stabil. Die Linearität erstreckt sich von 1 bis 15 mmol/l (K_M = 104 mmol/l). Der VK in der Serie kann mit 5 % nicht befriedigen. Allerdings ist der geringe Einfluß der O_2-Konzentration in der Meßlösung von Vorteil. Prinzipiell ist auch das Einbringen des Enzyms zusammen mit dem Mediator denkbar. Dieses Prinzip ist für eine GOD-BQ-Kohlepasteelektrode von einer bulgarischen Gruppe beschrieben worden [STOYLOVA et al. 1986].

Die Adsorption von N-Methylphenazinium (NMP^+) an eine Spektralkohleelektrode, an die GOD kovalent über Cyanurchlorid fixiert ist, haben JÖNSSON und GORTON (1985) für die Entwicklung eines amperometrischen Glucosesensors genutzt. Während das immobilisierte Enzym für etwa zwei Monate stabil bleibt, muß das adsorbierte NMP^+ täglich erneuert werden. Ein wichtiger Vorteil dieses Sensors ist das niedrige Elektrodenpotential von +50 mV *vs.* SCE, so daß elektrochemische Interferenzen weitgehend ausgeschaltet sind.

Eine elegante Methode zur Modifizierung der Elektrodenoberfläche ist von ČENAS und KULYS (1981) entwickelt worden. Durch anodische Oxidation von Li^+TCNQ^- bei +400 mV wird eine Schicht von TCNQ auf einer Glaskohlenstoffelektrode abgeschieden. Umgekehrt wird die Elektrode mit $Li^{+}TCNQ^{-}$ durch katodische Reduktion von TCNQ beschichtet. Auf dieser Mediatorschicht wird eine Enzymlösung, z. B. von GOD, mit einer Dialysemembran eingeschlossen. Ein Nylonnetz sorgt für einen definierten Abstand zwischen Elektrode und Dialysemembran. Sowohl TCNQ als auch $TCNQ^{-}$ sind sehr effektive Elektronenakzeptoren für reduzierte GOD ($k_{ox} \approx 10^4$ l/mol·s). Für die reduzierten Formen, d. h. $TCNQ^{-}$ und $TCNQ^{2-}$, liegt das Grenzstromgebiet für die Reoxidation an der Elektrode bei +500 mV bzw. 150 mV *vs.* SCE. Deshalb bewirkt die Zugabe von Glucose in die Meßlösung, daß sich ein anodischer Strom ausbildet, gemäß:

$$GOD_{ox} + S \rightarrow GOD_{red} + P$$

$$GOD_{red} + 2TCNQ^{-} \xrightarrow{k_{ox}} GOD_{ox} + 2TCNQ^{2-}.$$

Anode

+150 mV

Der lineare Bereich erstreckt sich von 0,5 bis 5 mmol/l Glucose. Durch Übergang von O_2-freier zu luftgesättigter Lösung nimmt der Strom um 62 % ab.

Der Maximalstrom bei Glucosesättigung hängt linear von der GOD-Konzentration in der Reaktionskammer vor der Elektrode ab; hier wird die Geschwindigkeit des Gesamtprozesses durch die Enzymreaktion bestimmt.

Der scheinbare K_M-Wert für Glucose erhöht sich parallel zur GOD-Konzentration von 0,48 auf 4 mmol/l. Dieser Befund deutet auf die Beteiligung von Diffusionslimitierung hin. Das Enzym wird wie bei der $TCNQ^{-}$-modifizierten Elektrode durch eine semipermeable Membran eingeschlossen. Wenn der Stromkreis unterbrochen wird, tritt eine Akkumulation der vom Enzym auf den Mediator übertragenen Ladung ein, so daß bei Wiederanlegen des Potentials ein starker Strompeak zu beobachten ist. Dann erfolgt die „Entladung" innerhalb von wenigen Minuten. Bei Auswertung des Peakstroms wird eine Empfindlichkeitssteigerung für Glucose gegenüber dem stationären Wert um den Faktor 10 erreicht.

Das Aufbringen der Redoxpolymere Polyhydroxychinon oder 1,4-Benzochinonpolyvinylpyridiniumbromid auf Glaskohle durch Adsorption aus ethanolischer Lösung führt ebenfalls zur Katalyse des Elektronentransfers von der GOD zur Elektrode [KULYS et al. 1982]. Es ist bemerkenswert, daß auch durch Mischen von "carbon black" mit der Enzymlösung eine Beschleunigung des Elektronentransfers zur Glaskohlenstoffelektrode erreicht wird. Offensichtlich liegen hier ebenfalls chinoide Gruppen auf der Oberfläche vor.

Der bisher erfolgreichste Typ einer mediatorchemisch modifizierten Elektrode (MCME) ist auf der Basis von Ferrocenderivaten durch die Gruppen um HIGGINS und HILL [CASS et al. 1984] entwickelt worden: Ferrocen (Biscyclopentadienyl-Eisen) und seine Derivate (FecpR) kombinieren das ausgezeichnete elektrochemische Verhalten von Ferrocyanid mit der Möglichkeit der strukturellen Modifikation von organischen Farbstoffen und der effektiven Elektronenaufnahme von GOD.

Zur Herstellung der Glucoseelektrode wird 1 mm dicke, hochporöse Graphitfolie (Union Carbide, USA) nach Luftoxidation bei 100 °C mit 1,1'-Dimethylferrocen beladen. Dazu wird die Lösung (0,1 mol/l) in Toluen aufgetropft und das Lösungsmittel an der Luft verdampft. Danach wird GOD an die oxidierte Kohleoberfläche mit Carbodiimid kovalent fixiert und die Elektrodenoberfläche mit einer 0,03 μm dicken Polycarbonatmembran abgedeckt. Vor der Benutzung wird die Elektrode durch zehnstündiges Eintauchen in eine 7 mmol/l Glucoselösung konditioniert, wobei ein Potential von 160 mV angelegt ist.

Das eingesetzte Dimethylferrocen ist im reduzierten Zustand schwer löslich und hat mit $E_{1/2}$ von 100 mV *vs.* SCE ein günstiges Potential, so daß elektrochemische Interferenzen, z. B. durch Ascorbinsäure, weitgehend unterdrückt sind. Der adsorbierte Mediator wird erst durch die anodische Oxidation zum Ferricinium-Ion ($FecpR^+$) bei +160 mV als Elektronenakzeptor wirksam:

$$2FecpR \rightleftharpoons 2FecpR^+ + 2e,$$

$$GOD_{ox} + S \rightarrow GOD_{red} + P,$$

$$GOD_{red} + 2FecpR^+ \rightarrow GOD_{ox} + 2FecpR + 2H^+.$$

Der Hauptvorteil dieses Mediatorsystems ist der größere K_M-Wert für Glucose im Vergleich zu dem mit O_2 als Cosubstrat. Daraus resultiert ein linearer Meßbereich für 1 — 30 mmol/l Glucose. Oberhalb von 30 mmol/l Glucose nimmt der Strom nichtlinear bis zu einem Sättigungswert von etwa 70 mmol/l zu. Der stationäre Strom erhöht sich um etwa 10 %, wenn von einer unbewegten zu einer stark gerührten Meßlösung übergegangen wird. Die Zeit für das Erreichen von 95 % des stationären Zustandes beträgt 60 bis 90 Sekunden. Da die Reoxidation der GOD durch Ferricinium erheblich schneller als durch Sauerstoff erfolgt, ist die Konkurrenz durch den gelösten Luftsauerstoff sehr niedrig (etwa 4 %). Weil keine Protonen an der Elektrodenreaktion beteiligt sind, ist das Glucosesignal nahezu pH-unabhängig. Der Sensor ist zur Glucosebestimmung in unverdünntem Blut und Plasma, direkt in Lebensmittelproben sowie in Fermentationslösungen eingesetzt worden (s. Abschn. 5.2. und 5.4.).

Die *Chinoprotein-GDH* (EC 1.1.99.17) ist von der Gruppe in Cranfield [D'COSTA et al. 1986] mit Carbodiimid an eine mit Ferrocenmonocarboxylsäure beladene Graphitfolie fixiert worden. Diese Kombination ist besonders günstig, da der Elektronentransfer mit $k_{ox} = 9{,}3 \cdot 10^6$ l/mol · s extrem schnell ist: Die hohen Reaktionsgeschwindigkeiten dieses Systems bewirken eine höhere Empfindlichkeit für Glucose als beim GOD-Sensor, obwohl im Vergleich zur GOD nur 0,5 % Enzym zur Immobilisierung eingesetzt werden. Weiterhin ist die Ansprechzeit für den stationären Strom mit 10 bis 20 Sekunden sehr kurz und die Funktionsstabilität ausreichend (80 % der Ausgangsempfindlichkeit nach 13 Stunden bei 30 °C). Der Meßwert ist vom pH-Wert und vom O_2-Gehalt der Lösung unabhängig. Der lineare Meßbereich erstreckt sich von 0,5 bis 4,0 mmol/l.

Der Glucosesensor auf der Grundlage von mit Ferrocen modifizierter Kohle ist in Cranfield weiterentwickelt worden und soll von der Firma Genetix International (England) in einer Massenproduktionstechnologie als Einweg-Blutglucosesensor hergestellt werden. Dazu wird eine Kohlepaste, die neben Kohlepulver Ferrocen, ein organisches Bindemittel und möglicherweise das Enzym enthält, im Siebdruckverfahren auf eine PVC-Unterlage gebracht. Analog zur Enzymelektrode werden eine Ag/AgCl-Referenz- und eine Gegenelektrode „aufgedruckt". Wegen der billigen Herstellung ist dieser Sensor nur für den einmaligen Gebrauch in einem "Glucose Test Kit Analyser" (Exactec) vorgesehen [HIGGINS et al. 1987]. Neben den relativ niedrigen Herstellungskosten gestattet diese Technologie auch die Erzeugung von Mikrostrukturen mit Mehrfachsensoren. Damit können Konzentrationsprofile bestimmt oder außerordentlich präzise Messungen durch statistische Auswertung von Vielfachmessungen ausgeführt werden (Abb. 50).

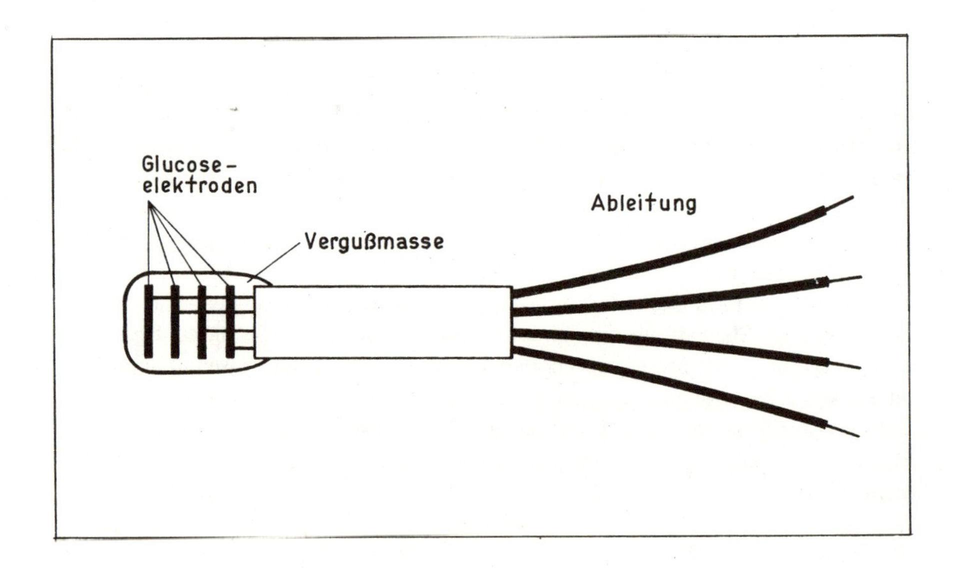

Abb. 50. Glucosesensor des Cranfield Institute of Technology (England) zur Messung des Konzentrationsprofils von Glucose in Fleisch
[nach KRESS-ROGERS 1985]

Der Enzymeinschluß bei der Filmbildung durch Elektropolymerisation bietet die Möglichkeit, Enzyme auf leitfähigen Unterlagen, d. h., direkt auf der Elektrodenoberfläche strukturiert aufzubringen. Als halbleitende Elektrodenüberzüge werden vor allem Polypyrrol und Polyanilin benutzt. Die Elektropolymerisation von Pyrrol verläuft über ein sehr reaktives π-Radikalkation, das mit weiteren Pyrrolmolekülen vorwiegend zu Ketten mit α,α'-Kopplung reagiert. Das Polymer besitzt eine positive Ladung; deshalb werden Anionen aus der Lösung in den Film eingelagert. FOULDS und LOWE (1986) haben die Elektropolymerisation an einer Platinelektrode bei +800 mV in einer entlüfteten wäßrigen Lösung von 0,2 mol/l Pyrrol und 0,13 μmol/l GOD vorgenommen. Bei der etwa 2,5 Stunden dauernden Polymerisation wird ein Film gebildet, der bis zu 125 mU/cm^2 GOD enthält. Die negative Bruttoladung der GOD bei pH 7 ist entscheidend an dem effektiven Einschluß des Enzyms in der positiv geladenen Matrix beteiligt. Bei Anzeige des H_2O_2 wird mit dieser Elektrode in luftgesättigter Lösung eine nichtlineare Bezugskurve für Glucose bis zu einer Konzentration von 100 mmol/l erhalten. Die Ansprechzeit des Sensors liegt bei 20 bis 40 Sekunden, und die „nutzbare Lebensdauer" beträgt etwa 20 Tage.

Eine analoge Glucoseelektrode ist von UMANA und WALLER (1986) entwickelt worden. Die Glucoseanzeige erfolgt bei diesem Sensor durch die Reduktion von Iod, das aus Iodid in der durch Molybdat katalysierten Reaktion gebildet wird. Allerdings erreicht der Strom nicht den stationären Wert, sondern steigt linear mit der Zeit an. Offensichtlich findet der Hauptteil der Glucoseumsetzung durch von der Elektrode abgelöste GOD in der Meßzelle statt. Deshalb nimmt die Empfindlichkeit innerhalb von fünf Messungen auf ein Viertel des Ausgangswertes ab, und nach zehn Tagen ist die GOD vollständig verbraucht.

Um die Vorteile der Herstellungstechnologie bei der Elektropolymerisation mit denen der MCME zu kombinieren, sind sogenannte Redoxpolymere für den Enzymeinschluß entwickelt worden. Die Gruppe von LOWE in Cambridge [HALL 1986] hat Ferrocenderivate des Pyrrols für die Immobilisierung durch Elektropolymerisation benutzt. In diesen Systemen erfolgt die Aufnahme der Elektronen von der reduzierten prosthetischen Gruppe des Enzyms und die Weiterleitung zur Elektrode durch das immobilisierte Ferrocen. Von einer chinesischen Gruppe [SHAOJUN et al. 1985] ist die direkte Polymerisation von Ferrocenderivaten beschrieben worden; das gebildete Redoxpolymer ist potentiell für die Kopplung mit Enzymen geeignet.

Ausgehend von der Kopplung von Enzymen an halbleitende Gele in der Schule von Berezin [VARFOLOMEEV et al. 1980] ist KULYS in Vilnius der Pionier in der Kopplung von leitfähigen Polymeren mit Oxidoreduktasen für analytische Zwecke [KULYS und ŠVIRMICKAS 1980a]. Er hat Elektrodenkörper aus „organischen Metallen" durch Pressen des Pulvers aus den Komplexen von NMP^+ oder N-Methylacridinium (NMA^+) und des Anionenradikals $TCNQ^-$ hergestellt. Die GOD wird in den Löchern eines Nylonnetzes auf dem Elektrodenkörper mit einer semipermeablen Membran eingeschlossen. Nach Zugabe von Glucose zur Meßlösung tritt ein Oxidationsstrom im Gebiet der Oxidation von $TCNQ^{2-}$ auf (50 bis 400 mV *vs.* Ag/AgCl). Dabei hängt das Signal linear von der Konzentration bis 2,6 mmol/l Glucose ab und ist unabhängig vom pH-Wert zwischen 5,1 und 7,8. Wird eine "organic metal"-Elektrode verwendet, die nur mit adsorbierter GOD beladen ist, so beträgt der stationäre Strom nur 1/8 des Wertes, der bei Verwendung einer GOD-Lösung (18 µmol/l) im elektrodennahen Raum entsteht. Die Autoren schlußfolgern aus der linearen Abhängigkeit des maximalen Stromes von der Enzymbeladung bei Glucosesättigung und der bereits bei der $TCNQ^-$-modifizierten Elektrode beschriebenen Ladungsakkumulation nach Abschalten der Elektrode, daß der Ladungstransfer zwischen GOD und Elektrode durch die abgelösten Bestandteile des Elektrodenmaterials erfolgt. Unter Berücksichtigung der Löslichkeit des TCNQ von 69 µmol/l und der hohen Geschwindigkeitskonstante des Ladungstransfers ergeben ihre Berechnungen Übereinstimmung mit den gemessenen Strömen.

Aufbauend auf den Arbeiten von KULYS et al. haben ALBERY et al. (1985) drei Typen von TCNQ-Elektroden mit verschiedenen Kationenradikalen entwickelt. Die *„Paste"-elektrode* enthält eine plastische Masse, die durch Abdampfen des Lösungsmittels aus der Mischung von organischem Metall und PVC in Tetrahydrofuran hergestellt wird. Diese Paste wird in eine pfannenförmige Elektrode gestrichen. Durch Auftropfen der Paste auf eine Glaskohleelektrode und Abdampfen des Lösungsmittels entsteht ebenfalls eine mediatormodifizierte Elektrode. Schließlich ist die Stirnfläche einer kristallähnlichen TCNQ-Nadel als aktive Fläche einer rotierenden Scheibenelektrode benutzt worden. Das Enzym wird durch Aufbringen eines Tropfens der GOD-Lösung und Abdecken mit einer Dialysemembran fixiert.

Die besten Ergebnisse haben ALBERY et al. mit Elektroden erhalten, die aus $TCNQ^-$ und NMP^+ oder Tetrathiafulvalen (TTF) gebildet werden. Da hier der Grundstrom extrem niedrig ist, erstreckt sich der Meßbereich von 50 µmol/l bis zu 10 mmol/l Glucose. Nach 30 Tagen kontinuierlichen Messens ist ein Abfall der Empfindlichkeit um nur 20 % eingetreten, der aber auf die Erhöhung des Diffusionswiderstandes und nicht auf Desaktivierung der GOD zurückzuführen ist.

Mittels Analyse des dynamischen Verhaltens der als rotierende Ring-Scheiben-Anordnung ausgelegten GOD-Elektrode haben ALBERY und BARTLETT (1985) nachgewiesen, daß der Gesamtprozeß bei geringen Glucosekonzentrationen von der Glucosediffusion durch die Deckmembran limitiert wird. Gegenüber KULYS (1986) postulieren sie, daß der Elektronentransfer direkt zwischen Enzym und Elektrodenoberfläche stattfindet. Diese Schlußfolgerung wird damit begründet, daß TCNQ zu wenig löslich ist und die Reoxidation der GOD zu langsam verläuft, um den gemessenen Strom aus der Ablösung des $TCNQ^-$ erklären zu können.

In späteren Arbeiten begründen die Autoren die experimentellen Befunde, mit einem Mechanismus, bei dem nur die adsorbierten GOD-Moleküle aktiv sind. Davon ausgehend, verzichten sie auf die Abdeckmembran der TCNQ-Elektrode und erhalten trotzdem eine sehr funktionsstabile Glucoseelektrode. Dieser Sensortyp ist in das Hirn einer Ratte implantiert und zehn Tage kontinuierlich zum Nachweis der Glucosekonzentration verwendet worden [BOUTELLE et al. 1986].

Die dargelegten Prinzipien zeigen, daß von löslichen Reagenzien unabhängig arbeitende Glucosesensoren auf unterschiedliche Weise durch Immobilisierung des Mediators und des Enzyms realisiert werden können. Wie bereits im Abschnitt 2.2. ausgeführt, kann der Elektronenaustausch mit der Oxidoreduktase auch direkt erfolgen, d. h., die amperometrische Elektrode substituiert den Cofaktor bzw. eine Oxidase. Dafür hat WINGARD (1984) das Konzept entwikkelt, die prosthetische Gruppe der GOD über eine Kohlenwasserstoffkette mit konjugierten Doppelbindungen direkt an die Elektrode zu fixieren. Obwohl auf diese Weise eine FAD-modifizierte Elektrode erhalten wird, führt die Rekombination mit der Apo-GOD nicht zur Bildung einer für die Glucoseoxidation wirksamen Elektrode. Es ist bekannt, daß nur die aus zwei Untereinheiten bestehende GOD (mit 2 FAD) enzymatische Aktivität besitzt, während das Monomer in der Glucoseoxidation nicht katalytisch wirkt. Weiterhin befindet sich die FAD-Gruppe nicht an der Moleküloberfläche, sondern in einem etwa 1,1 bis 1,3 nm tiefen Spalt [KULYS und ČENAS 1983]. Deshalb ist es unwahrscheinlich, daß bei direkter Bindung des FAD (ohne relativ langen Spacer) die Wechselwirkung mit Apo-GOD zur Bildung des nativen Holoenzyms führt. Daher ist der Nachweis der Rekombination von kovalent fixiertem FAD mit Apo-GOD an einer Glucoseelektrode vermutlich auf Nebeneffekte zurückzuführen, z. B. auf die Rekombination von abdissoziiertem FAD mit adsorbierter Apo-GOD [SONAWAT et al. 1984].

Die Ausnutzung des direkten Elektronentransfers zwischen GOD und einer speziell elektrochemisch vorbehandelten Platinelektrode ist von DURLIAT und COMTAT (1984) beschrieben worden. Durch spektroelektrochemische Untersuchungen haben sie nachgewiesen, daß GOD an der Elektrode quantitativ reduziert wird. Die Autoren haben eine GOD-Lösung (100 µmol/l) in einer 0,04 mm dicken Reaktionskammer mit einer Dialysemembran vor einer Elektrode eingeschlossen. Nach einem achtstündigen Vorbehandlungsprozeß der Elektrode durch "Sweepen" der Polarisationsspannung von -700 mV bis +900 mV ist in anaerober Lösung bei Zugabe von Glucose ein Oxidationsstrom bei +450 mV erhalten worden. Die Ansprechzeit liegt bei 6 Minuten und der lineare Meßbereich zwischen 0,01 und 7 mmol/l Glucose.

Ein neues Prinzip zur Beschleunigung des Elektronentransfers stellt die direkte chemische Modifizierung von GOD mit elektronenübertragenden Gruppen (z. B. Ferrocen-Derivaten) dar [HELLER und DEGANI 1987]. Der Abstand zwischen den einzelnen Mediatormolekülen beträgt maximal 1 nm, und die „Relays" müssen in der Nähe der prosthetischen Gruppe angeheftet werden. Deshalb erfolgt bei GOD die Bindung der Ferrocenmoleküle in 2 mol/l Harnstofflösung. Nach Rückfaltung des Proteins durch Entfernen des Harnstoffs besitzt die GOD etwa 60 % der Ausgangsaktivität. Allerdings leidet die Funktionsstabilität durch die chemische Modifizierung des Enzyms. Bei Verwendung der modifizierten GOD in einer Enzymelektrode kann, wie bei den mediatorchemisch modifizierten Elektroden, ohne Zusatz eines Reagenz gearbeitet werden.

3.1.1.4. Biochemisch modifizierte Elektronikbauelemente

Der steigende Integrationsgrad des Biosensors führt von den bisher üblichen Anordnungen mit separater Signalauswertung zu einer direkten Einbeziehung der Auswerteelektronik in den Sensorkörper. Deshalb ist neben der Entwicklung von reagenzlosen Mikroelektroden, die direkt mit Enzym und Mediator modifiziert sind, auch die unmittelbare Beladung von elektronischen Bauelementen mit Enzymen realisiert worden. Dabei stehen die Miniaturisierung des Sensors, die Entwicklung von Multianalytsensoren sowie die Nutzung von Technologien für die Herstellung integrierter Schaltungen im Mittelpunkt. Weiterhin werden Anordnungen mit mehreren identischen Sensoren oder enzymfreien Referenzsensoren entworfen, bei denen auch die Elektronik für die statistische Auswertung und Eliminierung der Signale von Störsubstanzen auf dem gleichen Chip angeordnet ist.

Bisher sind drei Grundtypen der elektronischen Mikrosensoren genutzt worden:

- amperometrische Mikroelektrode (Dünnschichtsensor),
- ionensensitiver Feldeffekttransistor (ISFET),
- Palladium- und/oder Iridium-sensibilisierter Metalloxid(MOS)FET für Wasserstoff und Ammoniak.

Diese Entwicklung hat mit der Kombination des H_2-sensitiven MOSFETs mit einer immobilisierten Hydrogenase durch DANIELSSON et al. (1979) begonnen. In dieser Anordnung sind jedoch Enzymschicht und H_2-Sensor räumlich getrennt, da der MOSFET eine hohe Arbeitstemperatur erfordert. Wenig später haben CARAS und JANATA (1980) die direkte Integration des mikroelektronischen Grundsensors mit dem immobilisierten Enzym beschrieben. Sie fixierten eine Schicht von β-Lactamase auf dem Gate eines pH-sensitiven FETs zur Sensibilisierung des Sensors für Penicillin.

Während die Massenproduktion von Schaltkreisen einschließlich ISFETs ein fast völlig automatisierter Prozeß ist, erfolgt die Beladung mit dem immobilisierten Enzym noch weitgehend nach traditionellen Methoden. Es ist deshalb wichtig, eine Technologie zur Herstellung von Enzym-FETs zu entwickeln, die mit derjenigen von integrierten Schaltkreisen kompatibel ist. Weiterhin besteht das Problem, festhaftende Enzymschichten zu erzeugen und gezielt auf den sehr kleinen Gate-Gebieten aufzubringen. Dazu müssen die Bedingungen, d. h. Temperatur und Lösungsmittel, bei dieser Operation so gewählt werden, daß die Enzymmoleküle nicht geschädigt werden. Dies stellt sehr hohe Anforderungen an das Membranmaterial und die Fixierungsmethodik. So ist es bisher noch nicht gelungen, die in der Photolithographie üblichen Verfahrensschritte "spin coating", Photopolymerisation unter Verwendung von optischen Masken, Herauslösen der unbeschichteten Gebiete und thermisches Härten, durchgängig zu nutzen.

1. *Amperometrische Mikroelektroden*

Ein Typ der Mikrobiosensoren beruht auf einer CLARK-Elektrode für Sauerstoff, die in anisotroper Ätztechnik auf einem Siliziumsubstrat hergestellt wird. Dazu werden jeweils zwei p-Si-Scheiben von 300 μm Dicke und einem Widerstand von 3 bis 5 $\Omega \cdot cm$ benutzt. Die untere Scheibe wird mit SiO_2 maskiert und in KOH anisotrop geätzt. Derart werden das Reservoir für den inneren Elektrolyten (1 mol/l KOH) und die Einsenkung für die Gegenelektrode erzeugt (Abb. 51). Die Au-Katode und die Ag-Anode werden durch Vakuumbedampfung gebildet, wobei die Silberschicht elektrolytisch verstärkt wird. Die obere Si-Scheibe enthält eine 400 $\mu m \cdot 400\ \mu m$ große Aussparung, die die wirksame Fläche der Arbeitselektrode begrenzt. Zwischen beiden Scheiben befindet sich eine sauerstoffpermeable Teflonmembran. Die Verbindung

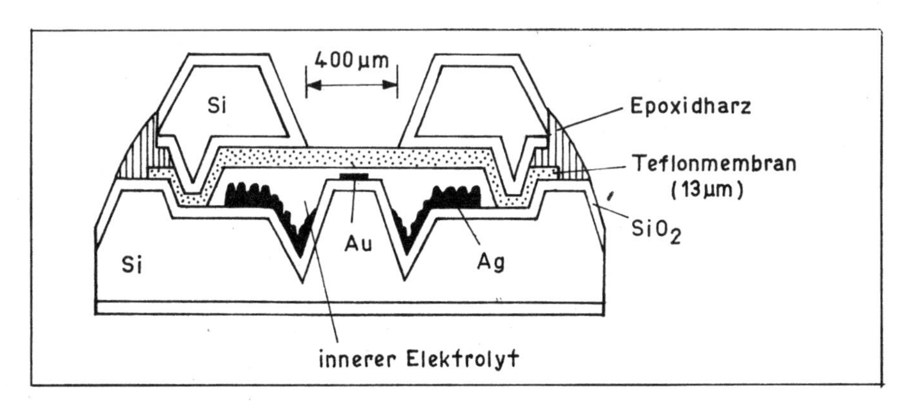

Abb. 51. Struktur der Sauerstoff-Mikroelektrode [nach MIYAHARA et al. 1983]

beider Teile sowie die Isolation erfolgen durch Epoxidharz. Dieser Sensor hat eine Ansprechzeit für Sauerstoff von 12 Sekunden und eine lineare Kalibrierungskurve. Es ist aber wichtig, daß das Meßmedium bei der Messung in Flüssigkeiten gerührt wird. Die Lebensdauer beträgt etwa 100 Stunden.

Für die Glucosemessung wird das Gebiet der Teflonmembran über der O_2-Elektrode des Sensors mit einer Zellulosemembran, an die GOD mit Glutaraldehyd fixiert ist, bedeckt. Dieser Glucosesensor arbeitet wie eine den O_2-Verbrauch anzeigende Enzymelektrode, wobei die Ansprechzeit 5 bis 10 Minuten beträgt und zwischen 0,1 und 1 mmol/l Glucose eine lineare Meßkurve erhalten wird [MIYAHARA et al. 1983]. Ein anderer Glucose-Mikrosensor beruht auf der Differenzmessung zwischen einer mit GOD und einer mit denaturiertem Enzym beschichteten Gold-Mikroelektrode [TAKATSU und MORIZUMA 1987]. Damit werden elektrochemische Interferenzen auch ohne permselektive Membran eliminiert. Die Goldelektroden werden auf einer mit Chrom beschichteten Glasunterlage (10 mm · 10 mm; Abb. 52) aufgedampft und das Enzym in einem photoempfindlichen Polyvinylacetat-Film immobilisiert, d. h., es werden nur Technologien der Mikroelektronik genutzt. Dadurch soll die Herstellung so billig sein, daß dieser Sensor zu einem Wegwerfartikel für die „Hausdiagnostik" wird. Der lineare Meßbereich erstreckt sich bis 5 mmol/l; nach 100 Messungen liegen noch 90 % der Ausgangsempfindlichkeit vor.

Mikrobiosensoren für Glucose sowie Glutamat sind ebenfalls auf der Grundlage von H_2O_2- bzw. O_2-anzeigenden Mikroelektroden hergestellt worden, wobei die Fertigung der Grundsensoren durch Vakuumbedampfen einer Si_3N_4-

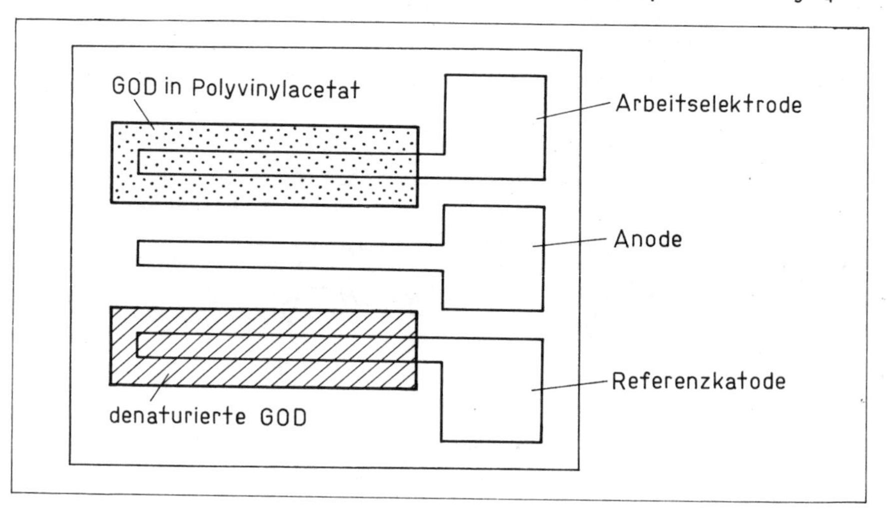

Abb. 52. Dünnschichtelektrodenanordnung für einen Einweg-Glucosesensor [nach MORIZUMA et al. 1986]

Unterlage erfolgt [KARUBE und TAMIYA 1986]. Die elektrischen Verbindungen werden durch das Aufbringen von Ta_2O_5 isoliert. Die zur H_2O_2-Anzeige auf +1,1 V polarisierte Goldelektrode wird zur Beschichtung direkt in eine GOD, RSA und Glutaraldehyd enthaltende Lösung eingetaucht. Bei Ansprechzeiten von zwei Minuten verläuft die Kalibrierungskurve bis zu 0,5 mmol/l Glucose linear. Bei der O_2-anzeigenden Variante wird das Enzym an eine Zellulosetriacetatmembran immobilisiert.

Ein planarer Glucosesensor mit einem ISFET anstelle einer Referenzelektrode ist von der japanischen Firma NEC Corporation vorgestellt worden [MURAKAMI et al. 1986]. Auf eine mit Titan beschichtete Saphirunterlage wird eine 1 μm dicke Goldschicht gesputtert. Die beiden Arbeitselektroden werden durch Strukturierung mit Negativphotoresist und Ätzen erzeugt (0,4 mm breit und 2,3 mm lang); die Zuleitungen werden mit einem Photoresist isoliert. Zur Beschichtung der Goldelektrode wird der Wafer mit einem Positivresist beschichtet und die Arbeitselektrode anschließend freigelegt. Diese Flächen werden silanisiert, mit Glutaraldehydlösung behandelt und mit einer Lösung von GOD und RSA in 5%igem Glutaraldehyd beschichtet. Nach dem Eintrocknen der Enzymschicht wird der Photoresist durch Ultraschallbehandlung des Wafers in Aceton entfernt. Arbeits- und Gegenelektrode werden mit dem ISFET als Referenzelektrode an einen Potentiostaten angeschlossen. Es ist nachgewiesen worden, daß mit dem ISFET die gleichen Voltammogramme für H_2O_2 wie mit einer Kalomelelektrode erhalten werden. Diese Anordnung hat aber den Vorteil, daß alle Teile in einer integrierten Schaltkreistechnologie hergestellt werden können. Für Glucose beträgt die Ansprechzeit des Sensors nur 10 Sekunden, wobei sich der lineare Meßbereich bis zu 5 mmol/l erstreckt.

Die Kombination von Massenproduktion des Grundsensors mit der räumlich gezielten Enzymimmobilisierung ist von FOULDS und LOWE (1986) wie folgt realisiert worden: Auf ein Keramiksubstrat werden Arbeits- und Gegenelektrode mit „Gold- oder Platintinte" aufgebracht. Nach dem thermischen Härten des Elektrodenmaterials wird eine Lösung, die ein Pyrrolderivat des Ferrocens und GOD enthält, elektrochemisch direkt auf der Elektrode polymerisiert. Dabei entsteht durch die Pyrrolkomponente ein leitfähiges Polymer, während das immobilisierte Ferrocen als Elektronenakzeptor der GOD fungiert. Dieses Herstellungsprinzip kann wegen der räumlichen Begrenzung des Immobilisierungsprozesses zur sukzessiven Enzymbeladung von Mehrparametersensoren eingesetzt werden.

2. *Enzymfeldeffekttransistoren*

Gleichzeitig mit dem ersten amperometrischen Mikrobiosensor für Glucose ist von HANAZATO und SHIONO (1983) ein potentiometrischer GOD-FET vorgestellt worden. Auf einer Epoxidunterlage werden zwei ISFETs (Si-Chips von

0,6 mm · 6,5 mm) und eine Pt-Pseudo-Referenzelektrode aufgebracht und mit Epoxidharz verkapselt. GOD und RSA werden der Lösung eines photosensiblen Polymers zugesetzt und das Gemisch auf die Gate-Region eines der beiden FETs aufgetropft. Danach wird die überschüssige Enzymlösung abgeschleudert, die verbleibende Schicht durch Bestrahlung polymerisiert und zusätzlich mit Glutaraldehyd vernetzt. Der GOD-Chip ist in einer Durchflußmeßzelle im Dunkeln (wegen der Lichtempfindlichkeit des pH-FETs) getestet worden. Zur Eliminierung des pH-Einflusses der Meßprobe arbeiten beide pH-ISFETs in Differenzschaltung (Abb. 53). Die Zeit bis zum Erreichen des stationären Signals beträgt neun Minuten. 95 % des Endwertes sind nach drei Minuten erreicht. Das Meßsignal hängt *linear* (nicht wie erwartet, logarithmisch) von der Glucosekonzentration bis 15 mmol/l Glucose ab.

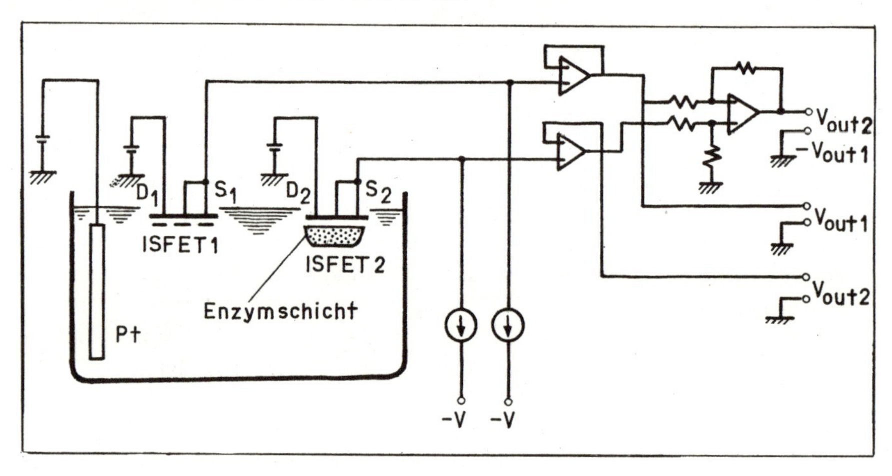

Abb. 53. Schaltung für die Differenzmessung mit zwei ISFETs
[nach HANAZATO und SHIONO 1983]

Vom gleichen Arbeitskreis [SHIONO et al. 1986 und 1987] ist diese Technologie der Enzymbeschichtung noch folgendermaßen verbessert worden: Die gelösten Enzyme GOD und Lipase werden mit RSA und Polyvinylpyrrolidon sowie einer photosensiblen Bisazido-Verbindung gemischt und auf jeweils eine silanisierte FET-Oberfläche aufgebracht. Das Gate-Gebiet wird mit UV-Licht bestrahlt, die unbelichtete Schichtregion durch „Entwickeln" mit Wasser entfernt und der verbleibende Enzymfilm mit Glutaraldehyd gehärtet. Mit dieser Photolithographie-Technik ist es gelungen, einen funktionstüchtigen Zweiparameter-FET-Biosensor für Glucose und Trioleat herzustellen. Bisher kann aber wegen des begrenzten Meßbereiches lediglich vorverdünntes Serum (1 : 10) eingesetzt werden. Die Empfindlichkeit des Sensors liegt für Glucose sehr niedrig;

bei einer Konzentration von 0,6 mmol/l wird nur ein Signal von 7 mV erzeugt. Die Mitsubishi Electric Corporation beabsichtigt, die vorgestellte Entwicklung für die Produktion von Biosensoren fortzuführen.

Von der Gruppe um CAMMANN [HONOLD und CAMMANN 1987] ist jeweils ein pH-sensitives Ta_2O_5-Gate auf einer FET-Struktur mit GOD beschichtet worden, während ein Referenzgate zur Eliminierung von pH-Schwankungen in der Meßlösung dient. Bei Einschluß der GOD zusammen mit Katalase in einer relativ dicken PVC-Schicht erstreckt sich der Meßbereich bis zu 110 mmol/l Glucose, wobei eine Steilheit von etwa 12 mV je Dekade erreicht wird. Bei ununterbrochener Einwirkung einer Glucoselösung beträgt die Empfindlichkeit nach 100 Tagen noch etwa 50 % des Ausgangswertes. Wird die GOD (ohne Katalase) nur mit Glutaraldehyd vernetzt, so ist die Empfindlichkeit zwar fast zehnmal größer, aber der Meßbereich reicht nur bis 0,5 mmol/l.

Eine Anordnung mit zwei pH-FETs und zwei MOSFETs auf einem Chip haben CARAS und JANATA (1985) beschrieben: Jeweils ein pH-FET wird mit GOD-Katalase-haltigem Polyacrylamidgel beschichtet, während der andere ISFET als Referenzsensor mit dem enzymfreien Gel überzogen wird. Zur besseren Haftung des Gels auf dem Si_3N_4-Gate erfolgt eine Vorbehandlung mit RSA und Vernetzung mit Glutaraldehyd. GOD und Katalase werden vor dem Einbringen in das Polyacrylamidgel mit N-Succinylmethacrylat modifiziert.

Um eine definierte Schichtdicke des Immobilisats zu erreichen, wird der Chip mit einem laminierten Photoresist von 50 μm Dicke überzogen, wobei sich über den Gates Aussparungen befinden. In diese "Pools" wird das Polyacrylamidgel eingetropft und polymerisiert. Die Ansprechzeit des Glucose-FETs liegt bei 120 Sekunden, die halblogarithmische Bezugskurve zwischen 1 und 10 mmol/l Glucose verläuft linear.

MIYAHARA et al. (1985) haben für die Entwicklung eines integrierten Enzym-FETs zur simultanen Bestimmung von Glucose und Harnstoff als Grundmaterial "silicon on sapphire" (SOS) genutzt. Auf einer Fläche von 2,5 mm · 2,5 mm werden drei ISFETs und zwei Metallisolator-Halbleiter-FETs (MISFETs) integriert (Abb. 54). Ein ISFET dient als Referenzsensor zur Ausschaltung von pH-Effekten der Meßlösung, während die anderen beiden ISFETs mit GOD bzw. Urease beschichtet werden. Die MISFETs können als Referenzelektroden für die pH-Messung benutzt werden. Die Gate-Regionen sind jeweils 200 μm · 600 μm große Si_3N_4-Gebiete. Zur Beladung mit den Enzymen wird der gesamte Grundchip mit einer 75 μm dicken laminierten photosensitiven Schicht überzogen, und nach Beschichten und Entwickeln werden entsprechende Aussparungen über den Gate-Regionen erzeugt. In diese Pools werden die jeweiligen Enzymlösungen mit Mikropipetten eingebracht. Für den einen Pool wird eine Lösung von 20 mg GOD/ml in 10%igem Polyvinylalkohol verwendet, der durch Stilbazoliumgruppen photosensibilisiert ist. Das Gate des anderen FETs wird mit einer analogen Ureaselösung beladen, während der Referenz-FET frei bleibt.

Nach Trocknen an der Luft wird der Polyvinylacetat-Enzym-Film auf dem Chip durch UV-Bestrahlung zu einer unlöslichen Membran vernetzt. Vor Benutzung wird der Chip zwei Stunden mit Phosphatpuffer gewaschen. Wegen der geringen Haftfestigkeit der Enzymschicht beträgt die Lebensdauer des Enzymsensors nur wenige Tage. Eine bessere Stabilität ist erreichbar, wenn die Si_3N_4-Oberfläche des Gates mit γ-Aminopropyltriethoxysilan behandelt und die Polyvinylacetat-Enzym-Lösung mit Glutaraldehyd versetzt worden ist.

Der maximale Meßwert wird für Glucose in der nichtbewegten Meßlösung erst nach 30 Minuten erreicht. Für Harnstoff beträgt die Ansprechzeit 90 Sekunden. Der Meßbereich erstreckt sich von 0,1 bis 10 mmol/l Glucose bzw. Harnstoff. Dabei liegt für Glucose der Anstieg der Bezugskurve bei 8 mV je Konzentrationsdekade.

Die japanische Firma National Electric Company hat einen integrierten Biosensor entwickelt, bei dem neben dem K^+-ISFET je ein pH-FET mit GOD bzw. Urease beschichtet ist. Als Unterlage dienen SOS-Chips. Die Enzymfixierung erfolgt analog zu MIYAHARA et al. (1985) durch Vernetzung mit Glutaraldehyd [KIMURA et al. 1985]. "Extended gate"-Strukturen mit Iridiumoxidschichten sind von ARAKI et al. (1985) für einen integrierten Glucose- und Harnstoffsensor benutzt worden.

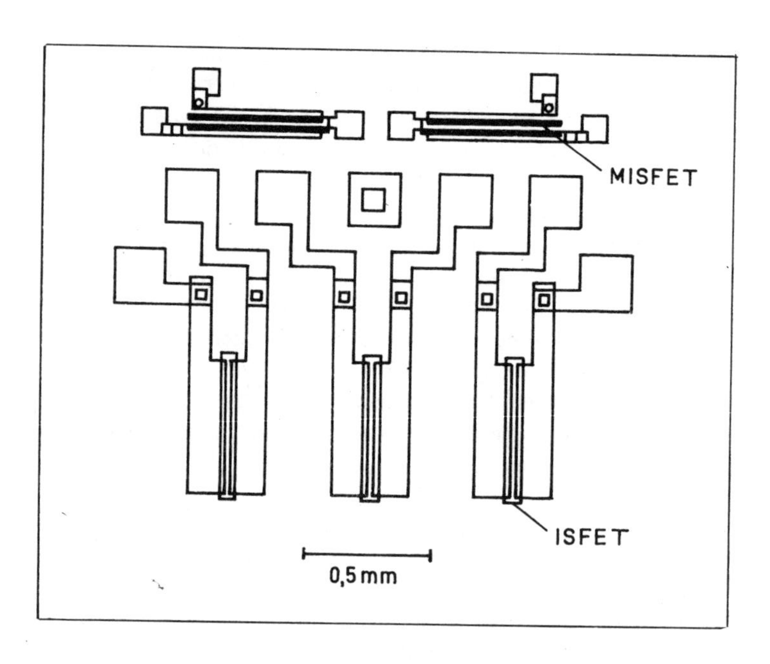

Abb. 54. Struktur einer integrierten ISFET- und MISFET-Anordnung [nach MIYAHARA et al. 1985]

3. *Sensibilisierte Metalloxid-FETs*

H_2- bzw. NH_3-gassensible MOSFETs können naturgemäß nicht direkt mit der Glucoseumsetzung kombiniert werden, da kein meßbarer Reaktionspartner beteiligt ist. Die entsprechenden Mikrobiosensoren sind im Abschnitt 3.1.21. behandelt.

Die mit biochemisch modifizierten Elektronikbauelementen erzielten Ergebnisse zeigen, daß es möglich ist, Multianalytsensoren auf der Grundlage der Si-Chip-Technologie herzustellen. Diese weisen zwar gute Funktionsparameter auf, erfüllen aber noch nicht die Anforderungen für den praktischen Einsatz. Neben der geringen Lebensdauer und der langen Ansprechzeit wirken sich vor allem Störungen durch die Zusammensetzung des Meßmediums sehr nachteilig aus (z. B. schwankender pO_2 oder variable Pufferkapazität), die bei den reagenzlosen Sensoren auf der Basis von modifizierten Elektroden bereits überwunden sind. Weiterhin muß festgestellt werden, daß sich die elektronische Signalverarbeitung im Sensorelement bisher nicht durchgesetzt hat. Dagegen haben Einwegbiosensoren mit miniaturisierten Auswertegeräten bessere Chancen, wobei wiederum die Dünnschichtelektroden die besten Voraussetzungen für eine Kommerzialisierung haben. Die für Enzym-FETs bereits 1984 angekündigte Markteinführung [SCHMID 1985] ist bisher noch nicht erfolgt.

3.1.2. Sensoren für Galactose

Das Monosaccharid Galactose wird durch das Cu^{2+}-haltige Enzym *Galactoseoxidase* (EC 1.1.3.9) unter Bildung von H_2O_2 oxidiert. Galactoseoxidase gehört neben Xanthinoxidase, Alkoholoxidase und Ascorbatoxidase zu den Enzymen mit einer breiten Spezifität. So werden neben Galactose auch Lactose, Glycerol, Dihydroxyaceton und Glyceraldehyd umgesetzt.

Im Abschnitt 2.2.2. ist das Prinzip der Steuerung der enzymatischen Aktivität durch Einstellen eines definierten Redoxpotentials in der Galactoseoxidaseschicht dargelegt. Die Änderung des Redoxpotentials wirkt sich auf alle Substrate in der gleichen Richtung aus. Da aber die Aktivität gegenüber den einzelnen Substraten sehr unterschiedlich ist, kann beeinflußt werden, bis zu welchem Grad jedes Substrat in der Enzymschicht umgesetzt wird. Dadurch wird es möglich, zunächst das „bessere" Substrat, z. B. Raffinose oder Galactose, anzuzeigen, während beim optimalen Potential auch die schlechteren Substrate miterfaßt werden [JOHNSON et al. 1982 und 1985].

Galactoseoxidase wird analog zur GOD an einer asymmetrischen Zelluloseacetatmembran von etwa 1 μm Dicke (Porenweite 0,6 mm) mit Glutaraldehyd fixiert. Diese sehr instabile Anordnung wird mit einer Polycarbonatfolie mit 30 nm weiten Poren abgedeckt [TRAYLOR et al. 1977]. Bei Serummessungen erniedrigt sich die Empfindlichkeit, was auf reduzierende Substanzen zurückgeführt wird. Deshalb wird die Meßlösung mit Ferricyanid versetzt und dadurch das Enzym im oxidierten Zustand gehalten. Außerdem ist die Zugabe von Cu^{2+} (Bestandteil des Redoxzentrums der Galactoseoxidase) erforderlich, um den Aktivitätsabfall zu vermeiden. Der Galactosesensor zeigt eine lineare Konzentrationsabhängigkeit zwischen 0 und 25 mmol/l. Die einzige physiologisch bedeutsame Störsubstanz ist Dihydroxyaceton.

Eine Mikroelektrode zur Bestimmung von Galactose im Gewebe haben LANG et al. (1983) beschrieben. In Analogie zur Glucoseelektrode entwickelten DICKS et al. (1986) einen Galactosesensor auf der Basis einer mit 1,1'-Dimethylferrocen modifizierten Elektrode, in der die Galactoseoxidase mit einer Dialysemembran vor der Elektrode eingeschlossen ist.

3.1.3. Enzymelektrode für Gluconat

Gluconat wird in der Lebensmittelindustrie in steigendem Maße als Geschmacksstoff eingesetzt. Zur Gluconatbestimmung haben MIKI et. al. (1985) *Gluconatdehydrogenase* (EC 1.1.99.3) aus *Pseudomonas fluorescens* auf einer Benzochinon-Kohlepasteelektrode aufgebracht und anschließend die Enzymschicht mit einer Dialysemembran abgedeckt. Bei einer Ansprechzeit von einer Minute wird eine lineare Abhängigkeit des Stromsignals bei +300 mV *vs.* SCE bis 3 mmol/l Gluconat erhalten. Als Mediatoren sind auch Ferricyanid, Dichlorphenolindophenol sowie das Coenzym Q_7 effektiv [IKEDA et al. 1987].

3.1.4. Lactatsensoren

L-Lactat tritt als Intermediat im Kohlenhydratmetabolismus auf. Seine erhöhte Konzentration im Blut bei Gewebshypoxie und Lebererkrankungen macht Lactat zu einem klinisch und sportmedizinisch relevanten Indikator. Der Normalbereich erstreckt sich bis zu 2,7 mmol/l; unter körperlichen Extrembelastungen können sich Lactatkonzentrationen bis 25 mmol/l einstellen. Auch für die Prozeßkontrolle in der Lebensmittel- und mikrobiologischen Industrie ist die Lactatbestimmung interessant.

Zur Lactatbestimmung ist die photometrische Messung des nach Inkubation der (enteiweißten) Probe mit *Lactatdehydrogenase* (LDH, EC 1.1.1.27) entstehenden NADH weitgehend eingeführt. Die LDH (Molmasse 135 000) hat für die Hinreaktion ein pH-Optimum um 9 und einen K_M-Wert für Lactat von 6,7 mmol/l. Da das Gleichgewicht der LDH-Reaktion weit auf der Seite des Lactats liegt ($K = 2{,}76 \cdot 10^{-5}$ mol/l bei pH 7,0), wird das Reaktionsprodukt Pyruvat durch Zusatz von Hydrazin oder Alaninaminotransferase bzw. Pyruvatoxidase entfernt.

Die in Biosensoren zur Lactatbestimmung anwendbaren Enzymreaktionen sind im folgenden Schema dargestellt:

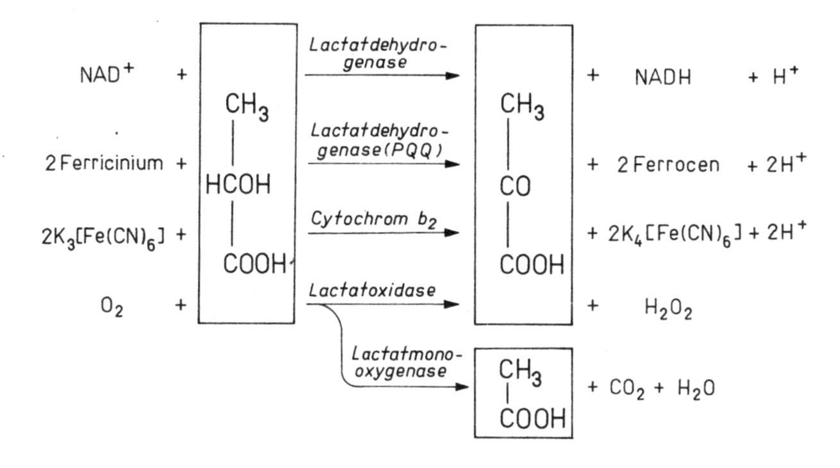

Neben Sensoren mit den isolierten Enzymen sind auch mikrobielle Lactatsensoren bekannt, namentlich Elektroden mit Cytochrom b_2 enthaltenden Hefen (*Hansenula anomala, Saccharomyces cerevisiae*) [KULYS und KADZIAUSKIENE 1978, VINCKÉ et al. 1985a, HAUPTMANN 1985, RACEK und MUSIL 1987].

Lactatmonooxygenase (LMO, EC 1.13.12.4) aus *Mycobacterium smegmatis* ist ein Flavoprotein mit einer Molmasse von 340 000 und einem K_M (Lactat) von 8 mmol/l. DANIELSSON et al. (1981) haben an porösem Glas immobilisierte LMO in einem Enzymthermistor zur Lactatbestimmung eingesetzt. Diese Kombination ermöglicht die Messung zwischen 0,005 und 2 mmol/l. Die Kopplung eines LDH-Festbettreaktors mit der elektrochemischen Anzeige des gebildeten NADH ist von SCHELTER-GRAF et al. (1984) realisiert worden. Die Modifizierung der verwendeten Graphitelektrode mit 3-β-Naphthyl-Nilblau ermöglicht die NADH-Oxidation bei –0,22 V (gegen SCE), wodurch eine hohe elektrochemische Selektivität erreicht wird. Im Fließinjektionssystem (f.i.a.) können mit dieser Kombination 15 Proben/h mit einer relativen Standardabweichung von 1 % gemessen werden.

Die unterschiedlichen Cosubstratspezifitäten der lactatumsetzenden Enzyme bedingen in Membransensoren verschiedene Möglichkeiten elektrochemischer Indikatorreaktionen. In Enzymelektroden mit LDH wird die biochemische Reaktion über die Oxidation von NADH an die Elektrode gekoppelt. Dabei wird das ungünstige Reaktionsgleichgewicht durch partielle Entfernung des reduzierten Cofaktors auf die Seite des Pyruvats verschoben. Auch durch Coimmobilisierung von Pyruvatoxidase mit LDH läßt sich eine Gleichgewichtsverschiebung herbeiführen [MIZUTANI 1982]. Die Kopplung mit der Elektrodenreaktion kann durch direkte anodische Oxidation, über Mediatoren oder mit Hilfe zusätzlicher Enzyme (s. auch Abschn. 2.2.3.) erfolgen.

Im erstgenannten Fall sind Potentiale über +0,4 V erforderlich. BLAEDEL und JENKINS (1976) setzen LDH und NAD^+ (coimmobilisiert an Zellulose) bzw. LDH und einen NAD^+-Agarosekomplex (mit einer Dialysemembran vor einer Glaskohleelektrode eingeschlossen) ein. Durch die Reoxidation des Cofaktors an der Elektrode (Abb. 55) steht seine oxidierte Form dem Enzym ständig zur Verfügung, braucht also der Meßlösung nicht zugesetzt zu werden. Deshalb ist mit diesem Sensor ein reagenzloses Meßregime realisierbar.

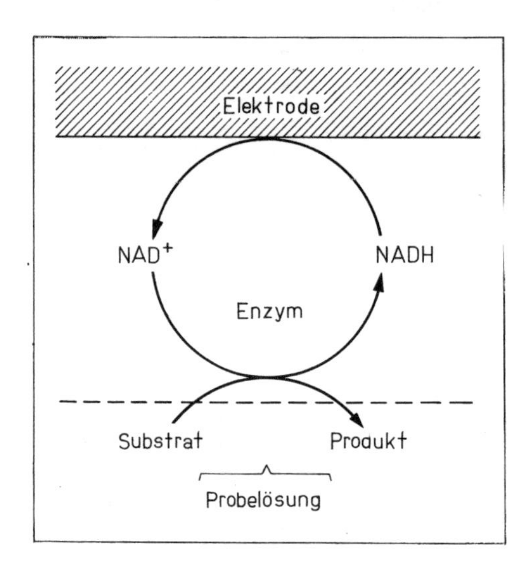

Abb. 55. Schema der reagenzlosen Enzymelektrode mit elektrochemischer Regenerierung von NAD^+ zur Bestimmung von reduzierten Dehydrogenasesubstraten [nach BLAEDEL und JENKINS 1976]

Da die hohe Überspannung der direkten NADH-Oxidation elektrochemische Interferenzen begünstigt, wird nach Möglichkeiten ihrer Herabsetzung durch Elektrodenvorbehandlung und Einsatz von Mediatoren gesucht. ČENAS et al. (1984) können nach elektrochemischer Vorbehandlung einer Glaskohleelektrode durch „Sweepen" zwischen −0,8 und +1,8 V die NADH-Oxidation bereits bei 0 bis 0,2 V durchführen. LDH wird mittels einer Dialysemembran vor der Elektrode eingeschlossen. Der Oxidationsstrom ist der Lactatkonzentration bis zu 10 mmol/l proportional. Allerdings beträgt die Halbwertszeit, vermutlich wegen der Adsorption von NADH-Oxidationsprodukten, weniger als drei Tage.

Der Elektronenmediator N-Methylphenazinium (NMP^+) wird von MALINAUSKAS und KULYS (1978) zur Lactatbestimmung mit einer Pt-Elektrode verwendet, vor der LDH und dextrangebundenes NAD^+ mit einer Dialysemembran eingeschlossen sind. Das Meßsignal entsteht dadurch, daß das durch NADH reduzierte NMP^+ an der Elektrode oxidiert wird:

$$NMPH_2 \rightleftharpoons 2H^+ + 2e + NMP^+.$$

Verglichen mit der direkten Oxidation von NADH kann die Ansprechzeit der Lactatelektrode derart um 50 % verringert werden.

Die spontane NADH-Oxidation durch Kaliumferricyanid läßt sich auch in einer potentiometrischen LDH-Elektrode verwerten [CHEN und LIU 1977]. Dabei wird die Potentialänderung durch das Redoxpaar Ferricyanid/Ferrocyanid bestimmt, dessen Redoxverhältnis sich bei der Reaktion mit NADH verschiebt. Eine lineare Beziehung zwischen Nullstrompotential und Lactatkonzentration wird zwischen 0,02 und 50 mmol/l gefunden. Die Ansprechzeit liegt allerdings bei 10 Minuten.

LDH(PQQ) ist ein *Chinoprotein,* das zur Lactatoxidation weder Sauerstoff noch Nicotinamid-Cofaktoren verwendet. TURNER (1985) hat das Enzym mit einer Ferrocen-modifizierten Kohleelektrode (s. Abschn. 3.1.1.) gekoppelt und kann damit Lactatbestimmungen linear bis 4 mmol/l ausführen. Innerhalb von 5 Stunden fällt die Aktivität des Sensors jedoch auf 5 % des Ausgangswertes.

Cytochrom b_2 (EC 1.1.2.3) ist ein tetrameres Enzym mit je einem Molekül Flavinmononucleotid und Häm pro Untereinheit. Die Molmasse beträgt 238 000. Das Enzym wird aus *Saccharomyces cerevisiae* oder *Hansenula anomala* gewonnen, wo es in der Atmungskette Elektronen von Lactat auf Cytochrom c überträgt. Die K_M-Werte der nativen Präparate sind 0,4 bzw. 1,3 mmol/l bei Verwendung des artifiziellen Elektronenakzeptors Hexacyanoferrat(III), die pH-Optima liegen zwischen 6,5 und 8,0. In amperometrischen Lactatelektroden mit Cytochrom b_2 erfolgt die Anzeige der Reaktion meist über die anodische Oxidation des gebildeten Ferrocyanids bei Potentialen von +0,25 V oder höher. Den ersten derartigen Sensor haben WILLIAMS et al. (1970) entwickelt. Das Enzym (aus Bäckerhefe) befindet sich dabei in einer durch ein Nylonnetz gebildeten, 0,15 mm dicken Schicht vor der Pt-Elektrode. Durch die hohe Schichtdicke resultiert eine Ansprechzeit von drei bis zehn Minuten. Wegen der geringen spezifischen Enzymaktivität arbeitet der Sensor unter kinetischer Kontrolle, wodurch der lineare Meßbereich lediglich bis 0,1 K_M reicht. DURLIAT et al. (1979) beschreiben ein ähnliches System, das sie zur kontinuierlichen Lactatanalyse einsetzen. Das Enzym ist in einer Reaktionskammer (1 μl) unmittelbar vor der Elektrode lokalisiert. Dieses Prinzip ist auch die Grundlage des ersten kommerziellen Lactatanalysators mit einer Enzymelektrode (Roche LA 640, s. auch Abschn. 5.2.3.3.). Bei einer Stabilität des Enzyms von 30 Tagen können mit dem Gerät 20 bis 30 Proben/Stunde analysiert werden. Die relative Standardabweichung ist kleiner als 5 %.

Cytochrom b_2 aus *H. anomala* ist im Analysator „Glukometer GKM 02" (ZWG, DDR) zur Lactatbestimmung eingesetzt worden. Mit dem Enzym, das in Gelatine oder Polyvinylalkohol fixiert ist, können Funktionsstabilitäten bis zu 15 Tagen erzielt werden. Bei einer unteren Bestimmungsgrenze von 10 μmol/l liegt die obere Grenze der Linearität bei 2,4 mmol/l. Sie ist durch entsprechende Wahl der Mediatorkonzentration einstellbar. Mit dem Sensor können bei kinetischer Anzeige 40 Proben/Stunde mit einem Variationskoeffizienten unter 2 % gemessen werden. Im Durchflußautomaten liegt der Variationskoeffizient sogar unter 1 % [SCHUBERT und WEIGELT 1986].

Um reagenzlose Lactatsensoren aufzubauen, haben KULYS und ŠVIRMICKAS (1980b) Cytochrom b_2 gemeinsam mit halbleitenden organischen Metallkomplexen (NMP^+TCNQ^-) durch physikalischen Einschluß vor einer Pt-Elektrode immobilisiert. Die Ladungstransferkomplexe übernehmen die Funktion des Mediators und erlauben die Lactatbestimmung bei Potentialen zwischen -0,03 und +0,4 V. Die Anwesenheit von Sauerstoff bewirkt – offenbar durch dessen spontane Reaktion mit den reduzierten organischen Metallen – eine Verringerung der Sensorempfindlichkeit um 50 %. Ebenfalls reagenzlos arbeitet ein Sensor mit coimmobilisiertem Cytochrom b_2 und Ferricytochrom c, dem physiologischen Elektronenakzeptor des Enzyms [DURLIAT und COMTAT 1980]. Das gebildete Ferrocytochrom c wird bei +0,5 V reoxidiert. Die Autoren betrachten die Unabhängigkeit dieses Sensors von externen Mediatoren als Voraussetzung für einen Einsatz *in vivo.* Eine potentiometrische Cytochrom-b_2-Elektrode haben SHINBO et al. (1979) entwickelt. Sie zeigt die Änderung des Redoxverhältnisses Ferricyanid/Ferrocyanid an. Die Auftragung des Potentials gegen den Logarithmus der Lactatkonzentration ergibt eine S-förmige Kurve.

Die LMO-Reaktion kann amperometrisch mit einer CLARK-Sauerstoffelektrode angezeigt werden. Diese Kombination ist durch SCHINDLER und GÜLICH (1981) erstmals beschrieben worden. In späteren Arbeiten haben MASCINI et al. (1984) sowie WEAVER und VADGAMA (1986) LMO in Sensoren zur Lactatbestimmung in Serum, Plasma und Vollblut verwendet. Letztere haben das Enzym in Gelatine, Polyacrylamid sowie Ultrafiltrationsmembranen eingeschlossen. Unabhängig von der Immobilisierungsmethode beträgt die Ansprechzeit der LMO–Elektroden drei bis vier Minuten. Empfindlichkeit und Stabilität steigen in der Reihenfolge Polyacrylamid $<$ Gelatine $<$ Ultrafiltrationsmembran. In einer Durchflußanordnung zeigt der mit der Ultrafiltrationsmembran versehene Sensor einen linearen Meßbereich von 0,008 – 0,8 mmol/l Lactat.

Für den Einsatz im Glukometer haben WEIGELT et al. (1987a) die LMO-Membran optimiert. Aus dem Beladungstest mit gelatineimmobilisiertem Enzym (Abb. 56) ergibt sich, daß bereits bei 1 U/cm² Diffusionskontrolle vorliegt, d. h. vollständiger Substratumsatz in der Membran erreicht wird. Zur Erhöhung der Stabilität wird ein zehnfacher Enzymüberschuß verwendet. Damit sind die Sensoren 55 Tage einsatzfähig. 60 Lactatbestimmungen können pro Stunde durchgeführt werden. Der serielle Variationskoeffizient beträgt 1 %. Die obere Linearitätsgrenze ist durch Sauerstoffverarmung in der Membran gesetzt. Dies kommt in Abbildung 56 darin zum Ausdruck, daß die Bezugskurven scharf abknicken.

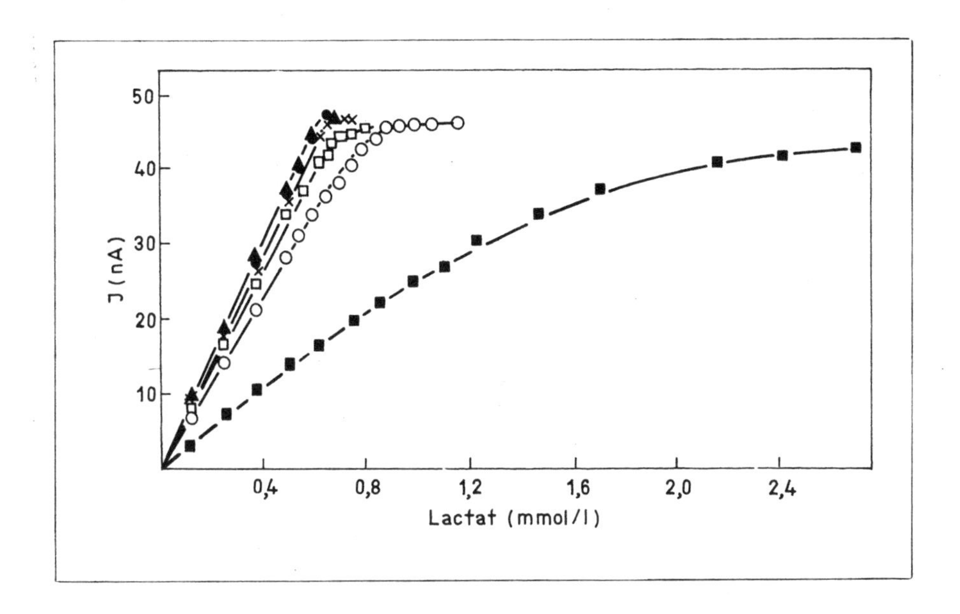

Abb. 56. Einfluß der Enzymbeladung des LMO-Sensors auf die Abhängigkeit des Stromes von der Lactatkonzentration
■ – 0,1 U/cm², ○ – 0,5 U/cm², □ – 1,0 U/cm², x – 2,5 U/cm², ● – 10,0 U/cm², ▲ – 15,0 U/cm²
[nach WEIGELT et al. 1987a]

Der LMO-Sensor ist auch zur sequentiellen Bestimmung von Lactat und LDH anwendbar. Nach der durch Lactat hervorgerufenen stationären Stromänderung wird die LDH-Aktivität aus dem Absinken der Strom-Zeit-Kurve durch enzymatische Lactatbildung nach Zugabe von NADH und Pyruvat ermittelt. Die sequentielle Messung ist nach vier Minuten abgeschlossen. Die relative Standardabweichung für 20 LDH-Bestimmungen beträgt 1,2 %.

Das Flavoprotein *Lactatoxidase* (LOD, EC 1.1.3.2), Molmasse 80 000, hat einen K_M (Lactat) von 0,7 mmol/l und ist als typischer Vertreter der Oxidasen sowohl für eine Kopplung mit dem CLARK-O_2-Sensor als auch mit H_2O_2-anzeigenden Elektroden geeignet. Beide Varianten sind untersucht worden. Eine Lactatelektrode mit immobilisierter LOD zur sequentiellen Bestimmung von L-Lactat und LDH geben MIZUTANI et al. (1983) an. Analog zum LMO-Sensor wird eine Sauerstoffelektrode verwendet, da das für die LDH-Reaktion erforderliche NADH beim Potential der anodischen H_2O_2-Oxidation (+0,6 V) ebenfalls oxidiert würde. Für eine sequentielle Messung von Lactat (0,005 – 0,5 mmol/l) und LDH (1 – 300 U/l) sind sieben Minuten Meßzeit notwendig. Der Sensor ist für mehr als zwei Wochen oder 140 Messungen stabil.

Polyurethanmembranen mit immobilisierter LOD werden im Glukometer zur Lactatbestimmung eingesetzt. Ähnlich wie mit GOD wird eine Meßfrequenz von 60/h und eine hohe Präzision (Variationskoeffizient unter 3 %) erreicht. Der Linearitätsbereich liegt zwischen 0,01 und 0,5 mmol/l. LOD-Sensoren werden auch in den kommerziellen Lactatanalysatoren von Yellow Springs Instruments (USA) und Omron Tateisi (Japan) angewendet (s. Abschn. 5.2.3.3.).

BARDELETTI et al. (1986) haben mit einem LOD-Sensor eine lineare Konzentrationsabhängigkeit zwischen 0,25 und 250 µmol/l Lactat erhalten. Die für Monoenzymelektroden ungewöhnlich hohe Empfindlichkeit wird mit einer Immunoaffinitätsmembran zur LOD-Immobilisierung erreicht, wie sie zur Fixierung von Antikörpern kommerziell erhältlich ist. Die großen Poren dieser Membran (0,2 µm) erlauben eine sehr schnelle Substrat- und Produkt(H_2O_2)-Diffusion. Um die LOD zu binden, muß die Membran lediglich in eine enzymhaltige Lösung getaucht werden.

Eine *Verringerung* der Permeabilität von LOD-Membranen ist von MULLEN et al. (1986) mit dem Ziel der Erweiterung des linearen Meßbereichs zu höheren Substratkonzentrationen durchgeführt worden. Dazu wird eine Polycarbonatmembran vor der Enzymimmobilisierung (die durch Vernetzung mit Glutaraldehyd gemeinsam mit RSA erfolgt) mit Methyltrichlorsilan behandelt. Diese Silanisierung reduziert zwar die Empfindlichkeit des Sensors auf 1 bis 2 % und erhöht die Ansprechzeit von einer halben bis einer Minute auf ein bis drei Minuten, jedoch wird die obere Linearitätsgrenze von 0,2 mmol/l auf 18 mmol/l verschoben. Ferner wird die Permeation der elektrochemischen Störsubstanzen Harnsäure und Ascorbinsäure verringert.

SCHELLER et al. (1986a) haben polyurethanimmobilisierte LOD in Kombination mit einer Au/Pd-bedampften Kohleelektrode verwendet. Die Modifizierung der Elektrode gestattet die elektrochemische Oxidation von H_2O_2 bereits bei +0,45 V, wo Interferenzen mit anderen anodisch oxidierbaren Substanzen, wie NADH oder Ascorbinsäure, nur in geringem Maße angezeigt werden (Abb. 57). Durch diese erhöhte Selektivität ist mit dem Sensor auch die LDH-Bestimmung möglich. Der Sensor ist Bestandteil eines Fließinjektionssystems. Eine Meßfrequenz von 200/h (Abb. 58) und ein serieller Variationskoeffizient unter 1 % illustrieren die Leistungsfähigkeit einer solchen Anordnung. Eine Platinelektrode mit kovalent an Nylon gebundener LOD setzen MASCINI et al. (1985b und 1987) im künstlichen Pankreas zur kontinuierlichen Blutlactatbestimmung ein.

Versuche, Lactatelektroden durch biochemische Modifizierung der Elektrodenoberflächen aufzubauen, sind mit LDH und Cytochrom b_2 unternommen worden. LAVAL et al. (1984) haben LDH kovalent an elektrochemisch vorbehandelte Kohle gekoppelt. Dabei wird simultan mit der anodischen Oxidation der Elektrodenoberfläche die Immobilisierung des Enzyms mit Carbodiimid

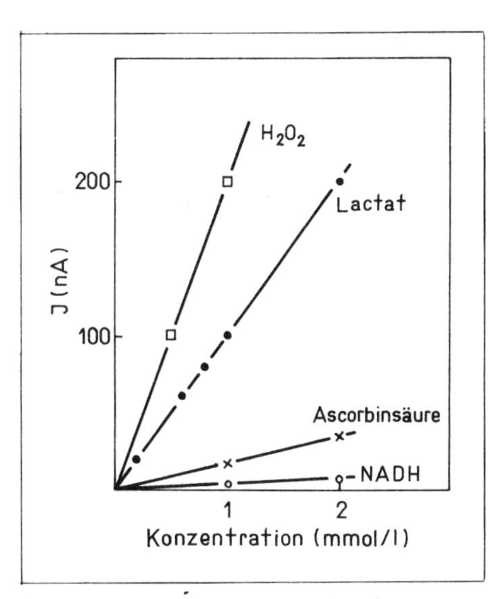

Abb. 57. Konzentrationsabhängigkeit des Peakstroms der LOD-Elektrode bei Injektion von 40 µl L-Lactat, NADH, H_2O_2 bzw. Ascorbinsäure
[nach SCHELLER et al. 1986a]

bewirkt. Die Gesamtmenge an fixierter LDH wird mit einer fluorimetrischen Methode bestimmt, nachdem das Protein von der Elektrode abgespalten und hydrolysiert worden ist. Diese Untersuchungen haben ergeben, daß bei der maximalen Beladung von 13 pmol LDH/cm^2 etwa sechs Enzymschichten übereinander liegen. Die Immobilisierungsausbeute beträgt etwa 15 %. Bei der Immobilisierung sind keine Veränderungen der kinetischen Konstanten v_{max} und K_M eingetreten. Ferner belegt der Enzymbeladungsfaktor von etwa 10^{-3}, daß Diffusionseinflüsse in der Enzymschicht vernachlässigbar sind. Die Enzymschicht verhält sich wie eine kinetisch kontrollierte Enzymmembran; ein linearer Bereich der Stromabhängigkeit von der Substratkonzentration ist also nur bis zu Konzentrationen weit unterhalb K_M zu verzeichnen. Mit zunehmender Proteinbeladung der Elektrode erniedrigt sich die Empfindlichkeit für NADH, weil dann die Oberfläche maskiert ist.

Eine mit NAD^+ modifizierte, n-Octaldehyd enthaltende Kohlepasteelektrode haben YAO und MUSHA (1979) entwickelt. Der Meßlösung wird lösliche LDH zugesetzt. Das nach Lactatzugabe produzierte NADH gibt bei elektrochemischer Oxidation zu NAD^+ einen definierten voltammetrischen Peak, dessen Fläche linear von der Substratkonzentration zwischen 0,025 und 1,0 µmol/l abhängt. DURLIAT und COMTAT (1978) adsorbieren Cytochrom b_2 an einer Platinelektrode und können die Aktivität des adsorbierten Proteins nachweisen.

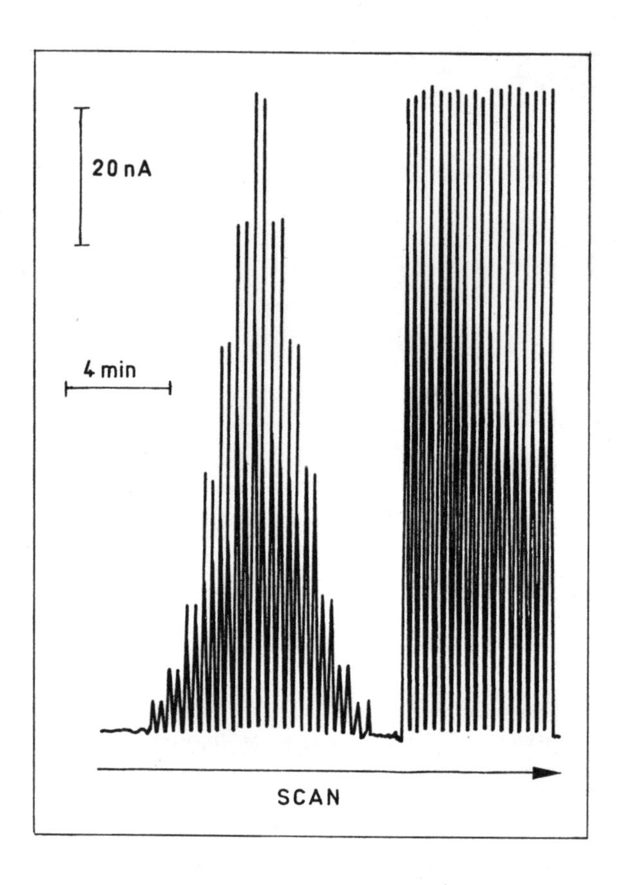

Abb. 58. Meßkurve der LOD-Elektrode bei Injektion von 50, 100, 200, 400, 600, 800 und 1 000 µmol/l Lactatstandard [nach SCHELLER et al. 1986a]

3.1.5. Pyruvatsensoren

Pyruvat ist ein zentraler Metabolit an der Verzweigungsstelle von anaerobem und aerobem Stoffwechsel. In der Glycolyse entsteht es aus Phosphoenolpyruvat und wird entweder zu Lactat reduziert oder durch oxidative Decarboxylierung zu Acetyl-Coenzym A umgesetzt. Im Serum liegt die Normalkonzentration bei 0,04 bis 0,12 mmol/l. Die Pyruvatbestimmung ist weiterhin dadurch besonders bedeutsam, daß ein ganzes Spektrum wichtiger Metabolite und Enzymaktivitäten auf Pyruvat zurückgeführt werden kann (Abb. 59).

Zur enzymatischen Bestimmung werden die Enzyme Lactatdehydrogenase (LDH) oder *Pyruvatoxidase* (PyOD, EC 1.2.3.3) verwendet:

$$\begin{array}{c} CH_3 \\ | \\ C{=}O \\ | \\ COO^- \end{array} + HPO_4^{2-} + O_2 + H^+ \xrightarrow{PyOD} \begin{array}{c} CH_3 \\ | \\ C{=}O \\ | \\ OPO_3^{2-} \end{array} + CO_2 - H_2O_2$$

Pyruvatoxidase benötigt den Cofaktor Thiaminpyrophosphat (0,1 mmol/l) sowie Ca^{2+} (2,5 mmol/l) für ihre maximale Aktivität. Weiterhin sind 40 mmol/l Tris-Puffer von pH 6,5 bis 7,5 mit 0,5 mmol/l Phosphat zweckmäßig, da bei höheren Phosphatkonzentrationen eine Substratüberschußhemmung eintritt. Dieser Effekt wird auch in einem Sensor für Phosphat mit *immobilisierter* Pyruvatoxidase genutzt [TABATA und MURACHI 1983]. Da Pyruvatoxidase relativ instabil ist, wird für Elektroden das Enzym vor allem durch Einschluß in Kollagen [MIZUTANI et al. 1980], Polyvinylchlorid sowie Acetylzellulose [KIHARA et al. 1984a, b] immobilisiert.

MASCINI und MAZZEI (1986) ist die kovalente Fixierung des Enzyms an eine „Biodyne Immunoaffinity Membrane" gelungen, die Carboxylgruppen auf der Oberfläche enthält (Pall, USA). Diese Membran wird mit einem Carbodiimid-Derivat aktiviert und daran das Enzym gebunden. Die Enzymmembran wird zwischen einer Zelluloseacetat- und einer weiteren Dialysemembran vor einer H_2O_2-anzeigenden Pt-Elektrode fixiert. Diese Pyruvatelektrode ist erfolgreich zur Messung in Serum benutzt worden, wobei innerhalb von 30 Tagen nur ein 13%iger Abfall der Empfindlichkeit zu verzeichnen war.

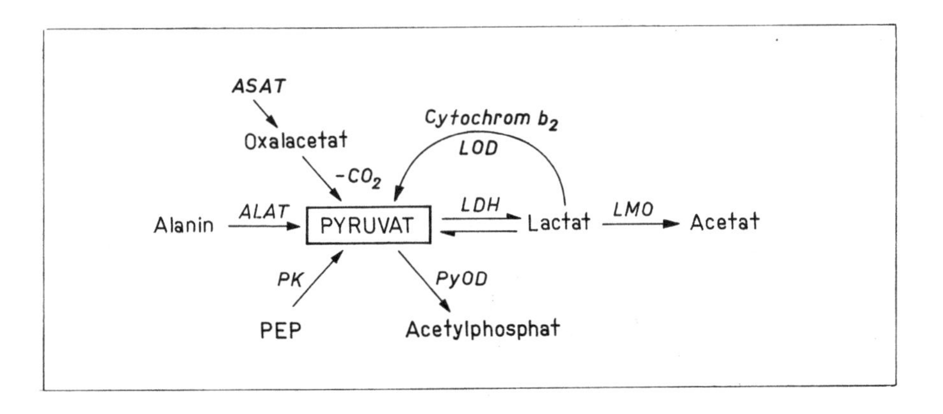

Abb. 59. Analytisch genutzte Reaktionen, an denen Pyruvat beteiligt ist
PEP – Phosphoenolpyruvat, PK – Pyruvatkinase, ASAT – Aspartataminotransferase, ALAT – Alaninaminotransferase

Die in Abschnitt 3.1.4. beschriebenen Membransensoren auf der Basis von LDH können auch zur Pyruvatbestimmung eingesetzt werden. Da hier das Gleichgewicht auf der Seite der Endprodukte liegt, ist es nicht erforderlich, Lactat oder NAD^+ abzufangen. Andererseits können auch keine Reaktionen zur Anzeige benutzt werden, bei denen das NADH in der Enzymschicht verbraucht wird (z. B. die Reaktion mit NMP^+ oder die Oxidation mit POD). Hier empfiehlt sich deshalb nur die Anzeige des NADH-Verbrauchs durch direkte anodische Oxidation. Dieses Prinzip ist bei verschiedenen chemisch modifizierten Elektroden, u. a. von unserer Gruppe, genutzt worden, indem LDH an mit einem Gold-Palladium-Gemisch gesputterte Kohleelektroden adsorbiert wurde. Die Oxidation des NADH erfolgt an diesem Elektrodentyp bereits bei +600 mV. Die adsorbierte LDH hat für sieben Tage ausreichende Aktivität zur Pyruvatmessung im millimolaren Bereich behalten.

LDH ist weiterhin an einer Kohlefaser-Mikroelektrode (Durchmesser 12 μm) durch physikalischen Einschluß in eine Rinderserumalbumin(RSA)-Schicht immobilisiert worden [SUAUD-CHAGNY und GOUP 1986]. Vorher wird dieser Proteinfilm durch Adsorption und elektrochemische Oxidation des RSA direkt auf der Elektrode erzeugt. Die nachträgliche Vernetzung mit Glutaraldehyd bewirkt eine dreifache Erniedrigung der Empfindlichkeit. Vor den Messungen wird die Elektrode elektrochemisch vorbehandelt und danach für Pyruvat eine Nachweisgrenze von 1 μmol/l erreicht. Mit dieser Elektrode ist Pyruvat in Cerebrospinalflüssigkeit gemessen worden.

3.1.6. Bestimmung von Alkoholen

Im Vordergrund steht die Analyse von Ethanol- und Methanolkonzentrationen. Im klinischen Labor ist die quantitative Bestimmung von Ethanol im Zusammenhang mit der Fahrtauglichkeit eine wichtige Aufgabe. Der Methanolgehalt wird in aufbereitetem Trinkwasser, vor allem aber in Fermentationsprozessen überwacht. Die anderen aliphatischen Alkohole sind von untergeordneter Bedeutung. Zur Alkoholbestimmung werden die beiden Enzyme *Alkoholdehydrogenase* (ADH, EC 1.1.3.13) und *Alkoholoxidase* (AOD, EC 1.11.1.6) aus verschiedenen Quellen eingesetzt:

$$RCH_2OH + NAD^+ \xrightarrow{ADH} RCHO + NADH + H^+,$$

$$RCH_2OH + O_2 \xrightarrow{AOD} RCHO + H_2O_2.$$

Wegen der Analogie des Reaktionsverlaufs zur GOD-Katalyse hat CLARK bereits 1972 einen Alkoholsensor auf der Basis von AOD vorgeschlagen. GUILBAULT und NANJO (1975a) haben ebenfalls eine H_2O_2-anzeigende Enzymelektrode mit AOD zur Alkoholbestimmung beschrieben, die eine

Nachweisgrenze von 1 mg/100 ml aufweist. Spätere Arbeiten konzentrieren sich auf die Substratspezifität von AOD aus verschiedenen Mikroorganismen. Hefen, die auf Methanol angezüchtet werden, produzieren große Mengen AOD zusammen mit Katalase; Methanol wird dabei im Vergleich zu anderen Alkoholen auch mit der höchsten Reaktionsgeschwindigkeit umgesetzt und hat den kleinsten K_M-Wert der aliphatischen Alkohole. Lediglich mit AOD aus Basidiomyceten verläuft die Oxidation von Ethanol schneller. Neben aliphatischen Alkoholen werden auch Mercaptane sowie Formaldehyd oxidiert, während Aceton, Isopropanol, Lactat und andere Hydroxysäuren nicht stören. Wegen des hohen Katalasegehaltes der AOD überwiegt bei den Alkoholelektroden die Anzeige des O_2-Verbrauchs [GUILBAULT et al. 1983, HOPKINS 1985]. Deshalb ist in Meßmedien mit schwankendem O_2-Gehalt die Korrektur über eine O_2-Elektrode erforderlich [VERDUYN et al. 1983, 1984]. Die AOD wird mittels Glutaraldehyd an Membranen aus Schweinedünndarm bzw. an ein Nylonnetz fixiert. Diese Elektroden haben sich in 100 bis 400 Messungen als stabil erwiesen.

Prinzipiell kann auch der im Blut zirkulierende Alkohol direkt mit einer transkutanen Sauerstoffelektrode gemessen werden, vor der sich eine AOD enthaltende Schicht auf der Haut befindet. CLARK hat dieses Prinzip 1979 zum Nachweis der Alkoholkonzentration nach Injektion bei einer Ratte benutzt. Durch stufenweise Erhöhung der Alkoholkonzentration ergibt sich eine Verlaufskurve, die die Alkoholinjektion widerspiegelt und erst nach einigen Stunden auf den Ausgangswert zurückgeht. Störungen werden durch Schwankungen der Körpertemperatur sowie des Blutdrucks hervorgerufen. In dieser Arbeit entwickelt CLARK auch das allgemeine Konzept eines Sensors für flüchtige Enzymsubstrate.

AOD wird auch mit weiteren Enzymen, z. B. ADH, gekoppelt, wodurch eine ganze Familie von Sensoren zur Bestimmung anderer Substrate und Enzyme sowie von sehr empfindlichen Alkoholsensoren entsteht. In Gegenwart von NADH und Luftsauerstoff wird Ethanol zwischen AOD und ADH zyklisch umgesetzt. Dadurch wird mehr H_2O_2 gebildet, als Ethanol in der Bienzymmembran vorhanden ist, d. h., die Empfindlichkeit wird erhöht (s. Abschn. 3.2.4.). Ein weiterer Vorteil dieses Enzymsystems besteht darin, daß dieser Effekt auf Ethanol beschränkt ist, da Methanol zwar durch AOD, nicht aber durch ADH umgesetzt wird. Umgekehrt wird Isopropanol von ADH, jedoch nicht von AOD oxidiert. Damit wird durch die Kombination beider Enzyme die Spezifität für Ethanol verbessert. Die Alkoholelektrode von Yellow Springs (USA) basiert auf AOD, die analog zu GOD in einer H_2O_2-selektiven Membrananordnung fixiert ist [MASON 1983b].

Zur Bestimmung von Methanol in Trinkwasser, das zur Entfernung von Nitrat mit methylotrophen Mikroorganismen behandelt wird, hat die Gruppe aus Cranfield (England) einen Methanolsensor entwickelt [ASTON et al. 1984]. Methanoloxidase aus *Methylosimus trichosporium* wird auf eine 1,1'-Dimethylferrocen enthaltende Kohlepasteelektrode aufgebracht. Das Meßsignal hängt linear von 1 mg/l bis 5 mg/l von der Methanolkonzentration ab. Formaldehyd, das Zwischenprodukt der Oxidation von Methanol zu Formiat, wird mit der halben Empfindlichkeit angezeigt. Die Arbeitsstabilität des Sensors beträgt nur drei Stunden.

Bei Alkoholdehydrogenase kann der Cofaktor NAD^+ nicht durch andere Elektronenakzeptoren ersetzt werden. Daraus ergeben sich für die Anwendung in Enzymelektroden zwei Probleme: NAD^+ muß als Reagenz jeder Meßprobe zugesetzt werden, und die elektrochemische Anzeige des entstehenden NADH ruft erhebliche Schwierigkeiten hervor. Der Einsatz von NAD^+, das an lösliches Dextran gebunden ist, bedeutet einen wichtigen Schritt zu einem reagenzlosen Alkoholsensor. Die ADH wird zusammen mit dem makromolekularen NAD^+ durch einen Dialyseschlauch vor der O_2-Elektrode fixiert, wobei der Sauerstoffverbrauch über die Reaktion des NADH mit NMP^+ angezeigt wird [MALINAUSKAS und KULYS 1978]. Das System kann auch zur hoch empfindlichen Messung von NAD^+ benutzt werden: In Gegenwart eines Überschusses an Alkohol und NMP^+ wird der Cofaktor zyklisch reduziert und oxidiert, wobei eine vielfache Menge an Sauerstoff verbraucht wird. KULYS und MALINAUSKAS (1979a, b) haben für dieses chemisch-enzymatische System Verstärkungsfaktoren von etwa 1 000 ermittelt.

Eine Erhöhung der Integration der Reaktionskomponenten wird im ADH-System durch direkte Fixierung des Cofaktors im aktiven Zentrum des Enzyms erreicht. Bei Substratumsatz erfolgt die Regenerierung des Cofaktors durch anodische Oxidation an einer Kohleelektrode [TORSTENSSON et al. 1980]. Eine andere Variante stellt die kovalente Fixierung des NAD^+ an der Kohleoberfläche dar. Die ADH reagiert mit dem immobilisierten Cofaktor, und die Elektronen werden durch einen Mediator zur Redoxelektrode übertragen [YAO und MUSHA 1979].

Die erfolgreichste Methode zur elektrochemischen NADH-Messung basiert auf dem Einsatz von chemisch modifizierten Elektroden, z. B. mit Chinongruppen auf Kohle (die durch anodische Oxidation gebildet werden), adsorbiertem Medola's Blau oder Phenoxazinderivaten, wie Nilblau (s. 2.3.). Diese MCME werden entweder direkt mit ADH in Enzymelektroden kombiniert [ČENAS et al. 1984] oder mit einem ADH-Reaktor in einem f.i.a.-Gerät zur Alkoholmessung eingesetzt [HUCK et al. 1984].

ALBERY et al. (1987b) haben eine NMP^+ und $TCNQ^-$ (im PVC-Träger) enthaltende Elektrode zur Oxidation des NADH benutzt. Die ADH befindet sich auf der Elektrodenoberfläche und wird mit einer Dialysemembran eingeschlossen.

KUAN et al. (1978) demonstrierten das Prinzip des Enzymrührers, worin an Zellulose immobilisierte ADH in Aussparungen eines großflächigen Magnetrührers eingesetzt wird. Der Reaktionsverlauf wird fluorimetrisch angezeigt. Die immobilisierte ADH ist für acht Tage stabil.

Auf der Basis einer pyridinnucleotidunabhängigen ADH aus *Pseudomonas putida* ist ein Sensor für aliphatische Alkohole mit einer Kettenlänge von vorzugsweise C_6 bis C_{10} realisiert worden [VORBERG und SCHÖPP 1985]. Dabei wird NMP^+ als Elektronenakzeptor eingesetzt und der O_2-Verbrauch angezeigt.

Der fluorimetrische Nachweis des in der ADH-katalysierten Reaktion gebildeten NADH ist die Grundlage eines optoelektronischen Ethanolsensors [ARNOLD 1987]. Das Enzym befindet sich auf der Innenseite einer für flüchtige Substanzen durchlässigen Membran, die die Meßprobe von der inneren Sensorlösung abtrennt. Diese Lösung enthält neben NAD^+ auch Semicarbazid, so daß der Meßprobe keine Reagenzien zugesetzt werden müssen. Der Autor bezeichnet diese Anordnung als „internen optischen Enzymsensor".

Auch enzymfreie Halbleitersensoren für Ethanol existieren und sind für verschiedene Zwecke erfolgreich getestet worden [VORLOP et al. 1983].

3.1.7. Sensoren für Phenole und Amine

Phenole sind als Zwischenprodukte der Kohleverarbeitung bedeutsam; ihre Konzentration im Abwasser ist ein wichtiger Parameter. Weiterhin gehören verschiedene Pharmaka, z. B. die Hormone Adrenalin und Noradrenalin, zu dieser Substanzklasse.

Zur Bestimmung von Phenolen und Aminen werden neben den Enzymen mit einem breiten Substratspektrum, wie Peroxidase, Tyrosinase, Laccase, Polyphenoloxidase, auch relativ spezifische Enzyme, z. B. Phenolhydroxylase und Katechol-1,2-oxygenase, in Biosensoren verwendet.

Laccase (EC 1.10.3.2) aus *Polyporus versicolor* hat ein Molekulargewicht von 60 000. Sie besteht aus zwei identischen Untereinheiten, die je zwei Cu^{2+}-Ionen enthalten. Das Enzym katalysiert unter O_2-Verbrauch die Oxidation einer Reihe von Diphenolen und Diaminen, z. B. Hydrochinon, Noradrenalin und p-Phenylendiamin. WASA et al. (1984b) haben Laccase über Glutaraldehyd an Aminogruppen der Oberfläche einer Glaskohleelektrode fixiert. Die Elektrode wird auf –100 mV *vs.* SCE polarisiert, so daß die Produkte der enzymkatalysierten Reaktion, z. B. Benzochinon bei Einsatz von Hydrochinon, erfaßt werden. Die Ansprechzeit beträgt nur 5 s und die untere Nachweisgrenze etwa 0,2 μmol/l. Diese hohe Empfindlichkeit basiert auf einer zyklischen Verstärkung, d. h., durch die Elektrodenreaktion wird das ursprüngliche Substrat regeneriert (Abb. 60). Der Verstärkungsfaktor liegt bei 10 bis 20.

MALOVIK et al. (1983) beschreiben eine Laccaseelektrode zur Bestimmung des Ligningehalts in Holz. Dazu wird die Probe mit organischen Lösungsmitteln extrahiert; die Extrakte werden direkt in die Meßzelle injiziert.

Laccase katalysiert auch die O_2-abhängige Oxidation von Ascorbinsäure, Ferrocyanid, Iodid und Harnsäure. Diese Fähigkeit wird zur Eliminierung der elektrochemischen Interferenzen bei der amperometrischen H_2O_2-Anzeige in membranbedeckten Enzymelektroden genutzt [WOLLENBERGER et al. 1986].

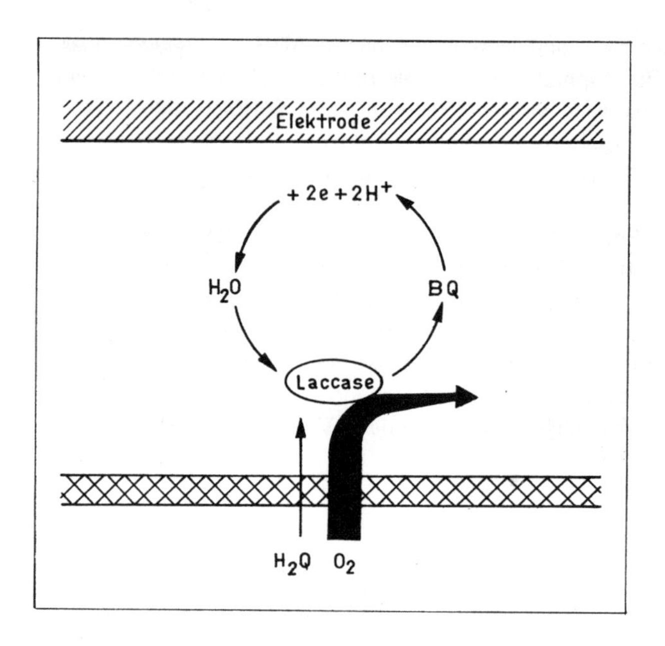

Abb. 60. Schema der Signalverstärkung durch elektrochemische Regenerierung des Laccasesubstrats Hydrochinon (H_2Q); BQ – Benzochinon

Mit einer „produktanzeigenden Elektrode" (bei –100 mV für die Hydrochinonumsetzung) ergibt sich die übliche lineare Konzentrationsabhängigkeit, die durch den Koordinatenursprung verläuft (Abb. 61). Der Anstieg, d. h. die Empfindlichkeit, ist etwa fünfmal größer als bei der elektrochemischen Substratanzeige (bei +100 mV) in Gegenwart des Inhibitors Azid. Offensichtlich wirkt hier der von WASA et al. (1984b) beschriebene Verstärkungsmechanismus, durch den das Substrat an der Elektrode regeneriert wird.

Da bei der Umsetzung von Ferrocyanid bzw. Hydrochinon sowohl Produkt als auch Substrat elektrochemisch aktiv sind, kann die „Kapazität" der Laccasemembran sehr gut charakterisiert werden (Abb. 62). Bei Polarisation der Indikatorelektrode auf +400 mV (Anzeige des Ferrocyanids) erhöht sich der Strom bei Substratzugabe in die Meßzelle nicht, weil das Ferrocyanid vollständig in der Enzymschicht umgesetzt wird. Mit einer neuen Enzymmembran beginnt der Strom erst oberhalb von 5 mmol/l anzusteigen, und nimmt dann linear mit der Ferrocyanidkonzentration zu. Mit dem Alter der Laccasemembran nimmt dieser „Schwellwert" ständig ab, bis die verbleibende Enzymmenge nicht mehr für eine vollständige Substratumsetzung ausreicht.

Aus phenolinduzierter Hefe *Trichosporon cutaneum* werden die flavinhaltige *Phenol-2-hydroxylase* (EC 1.14.13.7) und die o-phenolspaltende *Katechol-1,2-*

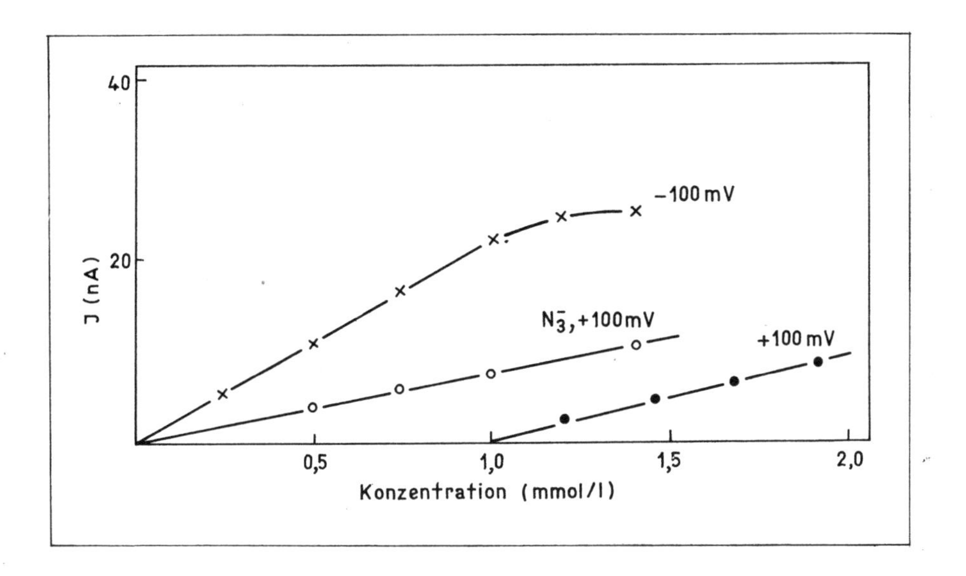

Abb. 61. Konzentrationsabhängigkeit des Stroms für Hydrochinon (H_2Q) an der Laccaseelektrode (Bei +100 mV wird das nichtumgesetzte H_2Q direkt anodisch oxidiert, bei -100 mV wird nur das Produkt der enzymatischen Reaktion angezeigt.)

oxygenase (EC 1.13.1.1) präpariert. Beide Enzyme leiten den Abbau von Phenolen in Mikroorganismen ein [NEUJAHR 1982]:

$$\text{Phenol (OH)} + H^+ + O_2 + NADPH \longrightarrow \text{Brenzcatechin (OH, OH)} + H_2O_2 + NADP^+$$

$$\text{Brenzcatechin (OH, OH)} + O_2 \longrightarrow \text{Muconat} (CO_2^-, CO_2^-) + 2H^+$$

Die Phenol-2-hydroxylase katalysiert als Nebenaktivität die Oxidation von NADPH unter Bildung von H_2O_2. Mit geringerer Geschwindigkeit als Phenol werden auch verschiedene monosubstituierte Phenole oxidiert. Deshalb ist die Empfindlichkeit des Sensors, bei dem das Enzym auf einer O_2-Elektrode fixiert wird, für unsubstituierte und substituierte Phenole unterschiedlich. In Mischungen spiegelt der O_2-Verbrauch demzufolge nicht die Totalkonzentration der Phenole wider [KJELLÉN und NEUJAHR 1980].

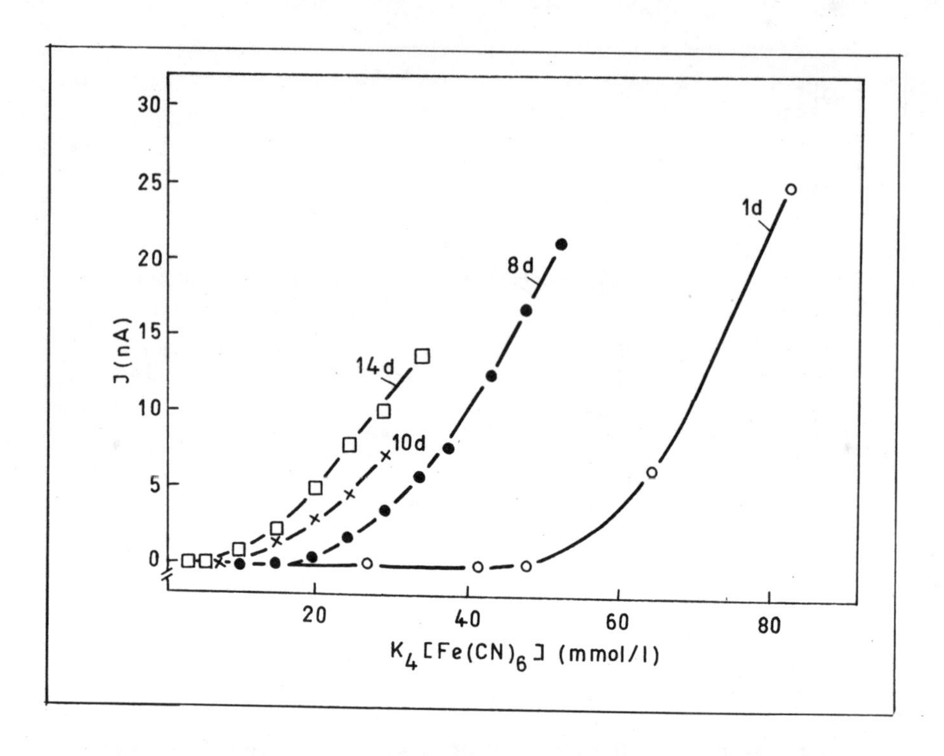

Abb. 62. Einfluß des Alters der Laccasemembran auf ihre Kapazität zur vollständigen Oxidation von Ferrocyanid

Spezifische Katecholbestimmungen sind in der Photo-, Farbstoff- und pharmazeutischen Industrie erforderlich. Immobilisierte Katechol-1,2-oxygenase wird deshalb mit einer O_2-Elektrode kombiniert und der Sensor zur Bestimmung von Katechol eingesetzt. Dabei werden nur 3- und 4-Methylkatechol mit geringerer Empfindlichkeit neben Brenzkatechin miterfaßt, während Phenol, Resorcin, Kresol, Vanillin und Dihydroxyphenylalanin (DOPA) nicht interferieren [NEUJAHR 1980].

Die Bestimmung von Phenol ist ebenfalls mit dem kupferhaltigen Enzym *Tyrosinase* (EC 1.14.18.1) möglich. Unter O_2-Verbrauch werden Phenole und Katechine zu polymeren Produkten oxidiert. MACHOLÁN (1979) hat Tyrosinase im Gemisch mit RSA an ein Nylonnetz vor einer CLARK-Elektrode immobilisiert. Dieser Sensor wird zur Aktivitätsbestimmung von β-Glucosidase und alkalischer Phosphatase benutzt, indem die Geschwindigkeit der Bildung von Phenol aus den Phenolderivaten angezeigt wird. Das übliche Substrat der alkalischen Phosphatase kann dazu nicht verwendet werden, da 2- oder 4-Nitrophenol durch Tyrosinase nicht umgesetzt wird. Dagegen hat die Elektrode für

4-Chlorphenol und Xylol eine ähnliche Empfindlichkeit wie für Phenol. Auch Hydrochinon und Pyrogallol ergeben etwa die Hälfte des Signals für unsubstituiertes Phenol. Durch die Unspezifität sowie die unterschiedliche Empfindlichkeit für verschiedene Substanzen ist die Anwendung dieser Enzymelektrode für die Substratbestimmung sehr eingeschränkt. Dagegen ist der Sensor für die Aktivitätsmessung von Enzymen geeignet, da hierbei nur *ein* bestimmtes Produkt entsteht.

Peroxidase (EC 1.11.1.7) katalysiert die H_2O_2-abhängige Oxidation von Phenolen und Aminen, wobei über radikalische Intermediate gefärbte, polymere Produkte entstehen. Diese Reaktion kann zur Anzeige von Phenol, Bilirubin sowie Aminophenazon benutzt werden [RENNEBERG et al. 1982]. Das H_2O_2 wird entweder in die Meßzelle gegeben oder direkt in der Enzymschicht erzeugt. Dazu wird Glucoseoxidase mit Peroxidase coimmobilisiert (s. 3.2.1.).

Die Bestimmung von Monoaminen dient u. a. zur Charakterisierung der Frische von Fleisch, da bei dessen Lagerung neben anderen Verbindungen auch Amine durch Abbau von Nucleotiden entstehen. *Monoaminoxidase* (EC 1.4.3.4) katalysiert folgende Reaktion:

$$RCH_2NH_2 + O_2 + H_2O \xrightarrow{\text{Monoaminoxidase}} RCHO + H_2O_2 + NH_3.$$

Das Enzym wird an Kollagen-Fibrillen mit Glutaraldehyd vernetzt und vor eine O_2-Elektrode gebracht. Der Sensor hat die höchste Empfindlichkeit für Hexylamin und andere aliphatische Monoamine; Tyramin und Histamin werden mit etwa 30 % dieser Empfindlichkeit erfaßt [KARUBE et al. 1980b].

Eine Enzymelektrode zur Bestimmung biogener Amine auf der Grundlage von immobilisierter *Diaminoxidase* und einer O_2-Elektrode haben TOUL und MACHOLÁN (1975) hergestellt. Neben Polyaminen erfaßt der Sensor auch Putrescin, Cadaverin sowie Histamin. Dagegen hat eine Enzymelektrode mit *Polyaminoxidase* aus Pflanzen (EC 1.5.3.3) hohe Spezifität für Spermidin und Spermin [MACHOLÁN und JILKOVA 1983]. *Ceruloplasmin* (EC 1.16.3.1), ein kupferhaltiges Glykoprotein, wird in einer Enzymelektrode für aromatische Amine und Phenol verwendet. Der Sensor hat für orthosubstituierte Derivate eine höhere Empfindlichkeit als für die entsprechenden para-Verbindungen und reagiert praktisch nicht mit m-Diphenolen oder m-Diaminen [MACHOLÁN und JILEK 1984].

Aromatische Amine sind Aktivatoren der Peroxidase. Für die indirekte Anzeige von Aminen wird POD gemeinsam mit GOD an einer Kohleelektrode adsorbiert und anschließend mit Glutaraldehyd vernetzt [KULYS und VIDŽIUNAITE 1983]. Die GOD erzeugt in Gegenwart von Glucose H_2O_2, das als Cosubstrat für die POD-katalysierte Oxidation von Ferrocyanid dient. Bei einem Potential von +10 mV *vs.* SCE wird das gebildete Ferricyanid wieder zu Ferrocyanid reduziert. Der Strom wird dabei durch die Geschwindigkeit der POD-katalysierten Reaktion limitiert. Die Zugabe von aromatischen Aminen erhöht die Reaktionsgeschwindigkeit, so daß der stationäre Strom ansteigt. Dabei entsteht eine lineare Abhängigkeit des Stromzuwachses von der Aktivatorkonzentration im Bereich von 0,1 bis 10 μmol/l für die verschiedenen Amine. Die maximale Stromerhöhung unter dem Einfluß der Aktivatoren liegt bei 600 %. Da mit gelöster POD erheblich größere Effekte erreicht werden, ist der Diffusionseinfluß bei der Enzymelektrode offensichtlich recht erheblich.

3.1.8. Cholesterolsensoren

Die Bestimmung von Cholesterol ist eine der am häufigsten ausgeführten Analysen zur Diagnose von Lipidstoffwechselstörungen. Im Blutplasma ist Cholesterol aufgrund seiner geringen Wasserlöslichkeit an Lipoproteine gebunden, und zwar als Fettsäureester (etwa 70 %) oder in freier Form (etwa 30 %). Als Normalbereich der Serumcholesterolkonzentration werden für Erwachsene Werte zwischen 3,1 und 6,7 mmol/l empfohlen [STRASSNER 1980]. Aber nicht nur im medizinischen Bereich sind Cholesterolbestimmungen wichtig, sondern auch in der mikrobiologischen und pharmazeutischen Industrie, z. B. zur Fermentationskontrolle.

Zur Bestimmung werden die im Serum vorhandenen Cholesterolester durch *Cholesterolesterase* (CEH, EC 3.1.1.13) in freies Cholesterol und Fettsäuren gespalten. In der anschließenden, durch *Cholesteroloxidase* (COD, EC 1.1.3.6) katalysierten Reaktion wird freies Cholesterol unter Sauerstoffverbrauch zu Cholestenon und Wasserstoffperoxid oxidiert:

$$\text{Cholesterol} + O_2 \xrightarrow{COD} \text{4-Cholesten-3-on} + H_2O_2$$

Für diesen Prozeß ist die stereospezifische Oxidation der 3β-Hydroxylgruppe geschwindigkeitsbestimmend, da die anschließende Isomerisierung der Δ5-Bindung schnell erfolgt. Das Reaktionsprodukt Cholestenon wirkt als kompetitiver Inhibitor (K_i = 0,13 mmol/l).

In der Literatur sind verschiedene COD-Bildner beschrieben [SMITH und BROOKS 1976]. Während sich die extrazelluläre COD als ein FAD-Enzym erwiesen hat, ist in dem intrazellulären Enzym, z. B. aus *Nocardia* sp., keine prosthetische Gruppe gefunden worden [SMITH und BROOKS 1976]. Das Molekulargewicht beträgt 35 000 [CHEETHAM et al. 1982]. Das Enzym hat ein breites pH-Optimum mit höchster Aktivität in 0,5 mol/l Natriumphosphatpuffer von pH 7,0 [NOMA und NAKAYAMA 1976]. Cholesterol wird in der COD-Reaktion nach einem Ping-Pong-Mechanismus mit K_M = 0,02 mmol/l umgesetzt [RICHMOND 1973]. Die Aktivierungsenergie dieser Reaktion beträgt 30,7 kJ/mol [WOLLENBERGER 1984]. Obwohl nur die 3β-Hydroxylgruppe des Steroids oxidiert wird, können Substituenten an anderen Positionen die Reaktionskinetik beeinflussen [WORTBERG 1975, BROOKS und SMITH 1975, RICHMOND 1973]. Aufgrund der geringen Wasserlöslichkeit des Substrats ist der Zusatz von Detergenzien notwendig. Optimal ist eine Konzentration von 0,15 Volumenprozenten Triton X-100.

Für analytische Zwecke ist Cholesteroloxidase an verschiedene Träger gebunden worden (Tab. 6). Die Tabelle weist ferner aus, daß neben der elektrochemischen Anzeige der Coreaktanden auch optische und kalorimetrische Methoden eingesetzt worden sind. Die Kombination eines thermistorgekoppelten Durchflußsystems mit immobilisierter COD ermöglicht die Messung von 0,03 bis 0,15 mmol/l freiem Cholesterol [MATTIASSON et al. 1976]. ÖGREN et al. (1980) beschreiben einen Reaktor mit immobilisierter COD zum Nachweis von Steroidfraktionen nach Hochdruckflüssigkeitschromatographie. Als Meßsignal dient die UV-Absorption des enzymatisch gebildeten Cholestenons bei 240 nm. Linearität wird von 10 bis 80 μmol/l erreicht.

Für die Anwendung in *Enzymelektroden* wird mit einer Ausnahme [SATOH et al. 1977] COD an Oberflächen immobilisiert (Tab. 7). CLARK (1977) hat die *polarographische* Analyse von Cholesterol (frei und verestert) durch COD und CEH in freier und immobilisierter Form mit anodischer H_2O_2-Anzeige patentiert. Durch die Bindung der COD mit Glutaraldehyd an Kollagenmembranen und den direkten räumlichen Kontakt mit einer Pt-Anode kann die Cholesterolkonzentration in Serum- und Lebensmittelproben bestimmt werden [CLARK et al. 1978]. Auch BERTRAND et al. (1979) beschreiben eine Cholesterolelektrode, bestehend aus COD, die an Kollagen gebunden ist, und einer H_2O_2-sensitiven Elektrode. Hier bildet die Enzymmembran die Grenzschicht zur äußeren Meßlösung. Um Interferenzen auszuschalten, wird eine Differenzmessung zwischen einer Enzymmembranelektrode und einer enzymfreien Membranelektrode vorgenommen. Für diesen Sensor wird eine untere Grenze der Empfindlichkeit von 0,05 mmol/l angegeben. Messungen in Serumproben haben sich zwar als möglich erwiesen, die Reproduzierbarkeit von 19,2 % (1,46 ± 0,28 mmol/l) muß aber als unbefriedigend betrachtet werden.

Die kovalente Bindung von COD an *sphärische* Träger, wie Spheron, hat zu einem Sensor für freies Cholesterol geführt [WOLLENBERGER et al. 1983], der mit einer Ansprechzeit von 30 Sekunden im kinetischen Meßregime die

Tabelle 6
Einsatzformen immobilisierter Cholesteroloxidase

Trägermaterial	Produktdetektion	Literatur
Kollagen	Elektrode	SATOH et al. (1977)
	Elektrode	CLARK (1977)[1], CLARK et al. (1978)
	Elektrode	BERTRAND et al. (1979)
	Reaktorelektrode	COULET und BLUM (1983)
Alkylaminglas	Thermistor	MATTIASSON et al. (1976)
	Reaktorelektrode	HUANG et al. (1977)[1]
	Spektrophotometer	TABATA et al. (1981)[1]
Corningglas	Spektrophotometer	ÖGREN et al. (1980)
Quarzröhren	Lumometer	RIGIN (1978)
Sepharose 4B	Spektrophotometer	MINDNER et al. (1978)
Zellulose	Lumometer	KOBAYASHI et al. (1981)
Sepharose L-4B	Reaktorelektrode	KARUBE et al. (1982b)[1]
Nylon	Elektrode	MASCINI et al. (1983)
Glutaraldehyd	Elektrode	NAKAMURA et al. (1980)
Spheron[2]	Elektrode	WOLLENBERGER et al. (1983)[1]
Polyamid-6	Elektrode	WOLLENBERGER (1984)

1 Coimmobilisierung von COD und CEH
2 2-Hydroxyethylmethacrylatgel

schnelle und gut reproduzierbare Bestimmung zwischen 0,4 und 12 mmol/l Cholesterol erlaubt (Abb. 63).

Durch diese Immobilisierung erhöht sich der K_M-Wert der COD um eine Größenordnung auf 0,17 mmol/l. Daraus resultiert eine Erweiterung des linearen Meßbereichs. Experimentelle Befunde zur Rühr- und Temperaturabhängigkeit, der Enzymbeladungstest, der lineare LINEWEAVER-BURK-Plot sowie die Fixierung der COD auf der Oberfläche weisen auf die *kinetische* Kontrolle des Gesamtelektrodenprozesses hin.

Cholesterolelektroden, die auf der Registrierung des O_2-Reduktionsstromes beruhen, sind ebenfalls beschrieben worden. Hier wird COD in Kollagenmembranen immobilisiert, mit Rinderserumalbumin behandelt und mit Glutaraldehyd vernetzt [SATOH et al. 1977] oder an Nylonnetzen fixiert [MASCINI et al. 1983] und vor die O_2-Elektrode gebracht. Durch SATOH et al. (1977) sind jedoch nur Serumproben und keine Vergleichslösungen bestimmt worden.

Immobilisierte COD dient auch zur Messung von Sitosterol (Abb. 63). Weiterhin ist es gelungen, durch die Verringerung des Cholesterolsignals nach Zusatz von Cholestenon eine COD-Elektrode für diesen kompetitiven Hemmstoff zu entwickeln (Abb. 64) [WOLLENBERGER 1984].

Tabelle 7
Biospezifische Elektroden für Cholesterol

COD-Immobilisierung	angezeigte Substanz	Meßbereich (mmol/l)	Ansprechzeit (min)	Meßzeit (min)	Variationskoeffizient (%)	Arbeitsstabilität	Literatur
Kollagen	O_2	0–0,2	etwa 5				SATOH et al. (1977)
Kollagen	H_2O_2	0,78–7,8	6–8		1,3		CLARK et al. (1978)
Kollagen	H_2O_2	0,02–20	3–5; 0,75[1]		(19,2)	mehrere Monate, 150 Mess.	BERTRAND et al. (1979)
Polyamid-6	H_2O_2	0,26–5,2		7 3[1]	5 6[1]	8 Tage, 120 Mess.	WOLLENBERGER (1984)
Spheron[2]	H_2O_2	0,4–12	2; 0,5[1]	4	2,7 4,5[1]	10 Tage, 120 Mess.	WOLLENBERGER et al. (1983)
Nylon	O_2	0,01–0,13		4	6	20 Tage	MASCINI et al. (1983)

1 kinetische Methode
2 2-Hydroxyethylmethacrylatgel

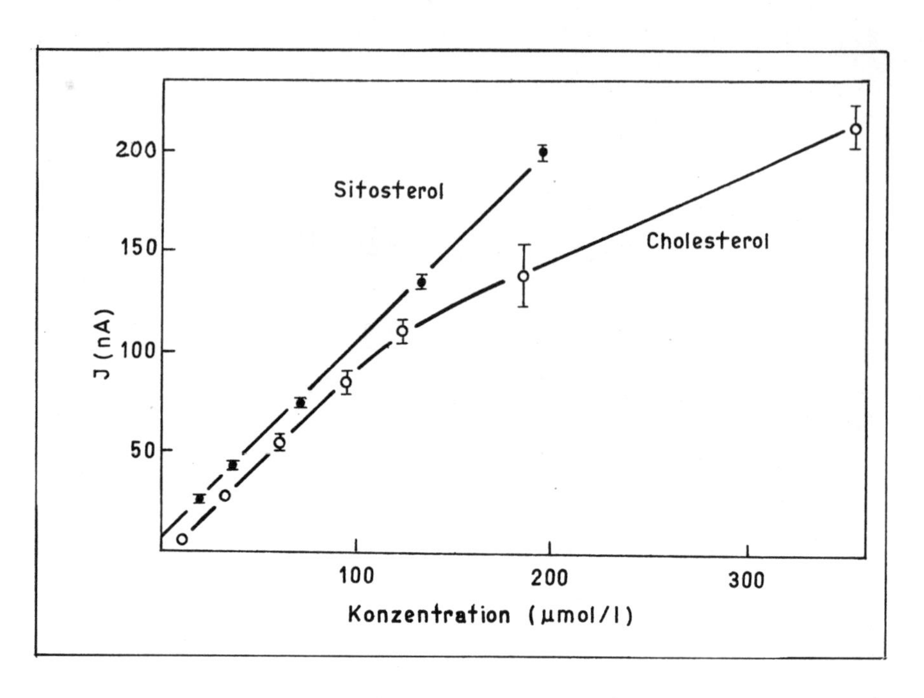

Abb. 63. Vergleich der Konzentrationsabhängigkeit des H_2O_2-Oxidationsstroms des Cholesteroloxidasesensors für Cholesterol und Sitosterol

3.1.9. Bestimmung von Gallensäuren

Gallensäuren sind Abbauprodukte des Cholesterols und stehen strukturell in enger Beziehung zu verschiedenen Steroidhormonen. *β-Hydroxysteroiddehydrogenase* (EC 1.1.1.51) katalysiert die NAD^+-abhängige Oxidation von 3β-, 17β- sowie einzelnen 16β-Hydroxysteroiden zu den entsprechenden Ketosteroiden. Dieses Enzym wird an einer mit NMP^+TCNQ^- modifizierten Elektrode durch Adsorption immobilisiert und das entstehende NADH anodisch oxidiert [ALBERY et al. 1987a]. 7α-Hydroxysteroide sind von CAMPANELLA et al. (1984) mit einer Enzymsequenz, bestehend aus der NAD^+-abhängigen Steroiddehydrogenase und POD, über den O_2-Verbrauch bestimmt worden.

3.1.10. Bestimmung von Glykolat

Bei der Photosynthese tritt Glykolsäure als Intermediat auf. Algen und Cyanobakterien geben bei der Fermentation Glykolat in das Medium ab.

Zur Bestimmung von Glykolat wird *Glykolatoxidase* (EC 1.1.3.1) vor einer mit 1,1'-Dimethylferrocen modifizierten Kohleelektrode mit einer Dialysemem-

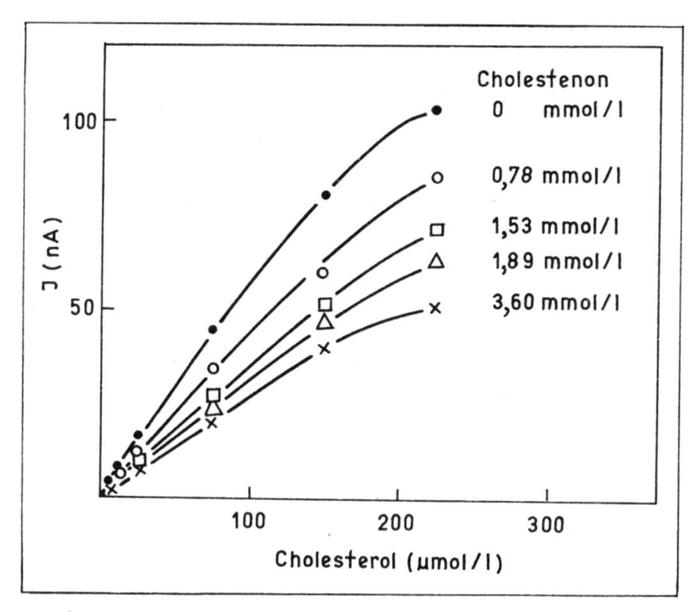

Abb. 64. Einfluß des Cholesteroloxidase-Inhibitors Cholestenon auf die Meßsignale für Cholesterol

bran eingeschlossen und der Oxidationsstrom ausgewertet [DICKS et al. 1986]. Das Meßsignal hängt linear bis etwa 5 mmol/l von der Konzentration ab, wobei die Ansprechzeit zwei Minuten beträgt.

3.1.11. Bestimmung von Harnsäure

Harnsäure ist ein Produkt des Purinstoffwechsels. Deshalb weisen erhöhte Konzentrationen im Serum auf Stoffwechselstörungen oder eine verminderte Harnsäureausscheidung hin. Der Normalwert im Serum liegt zwischen 200 und 420 μmol/l. Hyperurikämie kommt bei 15 bis 20 % der männlichen und 3 bis 4 % der weiblichen Bevölkerung vor.

Das kupferhaltige Enzym *Uratoxidase* (EC 1.7.3.3), auch als *Uricase* bezeichnet, katalysiert die Oxidation von Harnsäure zu Allantoin und CO_2, wobei H_2O_2 gebildet wird:

$$\text{(Harnsäure)} + O_2 + H_2O \xrightarrow{\textit{Uricase}} \text{(Allantoin)} + CO_2 + H_2O_2$$

Das Molekulargewicht des Enzyms beträgt etwa 100 000. Der K_M-Wert für Harnsäure und das pH-Optimum schwanken in Abhängigkeit von der Quelle des Enzyms.

Entsprechend der Reaktionsgleichung können amperometrische O_2- bzw. H_2O_2-anzeigende Elektroden oder potentiometrische CO_2-Sensoren für die Registrierung der Harnsäureumsetzung genutzt werden. Die potentiometrischen Elektroden werden nur selten benutzt [KAWASHIMA und RECHNITZ 1976, KAWASHIMA et al. 1980], da ihre Ansprechzeiten unvertretbar lang sind.

Bereits in der ersten Publikation über eine Harnsäureelektrode [NANJO und GUILBAULT 1974a] ist die Vernetzung von Uricase mit Glutaraldehyd gemeinsam mit Rinderserumalbumin beschrieben. KULYS et al. (1985) bringen dieses Gemisch direkt auf eine Dialysemembran. Der Einschluß des Enzyms in Gelatine und die „Härtung" der Proteinschicht mit einem Cr^{3+}-Salz ist von JÄNCHEN et al. (1983) durchgeführt worden. TSUCHIDA und YODA (1982) fixieren Uricase mit Chitosan in den Poren einer H_2O_2-selektiven Membran. Sie verwenden dazu die gleiche asymmetrische Grundmembran als Matrix wie bei der Präparation der Enzymmembran für die Glucose- bzw. Creatininbestimmung. Ebenfalls in einer asymmetrischen Membran wird die Uricase für die Harnsäureelektrode des Gerätes „UA 300A" der Firma Fuji Electric immobilisiert [YOSHINO und OSAWA 1980]. Die Art der Bindung des Enzyms wird nicht angegeben, wahrscheinlich handelt es sich aber auch um eine Anheftung über Glutaraldehyd.

Zur Ausschaltung elektrochemischer Interferenzen, die bei der niedrigen physiologischen Harnsäurekonzentration besonders störend wirken, haben KULYS et al. (1983) POD als Zweitenzym mit Uricase gekoppelt. Wie bei der entsprechenden Glucoseelektrode kann dann bei einem Potential von 0 V *vs.* SCE gearbeitet werden. Allerdings ist die Autoxidation des als POD-Substrat eingesetzten Ferrocyanids ein erheblicher Nachteil dieser Methode. Die Parameter der Enzymelektroden für Harnsäure sind in Tabelle 8 zusammengestellt.

3.1.12. Bestimmung von Ascorbinsäure (Vitamin C)

Ascorbinsäure wird unter Sauerstoffverbrauch zu Dehydroascorbinsäure oxidiert, gemäß:

$$\text{Ascorbinsäure (HOH}_2\text{C–CH(OH)–Lacton mit 2 OH)} + \tfrac{1}{2}O_2 \longrightarrow \text{Dehydroascorbinsäure (HOH}_2\text{C–CH(OH)–Lacton mit 2 =O)} + H_2O$$

Tabelle 8
Uricaseelektroden

angezeigte Substanz	Probe-volumen (μl)	Meßbereich (mmol/l)	Stabilität	Variations-koeffizient (%)	Korrelation mit optischen Methoden $y = ax + b$; r: a	b (mmol/l)	r	Literatur
O_2	500	0,5	100 Tage, 70 % Restaktivität	4	0,96 0,97	0,049 0,357	1,02 1,0	NANJO und GUIBAULT (1974a)
$[Fe(CN)_6]^{3-}$ (*via* POD)	10	0,035	40 Tage, 50 % Restaktivität					KULYS et al. (1983)
O_2	100	1,2	7 Tage	3,2–4,8				JÄNCHEN et al. (1983)
H_2O_2	100	1,2		1,8–2,0	0,943	0,0198	0,9948	
H_2O_2	20	0,6	500 Proben	0,5–2,7	1,10	$2{,}44 \cdot 10^{-3}$	0,974	YOSHINO und OSAWA (1980)
H_2O_2	25	3,0	17 Tage (1 000 Proben)	0,6–2,2	0,977	$3 \cdot 10^{-3}$	0,985	TSUCHIDA und YODA (1982)

Diese Reaktion wird durch *Ascorbatoxidase* (EC 1.10.3.3) katalysiert. Dieses Kupfer-Enzym besteht aus zwei identischen Untereinheiten mit einer Molmasse von je 72 000. Der K_M-Wert liegt bei 1,09 mmol/l für Ascorbinsäure und 0,59 mmol/l für O_2. Das pH-Optimum ist bei 6,0 gefunden worden.

Die Ascorbatoxidase wird durch Glutaraldehyd mit RSA [POSADAKA und MACHOLÁN 1979] oder rekonstituiertem Kollagen [MATSUMOTO et al. 1981] vernetzt. Die erhaltenen Enzymmembranen werden mit einer O_2-Elektrode gekoppelt und zur Messung von Ascorbinsäure in verschiedenen Nahrungsmitteln verwendet. Dabei treten als einzige interferierende Verbindungen L-iso-Ascorbinsäure und Trioseredukton auf.

Eine chemisch modifizierte Elektrode für Ascorbinsäure haben WASA et al. (1984a) entwickelt. Die Ascorbatoxidase wird gemeinsam mit RSA durch Glutaraldehyd an imprägnierte hochporöse Kohle gebunden. Die Ansprechzeit beträgt in stark gerührter Lösung nur drei Sekunden, und die Empfindlichkeit nach drei Monaten noch 80 % des Ausgangswertes.

Zur Lösung eines anderen analytischen Problems haben NAGY et al. (1982) ebenfalls immobilisierte Ascorbatoxidase eingesetzt: Bei der voltammetrischen Messung von Catecholaminen im Hirn mit Mikroelektroden überlagert sich der Oxidationsstrom von Ascorbinsäure, die eine zehn- bis hundertfach höhere Konzentration hat. Durch Aufbringen einer Schicht von Ascorbatoxidase vor der Kohleelektrode gelingt es, diese Störung zu eliminieren, da die Ascorbinsäure vollständig zu elektrochemisch inaktiver Dehydroascorbinsäure umgewandelt wird, während Catecholamine zur Elektrode gelangen. Die Autoren haben für dieses Prinzip den Begriff „Eliminatorelektrode" geprägt (s. auch 3.2.3.).

3.1.13. Bestimmung von D-Isocitrat

D-Isocitrat ist ein Zwischenprodukt des Citratzyklus. Es entsteht als Nebenprodukt bei der fermentativen Herstellung von Citronensäure. Die enzymatische Bestimmung von D-Isocitrat beruht auf der oxidativen Decarboxylierung zu α-Ketoglutarat in Gegenwart von *Isocitratdehydrogenase* (EC 1.1.1.42), wobei Oxalsuccinat als Zwischenprodukt entsteht:

$$\begin{array}{l} \mathrm{HO-\overset{H}{C}-COO^-} \\ \quad\ \ \mathrm{HC-COO^-} \\ \quad\ \ \mathrm{H_2C-COO^-} \end{array} \begin{array}{l} \\ + \ \mathrm{NADP^+} \\ + \ \mathrm{H^+} \end{array} \longrightarrow \begin{array}{l} \mathrm{O{=}C-COO^-} \\ \quad \mathrm{H_2C} \\ \quad \mathrm{H_2C-COO^-} \end{array} + \mathrm{NADPH} + \mathrm{H^+} + \mathrm{CO_2}$$

Diese Reaktion wird mit der elektrochemischen Anzeige des entstehenden NADPH an einer chemisch modifizierten Kohleelektrode gekoppelt und zur

Messung von D-Isocitrat eingesetzt [NAKAMURA et al. 1980]. SCHUBERT et al. (1985b) haben eine auf Isocitratdehydrogenase und Peroxidase basierende Sequenzelektrode entwickelt, an der das NADPH in der POD-katalysierten Reaktion unter O_2-Verbrauch oxidiert wird. Dabei dienen Mn^{2+}-Ionen (175 µmol/l) als Cokatalysator, während $MgCl_2$ als Aktivator der Dehydrogenase verwendet wird. Bei dieser Sequenzelektrode wird eine Meßzeit von sechs Minuten je Probe und eine untere Nachweisgrenze von 0,2 mmol/l erreicht.

3.1.14. Salicylatsensor

Acetylsalicylsäure ist das wichtigste antipyretisch sowie antiinflammatorisch wirkende Pharmakon. Im Körper wird es zu Salicylat hydrolysiert. In der Literatur werden zwei Enzymelektroden für Salicylat [FONONG und RECHNITZ 1984a, RAHNI et al. 1986b] auf der Grundlage von *Salicylathydroxylase* (EC 1.14.13.1) beschrieben

$$\text{Salicylat } (C_6H_4(COO^-)(OH)) + NADPH + H^+ + O_2 \longrightarrow C_6H_4(OH)_2 + NADP^+ + CO_2 + H_2O$$

Bei Anzeige des O_2-Verbrauchs kann die Bestimmung der Salicylatkonzentration direkt im Serum ohne Vorkonzentration erfolgen. Der lineare Meßbereich erstreckt sich von 0,01 bis 0,7 mmol/l. Aspirin oder Gentisat zeigt die Enzymelektrode mit einer etwa 20fach niedrigeren Empfindlichkeit an.

3.1.15. Bestimmung von Oxalat und Oxalacetat

Die Bestimmung von *Oxalat* im Urin ist für die Diagnostik bei Nierensteinerkrankungen sowie Hyperoxalurie erforderlich. Zur enzymatischen Oxalatbestimmung wird *Oxalatdecarboxylase* (EC 4.1.1.2) in Enzymthermistoren [DANIELSSON et al. 1981], Enzymreaktoren [LINDBERG 1983] oder potentiometrischen Enzymelektroden [KOBOS und RAMSEY 1980] eingesetzt. Gegenwärtig wird *Oxalatoxidase* (EC 1.2.3.4) bevorzugt, die folgende Reaktion katalysiert:

$$HOOC{-}COOH + O_2 \longrightarrow 2CO_2 + H_2O_2 .$$

Wie aus dieser Reaktionsgleichung abzuleiten ist, können als Transduktoren sowohl potentiometrische CO_2-Elektroden [YAO et al. 1975] als auch amperometrische O_2- oder H_2O_2-Sensoren eingesetzt werden. Für beide Varianten wird bei Verwendung von Oxalatoxidase, die durch einen Dialyseschlauch vor der

Elektrode eingeschlossen ist, das pH-Optimum bei 3,5–4 ermittelt [BRADLEY und RECHNITZ 1986, RAHNI et al. 1986a], wobei die Diffusionskontrolle bereits bei 1 U pro Elektrodenpräparation erreicht wird. Ascorbinsäure und verschiedene Aminosäuren beeinflussen die Oxalatmessung nicht. Der H_2O_2-anzeigende Sensor ist zur Bestimmung von Oxalat in 1 : 40 verdünntem Urin geeignet.

Zur Analyse von Oxalacetat wird partiell quaternärisiertes Polyethylenimin, das die Reaktion

$$HOOC{-}COCH_2CO_2^- + H^+ \longrightarrow HOOC{-}COCH_3 + CO_2$$

katalysiert, mit einer CO_2-Elektrode kombiniert [HO und RECHNITZ 1987]. Diese Elektrodenkonfiguration stellt die erste „Synzymelektrode" dar.

Enzymatische Sensoren für Oxalacetat basieren auf immobilisierter *Oxalacetatdecarboxylase* (EC 4.1.1.3) und dienen zum Nachweis der Aspartataminotransferase (s. 3.2.).

3.1.16. Analyse von Nitrit und Nitrat

Die Toxizität von Nitrit beruht auf zwei verschiedenen Reaktionen: Es oxidiert Oxyhämoglobin zu Methämoglobin, das dann die Fähigkeit zur O_2-Bindung verloren hat. Weiterhin bildet es kanzerogene N-Nitroso-Verbindungen durch die Reaktion mit sekundären oder tertiären Aminen. Dagegen ist Nitrat selbst ungiftig, es wird aber durch Mikroorganismen in Nitrit umgewandelt. Die enzymatische Bestimmung von Nitrit und Nitrat beruht auf folgenden Reaktionen, die durch *Nitratreduktase* (EC 1.9.6.1) und *Nitritreduktase* (EC 1.6.6.4) katalysiert werden:

$$2H_2O + 2MV^{2+} + S_2O_4^{2-} \longrightarrow 2HSO_3^{2-} + 2MV^+ + 2H^+,$$

$$2H^+ + NO_3^- + 2MV^+ \longrightarrow NO_2^- + 2MV^{2+} + H_2O,$$

$$8H^+ + NO_2^- + 6MV^+ \longrightarrow NH_4^+ + 6MV^{2+} + 2H_2O,$$

MV^{2+} – oxidiertes Methylviologen.

In diesen Reaktionen erfolgt die Reduktion des Nitrats über intermediäres Nitrit zu Ammoniak unter der Wirkung von reduziertem Methylviologen als Elektronendonator.

KIANG et al. (1978) haben Enzymsäulen mit den immobilisierten Reduktasen mit einer „air gap"-Elektrode zur Anzeige des gebildeten NH_3 gekoppelt. Dazu wird das Eluat des Reaktors mit NaOH versetzt, um das Gas aus der Meßprobe auszutreiben. Für eine direkte räumliche Kopplung ist beim pH-Optimum der Reduktase (7,4 – 7,8) die Empfindlichkeit der Ammoniakelektrode zu niedrig. Bei Verwendung von *zwei* Enzymsäulen, von denen die eine Nitritreduktase und die andere beide Reduktasen enthält, können Nitrat und Nitrit nebeneinander bestimmt werden.

3.1.17. Sulfitoxidasesensor

Sulfit wird in großem Umfang in der Zellstoffherstellung verwendet. Es ist weiterhin Reduktionsmittel in verschiedenen chemischen Reaktionen.

FONONG (1986a) hat *Sulfitoxidase* (EC 1.8.3.1) kovalent an eine Kollagenmembran fixiert, die sich vor einer H_2O_2-anzeigenden Pt-Elektrode befindet. Das in der enzymkatalysierten Reaktion gemäß

$$SO_3^{2-} + O_2 + H_2O \longrightarrow SO_4^{2-} + H_2O_2$$

entstehende H_2O_2 wird bei +700 mV angezeigt.

Der Sensor hat eine lineare Konzentrationsabhängigkeit zwischen 1 und 150 μmol/l Sulfit; die untere Nachweisgrenze liegt bei 0,2 μmol/l.

SMITH (1987) beschreibt die Verwendung von immobilisierter Sulfitoxidase in dem Analysator "Multipurpose Bioanalyzer" (Provesta, USA). 1,8 U des Enzyms werden in einem Gel vor der O_2-Elektrode des Gerätes eingeschlossen. Damit können bis zu 10 ppm Sulfit in Lebensmittelproben nachgewiesen werden. Die Arbeitsstabilität des Sensors wird mit 84 Tagen angegeben.

3.1.18. Bestimmung von Kohlenmonoxid

CO als Produkt unvollständiger Verbrennung ist ein starkes Gift, da es eine höhere Affinität zu Hämoglobin als Sauerstoff hat. Deshalb sind CO-Sensoren für die Verbrennungskontrolle, für Feuerwarnanlagen sowie zur Anzeige von gefährlichen Konzentrationen des Gases in privaten und Industrieanlagen, z. B. in Tunneln, Kohleschächten oder Tiefgaragen, bedeutsam. Die bisherigen Sensoren, die auf der direkten anodischen Oxidation des CO oder auf der Adsorption an beschichteten Piezoelektroden beruhen, sind relativ unspezifisch, da H_2S, N_2O und NO_2 interferieren.

Die Hemmung der *Cytochromoxidase* (EC 1.9.3.1), die über Cytochrom c elektrochemisch mit einer modifizierten Pt-Elektrode gekoppelt ist, wird als Prinzip für einen Inhibitorsensor von HILL et al. (1981) vorgeschlagen. ALBERY et al. (1987a) haben diesen Sensor vervollkommnet.

Auf der Basis des Enzyms Kohlenmonoxid-Oxidoreduktase haben TURNER et al. (1984) einen neuartigen CO-Sensor entwickelt. CO-Oxidoreduktase wird aus *Pseudomonas thermocarboxydovorans* isoliert. Das Molekulargewicht des Enzyms beträgt 270 000. Sein Temperaturoptimum liegt bei 80 °C. Es oxidiert CO zu CO_2 unter Reduktion verschiedener Elektronenakzeptoren, wie NMP^+ oder Sauerstoff. Der scheinbare K_M-Wert für CO liegt bei 0,5 μmol/l; Acetylen und Cyanid inhibieren das Enzym. Als redoxaktive Gruppen sind FAD, FeS und Mo enthalten.

In einer Biobrennstoffzelle, die das Enzym sowie NMP^+ als löslichen Mediator in der Anodenhalbzelle enthält, ist es möglich, CO im Konzentrationsbereich von 0,02 bis 0,2 µmol/l nachzuweisen. Zur Realisierung einer Sensorkonfiguration wird eine leitfähige Paste, die aus Graphitpulver, 1,1'-Dimethylferrocen und Paraffinöl besteht, in eine pfannenförmige Platinelektrode eingebracht. Die CO-Oxidoreduktase wird als Lösung auf die Oberfläche dieser Paste gegeben und mit einer Polycarbonatmembran abgedeckt (Abb. 65). Die Ag/AgCl-Referenzelektrode ist in den Sensorkörper integriert. Die Pasteelektrode wird auf +160 mV polarisiert und das Stromsignal zur CO-Messung ausgewertet. Dieser Sensor wird zur CO-Bestimmung in wäßrigen Lösungen benutzt. Die Ansprechzeit beträgt nur 15 Sekunden für den stationären Strom, der linear bis zu 60 µmol/l von der CO-Konzentration abhängt. Allerdings ist die Funktionsstabilität mit einem Empfindlichkeitsabfall von 12 %/h im kontinuierlichen Betrieb noch nicht befriedigend.

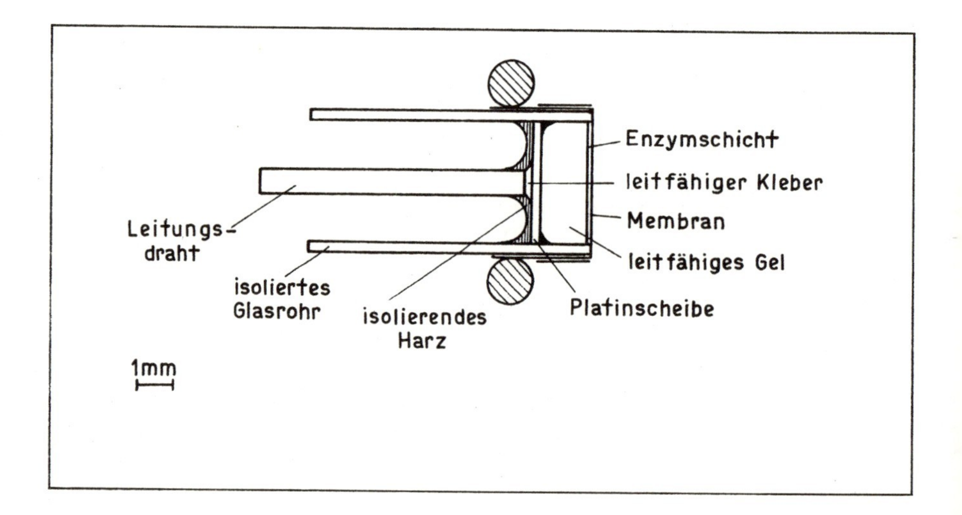

Abb. 65. Aufbau der Enzymelektrode für CO-Gas [nach TURNER et al. 1984]

Dieser Sensor ist prinzipiell auch für die CO-Messung in der Gasphase geeignet, da es möglich ist, das Enzym hinter der gaspermeablen Membran in einem feuchten Medium stabil zu halten. Er zeichnet sich gegenüber dem Reaktorsensor für Methan [KARUBE et al. 1982a] bzw. den mikrobiellen Sensoren für NH_3 oder NO_2 [HIKUMA et al. 1980b] durch wesentlich kürzere Ansprechzeiten sowie durch seine Kompaktheit aus. Deshalb stellt diese Enzymelektrode einen vielversprechenden Ansatz für neue Gassensoren dar.

3.1.19. Elektrochemischer Sensor zur Wasserstoffbestimmung

Die anodische und enzymatische Oxidation von Wasserstoff ist mit dem Ziel einer effektiven Energieumwandlung in Biobrennstoffzellen eingehend untersucht worden. Das FeS-clusterhaltige Enzym *Hydrogenase* (EC 1.98.1.1) oxidiert H_2 unter Reduktion des Mediators Methylviologen. In entlüfteter Lösung erfolgt die Reoxidation des Mediators und liefert einen konzentrationsabhängigen Oxidationsstrom. Dieses von VARFOLOMEYEV und BACHURIN (1984) entwickelte System ist von BOIVIN und BOURDILLON (1987) für analytische Zwecke adaptiert worden. Dabei wird die Hydrogenase kovalent an der Oberfläche einer Kohleelektrode fixiert.

3.1.20. Sensoren für Aminosäuren

Aminosäuren sind als Grundbausteine der Eiweiße vor allem in der Lebensmittelindustrie und Biotechnologie eine verbreitete Substanzklasse. Die Bestimmung ihrer Konzentration in Lebensmitteln, z. B. von Lysin in Reis, liefert Aussagen über deren biologischen Wert. Aber auch im klinischen Labor ist die Messung von Aminosäuren erforderlich, vor allem zur Bestimmung der Aktivität wichtiger Enzyme wie Transaminasen und Peptidasen.

In Sensoren für Aminosäuren werden zwei Enzyme mit einem weiten Substratspektrum benutzt: *L-Aminosäureoxidase* (EC 1.4.3.2) und *D-Aminosäureoxidase* (EC 1.4.3.3). Sie katalysieren die irreversible Bildung der jeweiligen α-Ketosäure:

$$R{-}\underset{\displaystyle NH_2}{\underset{|}{CH}}{-}\underset{\displaystyle OH}{\underset{|}{C}}{=}O + O_2 + H_2O \longrightarrow R{-}\underset{\displaystyle O}{\underset{\|}{C}}{-}\underset{\displaystyle OH}{\underset{|}{C}}{=}O + NH_3 + H_2O_2.$$

Die Umsetzung mittels einer Aminosäureoxidase erlaubt sowohl die Ankopplung eines amperometrischen Sensors für die H_2O_2- oder O_2-Anzeige [GUILBAULT und LUBRANO 1974] als auch einer potentiometrischen pH-, NH_3- bzw. NH_4^+-Indikatorelektrode [GUILBAULT und HRABANKÓVA 1971].

Mit der D-Aminosäureoxidase in Kombination mit einer NH_4^+-sensitiven Glaselektrode können folgende Substrate bestimmt werden: D-Alanin, D-Leucin, D-Norleucin, D-Isoleucin, D-Methionin und D-Phenylalanin. Dabei wird für alle Aminosäuren eine etwa übereinstimmende Konzentrationsabhängigkeit des Potentials erhalten. Enzymelektroden für Aminosäuren in der L-Form, wie L-Leucin, L-Cystein, L-Methionin, L-Tryptophan und L-Tyrosin [GUILBAULT und HRABANKÓVA 1971] sowie Histidin und Arginin [TRAN-MINH und BROUN 1975], enthalten die entsprechende L-Aminosäureoxidase. Bei der H_2O_2-anzeigenden L-Aminosäureoxidaseelektrode ist die Empfindlichkeit für Alanin und Glycin vernachlässigbar gering, während für Cystein durch die direkte anodische Oxidation ein höheres Signal als für die übrigen Aminosäuren erhalten wird. Offensichtlich findet in der Enzymmembran keine vollständige Substratumsetzung statt [GUILBAULT und LUBRANO 1974]. In einer späteren Arbeit [NANJO und GUILBAULT 1974b] ist mit der Messung des O_2-Verbrauchs eine erheblich höhere Empfindlichkeit als bei der H_2O_2-Anzeige mit der gleichen Elektrode festgestellt worden. Die Autoren erklären diesen Befund durch den Verbrauch von H_2O_2 in der nichtenzymatischen Oxidation der α-Ketosäure:

$$R-\underset{\underset{O}{\|}}{C}-\underset{\underset{OH}{|}}{C}=O + H_2O_2 \longrightarrow R-\underset{\underset{O}{\|}}{C}-OH + CO_2 + H_2O.$$

Neben diesen gruppenspezifischen Enzymen werden in jüngster Zeit spezifische Oxidasen für L-Lysin (EC 1.4.3.–) [ROMETTE et al. 1983] und L-Glutamat (EC 1.4.3.11) in Enzymelektroden eingesetzt. Mit einer hochspezifischen Glutamatoxidase aus *Streptomyces endus* haben WOLLENBERGER et al. (1987/88) einen Sensor entwickelt, der Glutamatbestimmungen im Bereich von 1 μmol/l bis 1 mmol/l bei einer Meßfrequenz von 40 Proben/h erlaubt. Die Glutamatelektrode auf der Grundlage des analogen Enzyms aus *Streptomyces* sp. [YAMAUCHI et al. 1983] hat dagegen für Glutamin etwa 3 % und für Aspartat etwa 1 % der Empfindlichkeit, bezogen auf Glutamat. Bei beiden Elektroden wirkt α-Ketoglutarat als kompetitiver Inhibitor der Glutamatoxidase.

Bereits 1975 gelang AHN et al. der Nachweis von L-Glutamat durch Kopplung einer CO_2-Elektrode mit *L-Glutamatdecarboxylase* (EC 4.1.1.15). *Glutamatdehydrogenase* (EC 1.4.1.3) kann sowohl zur Glutamatbestimmung als auch zur Messung oder quantitativen Entfernung von NH_3 verwendet werden (s. 3.2.3.).

Decarboxylasen für Phenylalanin, Tyrosin und Lysin sowie *Ammoniak-Lyasen* für L-Histidin, Glutamin und Asparagin zeigen ebenfalls eine hohe Spezifität für die jeweilige Aminosäure. Die Bestimmung von Histamin ist mit einer (enzymfreien) ionenselektiven Membranelektrode auf der Grundlage von p-Fluorphenylborat gelungen [KATSU et al. 1986].

Die Messung von Proteinkonzentrationen kann nach vollständiger Proteolyse, z. B. durch *Pepsin* (EC 3.4.23.1), mittels einer Enzymelektrode erfolgen. Unter Verwendung von *Tyrosinase* (EC 1.14.18.1) haben TOYOTA et al. (1985) gute Übereinstimmung mit der optischen Methode nach LOWRY erhalten.

Nur die Anwendung der spezifischen Oxidase hat reale Aussichten für eine praktische Nutzung. Ein wesentlicher Nachteil der L- oder D-Aminosäureoxidaseelektroden ist die unterschiedliche Empfindlichkeit für die verschiedenen Aminosäuren, so daß die Messung der Gesamtkonzentration nicht möglich ist.

3.1.21. Biosensoren für Harnstoff

Harnstoff ist das wichtigste Endprodukt des Eiweißabbaus im Körper. Im Normalfall ist der Harnstoffgehalt des Serums vom Eiweißkatabolismus und von der Eiweißzufuhr durch die Nahrung abhängig. Die Ausscheidung des Harnstoffs über die Niere gestattet Aussagen über deren Funktionsfähigkeit. Die Konzentration des Harnstoffs im Serum ist vor allem für die Notfalldiagnostik ein wichtiges Entscheidungskriterium. Harnstoff ist weiterhin ein Parameter, der Aussagen über die Effektivität extrakorporaler Detoxikationsverfahren ermöglicht.

Alle enzymatisch-chemischen Methoden zur Harnstoffbestimmung beruhen auf der Spaltung des Harnstoffs durch Urease. Anschließend erfolgt der Nachweis des gebildeten Ammoniak oder Kohlendioxid. Dabei hat sich die oxidative Kopplung von NH_3 mit Phenol zu Indophenol (BERTHELOT-Methode) weitgehend durchgesetzt. Daneben erfolgt auch der NH_3-Nachweis durch die enzymatische Glutamatsynthese aus Ammoniak und Ketoglutarat mit Glutamatdehydrogenase und der Anzeige des NADH-Verbrauchs im optischen Test.

Urease (EC 3.5.1.5) katalysiert die Spaltung von Harnstoff nach folgender Bruttogleichung:

$$(NH_2)_2CO + 3H_2O \rightleftharpoons 2NH_4^+ + OH^- + HCO_3^-.$$

Als Intermediat tritt Carbamat auf, das in einer nichtenzymatischen, nachgelagerten Reaktion zu Hydrogencarbonat und Ammoniumionen hydrolysiert.

Urease hat eine Molmasse von 590 000 ± 30 000 und besteht aus sechs identischen Untereinheiten. In jeder Untereinheit befinden sich zwei Ni-Ionen unterschiedlicher Wertigkeit, die an der Bindung und Umsetzung des Harnstoffmoleküls beteiligt sind. Der isoelektrische Punkt des Proteins liegt bei pH 5 und das Temperaturoptimum für die Harnstoffspaltung bei 60 °C. Andere Amide, z. B. Formamid und Semicarbazid, werden von Urease mit geringerer Geschwindigkeit als Harnstoff hydrolysiert, wofür $k_{+2} = 5\,870\ s^{-1}$ und $K_M = 2{,}9$ mmol/l bestimmt worden sind. Das pH-Optimum der Urease hängt von der Art des Puffers ab und stimmt mit Ausnahme von Acetatpuffer etwa mit dem pK_s-Wert des Puffers überein. Entscheidend für die Stabilität des Enzyms ist der Erhalt der SH-Gruppe des aktiven Zentrums. Deshalb werden Komplexbildner für Schwermetalle (z. B. EDTA) und Reduktionsmittel zur Stabilisierung eingesetzt.

Harnstoffelektroden dominieren bei der Entwicklung von potentiometrischen Biosensoren. So ist die erste potentiometrische Enzymelektrode 1969 von GUILBAULT und MONTALVO auf der Grundlage von immobilisierter Urease und einer kationensensitiven Glaselektrode beschrieben worden. Diese Entwicklung führte über den Einsatz von NH_4^+-sensitiven Elektroden oder pH-sensitiven Metallelektroden hin zu Enzym-FETs auf der Basis von NH_3-anzeigenden Pd/Ir-MOS-Kondensatoren oder pH-empfindlichen Si_3N_4-beschichteten FETs. Neben diesen elektrochemischen Sensoren sind auch optische Anzeigesysteme sowie Enzymteststreifen und Enzymreaktoranordnungen entwickelt worden. Auch höher integrierte biologische Systeme, wie Mikroorganismen, werden zur Harnstoffmessung eingesetzt. Damit wird der Harnstoffsensor in annähernd gleichem Umfang wie der Glucosesensor untersucht. Allerdings ist bisher noch keine vergleichbare Nutzung in der Praxis zu verzeichnen.

3.1.21.1. Reaktoranordnungen

Die Kombination eines Urease-Festbettreaktors mit einer Ammoniakelektrode wird seit 1976 in dem "BUN Analyzer" der Kimble Division von Owens-Illinois (USA) benutzt. Die Urease ist an Aluminiumoxidpartikel gebunden, wo die Enzymreaktion bei pH 7,5 abläuft. Um eine gute Empfindlichkeit der Indikatorelektrode für das gebildete Ammoniak zu erreichen, wird dem Produktstrom nach der Enzymsäule Natronlauge zugemischt, so daß ein pH-Wert von 11 erreicht wird [WATSON und KEYES 1976]. Fließinjektionssysteme, in denen Urease an poröses Glas über Glutaraldehyd gebunden ist und die Produktanzeige mit einer Ammoniak-Gaselektrode erfolgt, erlauben eine Meßfrequenz von 60 Proben/Stunde [GORTON und ÖGREN 1981]. Auch hier wird der pH-Wert nach der Enzymsäule erhöht. Dagegen ist durch Kombination eines Ureasereaktors mit dem ammoniaksensitiven Ir/Pd-MOS-Kondensator die Harnstoffbestimmung in einem einfachen f.i.a.-System ohne Laugezusatz möglich [WINQUIST et al. 1984]. Auch mit einem Enzymthermistor unter Verwendung von immobilisierter Urease kann Harnstoff direkt angezeigt werden [DANIELSSON et al. 1976]. Da die Reaktionsenthalpie bei der Harnstoffhydrolyse nur -6,6 kJ/mol beträgt, ist die untere Nachweisgrenze mit 0,01 mmol/l recht hoch; andererseits erstreckt sich der Meßbereich bis 200 mmol/l.

Neben diesen konventionellen Reaktoranordnungen mit sphärischen Immobilisaten ist Urease auch an der Innenwand von Nylonschläuchen oder Pipettenspitzen („Enzympipette") [SUNDARAM und JAYONNE 1979], an Nylonfasern („Enzymbürste") [RAGHAVAN et al. 1986] bzw. an der Oberfläche eines Magnetrührers [GUILBAULT und STARKLOV 1975] immobilisiert worden. Dabei erfolgt die Harnstoffspaltung jeweils beim pH-Optimum, während nach Entfernen des Immobilisats die NH_3-Bestimmung mit einer Elektrode oder photometrisch nach der BERTHELOT-Methode durchgeführt wird.

Ein als Differentialrefraktometer arbeitender integrierter optischer Sensor, auf dem sich eine Mikrodurchflußzelle von 0,2 ml Rauminhalt befindet, ist ebenfalls mit einem Ureasereaktor kombiniert worden (Abb. 66). Diese Methode zeigt sowohl Änderungen des Brechungsindex auf der Sensoroberfläche als auch der Schichtdicke von Adsorptionsschichten auf dem Gittergebiet an.

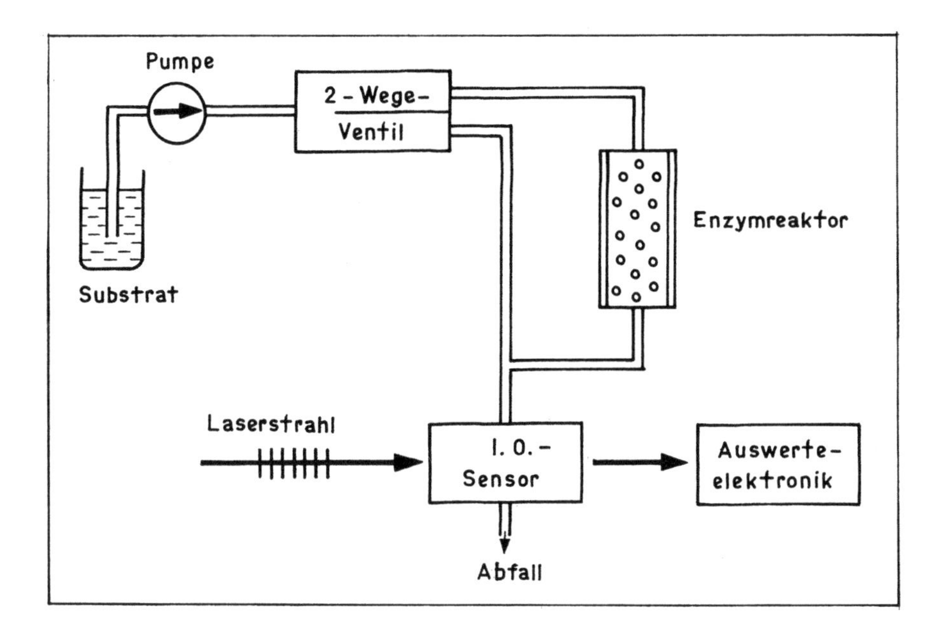

Abb. 66. Schematischer Aufbau des optischen Biosensors für Harnstoff (Die Nachweiselektronik besteht aus dem Fasersensor, einem Photomultiplier und einem "lock in"-Verstärker.)
[nach SEIFERT et al. 1986]

Bei dem integrierten optischen Sensor wird durch Kombination von Photolithographie und Ätztechnik eine planare SiO_2-TiO_2-Struktur als Lichtleiter mit einem Gitterrelief auf eine Pyrex-Unterlage aufgebracht. Die Funktionsfähigkeit für die Harnstoffanzeige und für Immunreaktionen ist damit demonstriert worden [SEIFERT et al. 1986].

3.1.21.2. Membransensoren

Im Vergleich zu den Reaktorelektroden erlaubt es der direkte räumliche Kontakt von Urease und Signaltransduktor bei den Membranelektroden nicht, den pH-Wert der Probe zur Anpassung an die Empfindlichkeitsoptima zu verschieben. Nur bei wenigen Harnstoffsensoren befindet sich die Urease in einer Membran, die separat vom Transduktor präpariert wird; meist wird die sensible Oberfläche des Transduktors mit einem Enzym-Träger-Gemisch beschichtet. Chemisch modifizierte Sensoren auf der Grundlage von Urease, in denen das Enzym kovalent an der Transduktoroberfläche fixiert ist, sind bisher in der Literatur nicht beschrieben. Allerdings wurde Urease auf der Oberfläche eines mit Quecksilber bedeckten Thermistors adsorbiert [SANTHANAM et al. 1977].

Bei Zugabe von Harnstoff entsteht ein thermisches Signal. Das bedeutet, daß die adsorbierte Urease enzymatische Aktivität behält.

1. *Potentiometrische Elektroden*

Unter den Harnstoffsensoren dominieren bisher die potentiometrischen Elektroden, obwohl auch vielversprechende Ansätze mit amperometrischer und konduktometrischer Anzeige beschrieben worden sind.

Die Selektivität der 1969 von GUILBAULT beschriebenen Harnstoffelektrode ist mit NH_4-sensitiven Elektroden auf der Basis von Nonactin wesentlich verbessert worden [GUILBAULT und NAGY 1973]. Das Antibiotikum befindet sich in einer Membran aus Silikongummi. Die bisher erfolgreichste Anordnung einer Harnstoffelektrode ist von TOKINAGA et al. (1984) im Auftrage der Firma Hitachi (Japan) für die Harnstoffmessung im Blut entwickelt worden: Zwei NH_4^+-sensitive Elektroden, die Nonactin in einer PVC-Membran enthalten, sind in einer f.i.a.-Apparatur in Differenzschaltung integriert. Eine der beiden Elektroden trägt eine Polyestermembran (0,025 mm), an die Urease fixiert ist. Die Lebensdauer der Enzymmembran wird mit zwei Monaten angegeben. Mit dieser Anordnung wird bei Probevolumina von 10 μl ein Durchsatz von 60 Proben/Stunde erzielt.

Neben NH_4^+-Ionen werden mit potentiometrischen Gassensoren auch die Reaktionsprodukte NH_3 oder CO_2 angezeigt. Da die Messung bei diesen Elektroden auf der Diffusion von NH_3 oder CO_2 durch eine hydrophobe Membran beruht (s. 2.2.4.), sind hier keine direkten Störungen durch Probenbestandteile zu verzeichnen. Bereits 1969 ist diese Kopplung einer CO_2-Elektrode mit immobilisierter Urease von GUILBAULT et al. beschrieben worden. Die analoge NH_3-Elektrode haben ANFÄLT et al. (1973) in einem Harnstoffsensor eingesetzt. Ein gravierender Nachteil dieser Elektroden ist die langsame Diffusion der Gase durch die Membran, so daß die Ansprechzeiten sehr lang sind. Da auch die „Auswaschzeit" bei diesen Elektroden mehrere Minuten beträgt, sind nur wenige Messungen pro Stunde möglich. Deshalb ist eine NH_3-Elektrode für die Harnstoffmessung entwickelt worden, deren Innenpuffer der Glaselektrode nach jeder Messung ausgetauscht wird [Doppelinjektionselektrode, GUILBAULT et al. 1985]. Diese Anordnung bewirkt eine deutliche Verkürzung der Spülzeit. Ein weiterer Nachteil der potentiometrischen Gassensoren liegt in der Differenz der pH-Optima für Elektrode und Enzym. So wird mit NH_3-Elektroden bei pH 8 gearbeitet, obwohl Urease ihr Aktivitätsoptimum um pH 7 hat.

Die Verringerung der Meßzeit auf zwei bis vier Minuten je Probe gelingt mittels Substitution der gassensitiven Membran in den NH_3-Elektroden durch einen Luftspalt, d. h. mit einer sogenannten „air gap"-Elektrode [GUILBAULT und TARP 1974].

Die durch die Harnstoffspaltung bewirkte pH-Erhöhung kann auch direkt mit pH-sensitiven Glaselektroden oder Metall- Metalloxid-Elektroden angezeigt werden. Im neutralen pH-Gebiet entsteht wegen der Dissoziationsgleichgewichte von NH_4^+ und HCO_3^- etwa 1 Mol OH^--Ionen je Mol Harnstoff. BLAEDEL et al. (1972) haben abgeleitet, daß für diffusionskontrollierte potentiometrische Enzymelektroden (d. h. bei vollständigem Substratumsatz in der Enzymmembran) die Produktkonzentration an der Elektrodenoberfläche linear von der Substratkonzentration abhängt (s. 2.4.3.). Nach der NERNSTschen Gleichung ergibt sich damit für das neutrale Gebiet ein Anstieg pro Konzentrationsdekade von 59 mV. Dagegen führt die Abweichung von der 1 : 1-Stöchiometrie zu veränderten Steilheiten im sauren und alkalischen Gebiet.

In Harnstoffelektroden, die durch direkte Beladung von pH-Glaselektroden mit Urease hergestellt werden, wird zur Immobilisierung der physikalische Einschluß des Enzyms durch eine Dialysemembran oder in Polyacrylamid [NILSSON et al. 1973] bzw. die Vernetzung von Urease in einem Gemisch mit RSA durch Glutaraldehyd [TRAN-MINH und BROUN 1975] benutzt. Die pH-sensitive Kugel der Glaselektrode wird in das Reaktionsgemisch eingetaucht, an der Luft getrocknet und danach mit Glycinpuffer zur Bindung des überschüssigen Glutaraldehyds gewaschen. Der auf diese Weise hergestellte Harnstoffsensor hat in der logarithmischen Auftragung einen linearen Meßbereich zwischen 0,05 und 5 mmol/l.

Auf der Basis von pH-Einstabelektroden EGA 502 N (Forschungsinstitut Meinsberg, DDR) und von Urease aus Sojabohnen (spezifische Aktivität 2 U/mg, VEB AWD Dresden) hat HAMANN (1987) eine potentiometrische Harnstoffelektrode entwickelt. Die Immobilisierung des Enzyms erfolgt durch Einschluß der an der aktiven Glasoberfläche haftenden Urease mittels Eintauchen in eine 21 bis 25 mg/ml Zellulosetriacetat enthaltende Methylenchloridlösung. Anschließend wird das Lösungsmittel an der Luft abgedampft und der Sensor vor dem Einsatz zur Harnstoffbestimmung in der Meßlösung konditioniert. Dabei wird eine Beladung von 3 U je Elektrodenbeschichtung erreicht. Mit einer Schichtdicke des Elektrodenüberzugs von 30 bis 50 μm sowie einem Diffusionskoeffizienten für Harnstoff von $3 \cdot 10^{-10}$ m^2/s ergibt sich der Enzymbeladungsfaktor f_E zu 0,002 bis 0,04. Dieser außerordentlich niedrige Wert belegt, daß die Ureaseelektrode nahezu vollständig durch die Geschwindigkeit der Enzymreaktion limitiert wird. Diese Feststellung wird auch durch die mittels pH-stat-Titration bestimmte scheinbare Aktivität von 2,4 U je Elektrode bestätigt, d. h., fast die gesamte eingesetzte Urease behält bei der Immobilisierung ihre enzymatische Aktivität und wird bei der Substratumsetzung wirksam. Weiterhin ist der aus der Initialgeschwindigkeit der Potentialänderung ermittelte scheinbare K_M-Wert von 2,5 mmol/l Harnstoff für die an der Elektrode immobilisierte Urease gegenüber dem Wert für das lösliche Enzym (2,4 mmol/l) nur wenig verändert. Dabei ist ein Verteilungskoeffizient von 1,3 für Harnstoff in der Auswertung berücksichtigt worden. Das pH-Optimum der Empfindlichkeit liegt bei 7,4 (Abb. 67). Trotz der niedrigen Enzymbeladung wird eine Funktions-

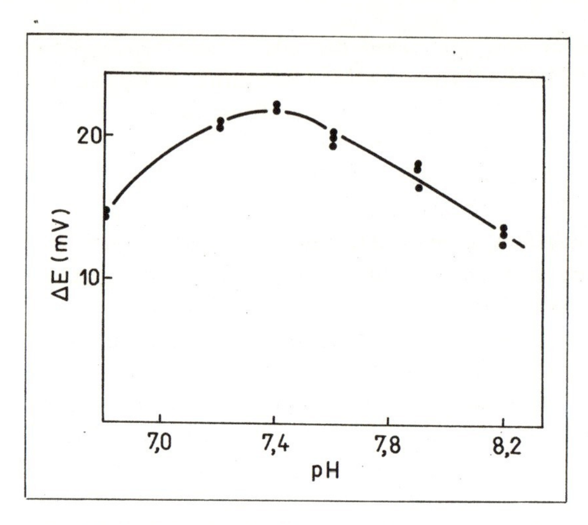

Abb. 67. Einfluß des pH-Wertes der Probelösung auf das Meßsignal der Ureaseelektrode nach 30 s bei Zugabe von 13,3 mmol/l Harnstoff [nach HAMANN 1987]

stabilität von 15 Tagen erreicht, wenn die Aufbewahrung zwischen den Messungen im Kühlschrank erfolgt. Diese Stabilität kann bei Lagerung in einer Stabilisierungslösung mit EDTA und Mercaptoethanol auf vier bis sechs Wochen gesteigert werden.

Die mechanisch instabile Glaselektrode ist in der Folgezeit in Harnstoffsensoren durch Antimon- [JOSEPH 1984], Iridium- [IANIELLO und YACYNYCH 1983] und miniaturisierte Palladiumelektroden [SZUMINSKY et al. 1984] ersetzt worden. Die Urease wird direkt auf der Elektrodenoberfläche in einem PVC-Film eingeschlossen oder mit Glutaraldehyd auf der Elektrode vernetzt. Die Inaktivierung der Urease durch die Schwermetalle wird durch Zusatz von EDTA zur Meßlösung verlangsamt.

Bei allen beschriebenen Harnstoffsensoren, die ohne Zusatz von Alkali zur Freisetzung des Ammoniaks arbeiten, können pH-Wert und Pufferkapazität der Probe den Meßwert beeinflussen. Die pH-Elektrode des Harnstoffsensors erfaßt auch die pH-Änderung in der Meßzelle, die bei unterschiedlichen pH-Werten von Meßprobe und Vorlage eintritt. Es liegt hier also ein analoges Problem wie bei den O_2-anzeigenden Glucoseelektroden vor. Tatsächlich wird auch das gleiche Prinzip zur Ausschaltung dieser Störung verwendet, d. h. die Differenzmessung zwischen einer mit Urease beschichteten und einer enzymfreien Elektrode. Bereits 1970 haben GUILBAULT und HRABANKÓVA die Differenz der stationären Werte zweier Glaselektroden zur Harnstoffbestimmung in Blut und Plasma benutzt. Sie haben damit gute Übereinstimmung mit der spektroskopischen Methode erreicht. Eine Weiterentwicklung stellt ein Differenzmeßgerät mit zwei hochohmigen Eingangsverstärkern dar [VADGAMA et al. 1982]. Hier wird das Differenzsignal beider pH-Elektroden direkt abgegriffen. Eine wesentliche Verkürzung der Meßzeit erzielen HAMANN et al. (1986), indem sie die Potentialdifferenz der beiden Glaselektroden bereits 30 Sekunden nach Zugabe der Meßprobe elektronisch auswerten.

Zwei Mikro-Antimonelektroden (Durchmesser 50 μm) sind von JOSEPH (1984) zu einem Differenzmeßsystem ohne Referenzelektrode kombiniert worden. Darin wird eine Mikroelektrode mit Urease beladen, indem diese direkt auf der Elektrodenoberfläche durch Glutaraldehyd mit RSA vernetzt wird. Diese Elektrode hat eine Ansprechzeit von nur einer Minute in ungerührter Lösung und bei Kühlschranklagerung eine Stabilität von drei Monaten. Die Steilheit beträgt 40 bis 45 mV je Dekade zwischen 0,1 und 10 mmol/l. Obwohl der Störeinfluß des Proben-pH-Wertes in dieser Anordnung eliminiert wird, liegen keine Aussagen zur Ausschaltung von Effekten der Pufferkapazität vor.

Die Differenzmessung mit zwei Antimonelektroden, die mit auswechselbaren Membranen bedeckt sind, ist von KULYS et al. (1986b) für die Harnstoffmessung untersucht worden (Abb. 68). Die Urease wird mit Glutaraldehyd in den Poren einer makroporösen Membran (Dicke 10 μm, Porendurchmesser 0,1 μm) fixiert und diese Schicht mit einer Monoacetylzellulosemembran abgedeckt. Die

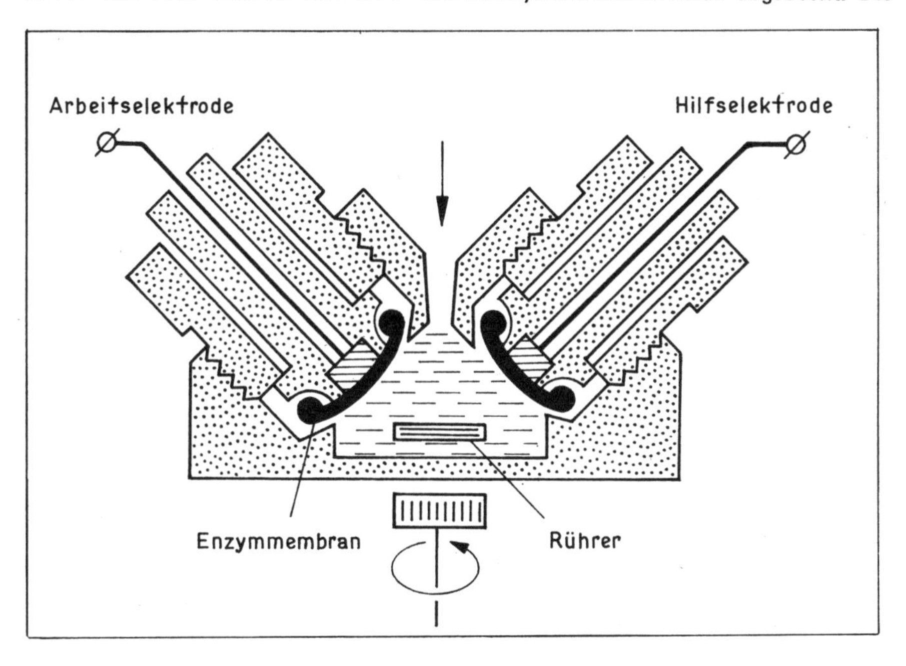

Abb. 68. Schema der Meßanordnung mit zwei Antimonelektroden zur Harnstoffbestimmung [nach KULYS et al. 1986b]

Membran für die Hilfselektrode wird analog hergestellt, aber anstelle von Urease die gleiche Menge RSA eingesetzt. Die Harnstoffmessung erfolgt mit einem Differenzverstärker, der gleichzeitig die Zeitabhängigkeit der Potentialdifferenz zwischen Enzym- und Hilfselektrode differenziert (kinetisches Meßprinzip). Die Ansprechzeit bis zum Erreichen des Maximalwertes beträgt nur 18 bis 24 Sekunden. Die Kalibrierungskurve verläuft *linear* zwischen 0,2 und 2 mmol/l Harnstoff. Nach 16 Tagen beträgt die Empfindlichkeit noch 50 % des Ausgangswertes. Trotz der Differenzmessung liefert diese Apparatur für Blutproben beim Methodenvergleich keine akzeptablen Ergebnisse.

Für kleine pH-Änderungen ($\Delta pH<0{,}1$) kann vorausgesetzt werden, daß die Pufferkapazität β der Meßlösung konstant bleibt. Dann resultiert folgende *lineare* Abhängigkeit des Meßsignals von der Substratkonzentration:

$$\Delta E = \text{const} \cdot \frac{1}{\beta} \cdot S.$$

Aus dieser Gleichung geht hervor, daß eine Erhöhung der Pufferkapazität in der Meßzelle eine progressive Erniedrigung des Anstiegs der Kalibrierungskurve bewirkt. Gleichzeitig wird der lineare Meßbereich zu höheren Harnstoffkonzentrationen verschoben. Auch der Ausgangs-pH-Wert des Puffers bestimmt die Empfindlichkeit des Sensors: Bei kinetisch limitierten Harnstoffsensoren wird das Optimum bei pH 7,3 gefunden, während eine pH-Erhöhung zu einer Erniedrigung der Steilheit der Kalibrierungskurve führt. Weiterhin ist zu beachten, daß das durch Harnstoffhydrolyse entstehende NH_3 und CO_2 ein Puffersystem mit einem pK_a von 8,83 bildet. Bei hohen Harnstoffkonzentrationen wird dieser „Selbstpuffer" wirksam, und deshalb wird bei niedrigem Start-pH die Kalibrierungskurve zu hohen Harnstoffkonzentrationen erweitert.

2. *Amperometrische Elektroden*

Die Vorteile amperometrischer Elektroden, z. B. die größere Empfindlichkeit und Genauigkeit sowie die kürzeren Meßzeiten als bei potentiometrischen Sensoren, haben verschiedene Arbeitsgruppen zur Anpassung dieses Meßprinzips für die Harnstoffmessung angeregt. Es gibt bisher vier verschiedene Ansätze:

- Urease und nitrifizierende Bakterien werden in einem „Hybridsensor" sequentiell gekoppelt, so daß das gebildete NH_4^+ unter O_2-Verbrauch von den Bakterien oxidiert wird [OKADA et. al. 1982, s. 3.3.2.].
- Die pH-Verschiebung in der Ureasemembran verändert die Permeabilität für ein aromatisches Amin, das amperometrisch oxidiert wird [ISHIKARA et al. 1985].
- Eine voltammetrische ionensensitive Elektrode für Ammoniumionen basiert auf der Anzeige des Transports dieser Ionen durch eine Grenzfläche zwischen zwei nichtmischbaren Flüssigkeiten, z. B. Öl mit einem Ionophor/Wasser. Dieser Grundsensor kann mit immobilisierter Urease zu einem Harnstoffsensor kombiniert werden [SENDA 1988].

– Die lineare Abhängigkeit des Oxidationsstroms für Hydrazin von der OH^--Konzentration (Abb. 69) wird zur Anzeige der ureasekatalysierten Harnstoffspaltung genutzt [KIRSTEIN et al. 1985a].

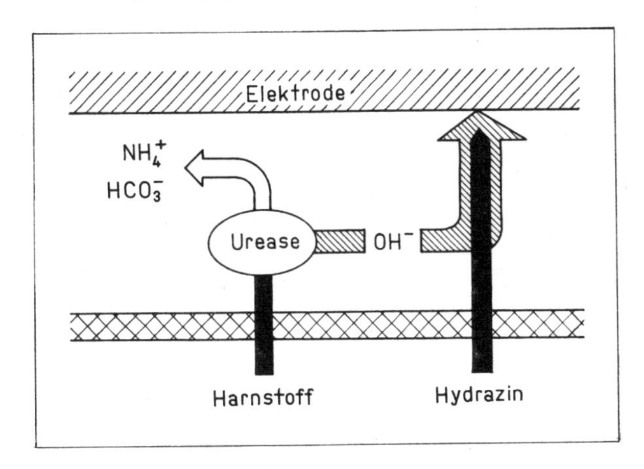

Abb. 69. Funktionsschema der amperometrischen Harnstoffelektrode auf der Basis der pH-Abhängigkeit der anodischen Oxidation von Hydrazin

Die letztgenannte Variante ist aus theoretischer und praktischer Sicht am weitesten entwickelt. Der Strom der anodischen Oxidation von Hydrazin bei +100 mV *vs.* SCE, d. h. im Tafelgebiet, hängt zwischen pH 5 und 9 linear von der OH^--Konzentration ab:

$$N_2H_4 + 4OH^- \longrightarrow N_2 + 4H_2O + 4e.$$

Abbildung 70 stellt diese lineare Beziehung dem logarithmischen Zusammenhang bei potentiometrischer Anzeige gegenüber. Die Empfindlichkeit ist vom Ausgangs-pH-Wert unabhängig. Dies ist ein wesentlicher Vorteil gegenüber den potentiometrischen Methoden, wo nur $dE/d\lg a_{OH^-}$ konstant ist. Dieser amperometrische OH^--Sensor wird mit Ureasemembranen gekoppelt. Das Enzym ist dabei entweder in PVA oder in Polyurethan eingeschlossen. Bei niedriger Enzymbeladung (4 U/cm^2) verläuft die pH-Aktivitätskurve des Sensors parallel zur pH-Charakteristik des Enzyms, d. h., im neutralen Gebiet ist die größte Empfindlichkeit gegeben. Für diese Ureasemembran ist der scheinbare K_M-Wert nahezu unverändert gegenüber dem des gelösten Enzyms. Erst oberhalb 17 U/cm^2 zeigt der Enzymbeladungstest die Diffusionskontrolle des amperometrischen Harnstoffsensors an (Abb. 71). Der scheinbare K_M-Wert von 32,6 mmol/l für diese Ureasemembran sowie die erhöhte Funktionsstabilität gegenüber den

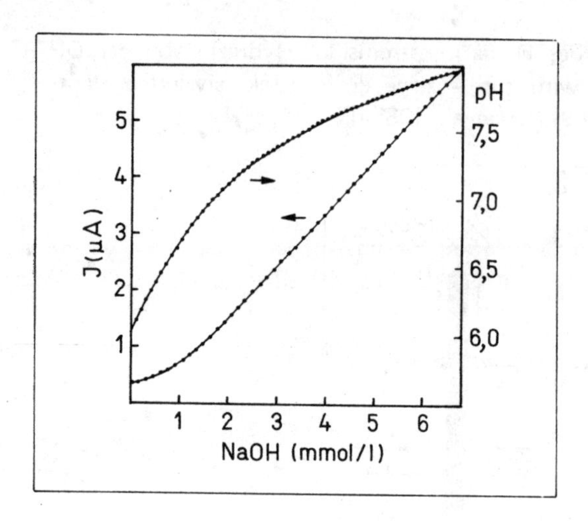

Abb. 70. Vergleich der Signale der amperometrischen Harnstoffelektrode (linke Achse) mit denen einer üblichen Glaselektrode (rechte Achse) bei Zugabe von Natronlauge zur Meßlösung [nach KIRSTEIN et al. 1985b]

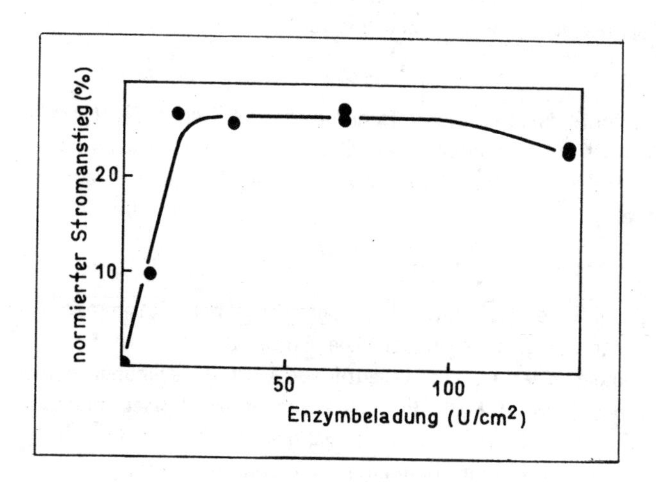

Abb. 71. Abhängigkeit des stationären Meßsignals in 0,25 mmol/l Harnstofflösung von der Beladung der Elektrode mit Urease [nach KIRSTEIN et al. 1985b]

kinetisch limitierten Elektroden belegen die Limitierung durch interne Diffusion [KIRSTEIN et al. 1985b]. Der amperometrische Harnstoffsensor ist durch eine Ansprechzeit von nur 7 bis 15 Sekunden, eine Probenfrequenz von 40/Stunde sowie einen linearen Meßbereich von 0,8 – 50 mmol/l charakterisiert. Die exellente Präzision wird durch einen seriellen Variationskoeffizienten von 1 % belegt. Da dieses Meßprinzip aber wie potentiometrische pH-Elektroden durch unterschiedliche Werte des pH und der Pufferkapazität in den Meßproben beeinflußt wird, ergibt nur eine Differenzmessung mit einer enzymfreien Elektrode richtige Harnstoffwerte im Serum.

3. *Konduktometrische Harnstoffsensoren*

Die Änderung der Leitfähigkeit als Folge der Harnstoffhydrolyse mit gelöster Urease wird in einem Analysator der Firma Beckman (USA) ausgewertet. Dabei diffundiert das NH_3-Gas zur Erhöhung der Spezifität der Indikationsmethode durch eine hydrophobe Membran. Die konduktometrischen Elektroden befinden sich in Citratpuffer da hier die Erhöhung der Leitfähigkeit durch NH_4^+-Ionen besonders groß ist.

LOWE (1986) benutzt zur Herstellung konduktometrischer Elektroden den Siebdruck. Auf einer Keramikunterlage wird in Dickschichttechnik mit Gold- oder Platintinte die Struktur der Elektroden aufgebracht, die anschließend durch Glühen in Metallelektroden überführt werden. Ein Elektrodenpaar wird mit einer ureasehaltigen Polypyrrollösung bedeckt und das Pyrrol durch anodische Polymerisation in einen unlöslichen Film umgewandelt. Damit gelingt die Fixierung auf sehr kleinen Elektrodenanordnungen. Ein Paar Hilfselektroden wird zur Ausschaltung von unspezifischen Leitfähigkeitseffekten mit ureasefreiem Polypyrrol beschichtet. Um den Einfluß der Pufferkapazität des Meßmediums zu simulieren, wird mit Harnstofflösungen kalibriert, die durch Pufferzusatz über eine für die Meßproben repräsentative Pufferkapazität verfügen.

Ebenfalls von der Gruppe von LOWE ist ein mikroelektronischer Biosensor für Harnstoff auf der Grundlage einer mit Urease beschichteten Leitfähigkeitsanordnung beschrieben worden [WATSON et al. 1987/88]. Der konduktometrische Sensor wird auf Siliziumwafern in folgenden Verfahrensschritten hergestellt: thermische Oxidation, Aufbringen von je einer Schicht aus Titan und Platin, photolithographische Strukturierung sowie Bonden und Verkappen. Urease wird im Gemisch mit RSA durch Glutaraldehyd auf dem Paar der Meßelektroden fixiert. Bei der Messung wird ein Wechselstrom von 1 kHz mit einer Amplitude von 10 mV benutzt und die Leitfähigkeitsdifferenz gegenüber einem ureasefreien Elektrodenpaar ausgewertet. Die Konzentrationsabhängigkeit des Meßsignals nimmt nichtlinear zwischen 0,5 und 10 mmol/l zu. Für die Harnstoffmessung in Serumproben ist eine Verdünnung im Verhältnis 1 : 25 mit Imidazolpuffer erforderlich.

4. *Optoelektronische Sensoren*

Analog zum optoelektronischen Glucosesensor (s. 3.1.1.2.) ist von LOWE et al. (1983) ein Sensor für Harnstoff entwickelt worden. Die Urease wird auf einer transparenten, mit dem pH-Indikator Bromthymolblau beladenen Zellulosemembran coimmobilisiert. Das Meßsignal steigt in den ersten Minuten linear mit der Zeit an. Deshalb wird die Differenz der Werte nach einer und zwei Minuten mit einem „sample and hold"-Differenzverstärker ausgewertet. Der lineare Meßbereich erstreckt sich bis 10 mmol/l Harnstoff. LOWE et al. stellen in dieser Arbeit auch das Konzept eines Sensors mit Lichtleitbündeln für die Harnstoffbestimmung vor. Dabei ist die gleiche Urease-Indikatormembran auf der Stirnfläche des Kabels aufgebracht. Dieses Prinzip haben ARNOLD (1987) sowie OPITZ und LÜBBERS (1987) durch die Einführung von pH-abhängigen Fluoreszenzindikatoren weiterentwickelt.

3.1.21.3. Biochemisch modifizierte Bauelemente

Der unter 3.1.21.1. beschriebene Ir/Pd-MOS-Kondensator [WINQUIST et al. 1985] ist auch mit Urease zu einem Harnstoffsensor („probe") kombiniert worden. Dazu wird die Urease zwischen einer Dialysemembran und einer gaspermeablen Folie eingeschlossen. Während die Meßlösung direkt über den Dialyseschlauch strömt, befindet sich zwischen der Ir/Pd-Struktur und der NH_3-permeablen Folie ein Luftspalt von 0,1 mm (Abb. 72). Der Meßbereich erstreckt sich von 0,01 bis 5 mmol/l Harnstoff mit einer Ansprechzeit von drei Minuten. Die Arbeitsstabilität des Sensors beträgt nur vier Tage.

In Analogie zu den Enzym-FETs für Glucose werden durch Immobilisierung von Urease auf dem Gate von pH-sensitiven FETs auch Mikrosensoren für Harnstoff entwickelt [ANZAI et al. 1985]. Das Enzym wird im Gemisch mit RSA und Glutaraldehyd auf dem Si_3N_4-Gate vernetzt. Die Messungen erfolgen unter Verwendung einer externen Kalomelelektrode in der „constant drain mode". Die Lösung wird während der Messungen nicht gerührt. In 1 mmol/l Phosphatpuffer, pH 6, zeigt der Sensor zwischen 0,5 und 20 mmol/l eine Steilheit von 50 mV pro Dekade. Bei hohen Harnstoffkonzentrationen bewirkt die Erhöhung des pH in der Enzymschicht eine drastische Reduzierung der Empfindlichkeit.

Die Immobilisierung von Urease auf dem silanisierten Si_3N_4-Gate durch gasförmigen Glutaraldehyd (Gasbeschichtung) liefert einen Enzym-FET mit einer Funktionsstabilität von 20 Tagen und einer Ansprechzeit von nur 30 Sekunden [KARUBE et al. 1986].

Enzym-FET-Systeme für Glucose bzw. Harnstoff, bei denen der pH-Wert in der Enzymschicht durch elektrolytische Erzeugung von H^+- oder OH^--Ionen konstant gehalten wird, sind von VAN DER SCHOOT und BERGVELD (1987/88) vorgestellt worden. Bei den „pH-statischen" Enzymsensoren ist der Elektrolysestrom als Meßsignal weitgehend unabhängig vom pH und der Pufferkapazität

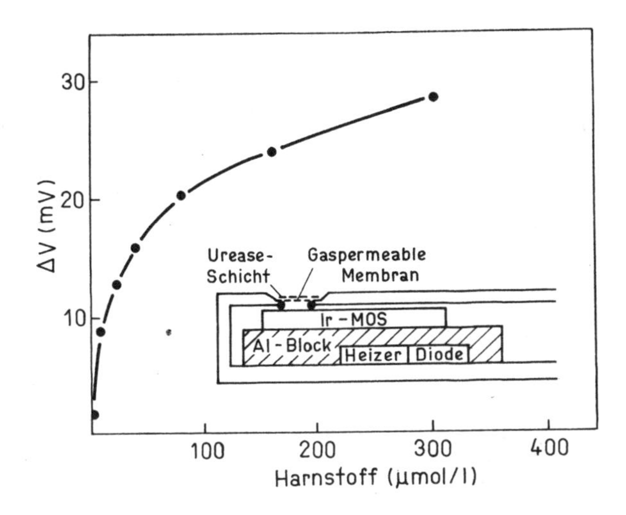

Abb. 72. Konzentrationsabhängigkeit des stationären Meßsignals eines mit Urease beladenen Ir-MOS-Kondensators [nach WINQUIST et al. 1986]

der Probe. Weiterhin wird der lineare Meßbereich gegenüber dem üblicher Enzym-FETs erweitert.

Zum gezielten Aufbringen der Enzymschicht auf die Gate-Region haben NAKAMOTO et al. (1987) eine weitere Technik entwickelt. Der Wafer mit zwei Paaren von pH-FETs wird mit einem positiven Photoresist beschichtet, und die Gate-Region belichtet. Nach dem Entfernen des Resists wird das Gate silanisiert und anschließend eine Ureaselösung, die Glutaraldehyd enthält, aufgebracht und abgeschleudert. Nach etwa 30 Minuten wird der Photoresist in Aceton durch Ultraschallvibration entfernt (Abb. 73). Es wird nicht beschrieben, ob die Enzymschicht für diesen Behandlungsschritt geschützt werden muß. Der so hergestellte Harnstoffsensor zeichnet sich durch die extrem kurze Ansprechzeit von fünf Sekunden aus.

Zur Gate-Beschichtung kann auch die LANGMUIR-BLODGETT-Methode benutzt werden. Urease wird auf der Oberfläche eines LANGMUIR-BLODGETT-Films adsorbiert und auf das Gate eines ISFETs gebracht [KARUBE 1986].

Ein weiterer Harnstoff-Mikrosensor auf der Grundlage einer Iridiumoxidelektrode ist von SUVA et al. (1986) entwickelt worden. Die Elektrodenoberfläche wird mit einer 40 nm dicken carbonylgruppenhaltigen Polymerschicht überzogen, an die vorher Urease kovalent fixiert ist. Damit wird eine scheinbare Ureaseaktivität von 40 mU/cm^2 erhalten. 90 % des stationären Meßwertes des Sensors werden innerhalb von 4 bis 5 Sekunden erreicht, wobei aber eine

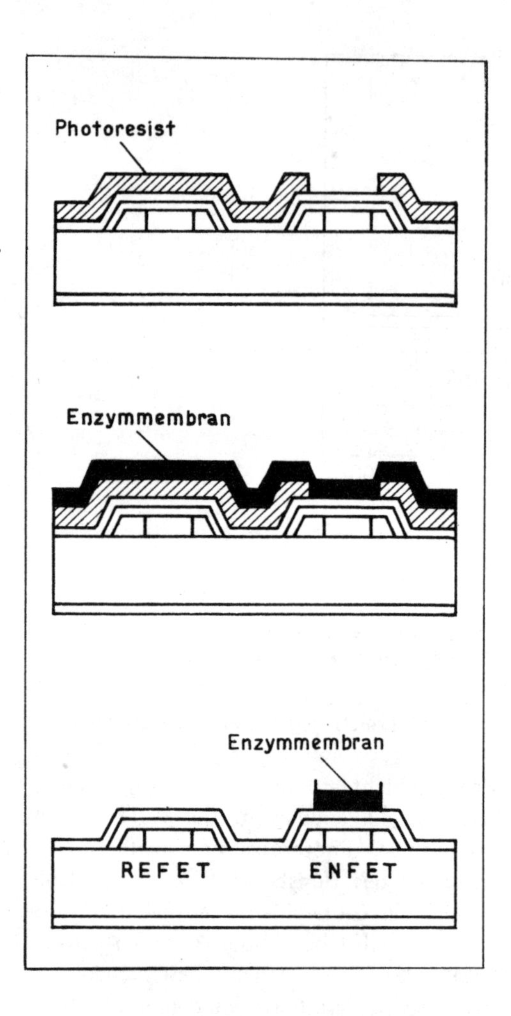

Abb. 73. Schematische Darstellung der „lift off"-Methode zur Enzymbeschichtung von FETs [nach NAKAMOTO et al. 1987]

starke Rührabhängigkeit zu verzeichnen ist. In 10 mmol/l Phosphatpuffer beträgt das Meßsignal für 5 mmol/l Harnstoff nur 3 mV, und schon nach 24 Stunden vermindert sich die Aktivität um 20 bis 40 %.

3.1.22. Sensoren für Creatinin

Die Creatininbestimmung im Serum ist gegenüber der Harnstoffmessung zur Aufklärung der Nierenfunktion aussagekräftiger, weil sie nicht durch Diät oder die Stoffwechselgeschwindigkeit beeinflußt wird. Enzymatische Methoden benutzen entweder *Creatininamidohydrolase* (EC 3.5.2.10) oder *Creatininiminohydrolase* (EC 3.5.4.21)

Creatinin + H_2O —(EC 3.5.2.10)→ Creatin

Creatinin + H_2O —(EC 3.5.4.21)→ N-Methylhydantoin + NH_3

Creatinin: HN—C=O / HN=C / H_3C—N—CH_2

Creatin: NH_2—C(=NH)—N(CH_3)—CH_2—COOH

N-Methylhydantoin: HN—C=O / O=C / H_3C—N—CH_2

Die Reaktionsprodukte, z. B. Creatin, werden dann in den angekoppelten Reaktionen unter Verwendung von Creatinkinase, Pyruvatkinase und LDH über die spektroskopische NADH-Anzeige nachgewiesen. Deshalb sind diese Analysen sehr kostenintensiv. Da die physiologische Creatininkonzentration im Serum bei 100 µmol/l liegt, sind Korrekturen, z. B. für Creatin und Pyruvat, erforderlich.

Die Kombination der creatininumsetzenden Enzyme mit Sensoren, die primäre Reaktionsprodukte anzeigen, wie ionensensitive Elektroden, NH_3-Gassensoren oder Thermistoren bietet eine Alternative zu den aufwendigen Enzymsequenzen (s. 3.2.1.). Es werden sowohl Reaktoranordnungen als auch Biosensoren im engeren Sinne beschrieben.

Ein Reaktor mit immobilisierter Creatininiminohydrolase ist in einem Enzymthermistor eingesetzt worden. Obwohl ein Meßbereich von 0,01 bis 10 mmol/l Creatinin erreicht wird, ist die Empfindlichkeit für verdünnte Serumproben noch zu gering [DANIELSSON 1982]. Das gleiche Enzym wird in einem Fließsystem mit einem NH_3-sensitiven MOS-Transistor gekoppelt, der mit einer dünnen Schicht von Iridium auf dem Gate modifiziert ist [WINQUIST et al. 1986]. Dieser Ir/Pd-MOS-Sensor arbeitet in der Gasphase, so daß die wäßrige Lösung mit einer gaspermeablen Membran abgetrennt werden muß. Zur Entfernung von endogenem NH_3, das durch den Sensor miterfaßt wird, ist dem Creatininiminohydrolasereaktor ein Reaktor mit immobilisierter Glutamatdehydrogenase vorgeschaltet. Mit dieser Anordnung wird eine Nachweisgrenze für Creatinin von 0,2 µmol/l erreicht, so daß die Plasma- und Urinproben stark verdünnt werden können. 15 Proben pro Stunde sind mit einem seriellen Variationskoeffizienten von 3,4 % bestimmt worden.

Die Kombination der gleichen Enzyme benutzen MASCINI et al. (1985a) in einer f.i.a.-Apparatur, wobei der Ammoniak mit einer NH_3-Elektrode angezeigt wird. Die Creatininiminohydrolase ist an der Innenwand eines Nylonschlauches (Durchmesser 1 mm, Länge 1 m) fixiert. Wegen der geringen Empfindlichkeit der NH_3-Elektrode erstreckt sich der Meßbereich nur von 0,01 bis 0,2 mmol/l.

Eine potentiometrische Enzymelektrode haben MEYERHOFF und RECHNITZ (1976) entwickelt. Sie bringen lösliche Creatininiminohydrolase auf die gaspermeable Membran einer NH_3-Elektrode und schließen die Enzymlösung mit einer Dialysemembran ein. Da die spezifische Aktivität des Enzyms mit 0,1 U/mg niedrig ist, befinden sich nur 43 mU auf der Elektrodenfläche. Bei dieser kinetisch kontrollierten Elektrode erhöht die Zugabe des Aktivators Tripolyphosphat die Empfindlichkeit von 44 mV auf 49 mV je Konzentrationsdekade und erniedrigt die Nachweisgrenze. Diese Effekte stimmen mit theoretischen Betrachtungen zur Reaktions-Transport-Kopplung überein (s. 2.4. und 2.5.). Zur Entfernung des endogenen Ammoniaks von Serumproben werden die Lösungen mit einem Kationenaustauscher vorbehandelt.

Mit einem Enzympräparat höherer spezifischer Aktivität (1,9 U/mg) ist es GUILBAULT und COULET (1983) gelungen, die erforderliche Empfindlichkeit auch für den Normalbereich von Creatinin im Serum zu erreichen. Die Creatininiminohydrolase aus *Clostridium paraputrific* wird nach der Acyl-Azid-Methode entweder an Kollagen- oder an Dünndarmmembranen fixiert und auf einen NH_3-Sensor aufgebracht. Die Stabilität des Sensors mit der Kollagenmembran beträgt 20 Tage bzw. etwa 100 Meßproben. Von 1 bis 100 mg/l besteht eine lineare Beziehung zwischen dem Elektrodenpotential und dem Logarithmus der Konzentration. Für Proben mit einem endogenen NH_3-Gehalt über dem Normalwert im Serum (24 – 48 μmol/l) ist eine Differenzmessung mit einer enzymfreien NH_3-Elektrode erforderlich.

3.1.23. Penicillinsensoren

Penicilline sind die wichtigsten Antibiotika. Ihre jährliche Weltproduktion hat einen Wertumfang von etwa 40 Milliarden Mark. Die analytische Bestimmung von Penicillin ist für die Kontrolle der fermentativen Herstellung von Penicillin G bzw. Penicillin V sowie der Spaltung dieser Substanzen zu 6-Aminopenicillansäure (6-APS) bedeutsam. 6-APS ist der Grundstoff für die Herstellung halbsynthetischer Penicilline.

β-Lactamase (EC 3.5.2.6) – auch Penicillinase genannt – spaltet den Lactamring der Penicilline unter Bildung der Penicilloinsäure. Der pK der entstehenden Säure liegt bei 3,0; als Produkt wirkt sie kompetitiv inhibierend. *Penicillinamidase* (EC 3.5.1.11) katalysiert die Hydrolyse der Säureamidbindung in 6-Stellung unter Abspaltung von 6-APS und einer organischen Säure (Abb. 74).

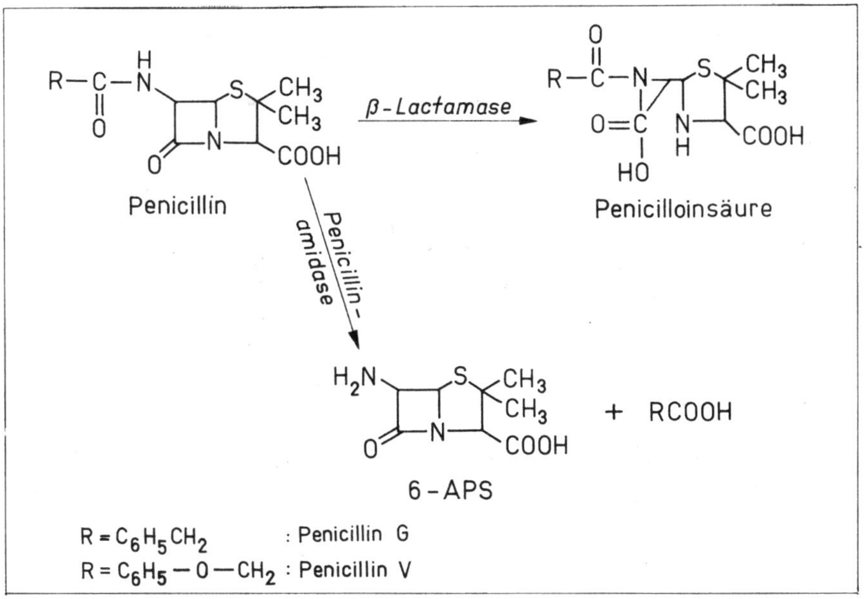

$R = C_6H_5CH_2$: Penicillin G
$R = C_6H_5-O-CH_2$: Penicillin V

Abb. 74. Analytisch genutzte Reaktionen der Spaltung von Penicillin

Zur Kopplung der enzymkatalysierten Reaktion mit einem Signaltransduktor werden vor allem die pH-Erniedrigung und die Reaktionsenthalpie in Biosensoren genutzt. Dafür sind die verschiedenen Transduktortypen mit der β-Lactamase gekoppelt worden (Tab. 9); dagegen wird die Amidase lediglich in einer Enzymelektrode für Penicillin benutzt.

3.1.23.1. Reaktoranordnungen

In einem Enzymthermistor zur Penicillinbestimmung wird β-Lactamase genutzt, die an porösem Glas immobilisiert ist. Im Konzentrationsbereich von 0,1 bis 100 mmol/l kann die Penicillinkonzentration diskontinuierlich in Fermentationslösungen in guter Übereinstimmung mit der chemischen Methode bestimmt werden. Die Möglichkeit der kontinuierlichen Messung und die Erweiterung auf Cephalosporine ist an wäßrigen Standardlösungen und Fermentationsproben demonstriert worden [DECRISTOFORO und DANIELSSON 1984]. Mit einer Kombination, bestehend aus einem „single-bead-string"-Reaktor und einer flachen Glaselektrode, werden in einem f.i.a.-System die bisher besten Ergebnisse in der analytischen Anwendung von immobilisierter β-Lactamase erzielt. Das Enzym wird sowohl an die silanisierte Reaktorwand als auch an Glaskörner, die sich im Reaktorrohr befinden, über Glutaraldehy fixiert. Diese Reaktorform

Tabelle 9
Biosensoren für Penicillin

Grundsensor	β-Lactamase	Amidase	Meßbereich (mmol/l)	Stabilität (d)	Meßfrequenz (h^{-1})	Variations-koeffizient (%)	Literatur
Thermistor	Reaktor		0,1–100	20	40	2	DECRISTOFORO und DANIELSSON (1984)
Optoelektronisch	immob.		0,5–5	20	12	2	LOWE und GOLDFINCH (1983)
pH-Elektrode	immob.		0,08–0,5	30	10	5	RUSLINGS et al. (1976)
pH-Elektrode	immob.		1–20	50	20		KULYS et al. (1980)
pH-Elektrode		immob.	1–20	10	20		KULYS et al. (1980)
pH-Elektrode	löslich		1–30	7			ENFORS und NILSSON (1979)
pH-Elektrode	löslich		1–10	10	10	5	NILSSON et al. (1978)
pH-Elektrode	Reaktor		0,05–0,5	250	150		GUANASEKARAN und MOTTOLA (1985)
Sb-Mikroelektrode	immob.		0,3–7	10	60		FLANAGAN und CAROLL (1986)
pH-FET	immob.		5–50		20		JANATA (1985)

zeichnet sich durch hervorragende Fließeigenschaften aus und erlaubt bis zu 150 Penicillinmessungen pro Stunde [GUANASEKARAN und MOTTOLA 1985].

3.1.23.2. Membransensoren

β-Lactamase und der pH-Indikator Bromkresolgrün sind von LOWE und GOLDFINCH (1983) an einer transparenten Zellulosemembran coimmobilisiert worden. Die Membran wird in die für den optoelektronischen Glucosesensor verwendete Durchflußapparatur (s. 3.1.1.) eingebracht. Dieses reagenzlose Sensorsystem arbeitet im Konzentrationsbereich von 0,5 bis 10 mmol/l Penicillin linear. Allerdings sind mit Fermentationsproben Störungen durch die schwankenden pH-Werte und Pufferkapazitäten der Meßprobe zu erwarten.

Eine „Enzymoptrode" für Penicillin ist von FUH et al. (1988) entwickelt worden. β-Lactamase wird an einer mit Fluoreszeinisothiocyanat markierten Kugel aus porösem Glas immobilisiert, die auf die Spitze eines Lichtleitkabels geklebt wird. Die Anregung erfolgt mit einem Ar-Ionenlaser. Durch die Enzymreaktion bewirkte pH-Änderungen führen zu Änderungen der Fluoreszenzintensität. Die Ansprechzeit dieses Sensors beträgt 20 bis 45 Sekunden, die untere Bestimmungsgrenze liegt bei 0,1 mmol/l Penicillin.

Die potentiometrischen Penicillinsensoren basieren vor allem auf Glaselektroden, die mit gelöstem Enzym oder einem das Enzym enthaltenden Überzug arbeiten. Bei der ersten Penicillinelektrode [PAPARIELLO et al. 1973] ist die β-Lactamase in Acrylamid als Überzug direkt auf der Elektrode photopolymerisiert worden. ENFORS und NILSSON (1979) haben eine sterilisierbare Penicillinelektrode entwickelt, bei der eine β-Lactamase-Lösung erst nach der Sterilisation in eine Reaktionskammer vor die flache Glaselektrode gepumpt wird (Abb. 75).

FLANAGAN und CAROLL (1986) nutzen als pH-Transduktor von Penicillinsensoren eine Dünnschicht-Antimonoxidelektrode, die durch Vakuumbedampfung auf einer Keramikunterlage erzeugt wird. Während das Aufdampfen von Antimon auf Glasunterlagen nur ungenügend empfindliche pH-Sensoren ergibt, haften 3 μm dicke und 5 mm · 5 mm große Sb-Flächen gut auf Aluminiumoxid und zeigen eine pH-Funktion um 59 mV je Konzentrationsdekade. Die Kopplung der β-Lactamase mit Hilfe von Carbodiimid liefert zwar eine fest haftende Enzymmonoschicht, deren Funktionsstabilität beträgt jedoch nur zwei bis drei Tage. Wahrscheinlich wird das Enzym mit der Schicht des hydratisierten Sb_2O_3 abgelöst. Die besten Ergebnisse werden bei Vernetzung des Enzyms im Gemisch mit RSA durch Glutaraldehyd erreicht. Diese Enzymschicht haftet relativ fest und zeigt in der halblogarithmischen Auftragung eine lineare Abhängigkeit für Penicillin G zwischen 0,3 und 7 mmol/l. Der stationäre Potentialwert stellt sich in der gerührten Meßlösung innerhalb von 30 bis 60 Sekunden ein. Dieser Penicillinsensor ist über 10 Tage stabil, danach nimmt die Empfindlichkeit für Penicil-

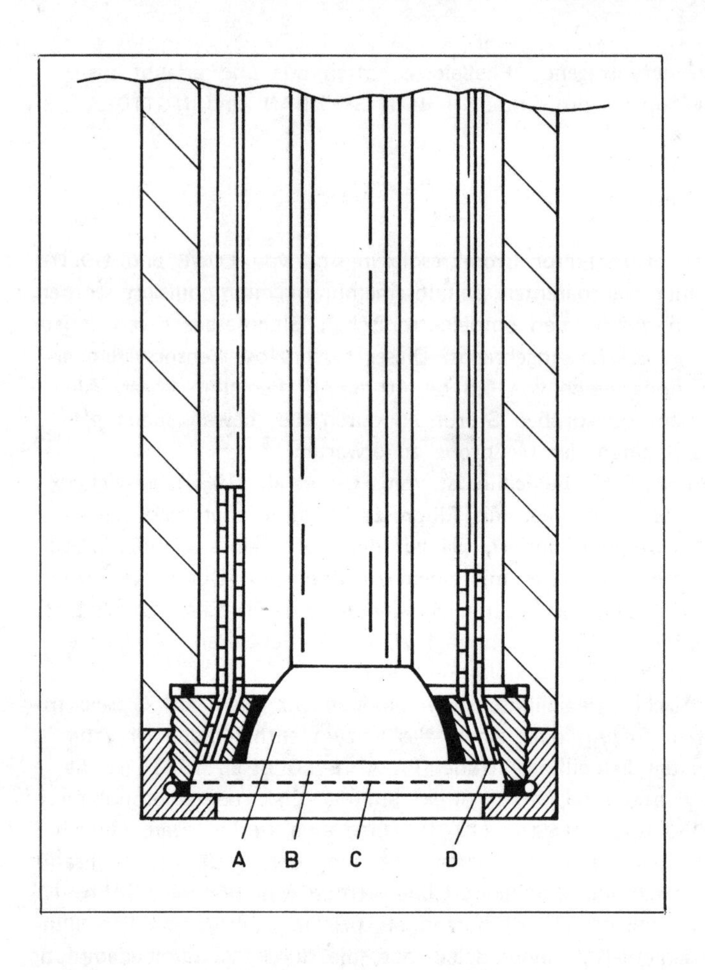

Abb. 75. Schema der sterilisierbaren Enzymelektrode zur Bestimmung von Penicillin
A – flache Glaselektrode, B – Reaktionskammer mit Enzym, C – Dialysemembran [nach ENFORS 1987]

lin stark ab. Offensichtlich erfolgt eine Desaktivierung der immobilisierten β-Lactamase. Die Funktionsstabilität reicht aber aus, um einen vollständigen Fermentationszyklus mit einem Sensor für Penicillin zu kontrollieren.

Die Vakuumbedampfung ist billig und erlaubt die Produktion von Mehrfachsensoren auf kleiner Fläche. Daher ist sie eine Alternative zu den ISFETs als Grundsensoren in Biosensoren. Außerdem kann hiermit die Immobilisierung der Enzyme nach bekannten Methoden geschehen.

3.1.23.3. Enzym-Feldeffekttransistoren

Der erste Enzym-FET – er ist 1980 von CARAS und JANATA beschrieben worden – basiert auf einem pH-FET mit immobilisierter β-Lactamase. Das Gate wird mit einer Mischung aus β-Lactamase und RSA beschichtet, die mit Glutaraldehyd vernetzt wird. Zusätzlich zum Enzym-FET wird ein üblicher pH-FET mit einer Referenzelektrode zur Ausschaltung von pH-Schwankungen der Meßprobe kombiniert. Diese Anordnung hat die Entwicklung der Mikrobiosensoren sowohl für Substrate als auch für Antikörper eingeleitet.

In einer späteren Arbeit [JANATA 1985] ist β-Lactamase vor der Immobilisierung mit N-Succinylmethacrylat derivatisiert worden. Das Si_3N_4-Gate wird vor der Beschichtung mit RSA und Glutaraldehyd vorbehandelt, um gute Haftung der Enzymschicht zu gewährleisten. In die Aussparung einer Photoresistschicht wird das modifizierte Enzym in Polyacrylamidgel auf die Gate-Region gebracht und polymerisiert. Die Ansprechzeit dieses Sensors beträgt etwa 60 Sekunden, der Meßbereich erstreckt sich von 5 bis 50 mmol/l. Mit einem enzymfreien pH-FET auf dem gleichen Chip wird die pH-Änderung bei Zugabe der Meßprobe erfaßt und dann vom Meßwert subtrahiert.

ANZAI et al. (1987) haben β-Lactamase an einer Multischicht aus Stearinsäure adsorbiert, wobei diese Unterlage mittels der LANGMUIR-BLODGETT-Technik auf das Gate eines pH-FETs aufgebracht worden ist. Mit dieser Anordnung wird der stationäre Meßwert nach ein bis zwei Minuten erreicht.

3.1.24. Bestimmung von Glycerol und Triglyceriden

Triglyceride sind der Hauptbestandteil der Neutralfette im humanen Serum. Sie befinden sich in den Chylomikronen und den „very-low-density"-Lipoproteinen. Die etablierten Bestimmungsmethoden erfordern eine lange Vorinkubation und verschiedene Enzyme, z. B. Lipase, Glycerokinase, Pyruvatkinase und Lactatdehydrogenase. Die direkte Anzeige der primären Produkte der enzymkatalysierten Reaktion mit einfachen Indikatorsystemen ist deshalb eine wichtige Aufgabe in der klinischen Chemie. SATOH et al. (1981) benutzen für die Triglyceridbestimmung einen Enzymthermistor mit einer Säule, die an Glas immobilisierte *Glycerolesterhydrolase* (EC 3.1.1.3) enthält. Die Fixierung erfolgt an das silanisierte poröse Glas mit Glutaraldehyd nach der Methode von WEETALL (1976). Dabei wird die höchste Fixierungsausbeute beim kleinsten Porendurchmesser (73 nm), d. h. mit der größten innere Oberfläche, erreicht. Andererseits ist die gemessene Aktivität bei Trägern mit größeren Poren (220 nm) erheblich höher. Offensichtlich ist dieser Befund auf die sterische Hinderung der Diffusion der großen Substratmoleküle zurückzuführen.

Aus Untersuchungen in verschiedenen Pufferlösungen wird geschlossen, daß die eigentliche Esterhydrolyse nur eine sehr geringe Wärmetönung liefert, während eine Signalverstärkung in Puffern mit hoher Protonisierungsenthalpie, z. B. Tris, erhalten wird. Unter dieser Bedingung wird bei Injektion von 0,5 ml Probe eine ausreichende Empfindlichkeit für die Messung in Serum erzielt. Die Kalibrierungskurve verläuft linear von 0,1 bis 5 mmol/l Glyceryltrioleat, der serielle Variationskoeffizient beträgt 4 %. Zur Messung von Serumproben wird der Enzymthermistor mit Triglyceridstandards kalibriert, denen 4,5 % menschliches Serumalbumin sowie 0,5 % Triton X-100 zugesetzt worden ist. Die Ergebnisse von Vergleichsmessungen mit der enzymatisch-spektrophotometrischen Methode haben eine gute Übereinstimmung gezeigt.

Die bei der Hydrolyse der Glycerolester entstehenden freien Fettsäuren können auch mit einer Glaselektrode erfaßt werden. Dazu wird ein Reaktor, der an Polystyren immobilisierte *Lipase* (EC 3.1.1.3) enthält, mit einer Durchflußelektrode kombiniert. Zur Messung von Serumproben werden die Neutralfette mit Isopropanol extrahiert, und die organische Phase wird direkt in den Trägerstrom von 0,5 mmol/l Tris-HCl (pH 7) injiziert. Die Meßzeit beträgt 3 Minuten je Probe; die Werte entsprechen gut den konventionell optisch gemessenen [SATOH et al. 1979].

Kürzlich ist die Glaselektrode durch zwei in Differenzschaltung arbeitende pH-FETs ersetzt worden, wobei Lipase auf einem Gate fixiert war [NAKAKO et al. 1986]. Zur Solubilisierung der Triglyceride wird der Meßlösung 10 % Triton X-100 zugesetzt. Der Meßbereich erstreckt sich über eine Konzentrationsdekade, die Ansprechzeit liegt bei zwei Minuten.

Trotz der guten Ergebnisse ist bisher keine dieser Methoden routinemäßig angewendet worden. Der Zusatz von Detergenzien, der wegen der geringen Löslichkeit der Substrate erforderlich ist, führt generell zu Problemen beim Einsatz immobilisierter Enzyme.

Als Alternative zur Anzeige der pH-Erniedrigung, bedingt durch die entstehenden Fettsäuren, kann auch das aus den Triglyceriden bei der Hydrolyse gebildete Glycerol indiziert werden. Dafür ist das neue Enzym *Glyceroloxidase* (aus *Aspergillus*) geeignet; bisher ist jedoch noch keine Enzymelektrode auf dieser Grundlage beschrieben worden. Andererseits wird *Glyceroldehydrogenase* (EC 1.1.1.6) in einer Enzymelektrode für diesen Zweck eingesetzt [FONONG 1987]. Das Enzym wird kovalent an Kollagen fixiert, und die Anzeige erfolgt über die anodische Oxidation des NADH bei +700 mV an einer Pt-Elektrode. Die Bezugskurve ist linear zwischen 0,2 und 12 μmol/l Glycerol.

3.1.25. Bestimmung von Acetylcholin

Acetylcholin ist der bekannteste Neurotransmitter. Seine Ausschüttung an der präsynaptischen Membran in den synaptischen Spalt ruft die Erregung der subsynaptischen Nerven durch das Öffnen von Ionenkanälen hervor. Der schnelle Abbau des Acetylcholins (ACh) in der durch *Acetylcholinesterase* (AChE,

EC 3.1.1.7) katalysierten Reaktion sorgt dafür, daß der Ruhezustand wieder erreicht wird. Deshalb ist die Messung von ACh, der Aktivität von AChE sowie deren Inhibitoren, die als Insektizide, aber auch als chemische Kampfstoffe eingesetzt werden können, im klinischen Labor sowie für den Umweltschutz äußerst wichtig.

Acetylcholinesterase überführt ACh in Acetat und Cholin, wobei durch Dissoziation des Acetats pro Mol ACh ein Mol H^+ entsteht:

$$(H_3C)_3N^+-(CH_2)_2-O-\underset{\underset{O}{\|}}{C}-CH_3 + H_2O \longrightarrow$$

$$(H_3C)_3N^+-(CH_2)_2-OH + CH_3C\genfrac{}{}{0pt}{}{\nearrow O}{\searrow O^-} + H^+$$

Die Erhöhung der H^+-Konzentration in der Enzymreaktion kann mit der Glaselektrode angezeigt werden. AChE wird direkt auf der Oberfläche einer Glaselektrode in einer Gelatineschicht von 50 μm Dicke eingeschlossen, die nach dem Trocknen mit Glutaraldehyd vernetzt wird. Bei pH 8 wird in 0,01 mol/l Phosphatpuffer eine *lineare* Abhängigkeit des Potentials zwischen 0,1 und 2 mmol/l ACh erhalten. In ungepufferter Lösung liegt die Nachweisgrenze bei 0,01 mmol/l. Diese Elektrode ist für mehrere Wochen stabil [DURAND et al. 1978]. Eine miniaturisierte Enzymelektrode für ACh ist nach dem gleichen Präparationsschema von SUAUD-CHAGNY und PUJOL (1985) entwickelt worden.

3.1.26. Saccharosemessung

Für die spezifische Messung von Saccharose wird das Enzym *Invertase* (*β-D-Fructofuranosidase,* EC 3.2.1.26) verwendet. Wie bei anderen Disacchariden wird dann in einer weiteren Enzymreaktion, z. B. mit Glucoseoxidase, ein entstandenes Monosaccharid angezeigt. Enzym*thermistoren* auf der Grundlage von *immobilisierter* Invertase (an "controlled pore glass" mit einem Porendurchmesser von 55 nm) ermöglichen dagegen die *direkte* Saccharosemessung ohne Glucoseoxidase. Der lineare Meßbereich erstreckt sich von 0,05 bis 100 mmol/l, die Enzymsäule ist sechs Monate stabil. Glucose oder Fructose zeigen kein meßbares Signal. Diese Anordnung wird in Kombination mit einem aus CO_2-Entgaser und Verdünner bestehenden kontinuierlichen Probenahmesystem zur "on-line"-Saccharosemessung bei der alkoholischen Gärung mit immobilisierter Hefe eingesetzt [MANDENIUS et al. 1981].

3.2. Biosensoren mit gekoppelten Enzymreaktionen

Die Anzahl von Substanzen, die direkt mit Monoenzymsensoren bestimmt werden können, ist begrenzt. Nicht an allen enzymkatalysierten Reaktionen sind Reaktionspartner, wie O_2 oder H_2O_2, beteiligt, die hinreichend genau mit Signaltransduktoren angezeigt werden können. Auch der Einsatz von Transduktoren, die auf generellen Reaktionseffekten beruhen, z. B. Thermistoren oder piezoelektrische Detektoren, ist durch die geringe Empfindlichkeit im Vergleich zu unspezifischen Effekten nicht überall sinnvoll. In diesen Fällen werden zweckmäßigerweise *gekoppelte Enzymreaktionen* zur Umsetzung des Analyten benutzt. Das primäre Produkt, das bei der Umsetzung des Analyten entsteht, wird in einer weiteren enzymkatalysierten Reaktion umgewandelt, wobei ein gut meßbares Sekundärprodukt gebildet wird bzw. ein größerer Reaktionseffekt auftritt. Während der Biokatalysator für die Umwandlung des Analyten sehr spezifisch sein soll, genügt in der nachfolgenden Reaktion ein gruppenspezifisches Enzym. Auf der Grundlage dieser *sequentiell gekoppelten* Enzyme sind ganze Familien von Sensoren entwickelt worden, in denen glucose-, lactat- oder alkoholliefernde Primärenzyme mit den entsprechenden Oxidasen kombiniert sind (Abb. 76).

Außer zu einer solchen Erweiterung der Anwendbarkeit zur Bestimmung anderer Analyte werden Enzymsequenzen auch zur Erhöhung der Spezifität der Anzeigereaktion, z. B. in GOD-POD-Elektroden, und zur Erhöhung der Empfindlichkeit, z. B. in Thermistoren mit der GOD-Katalase-Sequenz, eingesetzt. Auch im Stoffwechsel geschieht häufig die sequentielle Kopplung von Enzymen: In Enzymketten werden energiereiche Substrate stufenweise abgebaut. Beispiele für solche komplexen Systeme sind die Glykolyse, der Citratzyklus und die Photosynthese. Enzymkaskaden sind in vielen Rezeptorsystemen für die Signalverstärkung verantwortlich, worin die chemische Modifizierung von Enzymen zur kaskadenartigen Erhöhung der Reaktionsgeschwindigkeit führt. Dieses Prinzip ist bisher noch nicht direkt in Biosensoren genutzt worden. Ein Analogon stellen aber die „Apoenzymelektroden" dar, bei denen die Rekombination mit der prosthetischen Gruppe die Reaktionsgeschwindigkeit drastisch erhöht.

Ein anderer Typ der sequentiellen Kopplung ist in *zyklischen Reaktionen* gegeben. Hier wird das Produkt der ersten Enzymreaktion in einer zweiten Reaktion in das Ausgangsprodukt, d. h. in den Analyten, zurückverwandelt. Diese Reaktionszyklen basieren darauf, daß beide Enzyme unterschiedliche Cofaktoren haben, so daß für jede Reaktion die erforderliche Freie Enthalpie existiert. Das Analytmolekül wirkt dabei als Katalysator der Reaktion der beiden Cofaktoren. Damit ist eine wesentlich schnellere Cofaktorumsetzung und auch Enthalpieproduktion zu verzeichnen als bei der einfachen Enzymreaktion. Deshalb wird mit diesen zyklischen Reaktionen eine erhebliche Steigerung der Empfindlichkeit erzielt.

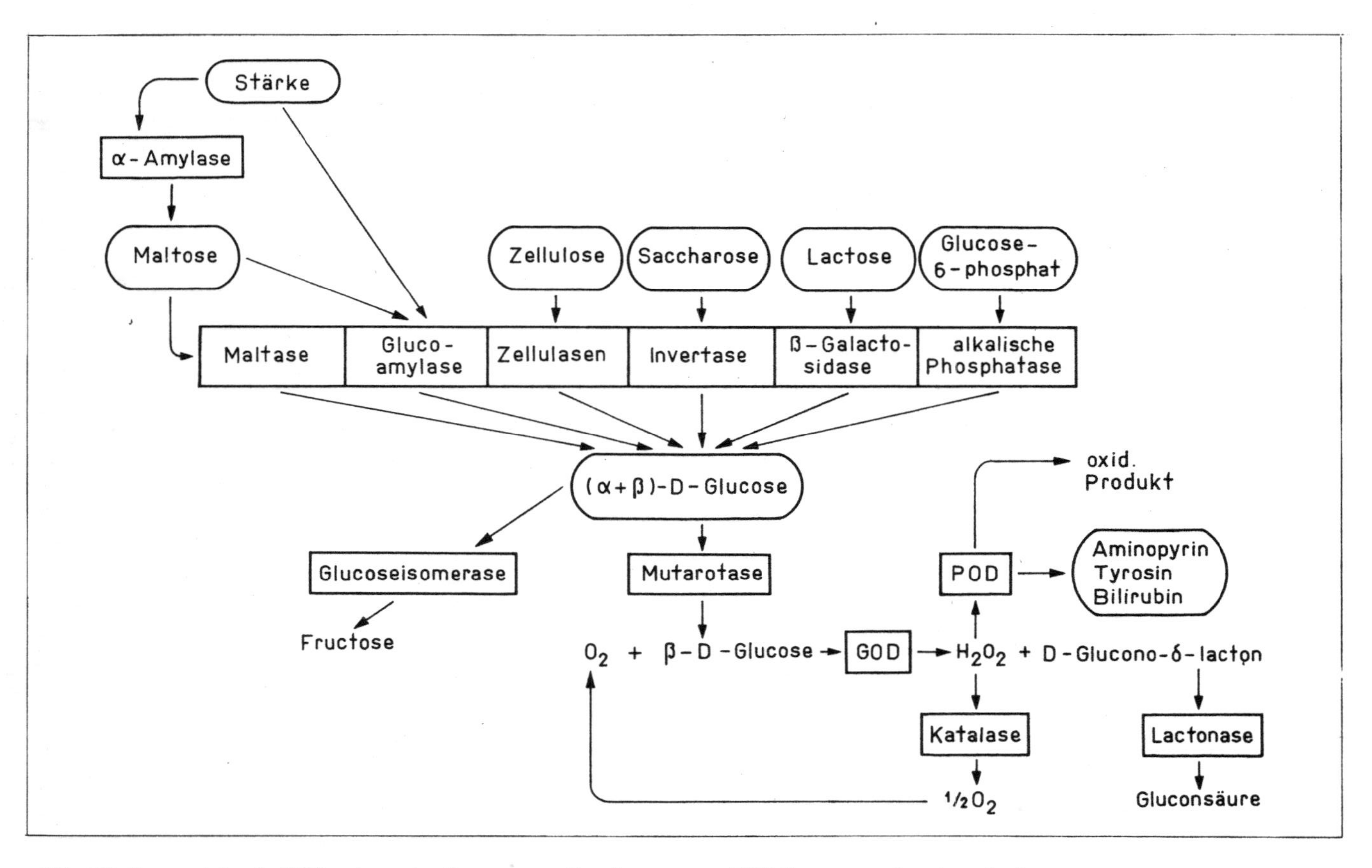

Abb. 76. Sequentiell mit GOD gekoppelte Enzyme zur Erweiterung von GOD-Sensoren auf andere Analyte

Das Prinzip der Signalverstärkung unter Nutzung der Freien Enthalpie energiereicher Verbindungen ist die Grundlage der Signalverarbeitung in Nervensystemen. Hier liegen der Signalübertragung zwar andere Reaktionen zugrunde, aber Erkennung und Signalverstärkung basieren ebenfalls auf Enzymreaktionen. Andererseits sind Substratzyklen im Stoffwechsel, z. B. der Glucose-6-phosphat-Zyklus in der Glykolyse, für die schnelle Bereitstellung von Energie bedeutsam.

Ein weiterer Grundtyp ist die *parallele Kopplung* von Reaktionen. In diese Gruppe fallen sowohl die Umsetzung von alternativen Substraten und die kompetitive Bindung von Substrat und Inhibitor an ein Enzym als auch die Konkurrenz von zwei Enzymen um ein gemeinsames Substrat. Neben der Erweiterung auf Analyte, die nicht zu einfach meßbaren Produkten umgesetzt werden, wird der Meßbereich zu höheren Analytkonzentrationen verschoben.

Zur Ausschaltung von Störungen durch Bestandteile der Meßprobe, die entweder die Enzym- oder die Transduktorreaktion beeinflussen, können ebenfalls enzymatische Reaktionen genutzt werden. So lassen sich chemische Interferenzen der Signalumwandlung durch Umsetzung der Störsubstanz zu einer inaktiven Verbindung beseitigen, wobei das „eliminierende Enzym" mit dem für die Analytumwandlung eingesetzten Enzym coimmobilisiert sein kann.

Andererseits können Zwischenprodukte von gekoppelten Enzymreaktionen, die als Bestandteil der Meßprobe mit erfaßt werden, eliminiert werden, bevor sie die eigentliche Enzymschicht erreichen. Hier müssen mehrere Enzymschichten aufgebracht werden, da sonst auch das aus dem Analyten gebildete Zwischenprodukt zu inaktiven Substanzen umgewandelt wird. Deshalb muß sich die „Antiinterferenzschicht" auf der Lösungsseite des Mehrschichtsensors befinden.

3.2.1. Enzymsequenzsensoren

Bereits 1965 hat CLARK auf die Möglichkeit hingewiesen, durch Coimmobilisierung von Invertase mit GOD eine Bienzymelektrode für Saccharose zu realisieren. Dieser Typ der Kopplung von einer oder mehreren Hydrolasen oder Lyasen mit einer Oxidase ist später auf Sensoren zur Bestimmung von anderen Di- sowie Polysacchariden, von Estern des Glycerols, Cholins und Cholesterols sowie von Creatinin und Adenosinmonophosphat erweitert worden. Transferasen und Oxidasen bzw. Dehydrogenasen werden in den Systemen Hexokinase + Glucose-6-phosphat-dehydrogenase, Alaninaminotransferase + Glutamatdehydrogenase sowie Pyruvatkinase + LDH + LMO sequentiell gekoppelt. Dabei liefert die oxidoreduktasekatalysierte Reaktion das Produkt für die Anzeige mit dem Transduktor. Die Kopplung mehrerer Oxidoreduktasen ist mit GOD und Katalase bzw. POD realisiert worden. Hier zielt die sequentielle Kopplung auf eine Verbesserung der Transduktorreaktion.

In potentiometrischen Elektroden werden CO_2- oder NH_3-liefernde Lyasen als „Schlußenzyme" von Sequenzen benutzt. So basiert die potentiometrische Enzymelektrode für D-Gluconat auf der Sequenz von Gluconatkinase (EC 2.7.1.12) und 6-Phosphogluconatdehydrogenase (EC 1.1.1.44) an einer CO_2-Elektrode. Für diese Bienzymelektrode haben JENSEN und RECHNITZ (1979) erstmals den Begriff Enzymsequenzelektrode verwendet. In dieser Arbeit stellen sie auch Überlegungen zur Kinetik bei Sequenzelektroden an: Für die Funktion eines solchen Sensors ist es erforderlich, daß die pH-Optima der Enzyme sowie des Transduktors ungefähr übereinstimmen. Weiterhin dürfen eventuell erforderliche Cofaktoren nicht mit anderen Lösungsbestandteilen oder miteinander reagieren. Die Autoren schlußfolgern, daß die Geschwindigkeit einer in mehreren Schritten erfolgenden Umwandlung einer Substanz höchstens so groß sein kann wie die der terminalen Enzymreaktion. Bei einem Überschuß aller Enzyme der Sequenz, d. h., bei vollständigem Umsatz der Substrate in der Enzymschicht, wird auch hier wegen der Diffusionslimitierung eine lineare Konzentrationsabhängigkeit erhalten. Wenn sich die Permeabilitäten der verschiedenen Substrate unterscheiden, sind unterschiedliche Empfindlichkeiten zu erwarten. Das trifft vor allem für Kombinationen aus Disaccharidasen und Oxidasen zu, wo das Substrat in zwei etwa gleichgroße Monosaccharidmoleküle gespalten wird. JENSEN und RECHNITZ schlagen für die Immobilisierung von Enzymsequenzen den mechanischen Einschluß zwischen zwei Membranen vor, wodurch eine höhere Beweglichkeit der Intermediate als bei vernetzten Enzymen zu erwarten ist.

3.2.1.1. Enzymsequenzsensoren für Disaccharide

Für die Disaccharide Saccharose, Lactose und Maltose sind Biosensoren auf der Grundlage der sequentiellen Kopplung von *Invertase* (EC 3.2.1.26), *β-Galactosidase* (EC 3.2.1.23) bzw. *Maltase* (EC 3.2.1.20) mit GOD realisiert worden. Da die Disaccharidspaltung nicht zur Gleichgewichtszusammensetzung der α- und β-Form der Glucose führt, ist es zweckmäßig, *Mutarotase* (EC 5.1.3.3) einzubeziehen. Oligo- und Polysaccharide werden durch die Kopplung von *Glucoamylase* (EC 3.2.1.3) bzw. *Zellulasen* (EC 3.2.1.4) mit GOD zugänglich.

Die Bestimmung von *Saccharose* hat in der mikrobiologischen und Lebensmittelindustrie eine analoge Bedeutung wie die der Blutglucose im klinischen Labor. Saccharose besteht aus β-D-Fructose und α-D-Glucose, die über beide glykosidischen OH-Gruppen verknüpft sind:

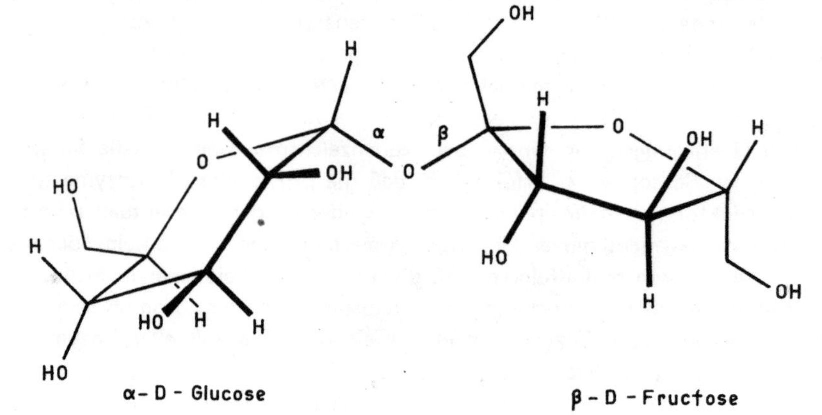

α-D-Glucose β-D-Fructose

Neben dem Enzymthermistor für die direkte Saccharosebestimmung (s. 2.1.26.) sind von mehreren Arbeitsgruppen Enzymelektroden für Saccharose entwickelt worden. Ihre Parameter sind in Tabelle 10 aufgeführt.

In den Invertase-GOD-Elektroden ist der GOD-katalysierten Reaktion folgende Reaktionssequenz vorgeschaltet:

$$\text{Saccharose} + H_2O \xrightarrow{\text{Invertase}} \alpha\text{-D-Glucose} + \text{D-Fructose},$$

$$\alpha\text{-D-Glucose} \xrightarrow{\text{(Mutarotation)}} \beta\text{-D-Glucose}.$$

Bei einem Überschuß an Invertase und GOD in der Enzymmembran wird die Gesamtgeschwindigkeit der Saccharosemessung durch die spontane Mutarotation limitiert. Die Empfindlichkeit für Saccharose beträgt deshalb nur etwa 10 % des stationären Wertes für Glucose. Eine kinetische Messung (dI/dt) ergibt sogar nur etwa 1 % des Glucosesignals bei gleicher Saccharosekonzentration. Die Coimmobilisierung von Mutarotase steigert die Empfindlichkeit für Saccharose um den Faktor 6 bei stationären Messungen und um den Faktor 60 bis 100 für das kinetische Signal. Damit werden 60 % der Glucoseempfindlichkeit auch für Saccharose erhalten.

Die Substratspezifität der Invertase ist sehr hoch, so daß neben Saccharose nur das Trisaccharid Raffinose gespalten wird. Das gravierendste Problem der Saccharosemessung ergibt sich durch endogene Glucose in den Proben, die natürlich mit erfaßt wird. Durch den Einsatz von zwei Meßgeräten ist die parallele Bestimmung von Glucose und Saccharose mit jeweils einer GOD- und der Trienzymelektrode in einer Doppelmeßzelle möglich (s. Abb. 27). Dagegen

Tabelle 10
Enzymelektroden für Saccharose

Enzym			Meßbereich (mmol/l)	Präzision, VK (%)	Stabilität	Empfindlichkeit, Glucose/Saccharose	Literatur
GOD	Mutarotase	Invertase					
x	x	x	0,1–2,5	7	10 Tage		SATOH et al. (1976)
x		x	1,4–14			10	CORDONNIER et al. (1975)
x	x	x	0,1–2				BERTRAND et al. (1981)
x	x	x		1,8			MASON (1983a)
x	x	x			18 Tage	2	KULYS et al. (1979)
x	x	x	0,03–1,5	3–4	1 Woche	1,7	MACHOLÁN et al. (1983)
x		x	0,5–70	3	1 Woche	16	SCHELLER und KARSTEN (1983)
x	x	x	0,5–7	3	4 Tage	3	SCHELLER und KARSTEN (1983)

ist ein Wechseln der Enzymmembran während des Meßprozesses erforderlich, wenn nur ein Analysator zur Verfügung steht. Deshalb ist es in diesem Falle zweckmäßiger, die Saccharose vor der Messung mit Invertase zu spalten und mit einer GOD-Mutarotase-Elektrode die Summe von Glucose und Saccharose zu bestimmen (Abb. 77). Dafür sind nur etwa 5 U Invertase je Probe erforderlich, und die Vorinkubation dauert etwa fünf Minuten. Weiterhin ist es möglich, die Invertierung direkt in der Meßzelle vorzunehmen: Nachdem der stationäre Meßwert für Glucose erreicht ist, wird gelöste oder immobilisierte Invertase in die Zelle gegeben und die Geschwindigkeit der Saccharosespaltung angezeigt [WEISE und SCHELLER 1981, SCHELLER und KARSTEN 1983] (Abb. 78). Dabei hängt die Geschwindigkeit der Glucosebildung linear von der Saccharosekonzentration ab. Allerdings ist dieses Verfahren auf glucosearme Meßproben beschränkt. Durch Vorschalten einer GOD-Katalase-Membran vor die Invertase-GOD-Schicht kann die Störung durch Glucose beseitigt werden. Dieses Prinzip der Antiinterferenzschicht wird im Abschnitt 3.2.3. näher erläutert.

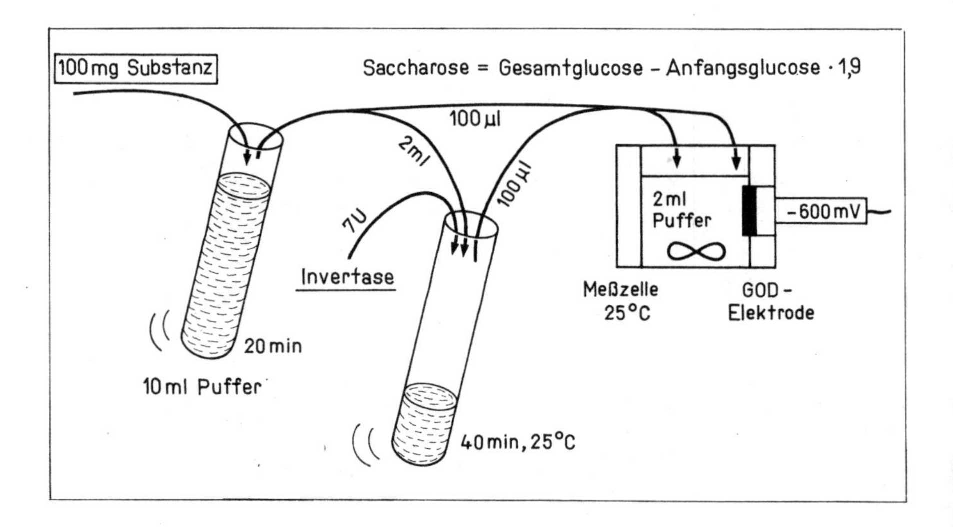

Abb. 77. Analysenschema der Bestimmung von Gesamtglucose durch externe Spaltung von Saccharose mit löslicher Invertase

Die mit dem Glucoseanalysator „Glukometer" erreichten Parameter für die verschiedenen Varianten der Messung von glucosehaltigen Saccharoseproben sind in Tabelle 11 zusammengefaßt.

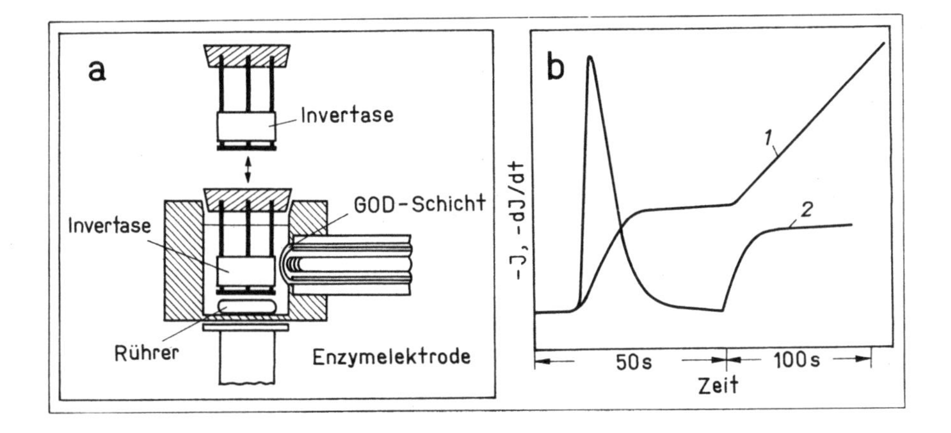

Abb. 78. Bestimmung von Saccharose mit immobilisierter Invertase und einer GOD-Elektrode
a) Schema der Meßzelle
b) Meßkurve für die sukzessive Messung von Glucose und Saccharose mit der abgebildeten Anordnung
1 — Stromanzeige (I), 2 — kinetische Anzeige (dI/dt)
[nach SCHELLER und KARSTEN 1983]

Tabelle 11
Vergleich verschiedener Meßverfahren zur Bestimmung von Glucose und Saccharose

	externe Invertierung	interne Invertierung	Trienzym-elektrode	Antiinterferenz-elektrode
VK (%)	1,9	5,0	3,8	3,2
Meßbereich (mmol/l)	0,5–44,0	0,5–12,0	0,5–7	0,5–20,0
Probenfrequenz (h^{-1})	10–12	6	20	8

Maltose besteht aus zwei Glucoseeinheiten, die über eine (1—4)-α-D-glykosidische Bindung verknüpft sind (s. Schema). Im Gleichgewicht liegen 39 % als α-Maltose vor, in der sich die freie glykosidische Hydroxylgruppe in α-Konfiguration befindet. Beim Stärkeabbau durch α-Amylase entsteht Maltose als Hauptprodukt. Ihre Konzentration ist deshalb eine wichtige Größe in der Prozeßkontrolle von Brauereien und Brennereien.

Durch Spaltung von Maltose mit *Maltase* wird erheblich weniger β-D-Glucose gebildet, als dem Mutarotationsgleichgewicht von 63 % entspricht. Deshalb ist die Empfindlichkeit der Maltase-GOD-Sequenzelektrode für Maltose wesentlich geringer als für Glucose. Trotzdem wird diese Elektrode in einem Analysator zur Bestimmung der α-Amylaseaktivität in Serum benutzt [OSAWA et al. 1981]. Damit wird die Bildungsgeschwindigkeit von Maltose angezeigt.

Die α-glykosidische Bindung der Maltose wird auch durch das Enzym *Glucoamylase* (EC 3.2.1.3) gespalten, wobei aber die entstehende freie glykosidische OH-Gruppe ausschließlich in der β-Form vorliegt. Deshalb liefert die Spaltung der Maltose 26 % α-Glucose und 74 % β-Glucose. Aus 1 mmol/l Maltose entsteht also eine Lösung mit 1,48 mmol/l β-D-Glucose, während eine Glucoselösung von 1 mmol/l nur 0,63 mmol/l β-D-Glucose enthält. Deshalb ist mit der Glucoamylase-GOD-Elektrode für Maltose eine mehr als doppelt so hohe Empfindlichkeit wie für Glucose zu erwarten. Tatsächlich wird aber nur etwa die gleiche Empfindlichkeit wie für Glucose erhalten [SCHELLER et al. 1983b]; der lineare Meßbereich erstreckt sich bis 2 mmol/l Maltose. Wenn interne Diffusionskontrolle vorliegt, wird offensichtlich der Überschuß an entstehender β-D-Glucose durch den höheren Diffusionswiderstand der Maltose überkompensiert. Diese Sequenzelektrode hat für Glucose ein pH-Optimum von 5,6 (wie die GOD-Elektrode), für Maltose dagegen von 4,5. Für Messungen wird deshalb als Kompromiß ein pH-Wert von 5,0 gewählt. Um für Maltose Diffusionslimitierung zu erreichen, wird eine hohe Glucoamylasekonzentration (50 U/cm^2) benötigt. Mit der Glucoamylase-GOD-Elektrode werden neben Glucose und Maltose auch Oligosaccharide, Dextrine sowie lösliche Stärke angezeigt. Trotz zunehmender Aktivität der Glucoamylase mit wachsender Kettenlänge des Substrats fällt die Empfindlichkeit des Sensors für hochmolekulare Substrate ab. Auch hier dominiert der Einfluß des zunehmenden Diffusionswiderstandes. Die unterschiedliche Empfindlichkeit für die verschiedenen Saccharide steht einer Bestimmung der „Gesamtglucose" in komplex zusammengesetzten Medien,

z. B. Fermentationslösungen, entgegen. Zur Lösung dieses Problems ist eine externe Spaltung mit Glucoamylase erforderlich, so daß die entstandene Glucose mit einer GOD-Mutarotase-Elektrode erfaßt werden kann.

Das Disaccharid *Lactose* ist ein Milchbestandteil (Muttermilch: 0,3 bis 0,6 mol/l, Kuhmilch: 0,25 bis 0,28 mol/l). Es besteht aus β-D-Galactose und D-Glucose, die (1→4)-glykosidisch verbunden sind.

Unter 3.1.2. ist darauf verwiesen worden, daß Lactose mit einem Galactoseoxidasesensor bestimmt werden kann. Eine höhere Spezifität wird jedoch mit der Sequenz β-Galactosidase-GOD erreicht. Im Vergleich zu Glucose beträgt die Empfindlichkeit dieser Bienzymelektrode für Lactose nur etwa 60 % und der lineare Meßbereich erstreckt sich bis 4 mmol/l [PFEIFFER et al. 1987].

Sind beide Enzyme in Gelatine eingeschlossen und nachträglich mit Glutaraldehyd vernetzt, so zeigt der Enzymbeladungstest oberhalb 6 U/cm² β-Galactosidase die Limitierung durch Substratdiffusion an. Für diese Bienzymmembran ist aus der Bildungsgeschwindigkeit von Glucose bei der Spaltung von Lactose in einer Doppelmeßzelle eine scheinbare Aktivität von 1 U/cm² Membranfläche bestimmt worden. Je nach der mikrobiellen Quelle der verwendeten β-Galactosidase werden Funktionsstabilitäten zwischen 4 und 30 Tagen gefunden (Abb. 79).

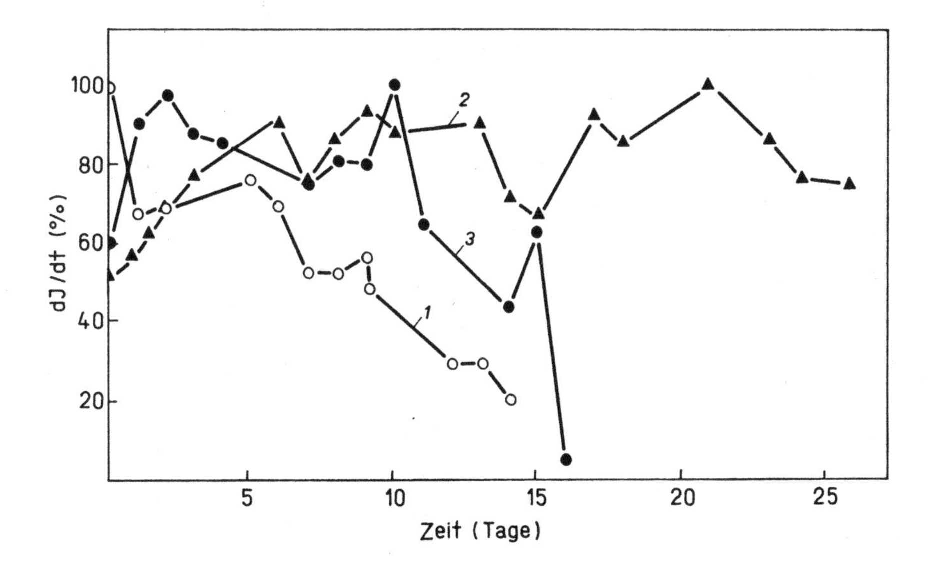

Abb. 79. Funktionsstabilität verschiedener Lactoseelektroden mit β-Galactosidase aus unterschiedlichen Mikroorganismen

1 – *Bifidobacterium*

2 – *Escherichia coli*, vernetzt

3 – *Curvularis inaequalis*

Mit einem analogen Lactosesensor, bei dem die Enzyme an eine Nylonmembran fixiert sind, haben PILLOTON et al. (1987) für Milchproben eine gute Korrelation zur Reduktionsmethode nach FEHLING erhalten. Diese Bienzymelektrode ist zur Unterdrückung von elektrochemischen Interferenzen mit einer Zelluloseacetatmembran (Ausschlußgrenze 100 Dalton) versehen. Die Arbeitsstabilität des Sensors beträgt etwa einen Monat.

Eine Enzymelektrode mit der gleichen Enzymsequenz ist auch durch kovalente Fixierung beider Enzyme mit Glutaraldehyd an silanisierte Glaskohle realisiert worden. Nach sieben Wochen ist noch die Hälfte der Ausgangsaktivität des Sensors erhaltengeblieben. Zur Ausschaltung elektrochemischer Interferenzen dient eine zusätzliche, enzymfreie Elektrode [MATSUMOTO et al. 1985].

Das Prinzip der sequentiell wirkenden Enzyme kann auch durch Kombination mehrerer Enzymreaktoren oder durch zusätzliche Einbeziehung von Enzymelektroden in Fließsysteme verwirklicht werden. Zur Messung von Maltose und Stärke benutzen SCHELLER et al. (1987c) ein f.i.a.-System, worin ein Glucoamylasereaktor vor der GOD-Durchflußelektrode angeordnet ist (Abb. 80). Während im Reaktor die Spaltung von Stärke oder Maltose erfolgt, dient die Enzymelektrode zur Anzeige der gebildeten Glucose. Diese Methode wird durch die Mutaroation des Überschusses an β-D-Glucose kompliziert. Durch Injektion sehr großer Probevolumina, die für den stationären

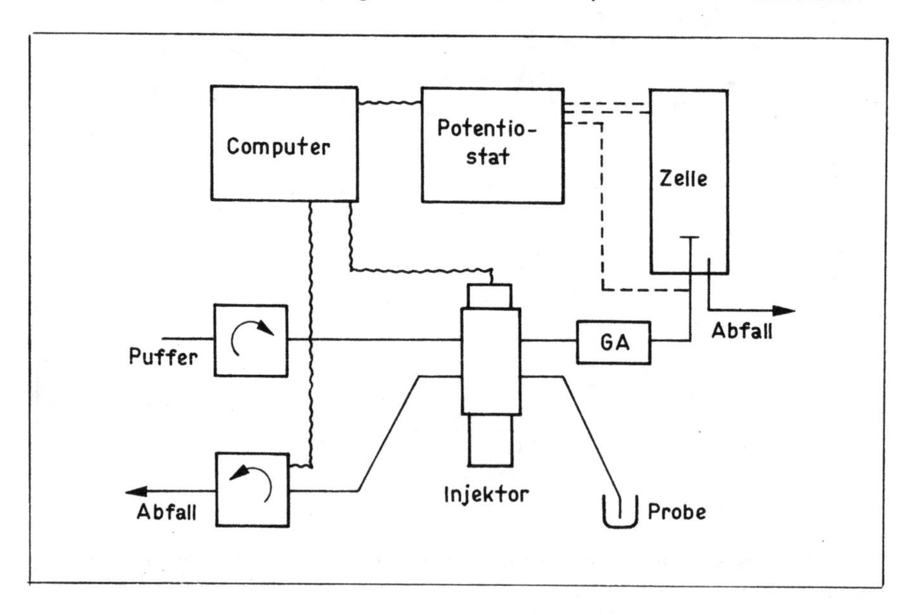

Abb. 80. Schema der f.i.a.-Apparatur zur Messung von Maltose und Stärke mit einem Glucoamylase(GA)-Reaktor und einer GOD-Durchflußelektrode
[nach SCHELLER et al. 1987c]

Zustand ausreichen, ist der Meßwert für Maltose sowie für ZULKOWSKI-Stärke (innerhalb bestimmter Grenzen) von der Fließgeschwindigkeit unabhängig. Dieser Befund belegt, daß das Substrat im Reaktor vollständig umgesetzt wird. Dabei ist die Empfindlichkeit für Maltose (bezogen auf zwei Glucosereste) etwa 10 % und für Stärke etwa 20 % höher als für Glucose. Der Zusatz von Mutarotase in den Pufferstrom bewirkt, daß für alle drei Substanzen die gleiche Empfindlichkeit erhalten wird. Dieses Ergebnis bestätigt den vollständigen Umsatz der Substrate im Enzymreaktor.

Die Injektion kleiner Probevolumina (40 µl), die Peaks in den Meßkurven hervorruft, liefert für Glucose, Maltose und Stärke eine lineare Konzentrationsabhängigkeit über drei Konzentrationsdekaden. Die höchste Empfindlichkeit wird für Maltose erreicht. Offensichtlich überwiegt der Überschuß an β-D-Glucose gegenüber der langsameren Diffusion der Maltose. Andererseits erniedrigt der Diffusionseffekt bei der Bestimmung von Stärke deutlich die Empfindlichkeit (Abb. 81). Bis zu 30 Proben pro Stunde lassen sich mit hoher Präzision analysieren.

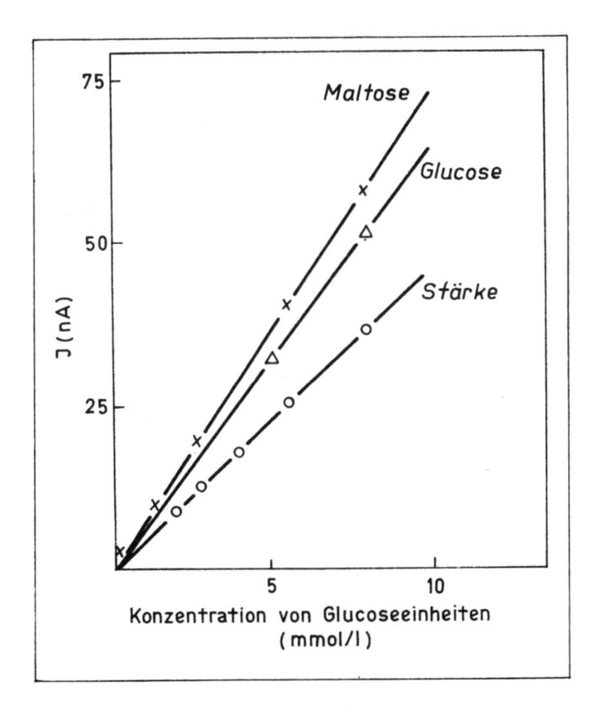

Abb. 81. Konzentrationsabhängigkeit des Peakstroms bei der Bestimmung von Stärke, Maltose und Glucose mit der in Abbildung 80 dargestellten Apparatur

Zur Messung von Saccharose in glucosehaltigen Proben haben OLSSON et al. (1986a) ein f.i.a.-System mit mehreren Enzymreaktoren entwickelt. Die endogene Glucose wird in einem Multienzymreaktor eliminiert, der Mutarotase, GOD und Katalase enthält. Die Saccharose, die diesen Reaktor passiert, wird anschließend in einem Reaktor umgesetzt, der die Sequenz Invertase-Mutarotase-GOD enthält. Das entstehende H_2O_2 wird in einem POD-Reaktor in einer chromogenen Reaktion umgewandelt und das Produkt spektroskopisch angezeigt. Mit diesem komplexen System können bis zu 80 Proben pro Stunde bestimmt werden, wobei die Interferenz durch Glucose nur 0,7 % der Empfindlichkeit der Saccharose erreicht. Wie mit den meisten f.i.a.-Anordnungen ist auch hier die Präzision exzellent (Variationskoeffizient für Saccharose 0,3 %).

3.2.1.2. Glucoseoxidase-Peroxidase(-Katalase)-Sensoren

In der Kombination von GOD und POD wird das in der Glucoseumsetzung erzeugte H_2O_2 zur Oxidation von POD-Substraten benutzt. Diese Sequenz kann der Glucosebestimmung dienen und bietet den Vorteil, daß die elektrochemische Anzeige bei einem wesentlich niedrigeren Potential als die H_2O_2-Oxidation möglich ist. Das ist vor allem beim Einsatz von Kohleelektroden bedeutsam, da der H_2O_2-Grenzstrom erst oberhalb von +900 mV erreicht wird, während die Reduktion von Ferricyanid bereits bei 0 mV *vs.* SCE erfolgt. Andererseits bewirkt die direkte Kopplung der GOD-Reaktion mit künstlichen Elektronenakzeptoren, z. B. Ferrocenderivaten, den gleichen Effekt und umgeht das Problem der unzureichenden Stabilität des POD-Substrats. Deshalb ist die von KULYS et al. (1983) vorgestellte GOD-POD-Glucoseelektrode nicht zu einer praktischen Anwendung gelangt.

HINTSCHE und SCHELLER ist 1987 die Coadsorption von GOD und POD an Kohleelektroden gelungen. Als POD-Substrat fungiert Hydrochinon. Sofern das in der Reaktionssequenz entstehende Benzochinon angezeigt wird, ist die Empfindlichkeit etwa 50mal höher als mit der entsprechenden GOD-Elektrode.

Andererseits kann GOD auch zur Erzeugung des H_2O_2 für die Oxidation der zu bestimmenden Substanz verwendet werden. Beispielsweise kann Bilirubin, ein Abbauprodukt des Häm, mit einer GOD-POD-Sequenzelektrode gemessen werden [RENNEBERG et al. 1982, SCHELLER et al. 1983b]. Dazu wird der Grundlösung soviel Glucose zugesetzt, daß der gesamte Sauerstoff in der Enzymmembran zu H_2O_2 umgesetzt wird (Abb. 82). Deshalb beeinflußt die Veränderung der Glucosekonzentration in der Meßzelle bei Zugabe der Probe das H_2O_2-Signal nicht. Enthält die Probe aber das POD-Substrat Bilirubin, so wird ein Teil des H_2O_2 in der Substratoxidation verbraucht, und das Meßsignal vermindert sich entsprechend. Die erzielte Emp-

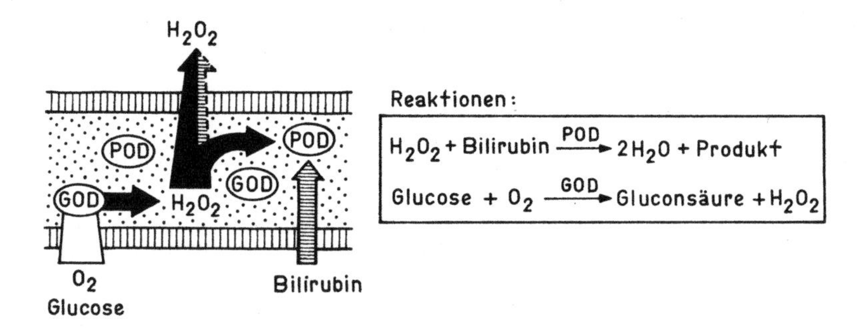

Abb. 82. Schema der Messung von Bilirubin mittels einer GOD-POD-Sequenzelektrode [nach RENNEBERG et al. 1982]

findlichkeit reicht aber für die Bilirubinbestimmung in Serum noch nicht aus.

Dieses Meßprinzip wird für solche POD-Substrate, die selbst elektrodenaktiv sind, z. B. Aminopyrin, wie folgt modifiziert: Zur Ausschaltung der elektrochemischen Interferenzen wird die O_2-Anzeige gewählt und zusätzlich zu GOD und POD auch Katalase immobilisiert. Die Katalase zersetzt das nicht von der POD verbrauchte H_2O_2 zu O_2, dessen Konzentration an der Elektrode angezeigt wird. POD und Katalase konkurrieren also um das gemeinsame Substrat H_2O_2.

Die Kopplung von POD mit Katalase ist bereits für eine potentiometrische Glucoseelektrode beschrieben worden (s. 3.1.1.2.). Das gleiche Enzymsystem wird auch in amperometrischen Enzymelektroden benutzt, die auf der Anzeige des O_2-Verbrauchs beruhen. Dadurch wird die Empfindlichkeit zwar um 50 % gegenüber der GOD-Elektrode erniedrigt; durch Zersetzung des H_2O_2 soll die Funktionsstabilität jedoch zunehmen [BUCHHOLZ und GÖDELMANN 1978]. Dieser Ansatz ist allerdings nicht erfolgreich, da andere O_2-Spezies als H_2O_2 für die Zersetzung der reduzierten GOD verantwortlich sind [KIRSTEIN et al. 1980]. Außerdem fällt die Aktivität der Katalase zumeist schneller ab als die der GOD, wodurch sich dann die Empfindlichkeit ändert. Beim Enzymthermistor verdoppelt die Coimmobilisierung der Katalase die Empfindlichkeit, da die Reaktionsenthalpie der H_2O_2-Zersetzung 100,4 kJ/mol und die für die einfache Oxidation von Glucose 80,0 kJ/mol beträgt. Außerdem wird der lineare Meßbereich durch die Rückbildung von Sauerstoff erweitert. Deshalb wird mit Enzymthermistoren diese Sequenz aus Oxidase und Katalase allgemein auch bei anderen Substraten benutzt [DANIELSSON 1982].

3.2.1.3. Glucoseisomerase-Glucoseoxidase-Sensor

Glucoseisomerase (EC 5.3.1.18) beschleunigt die Einstellung des Gleichgewichts zwischen α-D-Glucose und D-Fructose. Für eine meßbare Aktivität werden Co^{2+}- bzw. Zn^{2+}-Ionen als Aktivatoren benötigt. Das pH-Optimum liegt oberhalb 8 und das Temperaturoptimum über 80 °C.

Zur Messung von *Fructose* empfiehlt sich die Verwendung einer Sequenz aus Isomerase, Mutarotase und GOD. Bisher enthält die Literatur keine Mitteilung über die Applikation dieses Enzymsystems in einem Fructosesensor. 1987 ist OLSSON die Bestimmung von Fructose in einer f.i.a.-Anordnung gelungen, die einen Enzymreaktor mit Glucoseisomerase und Mutarotase enthält. Die gebildete Glucose wird spektrophotometrisch angezeigt. Dagegen haben GONDO et al. (1981) versucht, Glucoseisomerase in einem Glucosesensor zur Entfernung von α-D-Glucose einzusetzen: Sie coimmobilisieren ein industrielles Rohpräparat der Isomerase gemeinsam oder in getrennten Schichten mit GOD an Kollagen. Empfindlichkeit und Funktionsstabilität der Bienzymelektrode erweisen sich als erheblich höher als die entsprechenden Größen eines GOD-Sensors mit gleicher Ausgangsaktivität. Daraus schließen die Autoren, daß GOD durch α-D-Glucose inhibiert wird. Diese Folgerung ist jedoch fragwürdig, da keinerlei Nachweis für die Funktionstüchtigkeit der Isomerase in Abwesenheit der erforderlichen Aktivatoren beigebracht worden ist.

3.2.1.4. Sequenzelektroden für ATP und Glucose-6-phosphat

In der enzymatischen Analytik ist die Kombination von *Hexokinase* und *Glucose-6-phosphat-dehydrogenase* (G6P-DH) eine gebräuchliche Enzymsequenz:

$$\text{ATP} + \text{Glucose} \longrightarrow \text{ADP} + \text{Glucose-6-phosphat},$$

$$\text{Glucose-6-phosphat} + \text{NADP}^+ \longrightarrow \text{6-Phosphogluconat} + \text{NADPH} + \text{H}^+.$$

Ihr Einsatz in einem Biosensor (Abb. 83) eröffnet eine Reihe interessanter Bestimmungsmöglichkeiten [SCHUBERT et al. 1986a]. Die Anzeige erfolgt über die Oxidation von NADPH durch NMP^+. Der O_2-Verbrauch der $NMPH_2$-Reoxidation wird an der Elektrode gemessen. Alle Substrate und Cofaktoren der beiden Enzyme ergeben dann ein Meßsignal (Abb. 84). Die unterschiedlichen Empfindlichkeiten sind auf das Wechselspiel von Diffusions- und Reaktionsgeschwindigkeit bzw. bei $NADP^+$ auf die chemische Regenerierung durch NMP^+ zurückzuführen. Da auch Fructose durch Hexokinase phosphoryliert wird, ist der Sensor zur Messung dieser Substanz ebenso geeignet. Die dieser Möglichkeit zugrunde liegende Substratkonkurrenz wird in Abschnitt 3.2.2. behandelt.

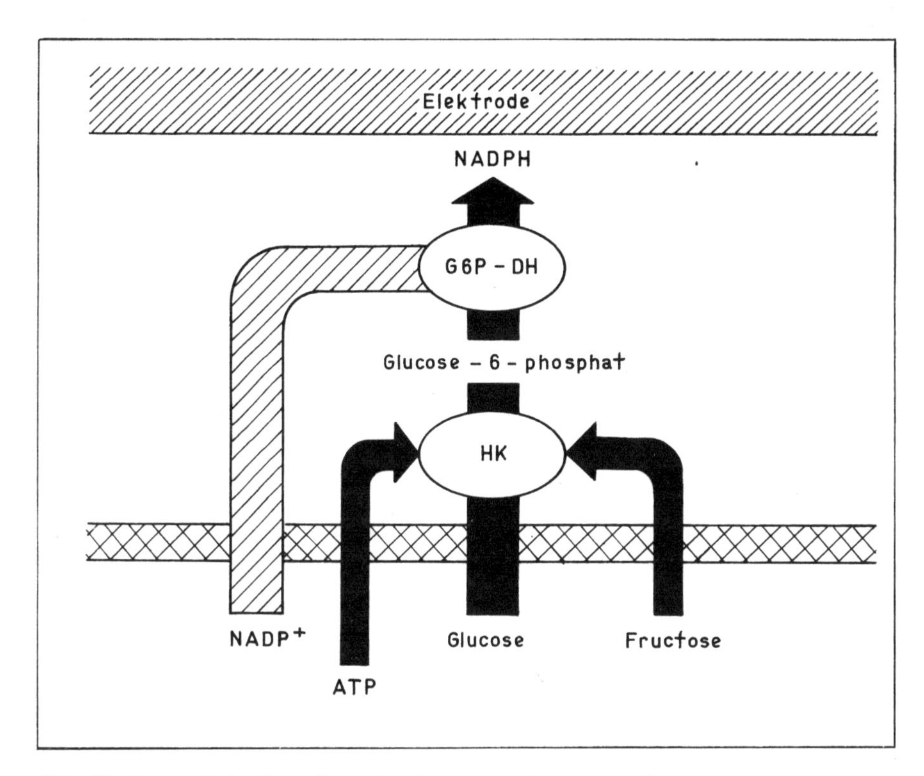

Abb. 83. Schematische Darstellung des Sensors mit Hexokinase (HK) und Glucose-6-phosphat-dehydrogenase (G6P-DH) zur Bestimmung von $NADP^+$, ATP, Glucose, Glucose-6-phosphat und Fructose [nach SCHUBERT et al. 1986a]

Die Bestimmung von Glucose-6-phosphat kann alternativ zum G6P-DH-Sensor, bei dem die Bildung von NADPH angezeigt wird, auch mit einer Sequenz aus alkalischer *Phosphatase* (EC 3.1.3.1) und GOD erfolgen. Diese Sequenzelektrode kann ferner zur Messung des kompetitiven Inhibitors Phosphat (s. Abschnitt 4.4.) benutzt werden [GUILBAULT und NANJO 1975b].

3.2.1.5. Lactat- und pyruvatumsetzende Enzymsequenzen

Das Gleichgewicht der LDH-katalysierten Reaktion liegt mit $K = 2{,}76 \cdot 10^{-5}$ mol/l (pH 7,0; 25 °C) weit auf der Seite des Lactats. Während für Lactatsensoren mit LDH durch basisches Milieu und Pyruvat- oder NADH-Fänger die Gegenrichtung forciert werden muß, läuft die Reduktion des Pyruvats unter Normalbedingungen spontan ab. Dies ist in einer Sequenzelektrode zur Pyruvatbestimmung genutzt worden [WEIGELT et al. 1987b]. Das in der LDH-Reaktion aus Pyruvat gebildete Lactat wird in Gegenwart von Lactat-

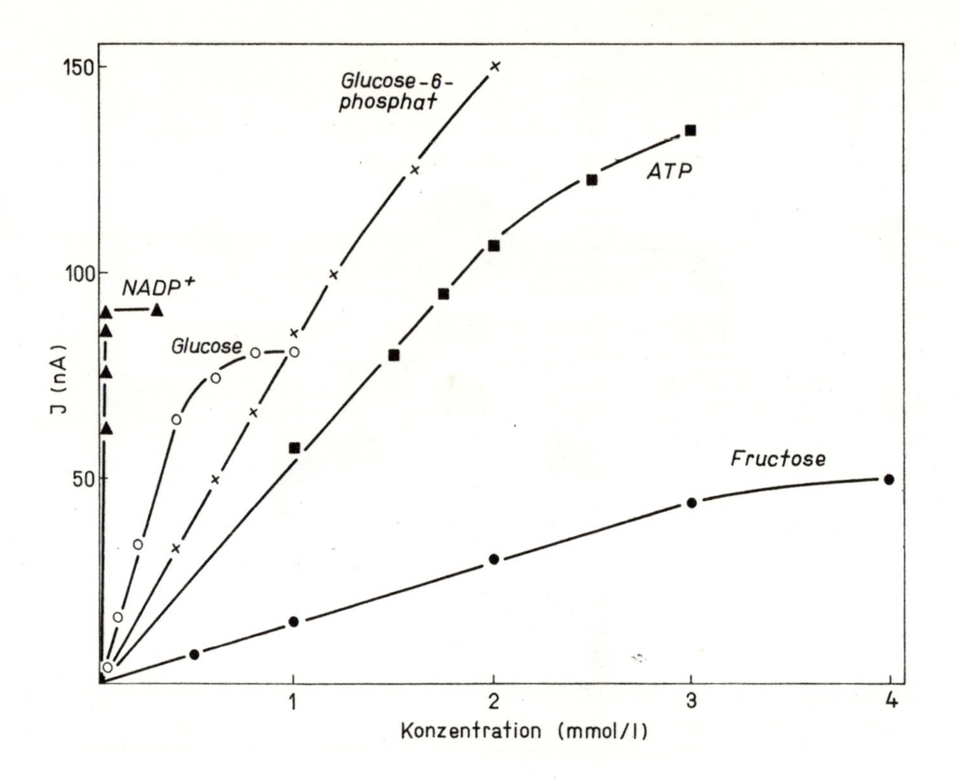

Abb. 84. Abhängigkeit des Signals des in Abbildung 83 dargestellten Sensors von der Konzentration der Substrate und Cofaktoren

monooxygenase (LMO) durch Luftsauerstoff oxidiert, dessen Verbrauch eine O_2-Elektrode anzeigt. Selbstverständlich wird auch Lactat selbst durch den Sensor erfaßt. Das bedeutet, daß dieser zur Bestimmung des diagnostisch bedeutsamen Lactat/Pyruvat-Verhältnisses geeignet ist. Wird die zur Diffusionskontrolle ausreichende Enzymaktivität immobilisiert, so ergibt sich wegen der übereinstimmenden Diffusionskoeffizienten von Pyruvat und Lactat für beide Substanzen die gleiche Empfindlichkeit (Abb. 85). Diese an Enzymsequenzelektroden sonst nicht beobachtete Eigenschaft begünstigt die Kalibrierung: Diese ist nur mit einem der beiden Substrate erforderlich.

LMO bildet die Basis einer Reihe weiterer Sensoren mit gekoppelten Enzymreaktionen (Abb. 86). So ist der LDH-LMO-Sensor auch zur Aktivitätsbestimmung von *Alaninaminotransferase* (ALAT, EC 2.6.1.2) und *Pyruvatkinase* (PK, EC 2.7.1.40) anwendbar [WEIGELT 1987, WEIGELT et al. 1988]. Dabei wird die Probe der NADH-haltigen Meßlösung zugesetzt und – nach-

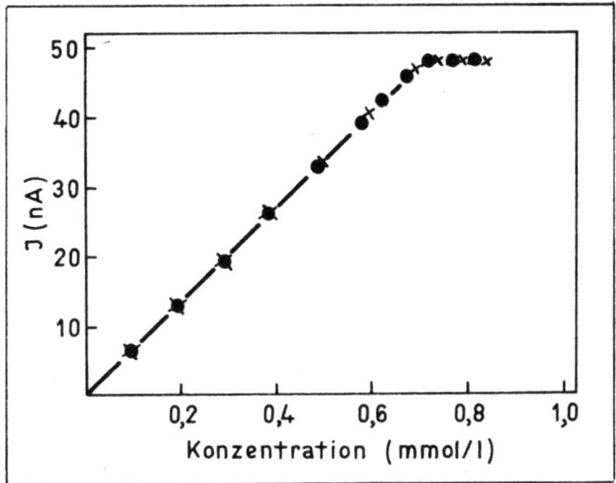

Abb. 85. Bezugskurven des LDH-LMO-Sensors für Lactat (●) und Pyruvat (x) [nach WEIGELT et al. 1987b]

dem das Signal von endogenem Lactat und Pyruvat stationär ist – werden die ALAT- bzw. PK-Substrate zugegeben. Der aufgrund der Pyruvatbildung eintretende Stromabfall ist zwischen 0,1 und 90 U/l der ALAT- bzw. zwischen 5 und 110 U/l der PK-Aktivität proportional. Wird PK zusätzlich zu LDH und LMO in der Enzymmembran immobilisiert, so entsteht ein Sensor zur Messung von Creatinkinase [WEIGELT et al. 1988], mit dem zusätzlich Lactat und Pyruvat nachgewiesen werden können (Abb. 87).

Neben der physiologischen oxidativen Decarboxylierung von Lactat katalysiert LMO auch die Oxidation von L-Malat:

$$\mathrm{HOOC{-}\underset{\displaystyle OH}{\underset{|}{C}H}{-}CH_2{-}COO^-} + \mathrm{O_2} \longrightarrow \mathrm{HOOC{-}\underset{\displaystyle O}{\underset{\|}{C}}{-}CH_2{-}COO^-} + \mathrm{H_2O_2}.$$

Diese Reaktion bildet die Grundlage einer Bestimmungsmethode für die Transaminasen ALAT und *Aspartataminotransferase* (ASAT, EC 2.6.1.1) mit dem LDH-LMO-Sensor. In der Enzymmembran wird dazu zusätzlich *Malatdehydrogenase* (MDH, EC 1.1.1.37) immobilisiert [WEIGELT 1987, SCHUBERT et al. 1988]. Die ALAT-Messung erfolgt wie oben beschrieben. Wird dann die ASAT-Reaktion durch Substratzugabe gestartet, so setzt MDH das entstehende Oxalacetat zu Malat um:

$$\text{Oxalacetat} + \text{NADH} + \text{H}^+ \longrightarrow \text{L-Malat} + \text{NAD}^+.$$

Das Malat wird in der LMO-Reaktion unter O_2-Verbrauch zur Anzeige gebracht und außerdem zu Oxalacetat reoxidiert. Letzteres steht der MDH wieder zur Verfügung und wird kontinuierlich von beiden Enzymen zyklisch

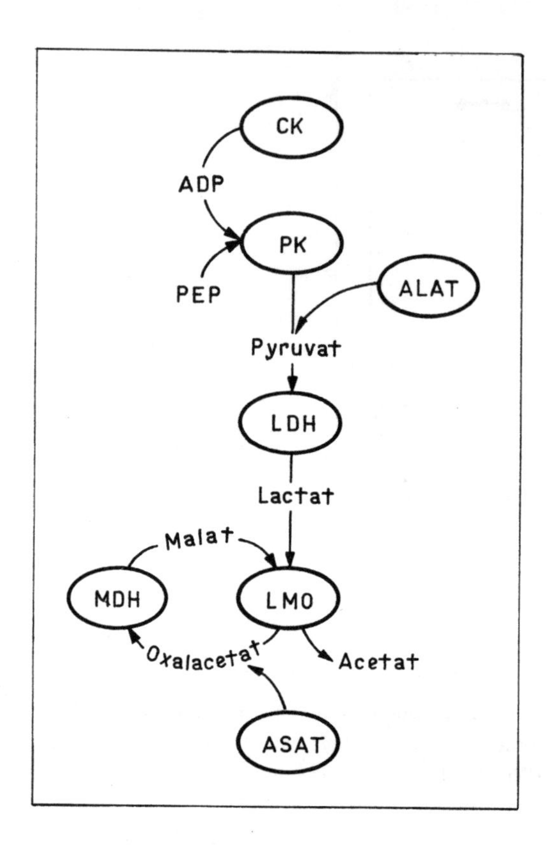

Abb. 86. Schema der Kopplung von Enzymreaktionen zum Aufbau einer Familie von Sensoren auf der Basis von LMO
CK – Creatinkinase, PK – Pyruvatkinase, MDH – Malatdehydrogenase, PEP – Phosphoenolpyruvat, ALAT – Alaninaminotransferase, ASAT – Aspartataminotransferase

umgewandelt (s. 3.2.4.). Die wegen der geringen Affinität von LMO zu Malat niedrige Empfindlichkeit für dieses Intermediat wird durch das "Recycling" kompensiert, so daß die beiden Transaminaseprodukte Oxalacetat und Pyruvat mit etwa gleicher Empfindlichkeit bestimmt werden können (Abb. 88).

Auch mit einer Sequenzelektrode, die Oxalacetatdecarboxylase und Pyruvatoxidase enthält, ist die sukzessive Bestimmung der beiden Transaminasen durchgeführt worden [KIHARA et al. 1984b]. Beide Enzyme werden dazu an einer 40 μm dicken PVC-Membran in Gegenwart von Thiaminpyrophosphat (TPP), FAD und $MgCl_2$ coadsorbiert.

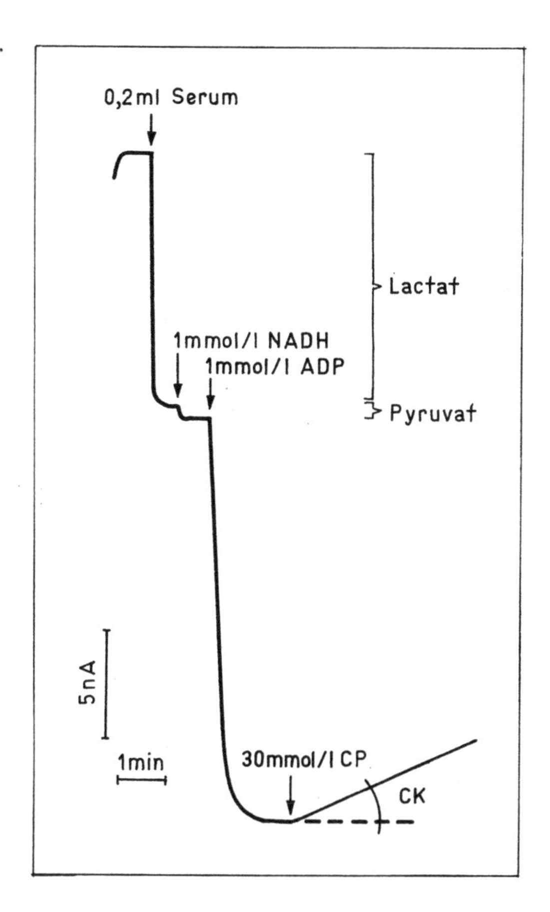

Abb. 87. Meßkurve der sequentiellen Bestimmung von Lactat, Pyruvat und der Aktivität von Creatinkinase (CK), CP – Creatinphosphat
Lactat: 3,4 mmol/l
Pyruvat: 245 μmol/l
CK: 504 U/l

3.2.1.6. Cholesteroloxidase-Cholesterolesterase-Sequenzsensoren

Da Cholesterol in biologischem Material, z. B. in Blutserum, zum Teil mit Fettsäuren verestert vorliegt, ist zur Bestimmung seiner Gesamtkonzentration eine Hydrolyse der Cholesterolester notwendig. Neben der chemischen, in den meisten Fällen alkalischen Hydrolyse [KUMAR und CHRISTIAN 1977, RICHMOND 1973], empfiehlt sich die enzymatische Spaltung [NOMA und NAKAYAMA 1976, CLARK 1977, COULET und BLUM 1983].

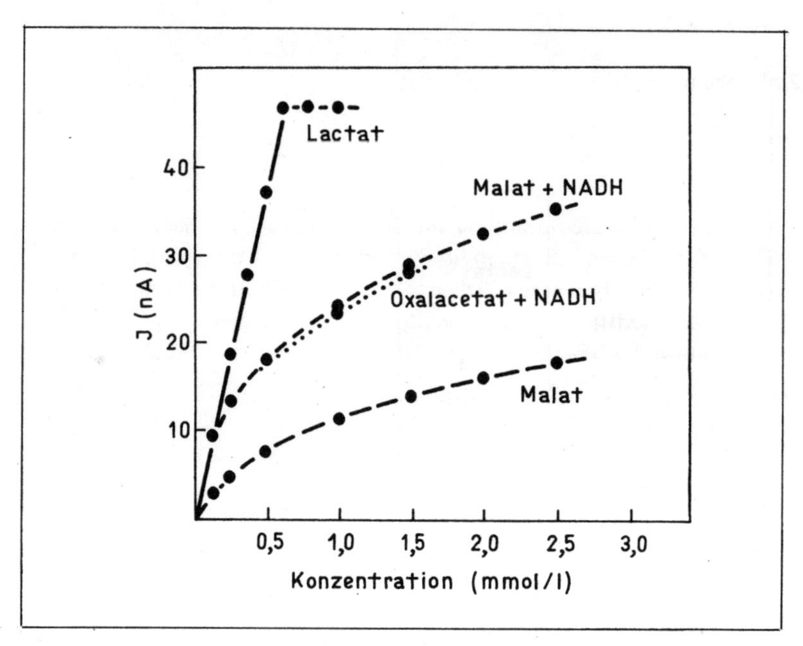

Abb. 88. Abhängigkeit des Stroms der LMO-MDH-Elektrode von der Lactat-, Oxalacetat- und Malatkonzentration [nach WEIGELT 1987]

Cholesterolesterase (CEH, EC 3.1.1.13) katalysiert die Hydrolyse von Cholesterolestern unter Freisetzung von Cholesterol und Fettsäuren. Für das Enzym sind verschiedene Temperaturoptima angegeben worden, und zwar 25 °C [LYNN et al. 1982] und über 60 °C [CLARK et al. 1978]. TABATA et al. (1981) haben oberhalb 35 °C einen Aktivitätsabfall festgestellt. Aus Untersuchungen von DIETSCHY et al. (1976) geht hervor, daß CEH aus Mikroorganismen ihr Wirkungsoptimum zwischen pH 6,0 und 8,0 bei Phosphatpufferkonzentrationen von 0,3 bis 1,0 mol/l hat. Maximale Aktivität wird in Gegenwart von 0,05 % bis 0,3 % Triton X-100 beobachtet. Oberhalb von 0,3 % Triton ist CEH nahezu vollständig gehemmt.

Reaktoranordnungen

Die Anwendung *coimmobilisierter* COD und CEH (s. auch Tab. 6 unter 3.1.8.) erlaubt eine ökonomisch günstige Bestimmung von Gesamtcholesterol im Blutserum. Kovalent an Alkylaminglasperlen [TABATA et al. 1981] bzw. porösen Quarzröhren [RIGIN 1978] mit Glutardialdehyd coimmobilisierte COD und CEH sind in Durchflußapparaturen benutzt worden, die auf kolorimetrischer bzw. Chemilumineszenzmessung des H_2O_2 beruhen. Mit den zuerst genannten Immobilisaten kann Gesamtcholesterol im Serum bis 10 mmol/l mit einer Meßfrequenz von 50 Proben pro Stunde und befriedigender Präzision bestimmt werden.

Insgesamt sind mit einer Reaktorpräparation mindestens 1000 Messungen über etwa einen Monat möglich. Dagegen erlauben die im Lumometer verwendeten Enzyme die sequentielle Bestimmung des freien und des Gesamtcholesterols in Plasmaproben im Konzentrationsbereich von 0,1 μmol/l bis 0,3 mmol/l in einer Meßzeit von 15 bis 20 Minuten.

Die Kombination der coimmobilisierten Enzyme mit elektrochemischer Anzeige zur Gesamtcholesterolbestimmung im Serum gelingt mit dem von HUANG et al. (1977) beschriebenen „Enzymrührer" und der Reaktorelektrode von KARUBE et al. (1982b). In beiden Arbeiten wird die Cholesterolkonzentration aus der Größe des anodischen Oxidationsstroms des gebildeten H_2O_2 ermittelt. Die Durchflußanordnung erlaubt die Gesamtcholesterolmessung in Serumproben zwischen 2,5 und 10,0 mmol/l in einer Meßzeit von fünf Minuten. Dagegen sind mit dem Enzymrührer nur etwa fünf Messungen pro Stunde möglich. Der Vergleich mit der photometrischen Methode ergibt eine sehr gute Korrelation (r = 0,992). Jedoch beschränkt die schnelle Inaktivierung der immobilisierten CEH die Lebensdauer des Enzymrührers, obwohl mehrere hundert Messungen mit einer Präparation ausgeführt werden können.

Enzymsequenzelektroden für Cholesterol

COD kann einerseits mit CEH coimmobilisiert zur Bestimmung von Gesamtcholesterol dienen. Andererseits bietet die Verknüpfung von COD und Peroxidase (POD) die Möglichkeit, mit einer geringen Überspannung zu arbeiten und so elektrochemische Interferenzen zu unterdrücken. In Abbildung 89 ist das Schema der verschiedenen Reaktionssequenzen und der elektrochemischen Anzeigereaktionen dargestellt.

1. Kopplung von COD und CEH

Der COD-Reaktion haben WOLLENBERGER et al. (1983) die enzymatische Cholesterolesterhydrolyse vorgeschaltet, so daß ein Sensor für Gesamtcholesterol entsteht. Während nach Fixierung eines Gemisches aus *separat* an Spheronpartikeln immobilisierter COD und CEH keine funktionsfähige Elektrode erhalten werden konnte, erwiesen sich diese Enzyme in *coimmobilisierter* Form als erfolgreich. Durch gemeinsame Immobilisierung an Spheron wird die CEH nur mit einer etwa sechsfach geringeren Aktivität als die COD gebunden. Die Abhängigkeit des Stromsignals der Enzymsequenzelektrode von der Konzentration stimmt für freies und verestertes Cholesterol in wäßrigen bzw. Serumlösungen überein (Abb. 90). Damit ist auf eine ausreichende CEH-Aktivität im Immobilisat zu schließen.

Die Ansprechzeit nach Zugabe von 50 μl Serum beträgt bei stationärer Messung fünf Minuten und ist damit etwa doppelt so hoch wie die der Monoenzymelektrode (s. 3.1.8.). Die obere Grenze der linearen Strom-Konzentrationsabhängigkeit liegt bei 100 μmol/l. Aufgrund der schnellen Inaktivierung

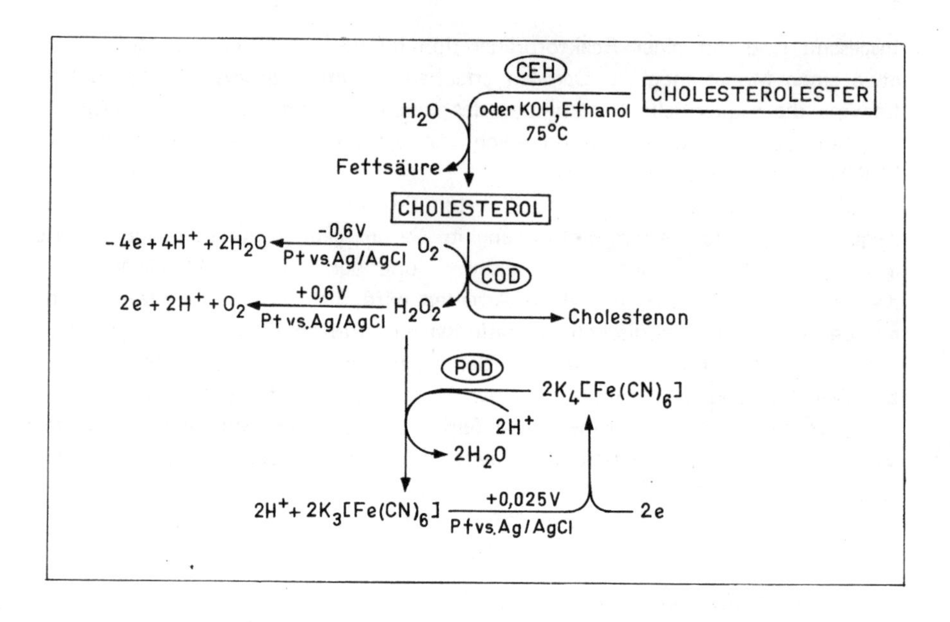

Abb. 89. Schematische Darstellung von Möglichkeiten der Kopplung enzymatischer Reaktionen mit elektrochemischer Anzeige in amperometrischen Enzymelektroden zur Cholesterolbestimmung [nach WOLLENBERGER et al. 1983]

der immobilisierten CEH sowie deren geringer Aktivität nach Immobilisierung ist dieser Sensor nur einen Tag stabil. Ein praktischer Einsatz ist damit noch nicht möglich.

2. Kopplung von COD und POD

Das in der COD-Reaktion gebildete H_2O_2 kann in der nachgeschalteten POD-Reaktion unter Oxidation eines Mediators reduziert werden.

Als Indikatorelektrode dient eine mit einer Zellulosemembran bedeckte Pt-Elektrode, die auf +25 mV (gegen Ag/AgCl) polarisiert wird. Auf die Membran dieser Elektrode wird in Gelatine eingeschlossene POD und darüber an Spheron immobilisierte GOD mittels Seide und Nullring fixiert [WOLLENBERGER et al. 1983]. Der Sensor arbeitet mit einer Ansprechzeit von ein bis zwei Minuten verhältnismäßig langsam. Die Stabilität von nur zwei Tagen begrenzt die Funktionsfähigkeit wesentlich.

Auch mit einer Enzymsequenzelektrode, die aus „organischer Metallelektrode" (NMP^+TCNQ^-) mit adsorbierter POD und immobilisierter COD (an Polyamid-6) besteht, kann ohne Zusatz eines künstlichen Elektronenakzeptors bei +29 mV Cholesterol gemessen werden. Die Stabilität ist hier jedoch ebenfalls ungenügend [WOLLENBERGER 1984].

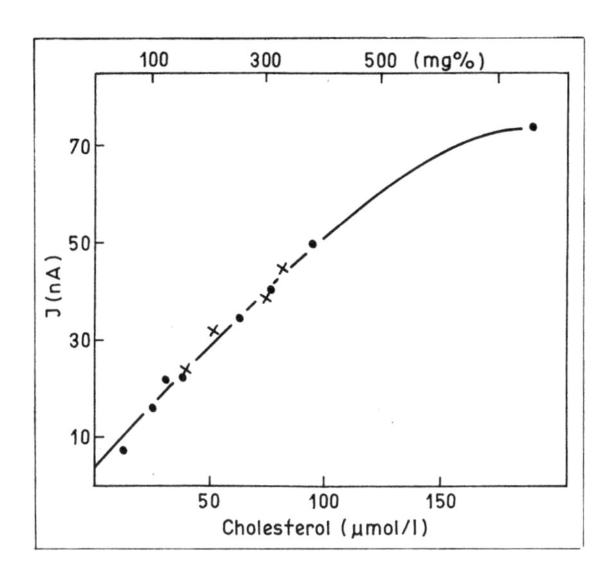

Abb. 90. Bezugskurve der Enzymsequenzelektrode für Gesamtcholesterol
● – Cholesterolstandard mit 10 % Triton X-100
x – Kontrollserum mit freiem und verestertem Cholesterol
[nach WOLLENBERGER et al. 1983]

3.2.1.7. Enzymsequenzsensoren für Phosphatidylcholine und Acetylcholin

Phosphatidylcholine, vor allem *Lecithin,* treten in millimolaren Konzentrationen im Serum und in der Gallenflüssigkeit auf. *Acetylcholin* (ACh) ist der bekannteste Neurotransmitter; deshalb kommt es gemeinsam mit dem Abbauprodukt Cholin im Gehirn- und Nervenextrakt vor.

Die enzymatische Bestimmung dieser Substanzen basiert auf der Oxidation des Cholins unter der Wirkung von *Cholinoxidase* (EC 1.1.3.17) nach folgender Bruttogleichung:

$$(CH_3)_3N^+{-}CH_2{-}CH_2{-}OH + O_2 + H_2O \longrightarrow (CH_3)_3N^+{-}CH_2{-}COOH + 2H_2O_2.$$

Cholinoxidase ist sowohl an hydrophobe Agarosekügelchen [KARUBE et al. 1979c] als auch in einer asymetrischen Acetylzelluloseschicht [MIZUTANI und TSUDA 1982] sowie an Nylonnetz [MASCINI und MOSCONE 1986] nach verschiedenen Verfahren in Membranen immobilisiert worden. Weiterhin ist zum Aufbau einer chemisch modifizierten Elektrode (CME) die direkte Fixierung an eine silanisierte Platin-Netzelektrode mittels Glutaraldehyd durchgeführt worden [YAO 1983].

Da die zu bestimmenden Cholinkonzentrationen sehr niedrig sind, müssen elektrochemische Interferenzen unterdrückt werden. Dazu benutzen MASCINI und MOSCONE (1986) eine Zelluloseacetatmembran unmittelbar vor der H_2O_2-anzeigenden Elektrode, während YAO (1983) eine Säule mit einem Cu^{2+}-Komplex (zur chemischen Oxidation) in den Probestrom vor der Enzymelektrode einfügt. Diese Cholinoxidaseelektroden erreichen eine untere Nachweisgrenze von 0,5 μmol/l. Die Empfindlichkeit für Cholin ist etwa doppelt so hoch wie für H_2O_2. Dieses Ergebnis belegt die Bildung von zwei Molen H_2O_2 je Mol Cholin und weist auf einen niedrigen Diffusionswiderstand der Enzymmembran hin. Aliphatische Mono- und Diamine werden nur mit 2 bis 6 % der Empfindlichkeit für Cholin erfaßt. Diese Elektroden werden für die Messung von Phosphatidylcholin oder der Aktivität von Cholinesterase benutzt.

Zur Bestimmung von Phosphatidylcholin werden die Serumproben mit 0,2 bis 0,5 U/Probe löslicher Phospholipase D (EC 3.1.4.4) vorinkubiert, wobei ein Zusatz von Triton X-100 sowie $CaCl_2$ erforderlich ist [MASCINI et al. 1986]. Das in der Hydrolysereaktion gebildete freie Cholin wird anschließend mit der Cholinoxidaseelektrode angezeigt. Beim Nachweis von Lecithin in Lebensmitteln wird der ethanolische Extrakt nach Verdünnung mit Puffer direkt eingesetzt. Die Bestimmung in Serumproben wird von der japanischen Firma Toyo Jozo im "Lipid Analyzer LCA 400" nach dem gleichen Prinzip realisiert. Allerdings hat dieses Gerät nicht die Entwicklung bis zur Routinereife erfahren und ist vom Hersteller vom Markt zurückgezogen worden.

In coimmobilisierter Form werden Phospholipase D und Cholinoxidase in einer Reaktoranordnung mit elektrochemischer H_2O_2-Anzeige angewendet [KARUBE et al. 1979c]. Die Funktionsstabilität beträgt neun Tage.

YAO (1983) hat die erwähnte CME auf der Grundlage der Cholinoxidase zur Messung der Aktivität von *Acetylcholinesterase* (AChE) eingesetzt. Dabei erfolgt die Hydrolyse des ACh in einem Reaktionsgefäß, das sich in einer f.i.a.-Apparatur vor der Cholinelektrode befindet. Der lineare Meßbereich erstreckt sich von 0,25 bis 100 mU, wobei eine Meßfrequenz von 40 Proben/Stunde erreicht wird.

Bei Verwendung der Cholinoxidaseelektrode in Serumproben haben MASCINI und MOSCONE (1986) festgestellt, daß durch die Adsorption von AChE aus der Probe an der Sensormembran auch ACh angezeigt wird. Dieser Befund stimmt mit den Ergebnissen überein, die durch Adsorption von Serum an Kohleelektroden von GRUSS (1988) erhalten worden sind; das kann durch die hohe Konzentration von AChE im normalen Serum sowie ihre hohe Oberflächenaktivität erklärt werden.

Andererseits haben diese Autoren Cholinoxidase und AChE an einem Nylonnetz coimmobilisiert, wobei sich die Esterase auf der zur Lösung orientierten Seite befindet. Dabei ist eine scheinbare Aktivität von 200 bis 400 mU/cm² für Cholinoxidase bzw. 50 bis 100 mU/cm² für AChE zu verzeichnen. Die Empfindlichkeit dieser Sequenzelektrode beträgt für ACh etwa 90 % des Wertes für Cholin, so daß eine Nachweisgrenze von etwa 1 μmol/l erreicht wird. Die Ansprechzeit beträgt ein bis zwei Minuten. Die Charakteristika dieser amperometrischen Sequenzelektrode übertreffen also erheblich die Parameter der potentiometrischen Enzymelektroden für ACh (s. 3.1.25.). Ihre Verwendung für die Messung in Hirnextrakten ist angekündigt.

3.2.1.8. Multienzymelektroden für Creatinin und Creatin

Gegenüber den Creatininsensoren, die direkt auf der Anzeige der Creatininspaltung beruhen (s. 3.1.22.), ist für die amperometrische Anzeige eine Enzymsequenz erforderlich. TSUCHIDA und YODA (1983) benutzen als Trägermaterial eine asymmetrische Membran, deren Porengröße eine hohe Selektivität für H_2O_2 bewirkt. Folgende Enzyme werden in einem Gemisch mit RSA mittels Glutaraldehyd an der mit γ-Aminopropyltriethoxysilan vorbehandelten Membran immobilisiert: *Creatininamidohydrolase* (EC 3.5.2.10), *Creatinamidinohydrolase* (EC 3.5.3.3) und *Sarcosinoxidase* (EC 1.5.3.1). Diese Enzyme katalysieren die Umsetzung von Creatinin bzw. Creatin zu Formaldehyd und Glycin unter Bildung von H_2O_2 (Abb. 91).

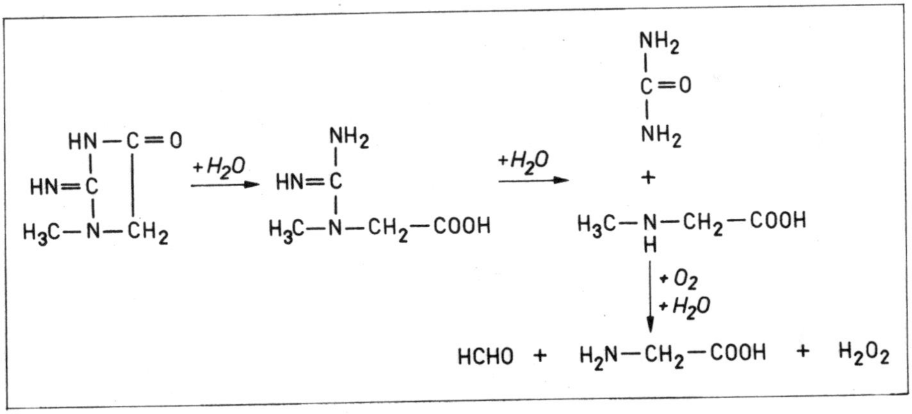

$$\text{Creatinin (HN=C(-NH-C=O)-N(CH}_3\text{)-CH}_2\text{)} \xrightarrow{+H_2O} \text{HN=C(NH}_2\text{)-N(CH}_3\text{)-CH}_2\text{-COOH} \xrightarrow{+H_2O} \text{H}_2\text{N-CO-NH}_2 + \text{H}_3\text{C-NH-CH}_2\text{-COOH}$$

$$\text{H}_3\text{C-NH-CH}_2\text{-COOH} \xrightarrow{+O_2,\ +H_2O} \text{HCHO} + \text{H}_2\text{N-CH}_2\text{-COOH} + \text{H}_2\text{O}_2$$

Abb. 91. Stufenweise enzymatische Umsetzung von Creatinin über Creatin zu Sarcosin

Dabei beträgt die Gesamtkonzentration an Protein 1,4 mg je cm² Membranfläche. Bei den hydrolytischen Enzymen wird der scheinbare K_M-Wert durch Immobilisierung vergrößert, während sich der K_M-Wert der Sarcosinoxidase verringert und das pH-Optimum um 2,5 pH-Einheiten in basische Richtung verschiebt. Die Empfindlichkeiten der Trienzymelektrode für Creatinin, Creatin und Sarcosin verhalten sich wie 0,62 : 0,59 : 1,00. Der pH-Wert der Meßlösung stellt mit 7,5 einen Kompromiß für alle drei Enzyme dar. Im Puffer sind Mg^{2+}-EDTA und Hypophosphit als Aktivator bzw. Stabilisator der Hydrolasen sowie Azid enthalten.

Zur Bestimmung von Creatin wird die entsprechende Bienzymelektrode verwendet. Durch Kombination einer Tri- und einer Bienzymelektrode können Creatinin und Creatin parallel bestimmt werden. Der stationäre Meßwert wird mit beiden Elektroden nach zwei Minuten erreicht. Der lineare Meßbereich erstreckt sich für 25 μl Probevolumen von 1 bis 100 mg/l. Es wird eine Funktionsstabilität von mehr als 500 Messungen erreicht. Für Creatinbestimmungen in Serum ist ein serieller Variationskoeffizient von 1,3 % bei 21,7 mg/l bzw. 11,7 % bei 8,2 mg/l erzielt worden. Die zeitabhängige Präzision beträgt 8,4 %. Der Vergleich zur JAFFÉ-Methode ergibt für 55 Seren einen Korrelationskoeffizienten von 0,985 bei folgender Beziehung: $y = (1{,}078x - 2{,}6)$ mg/l. Die Gesamtmeßdauer beträgt im kinetischen Regime etwa 100 Sekunden. Diese Sequenzelektroden für Creatinin und Creatin sind mit ihrer hohen Empfindlichkeit, kurzen Meßzeit und analytischen Qualität den Monoenzymsensoren für Creatinin bzw. Creatin überlegen. Der Aufwand für die Enzymsequenz ist durch die erreichten Funktionsparameter gerechtfertigt.

Durch Einschluß der genannten drei Enzyme in Gelatine, wobei die niedrigste Aktivität bei 2 U/cm² liegt, ist für die Messung von Creatinin, Creatin sowie Sarcosin eine Funktionsstabilität von 15 Tagen gefunden worden [DITTMER et al. 1988]. Offensichtlich wird mit dieser schonenden Immobilisierungsmethode die Diffusionskontrolle in der Enzymmembran erreicht. Nach mehrtägigem Einsatz fällt die Empfindlichkeit für Creatinin und Creatin langsam ab, während die Ausgangsaktivität für Sarcosinmessungen erhalten bleibt.

3.2.1.9. Multienzymelektroden zur Bestimmung von Nucleinsäurebestandteilen

Während der Lagerung von Fleisch werden Nucleinsäuren über Nucleotide abgebaut. Die Konzentration der Abbauprodukte ist daher ein Maß für die Frische des Fleisches. WATANABE et al. (1984) haben ein entsprechendes Sensorsystem entwickelt. Es besteht aus einer Durchflußzelle, die vier Enzymelektroden mit folgenden Enzymen enthält:

1. Xanthinoxidase (XO) (EC 1.2.3.2) für Hypoxanthin (HX),
2. XO + Nucleosidphosphorylase (NP) (EC 2.4.2.1) für Inosin (HXR),

3. XO + NP + 5'-Nucleotidase (NT) (EC 3.1.3.5) für Inosin-5'-phosphat (IMP),
4. XO + NP + NT + 5'-Adenylsäuredesaminase (AD) (EC 3.5.4.6) für AMP.

Die entsprechenden Enzyme werden kovalent an eine Membran aus Acetylzellulose über Glutaraldehyd fixiert und vor O_2-Elektroden angebracht. Als Meßlösung dient Phosphatpuffer, pH 7,8, der 0,1 mmol/l Cystein enthält.

Die Empfindlichkeit fällt für ein gegebenes Substrat, z. B. Hypoxanthin, von der Mono- zur Vierenzymelektrode erwartungsgemäß ab. Aber auch für jede einzelne Enzymelektrode nimmt die Empfindlichkeit vom Hypoxanthin zum AMP stark ab. Das deutet auf eine kinetische Kontrolle durch mehrere Enzymreaktionen hin. Zur Bestimmung der Konzentrationen der vier Analyte in einer Meßprobe ist die Kenntnis der Empfindlichkeit jedes Sensors für alle Substrate nötig, da die Stromänderungen nach folgenden Beziehungen miteinander gekoppelt sind:

$$\Delta I_1 = 0{,}15\ \mathrm{HX},$$
$$\Delta I_2 = 0{,}12\ \mathrm{HX} + 0{,}05\ \mathrm{HXR},$$
$$\Delta I_3 = 0{,}073\ \mathrm{HX} + 0{,}032\ \mathrm{HXR} + 0{,}0086\ \mathrm{IMP},$$
$$\Delta I_4 = 0{,}076\ \mathrm{HX} + 0{,}043\ \mathrm{HXR} + 0{,}0076\ \mathrm{IMP} + 0{,}004\ \mathrm{AMP}.$$

Nach Kalibrierung und Messung erfolgt die Auswertung mit einem Computer. So ergeben sich innerhalb von fünf Minuten vier Meßwerte für einen sehr komplexen Meßansatz, dies ohne Trennoperationen.

Für die sukzessive Bestimmung von HX und HXR haben WATANABE et al. (1986) einen neuartigen Sequenzsensor entwickelt, worin die Enzyme Nucleosidphophorylase und Xanthinoxidase in räumlich getrennten Schichten vor einer O_2-Elektrode angeordnet sind. Die NP ist unmittelbar vor der O_2-permeablen Membran angebracht, während die XO durch vier Membranen aus Triacetylzellulose von dieser Schicht getrennt ist (Abb. 92). Durch diese räumliche Anordnung der Enzyme wird erreicht, daß HX in der unmittelbar zur Lösung gerichteten Schicht unter O_2-Verbrauch umgesetzt wird. Dagegen muß Inosin zunächst durch die XO-Schicht und die vier Dialysemembranen permeieren, bevor in der NP-Schicht die Umsetzung zu Hypoxanthin erfolgt. Dieses Reaktionsprodukt muß nun zurück zur XO-Schicht gelangen, um hier einen Sauerstoffverbrauch hervorzurufen. Durch diese Unterschiede in den Diffusionswegen für HX und HXR entstehen Differenzen im Ansprechverhalten, die eine zeitliche Auflösung beider Meßsignale erlauben (Abb. 92b). Die Zeit für eine Doppelmessung beträgt etwa zehn Minuten. Der lineare Meßbereich erstreckt sich von 0,1 bis 0,4 mmol/l für HX und 1 bis 40 mmol/l für HXR, wobei der Sensor gegenüber der letztgenannten Substanz nur etwa 10 % der Empfindlichkeit wie für HX besitzt. Die Autoren haben die Erweiterung dieses Meßprinzips auf die Bestimmung von Gemischen aus Glucose und Disacchariden sowie Cholesterol und Cholesterolestern angekündigt.

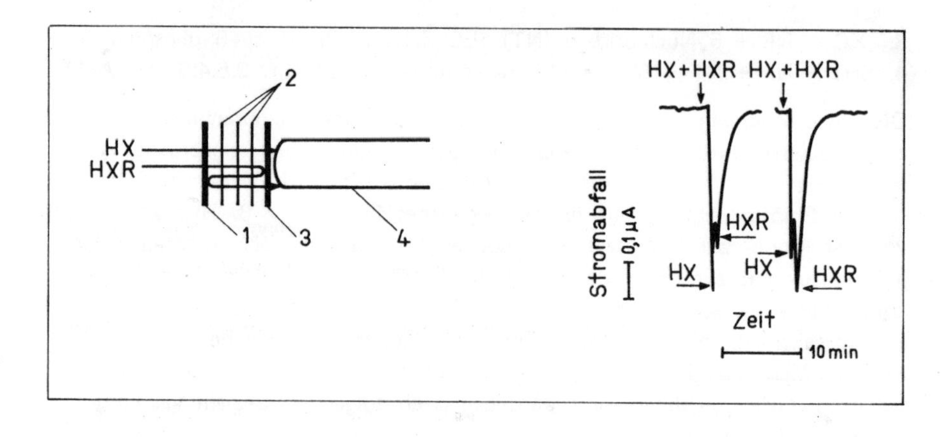

Abb. 92. Schema und Meßkurve der sukzessiven Bestimmung von Hypoxanthin (HX) und Inosin (HXR) mit der räumlich getrennten Mehrschichtelektrode
1 – Xanthinoxidase, 2 – Triacetylzellulosemembran, 3 – Nucleosidphosphorylase, 4 – Sauerstoffelektrode

3.2.2. Konkurrenzsensoren

Zwei prinzipielle Arten von miteinander konkurrierenden Reaktionen können in Biosensoren ausgenutzt werden: Die *Enzymkonkurrenz,* d. h. die Konkurrenz von mehreren Enzymen um ein und dasselbe Substrat, und die *Substratkonkurrenz,* also die Konkurrenz unterschiedlicher Substrate um ein Enzym (Tab. 12). Letzteres kann als Analogie zur Bestimmung kompetitiver Inhibitoren betrachtet werden (s. auch 4.2.). Ähnlich wie die Enzymsequenzen dienen diese Prinzipien dazu, Analyte nachzuweisen, für deren Umwandlung keine Enzymreaktion existiert, in die eine mit elektrochemischen Transduktoren nachweisbare Substanz involviert ist.

Die cofaktorabhängige Konkurrenz zweier Enzyme um Glucose ist die Basis von Sensoren für ATP und NAD^+ [PFEIFFER et al. 1980]. Dabei wird GOD mit Hexokinase bzw. Glucosedehydrogenase (GDH) coimmobilisiert und vor einer O_2-Elektrode eingesetzt (Abb. 93). Ist nur Glucose in der Meßlösung vorhanden, wird sie allein durch GOD verbraucht. Die Zugabe von ATP bzw. NAD^+ startet die Reaktion des jeweiligen Zweitenzyms, in der ein Teil der Glucose umgesetzt und damit der GOD entzogen wird. Das Ausmaß der Konkurrenz, ablesbar in einem aus dem verringerten O_2-Verbrauch resultierenden Stromanstieg, hängt von der Cofaktorkonzentration ab. Lineare Strom-Konzentrationsabhängigkeiten bis 2 mmol/l ATP bzw. 1 mmol/l NAD^+ charakterisieren die entsprechenden Sensoren.

Das GOD-GDH-System gleicht jenem (unten beschriebenen) zum "Recycling" von Glucose mit dem Unterschied, daß hier durch Wahl der

Tabelle 12
Konkurrenzsensoren

Reaktionstyp	Analyt	Enzyme	Literatur
Enzymkonkurrenz	ATP	GOD + Hexokinase	SCHELLER und PFEIFFER (1980)
	NAD^+	GOD + Glucose-dehydrogenase	PFEIFFER et al. (1980)
	Aminopyrin	POD + Katalase	RENNEBERG et al. (1982)
Substratkonkurrenz	Fructose	Hexokinase + Glucose-6-phosphat-dehydrogenase	SCHUBERT et al. (1986a)
	Fructose	Hexokinase + GOD	SCHUBERT und SCHELLER (1983)
	Phenole	Hämoglobin	SCHELLER et al. (1987c)

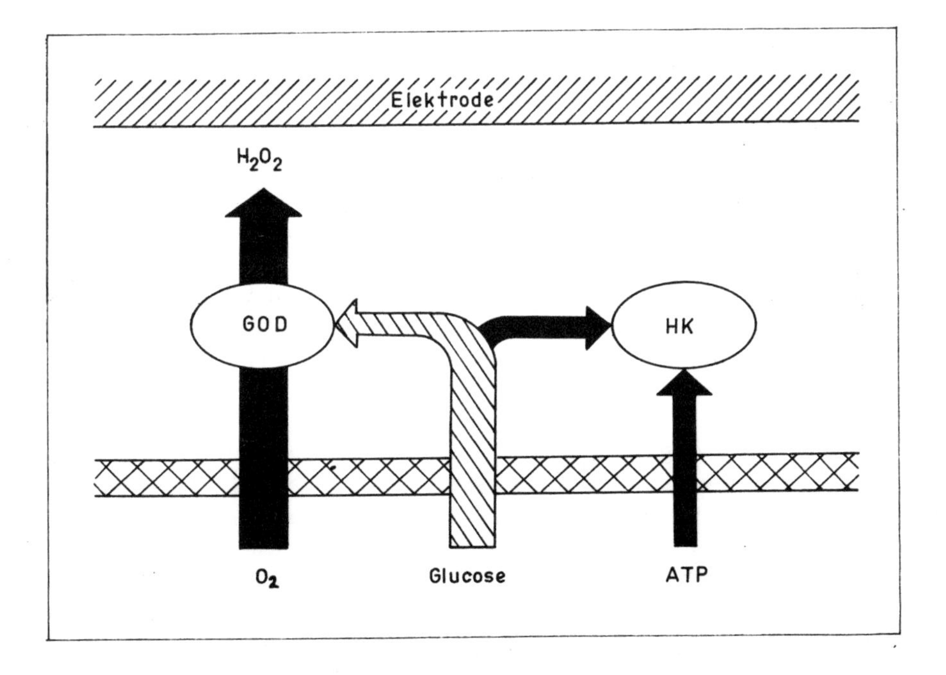

Abb. 93. Schema der Glucoseoxidase-Hexokinase-Konkurrenzelektrode zur Bestimmung von ATP

Meßbedingungen die Hinreaktion der GDH begünstigt wird. Derart läßt sich die qualitative Charakteristik gekoppelter Enzymreaktionen durch die äußeren Bedingungen gezielt manipulieren.

Ein Enzymkonkurrenzsensor zur Substratbestimmung ist von RENNEBERG et al. (1982) beschrieben worden. In der Meßlösung vorhandenes H_2O_2 wird durch Katalase gespalten, die vor einer O_2-Elektrode fixiert ist. Zusätzlich fixierte Peroxidase verbraucht jedoch in Gegenwart ihrer Substrate einen Teil des H_2O_2 und verringert auf diese Weise den an der Elektrode angezeigten O_2-Reduktionsstrom. Bei Coimmobilisierung der Enzyme in einer Membran wird mit Aminopyrin als Modellsubstrat eine lineare Strom-Konzentrationsabhängigkeit bis 1 mmol/l gefunden. Mit separaten Katalase- und Peroxidasemembranen ist der lineare Meßbereich verringert und die Empfindlichkeit des Sensors erhöht.

Substratkonkurrenz wird mit dem unter 3.2.1.4. beschriebenen Hexokinase-Glucose-6-phosphat-dehydrogenase-Sensor zur Fructosebestimmung genutzt [SCHUBERT et al. 1986a], wo das entstehende NADPH über den Mediator NMP^+ an einer O_2-Elektrode gemessen wird. In diesem komplexen Reaktionssystem (s. Abb. 83) konkurriert Fructose mit Glucose um Hexokinase, wodurch das Glucosesignal verändert wird. In Gegenwart einer konstanten Glucosekonzentration zeigt der Sensor Fructose linear zwischen 0,3 und 3,0 mmol/l an (s. Abb. 84). Diese Konkurrenz um Hexokinase ist auch in der GOD-Hexokinase-Elektrode untersucht worden [SCHUBERT und SCHELLER 1983], die damit Enzym- und Substratkonkurrenz miteinander vereinigt. Hier wird Linearität zwischen 0,05 und 1,0 mmol/l Fructose erreicht.

Eine Substratkonkurrenzelektrode für Anilin und Phenol haben SCHELLER et al. (1987c) beschrieben (Abb. 94). Anilin bzw. Phenol konkurrieren dabei mit Hydrochinon um die pseudoperoxidatische Aktivität von Hämoglobin. Die Verringerung des elektrochemischen Reduktionsstromes von Benzochinon in Gegenwart der alternativen Substrate dient als Meßsignal.

3.2.3. Enzymatische Ausschaltung von Interferenzen

Störungen durch Probenbestandteile, die mit der Bindung oder enzymatischen Umsetzung des Analyten interferieren, wie Inhibitoren oder alternative Substrate, können die Anwendbarkeit von Biosensoren erheblich einschränken. Insbesondere werden in Biosensoren mit gekoppelten Enzymreaktionen die Substrate jeder einzelnen Reaktion interferieren; dadurch verringert sich mit zunehmender Komplexität die Selektivität von Biosensoren. Auch auf der Ebene der Indikatorreaktion am Transduktor können Interferenzen eintreten.

Solche Interferenzen können durch Differenzmessungen ausgeschaltet werden, die in der Regel jedoch einen Referenz-Transduktor erfordern. Eine elegante Alternative sind *enzymatische Antiinterferenzsysteme,* in denen dem Sensor

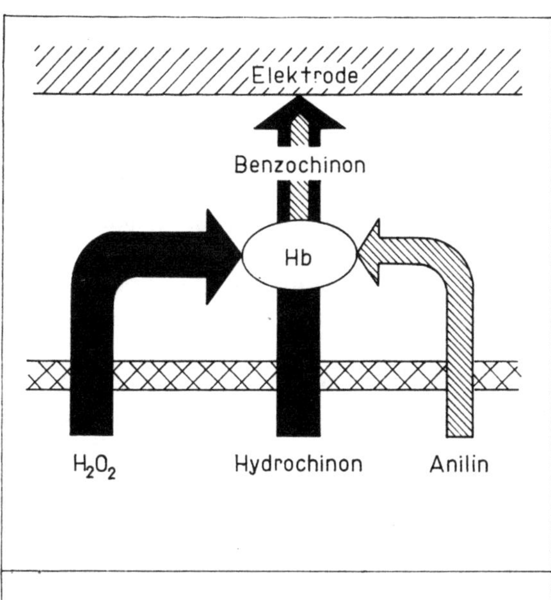

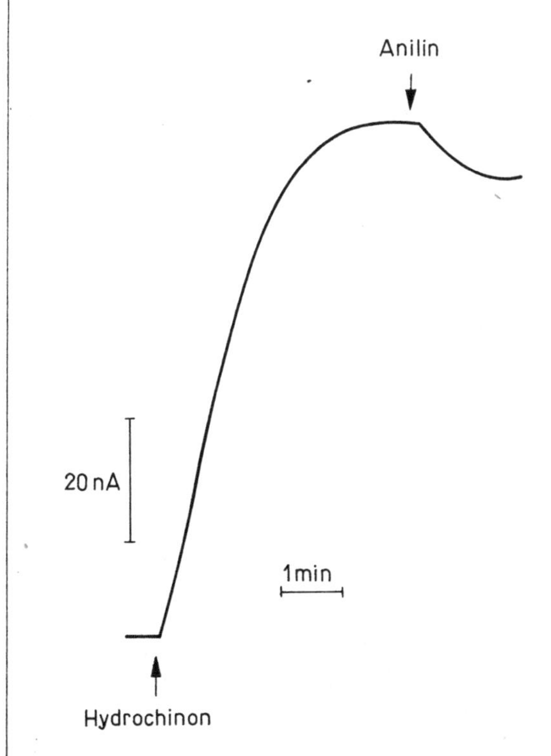

Abb. 94. Schematische Darstellung und Meßkurve des Substratkonkurrenzsensors für Phenole und Anilin mit immobilisiertem Hämoglobin (Hb) [nach SCHELLER et al. 1987c]

Enzyme vorgeschaltet werden, die die Umwandlung von Störsubstanzen zu inerten Produkten katalysieren.

MASCINI et al. (1985a) haben zur Creatininbestimmung in Serum- und Urinproben an einem Nylonschlauch immobilisierte Creatininiminohydrolase verwendet, deren Reaktionsprodukt NH_3 an einer ionensensitiven Elektrode nachgewiesen wird. Um Überlagerungen durch endogenen Ammoniak zu verhindern, wird die Probe vorher durch einen Schlauch mit immobilisierter Glutamatdehydrogenase geleitet, die noch bei einer Ammoniakkonzentration von 0,1 mmol/l 98 % des NH_3 in zugesetztes α-Ketoglutarat einbaut:

$$H^+ + NH_3 + NADH + \alpha\text{-Ketoglutarat} \longrightarrow \text{L-Glutamat} + NAD^+.$$

Das gleiche Reaktionssystem, immobilisiert an porösem Glas, ist von WINQUIST et al. (1986) in zwei Reaktoren in Kombination mit einer ammoniaksensitiven Iridium-Metalloxidhalbleiterstruktur (MOS) in einer f.i.a.-Apparatur zur Creatininbestimmung verwendet worden. Bis zu 0,2 mmol/l NH_3 können im Glutamatdehydrogenasereaktor vollständig aus der Probe entfernt werden.

In prinzipiell ähnlicher Weise haben OLSSON et al. (1986a) zwei Reaktoren in Serie geschaltet, von denen einer zur Saccharosemessung Invertase, Mutarotase und GOD, der andere (vorgelagerte) Mutarotase, GOD und Katalase enthält. Hier wird die in der Probe enthaltene Glucose zu Gluconsäure und Wasser umgesetzt und kann so die Reaktionssequenz zur Saccharosemessung nicht erreichen. Bis zu 1 mmol/l Glucose in der Probe werden im Antiinterferenzreaktor oxidiert.

MATSUMOTO et al. (1988) haben Reaktoren zur Eliminierung von Glucose und Ascorbinsäure in einem f.i.a.-System mit parallelgeschalteten Enzymreaktoren zur Bestimmung von Saccharose, Glucose und Fructose gekoppelt.

In biospezifischen *Elektroden* sind die eliminierenden Enzyme in membranimmobilisierter Form direkt in den Sensor integriert. Eine Abgrenzung von der Indikatorenzymschicht erfolgt durch semipermeable Membranen. Da viele Enzymelektroden auf der Glucosemessung mittels GOD nach sequentieller oder kompetitiver Analytumsetzung beruhen, ist endogene Glucose eine prominente Störgröße. Um sie auszuschalten, ist eine enzymatische Sperrschicht mit coimmobilisierter GOD und Katalase entwickelt worden [SCHELLER und RENNEBERG 1983, RENNEBERG et al. 1983b], die für Glucose bis zu 2 mmol/l impermeabel ist. Sie wird in Kombination mit Glucoamylase-GOD- bzw. Invertase-GOD-Membranen zur interferenzfreien α-Amylase- und Saccharosemessung in glucosehaltigen Proben benutzt.

Sofern die Probe eine hohe Glucosekonzentration enthält, kann durch den Sauerstoffverbrauch in der Sperrschicht eine derartige O_2-Verarmung in der Indikator-Enzymschicht eintreten, daß der Meßbereich des Sensors unzulässig eingeschränkt wird.

In einer alternativen Sperrschicht für Glucose, in der dies nicht auftreten

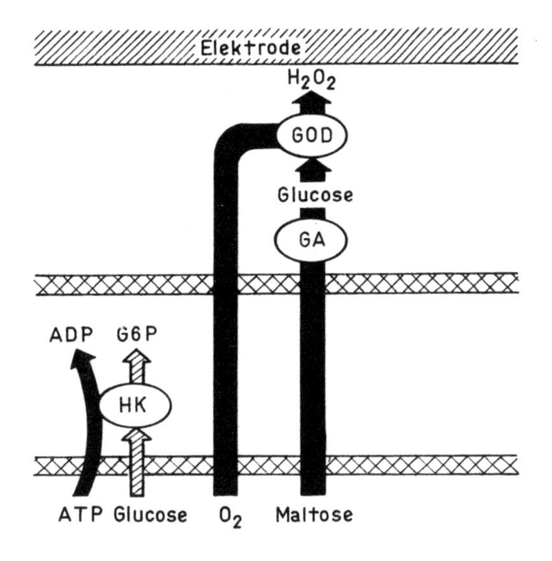

Abb. 95. Enzymsequenzelektrode zur Maltosebestimmung mit Hexokinase-Sperrschicht für Glucose

kann, wird immobilisierte Hexokinase verwendet (Abb. 95). Sie benötigt lediglich ATP als Cosubstrat. Eine solche Membran ist für Glucose bis zu 2 mmol/l undurchlässig und wird zur Maltosemessung in Anwesenheit von Glucose in Kombination einer Glucoamylase-GOD-Membran benutzt. Ein weiterer Vorteil dieser Variante besteht darin, daß sowohl O_2- als auch H_2O_2-anzeigende Grundsensoren anwendbar sind [SCHELLER et al. 1987b].

Zur Entfernung von Lactat ist eine LMO-Membran geeignet [WEIGELT et al. 1987a]. Eine Enzymbeladung von 10 U/cm² ist für die vollständige Oxidation von Lactat zu inertem Acetat und CO_2 bis zu 0,6 mmol/l Lactat ausreichend (Abb. 96).

In Glucosemessungen mit GOD-Elektroden auf der Basis der H_2O_2-Anzeige treten bei Urin- oder Fermentationsproben Interferenzen durch anodisch oxidierbare Verbindungen auf. Diese Störsubstanzen können bereits in der Meßlösung durch Hexacyanoferrat(III) oxidiert werden. Um das entstehende Hexacyanoferrat(II) von der Elektrode fern zu halten, haben WOLLENBERGER et al. (1986) eine Sperrschicht mit Laccase verwendet, die den Mediator unter O_2-Verbrauch reoxidiert (Abb. 97). Das Prinzip ist anhand von Ascorbinsäure als Störsubstanz experimentell verifiziert worden und hat sich als geeignet erwiesen, die Elektrode bis zu einer Konzentration von 20 mmol/l abzuschirmen.

Die erste enzymatische Antiinterferenzschicht ist zur elektrochemischen Bestimmung von Katecholaminen an einer Graphitelektrode entwickelt worden [NAGY et al. 1982]. Die Autoren haben eine Schicht aus Ascorbatoxidase an

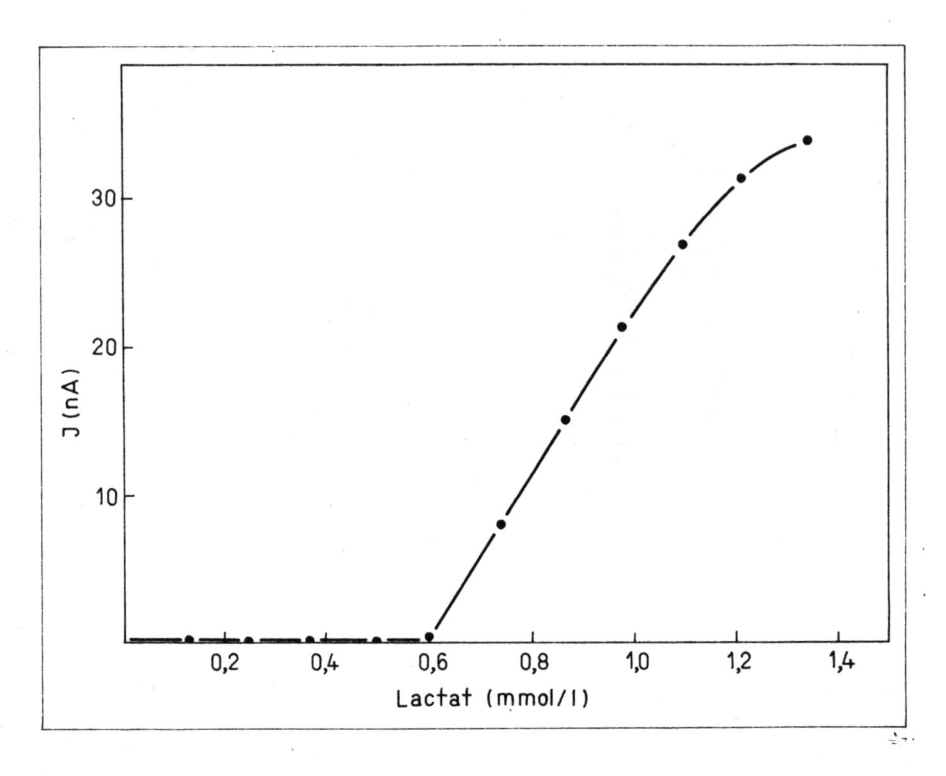

Abb. 96. Wirkung einer Lactatmonooxygenasemembran als Sperrschicht für Lactat. Der angezeigte Strom ist ein Maß für die Permeation des Lactats durch die Membran [nach WEIGELT et al. 1987a].

die Elektrode gebracht, so daß die Oxidation der Ascorbinsäure bereits vor der Elektrode erfolgt, während die Katecholamine an diese gelangen.

Eine weitere Anwendungsmöglichkeit von enzymatischen Antiinterferenzschichten mit Oxidasen besteht dahin, den Sauerstoff zu entfernen bzw. dessen Diffusion in den hinter der Schicht liegenden elektrodennahen Raum zu verhindern. Dadurch wird die polarographische Bestimmung von organischen Verbindungen anhand ihrer katodischen Reduktionsströme ohne aufwendige O_2-Entfernung aus der Meßlösung prinzipiell möglich. Wird z. B. eine flache, membranbedeckte Hg-Elektrode mit einer GOD-Katalase-Membran bedeckt und der Lösung Glucose zugesetzt, so wird ein drastischer Abfall des Grundstroms der Elektrode bei stark negativem Potential beobachtet [SCHELLER et al. 1987a]. Das differentielle Pulspolarogramm zeigt dann konzentrationsproportionale Peaks für Verbindungen wie NAD^+, Pyruvat oder Methylviologen (Abb. 98).

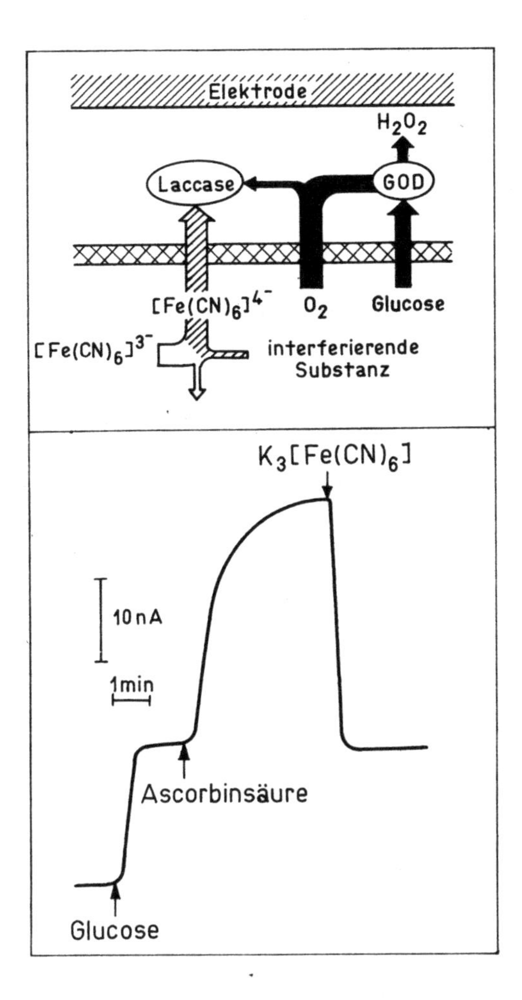

Abb. 97. Schema und Meßkurve der Glucoseelektrode mit Ausschaltung von Interferenzen durch das System Hexacyanoferrat(III)/Laccase
[nach WOLLENBERGER et al. 1986]

3.2.4. Substratrecycling

Zahlreiche analytisch relevante Verbindungen, z. B. Creatinin oder Pyruvat, vor allem jedoch Hormone und Pharmaka, sind oft in so niedrigen Konzentrationen vorhanden, daß eine Bestimmung mit Enzymsensoren wegen deren zu geringer Empfindlichkeit große Probenvolumina erfordert oder überhaupt unmöglich ist. So liegt z. B. die Nachweisgrenze von Enzymelektroden im all-

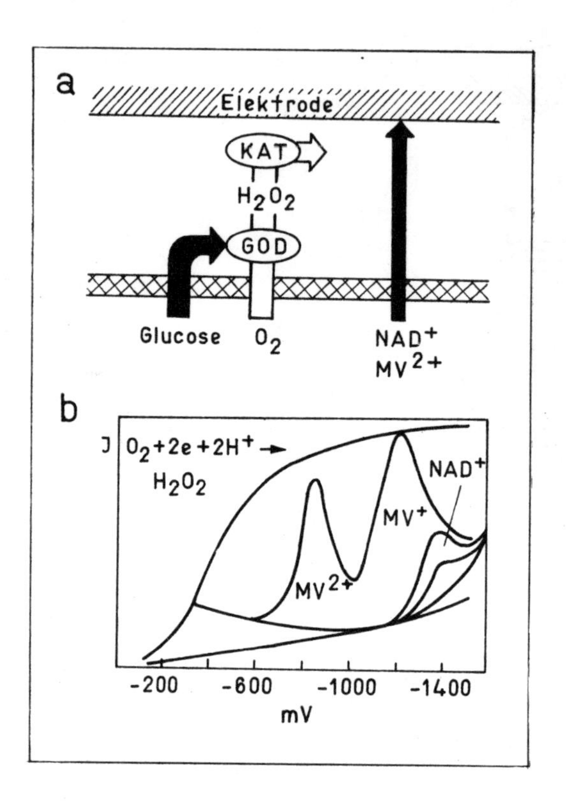

Abb. 98. Differentielle Pulspolarogramme (b) von NAD^+ und Methylviologen (MV) an einer aneroben flachen Hg-Elektrode (a), die mit einer GOD-Katalase-Membran bedeckt ist [nach SCHELLER et al. 1987a]

gemeinen bei 10^{-6} bis 10^{-7} mol/l, die physiologischen Konzentrationen von Hormonen, wie Insulin, und von Wachstumsfaktoren und Antikörpern bewegen sich jedoch im nanomolaren Bereich und darunter.

Eine wesentliche Empfindlichkeitssteigerung von Enzymsensoren läßt sich durch *Substratrecycling* erreichen. Dieses Kopplungsprinzip funktioniert analog dem bekannten Cofaktorrecycling aus der enzymatischen Analytik mit gelösten Enzymen: In einem Bienzymsensor (Abb. 99) wird das zu bestimmende Substrat durch Enzym 1 in ein Produkt umgewandelt, das seinerseits Substrat für Enzym 2 ist. Dieses katalysiert nun die Neubildung des zu bestimmenden Substrats, welches wieder für Enzym 1 verfügbar ist, und so fort. Die entstehende Änderung der am Transduktor nachgewiesenen Größe wird durch diese enzymatische Amplifizierung sehr viel größer als im Falle der einfachen Umsetzung

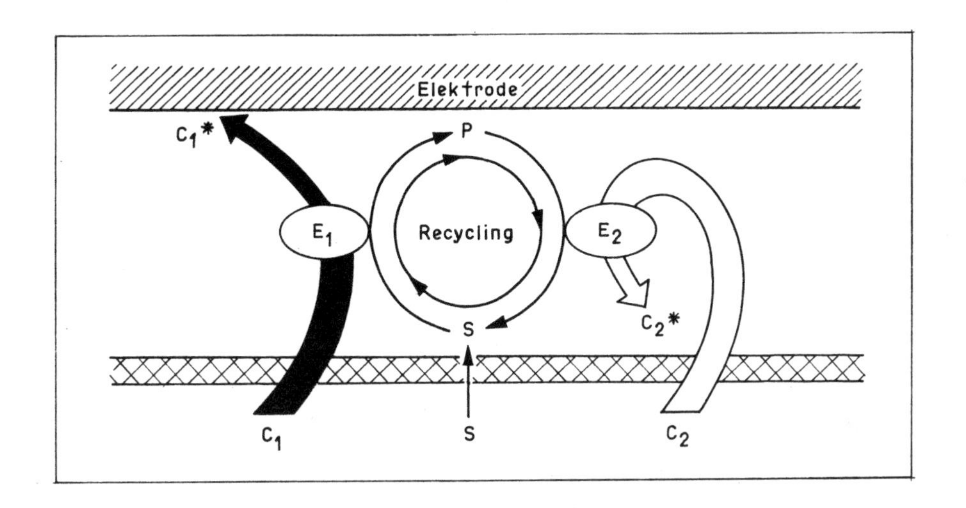

Abb. 99. Prinzip der Signalverstärkung durch enzymatisches Recycling in Enzymelektroden
E – Enzym; S, P – Substrat, Produkt; C, C* – Cosubstrat, Coprodukt

des Analyten durch Enzym 1. Das Einschalten der Verstärkung wird einfach durch Zusatz des Cofaktors des Zweitenzyms erreicht. Das Verhältnis der Empfindlichkeiten im linearen Meßbereich zwischen verstärktem und unverstärktem Meßregime wird als *Verstärkungsfaktor* bezeichnet. Die bekannten Entwicklungen von Sensoren mit Substratrecycling sind in Tabelle 13 zusammengefaßt.

SCHELLER et al. (1985a) haben das Prinzip in einem f.i.a.-integrierten Enzymthermistor zur Lactatbestimmung angewendet. Durch an porösem Glas coimmobilisierte Lactatoxidase (LOD) und Lactatdehydrogenase (LDH) wird der Analyt zwischen beiden Enzymen zyklisch umgewandelt. Für die Verstärkung des Meßsignals ist es günstig, daß beide Teilreaktionen exotherm sind (LDH: $\Delta H = -47$ kJ/mol; LOD: $\Delta H = -100$ kJ/mol). In diesem System läuft als Bruttoreaktion die Oxidation von NADH – des Cosubstrats der LDH – durch Sauerstoff ab, während Lactat und Pyruvat als Katalysator fungieren. Diese „NADH-Oxidase"-Reaktion hat die sehr hohe Reaktionsenthalpie von –225 kJ/mol. Es wird eine etwa 1000fache Amplifizierung des Meßsignals gegenüber der einfachen LOD-Reaktion erreicht. Die untere Bestimmungsgrenze für Lactat wird damit auf 1 nmol/l verringert. Einen ähnlichen Enzymreaktor haben HO und ASOUZU (1987) in einer f.i.a.-Apparatur mit einer CLARK-Elektrode kombiniert. Die Lactat-Nachweisgrenze liegt hier bei 10 nmol/l.

Vor den LOD-LDH-Thermistor haben KIRSTEIN et al. (1987) einen mit coimmobilisierter Hexokinase (HK) und Pyruvatkinase (PK) gefüllten Säulenreaktor geschaltet. Mit diesen Enzymen erfolgt das Recycling von ATP/ADP unter Bildung von Pyruvat, das wiederum durch das LOD-LDH-System zyklisch

Tabelle 13
Substratrecycling in Biosensoren

Analyt	Enzyme	Anwendungsform	Transduktor	Verstärkungsfaktor	Literatur
Lactat	Lactatoxidase + Lactatdehydrogenase	Reaktor	Thermistor	1000	SCHELLER et al. (1985a)
		Reaktor	O_2-Elektrode	75	HO und ASOUZU (1987)
		Membran	O_2-Elektrode	4100	WOLLENBERGER et al. (1987a)
				250	MIZUTANI et al. (1985)
Glucose	GOD + Glucose-dehydrogenase	Membran	O_2-Elektrode	10	SCHUBERT et al. (1985a)
Lactat/Pyruvat	Cytochrom b_2 + Lactatdehydrogenase	Membran	Pt-Elektrode (+0,25 V)	10	SCHUBERT et al. (1985a)
NADH/NAD$^+$	POD + Glucose-dehydrogenase	Membran	O_2-Elektrode	60	SCHUBERT et al. (1985a)
Glutamat	Glutamatdehydrogenase + Alaninaminotransferase	Membran	modifizierte Kohleelektrode	15	SCHUBERT et al. (1986b)
			O_2-Elektrode	60	SCHUBERT et al. (1986b)
ADP/ATP	Pyruvatkinase + Hexokinase	Membran mit LDH + LMO	O_2-Elektrode	220	WOLLENBERGER et al. (1987b)
Ethanol	Alkoholoxidase + Alkoholdehydrogenase	Membran	O_2-Elektrode		HOPKINS (1985)
Benzochinon/Hydrochinon	Cytochrom b_2 + Laccase	Membran	O_2-Elektrode	500	SCHELLER et al. (1987b)
ATP	Pyruvatkinase + Hexokinase + Lactatdehydrogenase + Lactatoxidase	2 Reaktoren	Thermistor		KIRSTEIN et al. (1987)
Malat/Oxalacetat	Lactatmonooxygenase + Malatdehydrogenase	Membran	O_2-Elektrode	3	SCHUBERT et al. (1988)

umgewandelt wird. Obgleich die Enthalpie der PK-Reaktion positiv ist, wird wegen der ausreichend negativen Enthalpien der drei anderen Enzyme ein Verstärkungsfaktor von 1700 und damit eine untere Bestimmungsgrenze für ADP von 10 nmol/l erreicht. Bereits ein PK-HK-Thermistor allein garantiert bei 30facher Verstärkung eine Nachweisgrenze von 2 μmol/l.

In den zweckmäßigerweise unter Diffusionskontrolle arbeitenden Enzymelektroden wird die Empfindlichkeit durch die Diffusion limitiert. Hier verhilft die Ankopplung zyklischer Enzymreaktionen zu einer Empfindlichkeitssteigerung, indem sie die Diffusionsschranke durchbricht, d. h., daß der Enzymüberschuß in der Membran in die Substratumsetzung einbezogen wird. Allerdings verringern sich die obere Linearitätsgrenze und die Funktionsstabilität durch die Verstärkung erheblich.

Anhand einer Enzymelektrode mit coimmobilisiertem Cytochrom b_2 und Laccase (Abb. 100) sei das Prinzip des Recycling näher erläutert [SCHELLER et al. 1987b]. Dieses Enzymsystem hat den Vorteil, daß sowohl das Cosubstrat (Sauerstoff) als auch die Analyte (Hydrochinon und Benzochinon) elektrochemisch aktiv sind. Dadurch ist es möglich, die Teilvorgänge des Recycling genauer zu betrachten. In Gegenwart von Lactat, dem Substrat des Cytochrom b_2, wird der Analyt kontinuierlich zyklisch umgesetzt. Dies steigert die Empfindlichkeit gegenüber dem lactatfreien Betrieb um den Faktor 500. Werden für die Laccasereaktion optimale Bedingungen gewählt, so liegt der Analyt im stationären Zustand in der Enzymmembran fast vollständig in der oxidierten Form, d. h. als Benzochinon, vor. Wird dagegen die Reaktion des Cytochrom b_2 favorisiert, so wird mit zunehmender Lactatkonzentration ein immer größerer Anteil des durch Laccase gebildeten Benzochinons in Hydro-

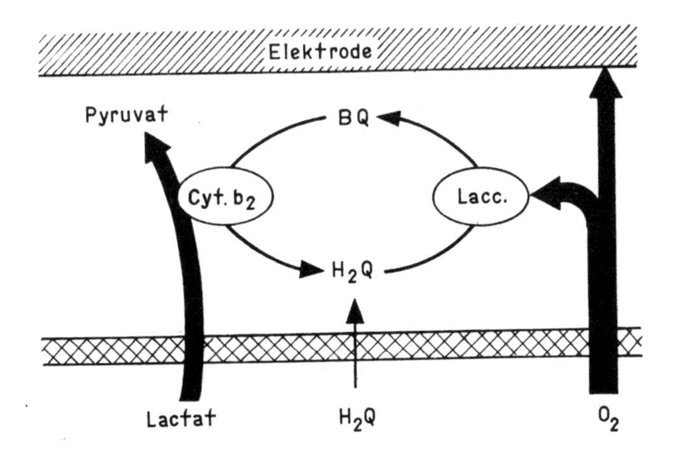

Abb. 100. Schema der Enzymelektrode mit Recycling von Hydrochinon (H_2Q)/Benzochinon (BQ)

chinon umgewandelt, d. h., das Gleichgewicht auf dessen Seite verschoben. Damit läßt sich durch definierte Lactatzugabe der Schwellenwert eines elektrochemischen Hydrochinonsignals festlegen (Abb. 101). Dieser einstellbare Durchbruch verleiht dem Sensor die Funktion eines Schalters mit wählbarer Schwelle.

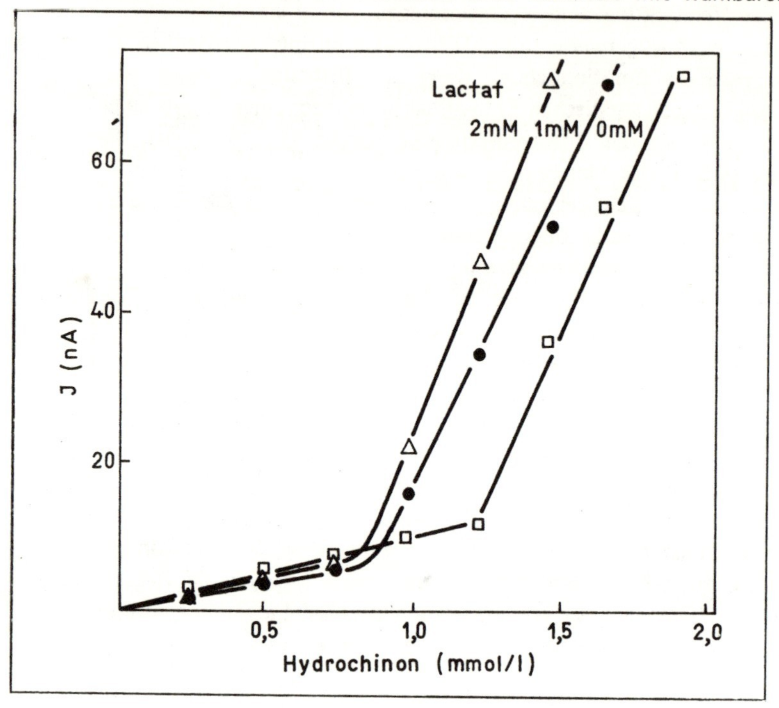

Abb. 101. Abhängigkeit des Hydrochinonsignals einer Cytochrom b_2-Laccase-Elektrode von der vorgelegten Lactatkonzentration

Der Einsatz des in Membranform immobilisierten LOD-LDH-Systems in Enzymelektroden für Lactat bewirkt im stationären Meßregime einen Verstärkungsfaktor von 250 [MIZUTANI et al. 1985], im kinetischen Meßbetrieb sogar eine 4100fache Erhöhung [WOLLENBERGER et al. 1987a]. Damit kann noch 1 nmol/l Lactat nachgewiesen werden. Mit diesem Sensor ist die theoretisch abgeleitete Abhängigkeit der Verstärkung von der Enzymbeladung experimentell überprüft worden (Tab. 14). In Übereinstimmung mit der Theorie nimmt der Verstärkungsfaktor G zu bzw. verringert sich die untere Nachweisgrenze mit wachsender Beladung der Membran mit den beiden Enzymen. Aus der Beziehung für den Verstärkungsfaktor [KULYS et al. 1986a]

$$G = k_1 \cdot k_2 \cdot d^2 / 2(k_1 + k_2) \cdot D$$

mit $k_i = v_{max,i}/K_{M,i}$, wobei K_M (Lactat, LOD) = $7 \cdot 10^{-7}$ mol/cm³, K_M (Pyruvat, LDH) = $1{,}4 \cdot 10^{-7}$ mol/cm³ und d = $3 \cdot 10^{-3}$ cm läßt sich die charakteristische Diffusionszeit τ^* berechnen:

$$\tau^* = d^2/D.$$

Theoretisch ist diese Größe unabhängig von der Enzymbeladung. Ihre relativ starke Streuung ist wahrscheinlich auf unterschiedliche Schichtdicken zurückzuführen, die durch die Präparation der Sensoren verursacht sind.

Im Zyklus Glutamatdehydrogenase-Alaninaminotransferase zur Glutamatbestimmung sind sowohl die direkte Oxidation des gebildeten NADH an einer mit Meldolablau modifizierten Kohleelektrode als auch die NADH-Oxidation mit NMP^+ und die nachfolgende Messung des O_2-Verbrauches bei der NMPH-Reoxidation ausgenutzt worden [SCHUBERT et al. 1986b]. Im zweiten Fall ist die Verstärkung beträchtlich höher, da die NAD^+-Regenerierung unter O_2-Verbrauch im *gesamten* Volumen der Enzymmembran erfolgt, während die elektrochemische NADH-Oxidation nur direkt an der Elektrodenoberfläche stattfindet.

Tabelle 14
Einfluß der Enzymbeladung auf die Verstärkung beim LOD-LDH-Sensor

LOD, LDH (U/cm^2)	Nachweisgrenze (nmol/l)	Verstärkungsfaktor G	τ^* (s)
0,01	2000	2	60
0,1	100	50	150
1,0	30	100	30
10,0	1	4100	123

τ^* – charakteristische Diffusionszeit

Mit dem System Cytochrom b_2-LDH ist die Bestimmung beider Substrate des Zyklus (also von S und P in Abb. 99) untersucht worden [SCHUBERT et al. 1985a]. Bei einer Verstärkung für Lactat um das Zehnfache gleicht die Empfindlichkeit für Pyruvat etwa der für Lactat. Daß übereinstimmende Empfindlichkeit für beide Substrate des Zyklus jedoch nicht die Regel ist, zeigt die Elektrode für ADP und ATP (Abb. 102), die auf dem Recycling der beiden Nucleotide mit HK und PK basiert [WOLLENBERGER et al. 1987b]. Hier wird für ADP bei einem Verstärkungsfaktor von 220 eine Nachweisgrenze von 0,25 µmol/l, für ATP hingegen eine solche von 0,1 µmol/l gefunden. Mit diesem Sensor ist weiterhin gezeigt worden, daß an einem analytisch sinnvollen Zyklus in einer Enzymelektrode nicht unbedingt elektrochemisch aktive Substanzen beteiligt sein müssen: Der Nachweis des im Zyklus ent-

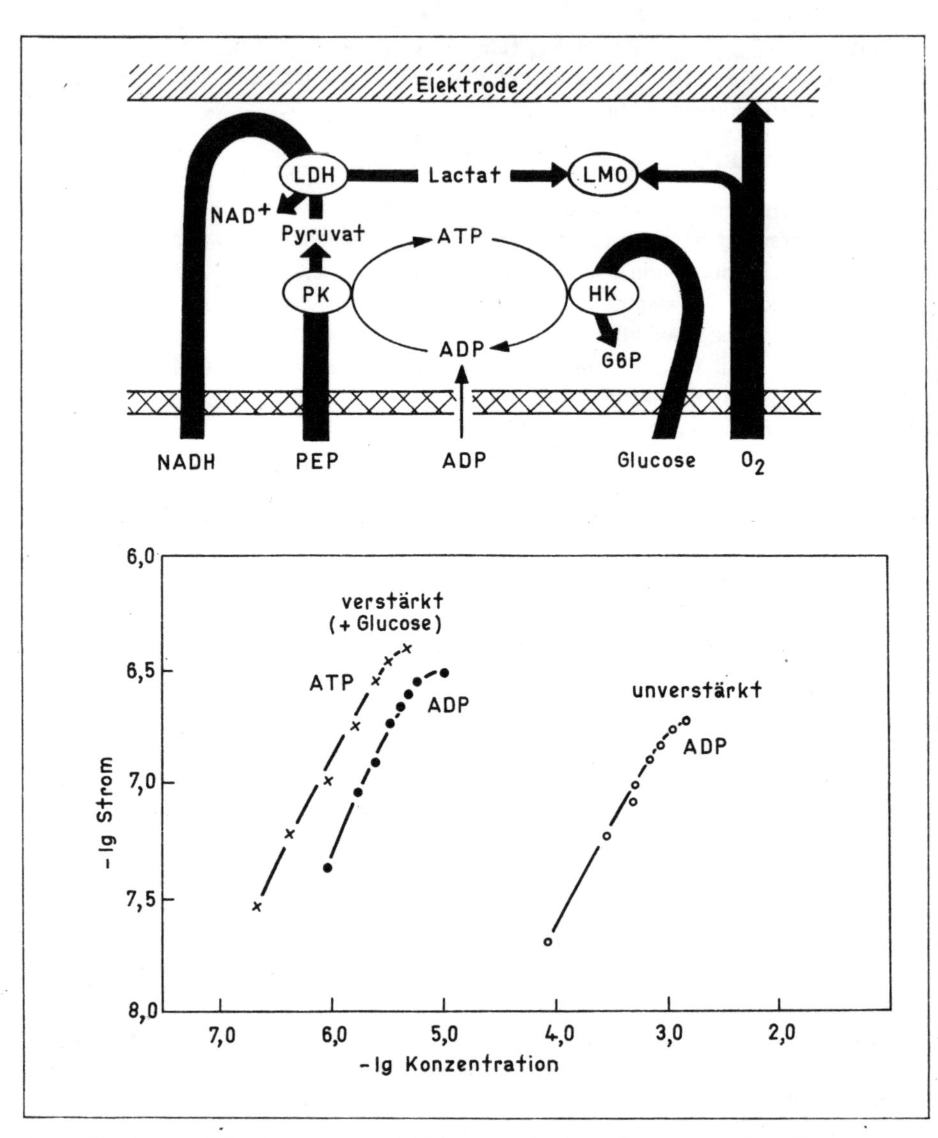

Abb. 102. Schematische Darstellung und Meßkurven des Recycling-Sensors für ADP und ATP mit Nachweis des Pyruvats über die Sequenz Lactatdehydrogenase-Lactatmonooxygenase
PEP – Phosphoenolpyruvat
[nach WOLLENBERGER et al. 1987a]

stehenden Pyruvats erfolgt mit der LDH-Lactatmonooxygenase-Sequenz über eine Sauerstoffelektrode. Die Kombination von mehreren Zyklen, z. B. des Kinasenzyklus mit dem LOD-LDH-Zyklus (Abb. 103), könnte in Zukunft zu Enzymelektroden führen, die im subnanomolaren Bereich meßfähig sind.

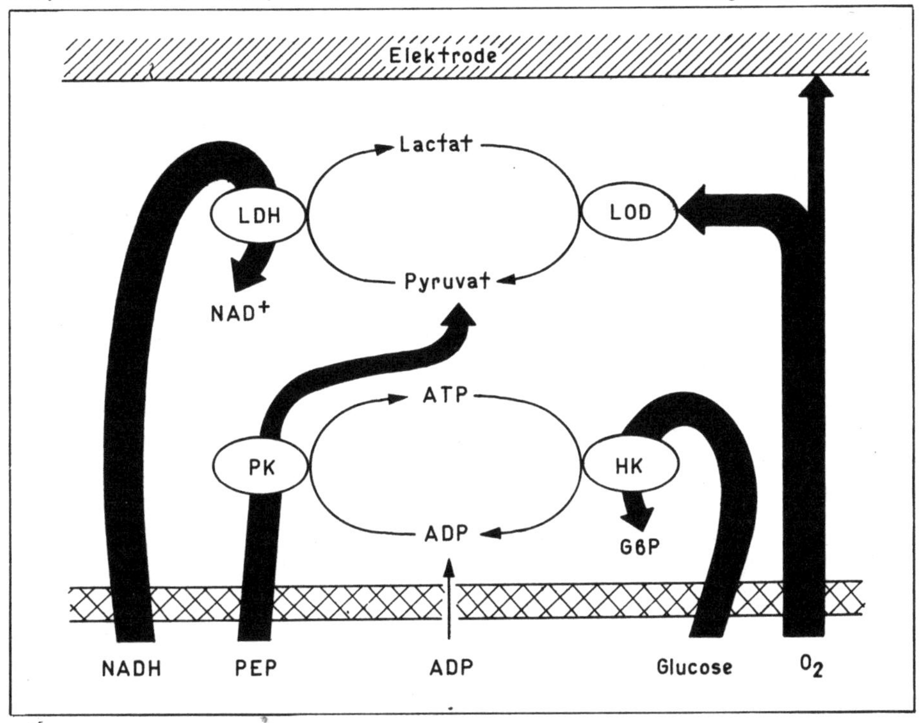

Abb. 103. Schematische Darstellung eines Doppel-Recycling-Sensors für ADP und ATP [nach WOLLENBERGER et al. 1987b]

Das Prinzip der enzymatischen Verstärkung kann grundlegend vereinfacht werden, wenn es gelingt, beide Teilreaktionen des Verstärkungszyklus mit nur *einem* Enzym durchzuführen. SCHUBERT und SCHELLER (1988) haben dies anhand eines LDH-Sensors zur NADH-Bestimmung gezeigt. Die in einer Gelatinemembran vor einer Sauerstoffelektrode befindliche LDH katalysiert hier die NADH-Oxidation mit Pyruvat:

$$NADH + H^+ + Pyruvat \longrightarrow NAD^+ + Lactat,$$

und die Reduktion des entstehenden NAD^+ in Gegenwart eines Überschusses an *Glyoxylat:*

$$NAD^+ + Glyoxylat \longrightarrow NADH + H^+ + Oxalat.$$

Dabei entstehen in der Membran Lactat und Oxalat in hohen Konzentrationen, die mit angekoppelter Lactatmonooxygenase oder Oxalatoxidase nachgewiesen werden können. Für das LDH-Lactatmonooxygenasesystem wird ein Verstärkungsfaktor von 170 erzielt.

Eine weniger effektive Alternative zum *enzymatischen* Recycling ist dasjenige zwischen der Enzymreaktion und der Elektrodenreaktion selbst, wie es für eine Laccaseelektrode beschrieben worden ist [WASA et al. 1984b]. Das Enzym wird an – mit Epoxidharz imprägnierter – Kohle durch Glutaraldehydvernetzung fixiert. Die Konzentrationen der durch Laccase oxidierten Substrate p-Phenylendiamin und Noradrenalin werden bei –0,1 V gegen SCE amperometrisch nachgewiesen. Das dabei ablaufende Substratrecycling (s. auch Abb. 60) bewirkt eine zehn- bis zwanzigfache Signalverstärkung. Vorstufen hierzu sind Sensoren mit elektrochemischer [MOSBACH et al. 1984] bzw. chemischer Cofaktorregenerierung [KULYS und MALINAUSKAS 1979b]. Die letztgenannten Autoren haben NAD^+ und NADH zwischen Alkoholdehydrogenase und NMP^+ zyklisch umgesetzt. Dieses Prinzip ist die Grundlage einer Bestimmungsmethode für alkalische Phosphatase [LUTTER 1988] mit einer LDH-Elektrode. Dabei wird $NADP^+$ von diesem Enzym dephosphoryliert und das entstehende NAD^+ zwischen membranimmobilisierter LDH und NMP^+ unter amperometrischer Anzeige des O_2-Verbrauchs zyklisch umgewandelt.

3.3. Biosensoren mit höher integrierten Biokatalysatoren

Nachdem DIVIES (1975) zum ersten Mal nicht wie „üblich" isolierte, aufgereinigte Enzyme, sondern intakte mikrobielle Zellen in einem Biosensor zur Alkoholbestimmung eingesetzt hatte, begann eine intensive Suche nach neuen, für die Analytik anwendbaren biokatalytisch wirksamen Materialien. Bisher sind etwa 200 Publikationen zum Einsatz biokatalytisch aktiver Systeme auf höheren Integrationsebenen (*höher integrierte Systeme,* HIS) in Biosensoren zu verzeichnen. Die *Mikroorganismen* als Hauptenzymquellen stehen erwartungsgemäß im Vordergrund. Es werden jedoch auch *Zellorganellen* und zunehmend *Gewebeschnitte* verwendet. Neuere Untersuchungen mit Nervenzellen (s. 4.4.) und kompletten Organismen zeigen – wie auch in Abschnitt 2.3.2. und besonders in 2.3.3. verdeutlicht –, daß die Vielfalt der Möglichkeiten auf diesem Gebiet der Biosensorforschung noch längst nicht ausgeschöpft ist.

Neben der einfachen, vergleichsweise billigen Präparation des biologischen Materials weisen *HIS-Sensoren* etliche Vorteile auf, die letztlich auch als Konkurrenz zu den „konventionellen" Enzymsensoren verstanden werden müssen: Die in HIS membranständig oder im Cytosol vorliegenden Enzyme sind aufgrund ihrer nativen, „durch Evolution optimierten" Umgebung meist stabiler als ihre isolierten Pendants. Die Existenz physiologisch zusammenwirkender Multienzymsysteme ermöglicht es, Biosensoren mit Mehrschrittreaktionen unter

unter optimalen Bedingungen aufzubauen. In mikrobiellen Sensoren kann die Sensoraktivität durch Nährmedien regeneriert werden. Weiterhin sind gewünschte Enzymaktivitäten und Transportsysteme induzierbar.

Andererseits schneiden Sensoren auf der Basis von HIS wegen der hohen Diffusionswiderstände der Zell- und/oder subzellulären Membranen, die ja in relativ hoher Packungsdichte eingesetzt werden müssen, bezüglich der Ansprech- und steady-state-Einstellzeiten meist schlechter ab als Enzymsensoren. Dies ist auch die Ursache für ihre oft geringere Empfindlichkeit. Ein Vergleich der Grundcharakteristika von Biosensoren ist für HIS- und Enzymelektroden in Abbildung 104 dargestellt.

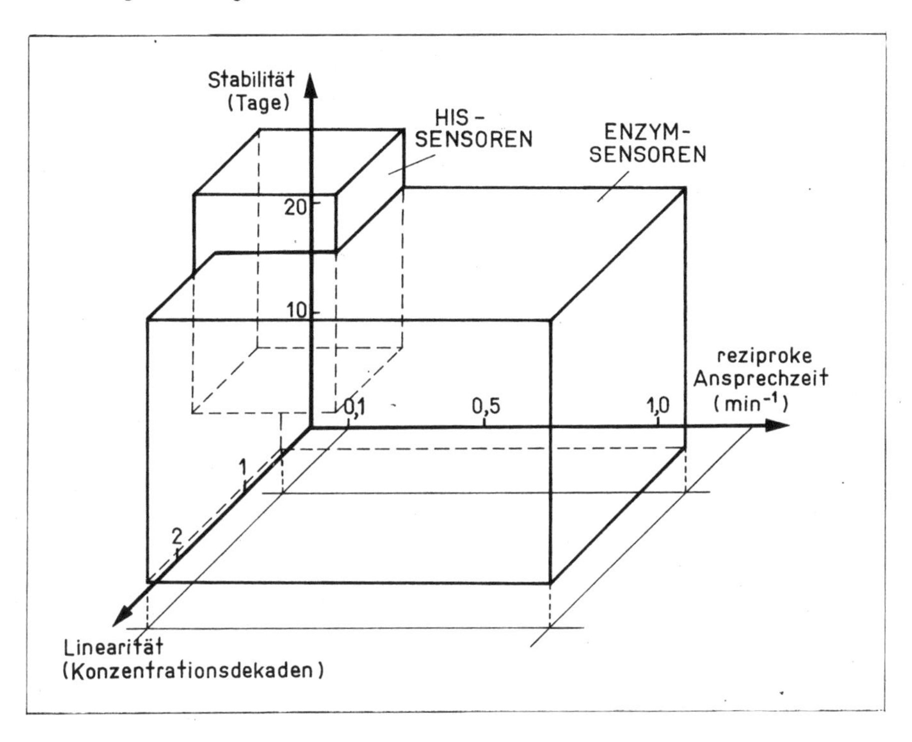

Abb. 104. Vergleich der charakteristischen Parameter von Enzymsensoren und Sensoren mit höher integrierten Systemen (HIS)

Weiterhin weisen HIS-Sensoren durch die große Anzahl und Vielfalt der ablaufenden Stoffwechselvorgänge eine geringere Selektivität auf. Diese Eigenschaft ermöglicht allerdings die Bestimmung von Gruppeneffekten (komplexen Größen) und ganzen Substanzklassen (durch ihre Wirkung auf bestimmte Zellorte oder den Gesamtmetabolismus) sowie die Charakterisierung der biokatalytischen Systeme selbst, d. h. sie eröffnet Anwendungsgebiete, die den Enzymsensoren naturgemäß verschlossen bleiben. Das Potential von HIS-Sensoren kann durch die sogenannte *Hybridelektrodentechnik* noch erweitert werden. Dabei wird mittels zusätzlicher, coimmobilisierter Enzyme die zu bestimmende Substanz mit einem gegebenen Metabolisierungsweg verknüpft.

Die Charakteristika von HIS-Sensoren werden geordnet nach steigender Komplexität, anhand von ausgewählten Beispielen dargelegt. Da die Hybridtechnik in allen Bereichen Anwendung findet, werden Hybridsensoren nicht gesondert behandelt.

3.3.1. Zellorganellen

Die Verwendung von Zellorganellen in biospezifischen Sensoren beschränkt sich bisher auf Mitochondrien- und Mikrosomenfraktionen (Tab. 15). Bereits 1976 hat GUILBAULT Elektronentrnasferpartikel (ETP) aus Schweineherzmitochondrien mit einer Sauerstoffelektrode gekoppelt. Diese Arbeiten sind später von AIZAWA et al. (1980c) fortgeführt worden. Wird der Elektronentransfer von der oxidativen Phosphorylierung entkoppelt, so katalysieren ETP folgende Reaktionen:

$$\mathrm{NADH} + \frac{1}{2}\mathrm{O_2} + \mathrm{H^+} \longrightarrow \mathrm{NAD^+} + \mathrm{H_2O},$$

$$\mathrm{Succinat} + \frac{1}{2}\mathrm{O_2} \longrightarrow \mathrm{Fumarat} + \mathrm{H_2O}.$$

Bei einer Lebensdauer von zwei Wochen können mit dem Organellensensor NADH und Succinat linear bis zu 0,13 bzw. 0,15 mmol/l bestimmt werden. Ein Weg zur Selektivitätserhöhung von HIS-Sensoren besteht in der Inhibition interferierender Stoffwechselwege. So wird durch kompetitive Hemmung der Succinatdehydrogenaseaktivität der Mitochondrien mit Malonat vollständige Spezifität für NADH erreicht.

Mitochondrien aus Schweinenieren sind wegen ihrer hohen *Glutaminase*aktivität zur Glutaminbestimmung geeignet. Als Grundsensor wird eine ammoniak-gassensitive Elektrode verwendet [ARNOLD und RECHNITZ 1980a]. Vergleichende Untersuchungen von entsprechenden Elektroden mit isolierter Glutaminase, Schweinenierenschnitten und *Sarcina flava*-Bakterien haben keine wesentlichen Unterschiede im Hinblick auf Empfindlichkeit, Meßbereich und Ansprechzeit ergeben. Allerdings ist die Funktionsstabilität von Enzym- und Organellensensoren mit 1 Tag bzw. 10 Tagen geringer als die für Bakterien und Gewebeschnitte (20 bzw. 30 Tage).

Die mikrosomale Fraktion der Leber enthält das für die Hydroxylierung körperfremder sowie endogener Substrate (S) verantwortliche *Cytochrom P-450*-System (EC 1.14.14.1 und 1.6.2.4). Es benötigt molekularen Sauerstoff sowie NADPH oder NADH als Elektronendonatoren:

Tabelle 15
Organellensensoren

Organellenfraktion	Substrat	angezeigte Spezies	linearer Meß-bereich (mmol/l)	Ansprechzeit (min)	Stabilität (Tage)	Literatur
Mitochondrien-ETP	Succinat	O_2	1,1 – 10,0	1	7	GUILBAULT (1976)
	NADH	O_2	0,01 – 0,13	6	14	AIZAWA et al. (1980c)
	Succinat	O_2	0,01 – 0,15	6	14	
Mitochondrien	Glutamin	NH_3	0,11 – 5,5	7	10	ARNOLD und RECHNITZ (1980a)
Mikrosomen	Anilin	p-Aminophenol	0,05 – 0,5	4	3	SCHUBERT et al. (1980)
	NADPH	O_2	0,05 – 1,0	3	14	
	NADH	O_2		3	14	SCHUBERT et al. (1982a)
	Glucose-6-phosphat	O_2		3	14	
	Sulfit	O_2	0,06 – 0,34	10	2	KARUBE et al. (1983)
Mikrosomen + Glucose-6-phosphat-dehydrogenase						
+ Hexokinase	ATP	O_2	0,01 – 0,15	3	14	
Mikrosomen + Isocitrat-dehydrogenase	D-Isocitrat	O_2	0,02 – 0,3	3	7	SCHUBERT et al. (1982b)
+ GOD	Anilin	p-Aminophenol	0,05 – 0,5	4	3	
Mikrosomen + Lactat-dehydrogenase	L-Lactat	O_2	1,0 – 10,0	6		SCHUBERT (1983)

$$S\text{–}H + NADPH + O_2 + H^+ \longrightarrow S\text{–}OH + NADP^+ + H_2O.$$

Diese können durch aktivierten Sauerstoff in Form von H_2O_2 substituiert werden:

$$S\text{–}H + H_2O_2 \longrightarrow S\text{–}OH + H_2O.$$

Daneben läuft in der Mikrosomenfraktion auch in Substratabwesenheit eine NADPH-Oxidasereaktion gemäß

$$NADPH + H^+ + O_2 \longrightarrow NADP^+ + H_2O_2$$

ab, die im wesentlichen ebenfalls durch Cytochrom P-450 katalysiert wird. Sowohl die Hydroxylase als auch die NADPH-Oxidase sind im Hinblick auf ihre Anwendbarkeit in Biosensoren intensiv untersucht worden. Dazu lassen sich intakte Lebermikrosomen mit relativ hoher Aktivitätsausbeute analog zu Enzymen in Gelatinemembranen immobilisieren.

Das Substrat Anilin ist als Modellsubstanz für eine mikrosomale Cytochrom P-450-Elektrode ausgewählt worden [SCHUBERT et al. 1980], da sein Reaktionsprodukt p-Aminophenol elektrochemisch zum entsprechenden Iminochinon oxidiert werden kann. Bei der dazu erforderlichen geringen Überspannung von +0,25 V oxidiert die Elektrode weder NADPH noch H_2O_2, die (wahlweise) als Cofaktor anwesend sind. Sowohl die NADPH- als auch die H_2O_2-abhängige Hydroxylierung werden im Anilinsensor ausgenutzt (Abb. 105). Zur Ausführung der letztgenannten Umsetzung ist GOD mit Mikrosomen coimmobilisiert und Glucose der Meßlösung zugesetzt worden. In diesem Hybridsensor wird das in der GOD-Reaktion entstehende H_2O_2 von Cytochrom P-450 *in statu nascendi* verbraucht, wodurch die Inaktivierung des Hämoproteins durch Peroxid minimiert wird. Die linearen Meßbereiche sowohl der rein mikrosomalen als auch der Hybridelektrode erstrecken sich bis zu 0,5 mmol/l Anilin.

Der Organellensensor ist allerdings nur für solche Substrate sinnvoll, die in der Cytochrom P-450-Reaktion zu in günstigen Potentialbereichen elektrochemisch distinkten Produkten umgesetzt werden. Dieser Forderung entsprechen neben Anilin beispielsweise Codein [WEBER und PURDY 1979], Acetaminophen [MINER et al. 1981] und eine Reihe von primären Arylaminen [STERNSON 1974].

Prinzipiell sollte die Bestimmung von Cytochrom P-450-Monooxygenasesubstraten ebenso über die Sauerstoffverbrauchsmessung möglich sein. Einem solchen Vorgehen steht jedoch die hohe NADPH-Oxidaseaktivität der Mikrosomen entgegen, die eine Korrelation von O_2-Verbrauch und Substratkonzentration unmöglich macht. Weiterhin kann die Zugabe der im allgemeinen hydrophoben Substrate die Sauerstofflöslichkeit verändern.

Anhand der Anwendung der NADPH-Oxidaseaktivität von Lebermikrosomen in Sensoren können einige der eingangs erwähnten Charakteristika von

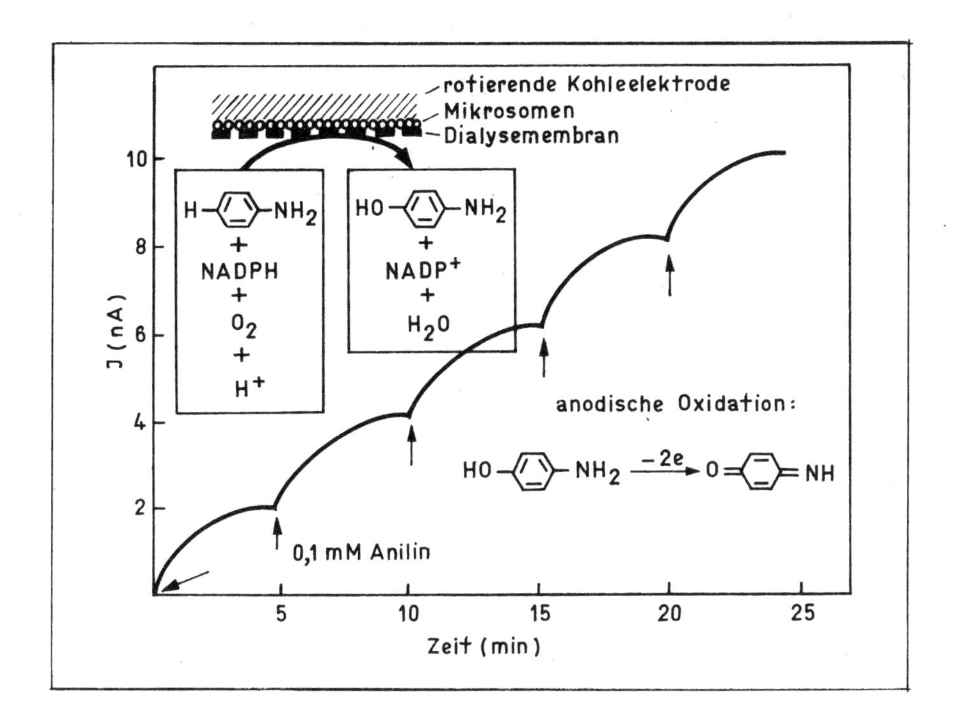

Abb. 105. Aufbau und Meßkurve der Organellenelektrode für Anilin auf der Basis immobilisierter Lebermikrosomen [nach MOHR et al. 1984]

Biosensoren mit höher integrierten biokatalytisch aktiven Systemen eindrucksvoll demonstriert werden. Die einfache Kopplung immobilisierter Mikrosomen mit einer CLARK-Sauerstoffelektrode ergibt einen Sensor, der zur NADPH-Bestimmung und, aufgrund der durch die Immobilisierung veränderten Selektivität [SCHUBERT et al. 1982a], auch zur NADH-Bestimmung geeignet ist. Eine Operationsstabilität des Sensors von 14 Tagen, verglichen mit der Stabilität von isoliertem Cytochrom P-450 von nur wenigen Stunden, zeigt den günstigen Einfluß der biologischen Matrix auf das Enzym.

Da in der mikrosomalen Membran zwei $NADP^+$-abhängige Dehydrogenasen vorliegen, die Glucose-6-phosphat (G6P) sequentiell zu Ribulose-5-phosphat oxidieren,

$$\text{Glucose-6-phosphat} + NADP^+ \longrightarrow$$
$$\text{Ribulose-5-phosphat} + CO_2 + NADPH + H^+,$$

kann der Sensor in Anwesenheit des oxidierten Cofaktors unmittelbar zur Bestimmung von G6P verwendet werden. Dabei werden pro Molekül G6P zwei

Moleküle $NADP^+$ reduziert (Abb. 106), wodurch sich die Empfindlichkeit des Sensors gegenüber der für NADPH verdoppelt. Die Stabilität der wirkenden endogenen Vierenzymsequenz (Hexose-6-phosphat-dehydrogenase, 6-Phosphogluconatdehydrogenase, NADPH-Cytochrom P-450-Reduktase, Cytochrom P-450) beträgt ebenfalls 14 Tage.

Die in der klinischen Chemie verbreiteten Analysenmethoden auf der Basis von Enzymreaktionen, die an Dehydrogenasen gekoppelt sind, haben Untersuchungen über Ankopplungsmöglichkeiten anderer Enzyme an die mikrosomale NADPH-Oxidase mittels der Hybridelektrodentechnik sehr gefördert. So sind Sensoren für ATP und Isocitrat aufgebaut worden, die die Leistungsfähigkeit des Konzepts belegen [SCHUBERT et al. 1982b].

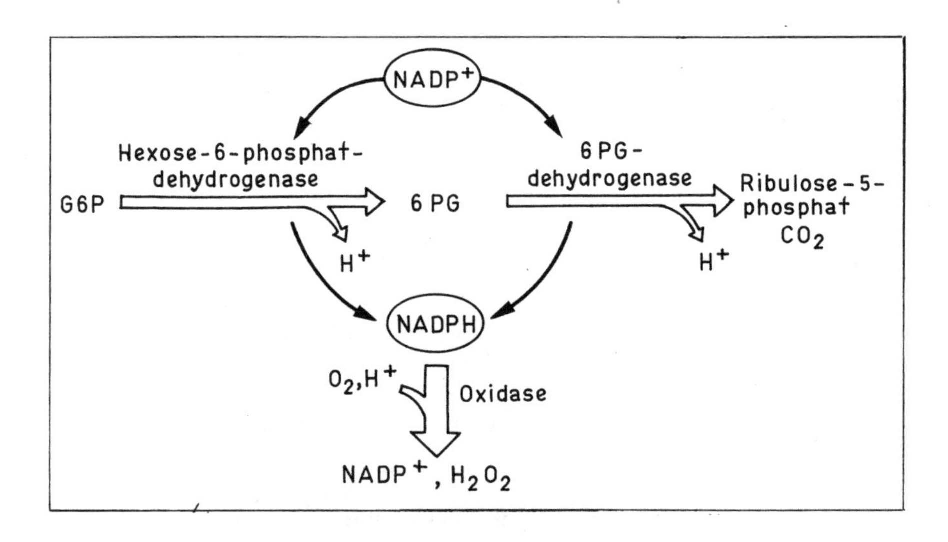

Abb. 106. Reaktionsschema der Umsetzung von Glucose-6-phosphat (G6P) in Lebermikrosomen. 6PG – 6-Phosphogluconat [nach SCHUBERT et al. 1982a]

3.3.2. Mikroorganismen

Mikrobielle Sensoren heben sich aus der Vielzahl der HIS-Sensoren insofern ab, als sie lebendes und selbständig vermehrungsfähiges Material enthalten. Daraus ergibt sich ihre Regenerierbarkeit, aber auch die Gefahr unerwünschter Veränderungen während des längeren Betriebes von mikrobiellen Sensoren. Tabelle 16 gibt eine Übersicht über mikrobielle Sensoren zur Substratbestimmung. In den meisten Fällen wird nur eine einzige Aktivität aus dem Enzymmuster ausgenutzt. Dies ist häufig eine Desaminase oder eine Decarboxylase, aber auch

Tabelle 16
Mikrobielle Sensoren zur Substratbestimmung

Substrat	Mikroorganismus	Anzeige	Meßbereich (mmol/l)	Literatur
D-Glucose	*Pseudomonas fluorescens*	O_2 (amp.)	0,0125–0,125	KARUBE et al. (1979b)
	Bacillus subtilis	O_2 (amp.)	0–0,6	RIEDEL et al. (1984)
	Saccharomyces cerevisiae	O_2 (amp.)	0,05–0,7	MASCINI und MEMOLI (1986)
		CO_2 (pot.)	1,0–1,5	
	Mischpopulation	pH (ISFET)	0–3,9	HANAZATO und SHIONO (1983)
D-Glucose	*Brevibacterium lactofermentum*	O_2 (amp.)	0–1,0	HIKUMA et al. (1980a)
D-Fructose			0–1,0	
Saccharose			0–0,8	
Maltose	*B. subtilis*	O_2 (amp.)	0–0,5	RIEDEL et al. (1984)
Hexosen	Plaque-Zellen	pH		GROBLER und RECHNITZ (1980)
Formiat	*Clostridium butyricum*	H_2 (Brennstoffzelle)	0–22	MATSUNAGA et al. (1980b)
	Pseudomonas oxalaticus	CO_2 (pot.)	0,1–2,0	HO und RECHNITZ (1985)
Acetat	*Trichosporon brassicae*	O_2 (amp.)	0–0,9	HIKUMA et al. (1979b)
Pyruvat	*Streptococcus faecium*	CO_2 (pot.)	0,02–32	DIPAOLANTONIO und RECHNITZ (1983)
L-Lactat	*Hansenula anomala*	$[Fe(CN)_6]^{4-}$ (amp.)	0–3,0	VINCKÉ et al. (1985a)
			0,01–0,5	HAUPTMANN (1985)
			0–8,0	KULYS und KADZIAUSKIENE (1978)
			0,02–0,5	RACEK und MUSIL (1987)
		(pot.)	0,04–2,0	VINCKÉ et al. (1985a)
	E. coli	O_2 (amp.)	0–3,0	BURSTEIN et al. (1986)

noch **Tabelle 16**

Substrat	Mikroorganismus	Anzeige	Meßbereich (mmol/l)	Literatur
D-Lactat	*E. coli*	O_2 (amp.)	0–10,0	BURSTEIN et al. (1986)
Succinat	*E. coli*	O_2 (amp.)	0–10,0	BURSTEIN et al. (1986)
L-Malat	*E. coli*	O_2 (amp.)	0–20,0	BURSTEIN et al. (1986)
3-Glycerophosphat	*E. coli*	O_2 (amp.)	0–5,0	BURSTEIN et al. (1986)
L-Glutamat	*E. coli*	CO_2 (pot.)	0,6–5,5	HIKUMA et al. (1980c)
	B. subtilis	O_2 (amp.)	0–0,15	RIEDEL und SCHELLER (1987)
L-Glutamin	*Sarcina flava*	NH_3 (pot.)	0,1–10	RECHNITZ et al. (1978)
L-Aspartat	*B. cadaveris*	NH_3 (pot.)	0,3–7,0	KOBOS und RECHNITZ (1977)
L-Asparagin	*Serratia marescens*	NH_3 (pot.)	1,0–9,3	VINCKÉ et al. (1983a)
L-Arginin	*Streptococcus faecium*	NH_3 (pot.)	0,05–1,0	RECHNITZ et al. (1977)
L-Lysin	*E. coli*	CO_2 (pot.)	0,07–0,7	SUZUKI und KARUBE (1980)
L-Serin	*Clostridium acidiurici*	NH_3 (pot.)	0,18–16	DIPAOLANTONIO et al. (1981)
L-Tryptophan	*Pseudomonas fluorescens*	O_2 (amp.)	0,0004–0,07	VINCKÉ et al. (1985b)
L-Cystein	*Proteus morganii*	H_2S (pot.)	0,05–0,9	JENSEN und RECHNITZ (1978)
L-Histidin	*Pseudomonas* sp.	NH_3 (pot.)	0,1–3,0	WALTERS et al. (1980)
L-Tyrosin	*Aeromonas phenologenes*	NH_3 (pot.)	0,08–1,0	DIPAOLANTONIO und RECHNITZ (1982)
Methanol	Bakterien	O_2 (amp.)	0,06–0,7	KARUBE et al. (1980a)
Ethanol	*T. brassicae*	O_2 (amp.)	0,05–0,5	HIKUMA et al. (1979a)
	S. cerevisiae	$[Fe(CN)_6]^{4-}$ (pot.)	0,1–10	PASCUAL et al. (1982)
	Acetobacter xylinium	O_2 (amp.)	0–0,4	DIVIES (1975)
	Acetobacter aceti	pH (ISFET)	3–70	KITAGAWA et al. (1987)
Methan	*Methylomonas flagellata*	O_2 (amp.)	0,005–6,6	KARUBE et al. (1982a)
O_2	*Photobacterium fischeri*	Lichtintensität	0,00004–0,01	LLOYD et al. (1981)
Phenol	*T. cutaneum*	O_2 (amp.)	0–0,15	NEUJAHR und KJELLÉN (1979)

noch **Tabelle 16**

Substrat	Mikroorganismus	Anzeige	Meßbereich (mmol/l)	Literatur
Thiamin	*S. cerevisiae*	O_2 (amp.)	0,01–0,5 µg/ml	MATTIASSON et al. (1982)
Nicotinsäure	*Lactobacillus arabinosa*	pH (pot.)	0,4–40	MATSUNAGA et al. (1978)
Nicotinamid	*B. pumilus*	NH_3 (pot.)	0,28–14	
	E. coli	NH_3 (pot.)	0,28–20	VINCKÉ et al. (1984)
NAD⁺	*E. coli* (+ NADase)	NH_3 (pot.)	0,25–2,5	RIECHEL und RECHNITZ (1978)
L-Ascorbat	*Enterobacter agglomerans*	O_2 (amp.)	0,004–0,7	VINCKÉ et al. (1985c)
Cholesterol	*Nocardia erythropolis*	O_2 (amp.)	0,015–0,13	WOLLENBERGER et al. (1980a)
Androstendion, Testosteron	*N. opaca*	DCPIP (amp.)	0,0015–0,1	WOLLENBERGER et al. (1980b)
Cephalosporin	*Citrobacter freundii*	pH (pot.)	50–300 µg/ml	MATSUMOTO et al. (1979)
Nystatin	*S. cerevisiae*	O_2 (amp.)	0–54 U/ml	KARUBE et al. (1979a)
Nitrilotriessigsäure	*Pseudomonas* sp.	NH_3 (pot.)	0,1–0,7	KOBOS und PYON (1981)
Ammoniak	*Nitrosomonas europaea*	O_2 (amp.)	0–0,08	HIKUMA et al. (1980b)
	Klärschlamm	O_2 (amp.)	0,005–4,5	KARUBE et al. (1981a)
	B. subtilis	O_2 (amp.)	0–0,15	RIEDEL et al. (1985a)
Nitrat	*Azotobacter vinelandii*	NH_3 (pot.)	0,01–0,8	KOBOS et al. (1979)
Nitrit	*Nitrobacter* sp.	O_2 (amp.)	0,01–0,54	KARUBE et al. (1982d)
	Aktivschlamm	O_2 (amp.)	0,01–5,0	OKADA et al. (1983)
Herbizide	*Synechococcus*	Hexacyanoferrat(II), p-Benzochinon	20 ppb–2 ppm	RAWSON et al. (1987)
Harnstoff	Klärschlamm (+ Urease)	O_2 (amp.)	2,0–200	OKADA et al. (1982)
			1,5–10	KUBO et al. (1983b)
	Proteus mirabilis	NH_3 (pot.)	0,5–50	VINCKÉ et al. (1983b)
Creatinin	*Nitrosomonas* sp. + *Nitrobacter* sp. (+ Creatininase)	O_2 (amp.)	0,4–76	KUBO et al. (1983a)
Harnsäure	*Pichea membranaefaciens*	CO_2 (pot.)	0,1–2,5	KAWASHIMA et al. (1984)
	Altenaria tennis	O_2 (amp.)		WOLLENBERGER (1981)
Sulfid	*Chromatium* sp.	H_2 (amp.)	0,4–3,5	MATSUNAGA et al. (1984b)

noch **Tabelle 16**

Substrat	Mikroorganismus	Anzeige	Meßbereich (mmol/l)	Literatur
Sulfat	*Desulfovibrio desulfuricans*	H_2S (pot.)	0,04–0,7	KOBOS (1986)
Monomethylsulfat	*Hyphomicrobium*	pH (pot.)	25–630	SCHÄR und GHISALBA (1985)
Phosphat	*Chlorella vulgaris*	O_2 (amp.)	8,0–70	MATSUNAGA et al. (1984a)
Aspartam	*B. subtilis*	O_2 (amp.)	0,07–0,6	RENNEBERG et al. (1985)
Angiotensin	*B. subtilis*	O_2 (amp.)	0–15	RIEDEL et al. (1988)
GnRH*	*B. subtilis*	O_2 (amp.)	0–30	
Immunglobulin G	*Staphylococcus aureus*	O_2 (amp.)	0,1–10 μg/ml	AIZAWA et al. (1983)
α-Amylase	*B. subtilis* (+ Glucoamylase)	O_2 (amp.)		RENNEBERG et al. (1984)

* Gonadotropin-releasing Hormon

Dehydrogenasen sind über Mediatoren an Indikatorelektrodenreaktionen gekoppelt worden [WOLLENBERGER et al. 1980b, KULYS und KADZIAUSKIENE 1978].

KOBOS und PYON (1981) haben als erste komplexe Mehrschrittreaktionen in einer mikrobiellen Elektrode angewendet. Durch Anzucht von Pseudomonaden auf Nitrilotriessigsäure (NTA) als einziger Kohlenstoffquelle wird in den Bakterien der folgende Abbauweg dieses Substrats induziert:

$$NTA + NADH + O_2 \xrightarrow{\text{NTA-Monooxygenase}} \alpha\text{-Hydroxy-NTA} \longrightarrow IDA + Glyoxylat$$

$$\downarrow$$

$$Glycin + Glyoxylat$$

$$\downarrow \text{Glycin-decarboxylase}$$

$$Serin + CO_2$$

$$\downarrow \text{Serin-desaminase}$$

$$Hydroxypyruvat + NH_3$$

IDA – Iminodiacetat

Die Fixierung der Zellen vor einer Ammoniak-Gaselektrode ergibt einen mikrobiellen Sensor, dessen Potentialänderung linear vom Logarithmus der NTA-Konzentration zwischen 0,1 und 1 mmol/l abhängig ist. Intermediate des NTA-Metabolismus, wie Glycin und Serin, werden mit gleicher Empfindlichkeit angezeigt.

Eine ähnlich komplexe Reaktionssequenz läuft in einem Sensor zur Sulfatbestimmung auf der Basis von *Desulfovibrio desulfuricans* und einer sulfidselektiven Elektrode ab [KOBOS 1986]. Bei einer Stabilität von zehn Tagen liegt der lineare Meßbereich zwischen 0,04 und 0,7 mmol/l. Da Sauerstoff die Enzyme irreversibel hemmt, müssen anaerobe Bedingungen eingehalten werden.

Neben Induktion und Inhibition ermöglichen auch mechanische und chemische Eingriffe in die Zellstruktur eine Beeinflussung der Selektivität mikrobieller Sensoren. BURSTEIN et al. (1986) haben dies anhand von *Escherichia coli*-Zellen nachgewiesen, die in Sensoren für D- und L-Lactat, Succinat, L-Malat, 3-Glycerophosphat, Pyruvat, NADH und NADPH verwendet werden. Ultraschallbehandlung, Extrusion oder Immobilisierung und Glutaraldehydvernetzung bewirken unterschiedliche Selektivitäten der Atmungskette, die eine Einengung des Substratspektrums erlauben.

Bakterielle Hybridelektroden, in denen nitrifizierende Zellen mit NH_3-bildenden Enzymen vor einer O_2-Elektrode fixiert sind, haben OKADA et al. (1982) für Harnstoff und KUBO et al. (1983a) für Creatinin entwickelt. Zur

Harnstoffbestimmung wird Urease in einer gesonderten Membran immobilisiert, die durch eine Teflonmembran von der Schicht immobilisierter Bakterien getrennt wird (Abb. 107). Dadurch wird eine hohe Selektivität erreicht, da außer NH_3 und O_2 kein Substrat in diese Schicht diffundieren kann. Das Multimembransystem macht die Sensoren jedoch relativ langsam und unempfindlich. Die untere Bestimmungsgrenze für Harnstoff beträgt 2 mmol/l. Nitrifizierende Bakterien sind auch in Sensoren für Ammoniak [HIKUMA et al. 1980b], Nitrat [KARUBE et al. 1981a] und Nitrit [KARUBE et al. 1982d] verwendet worden. Auch hier wird durch eine äußere gaspermeable Membran hohe Selektivität erreicht.

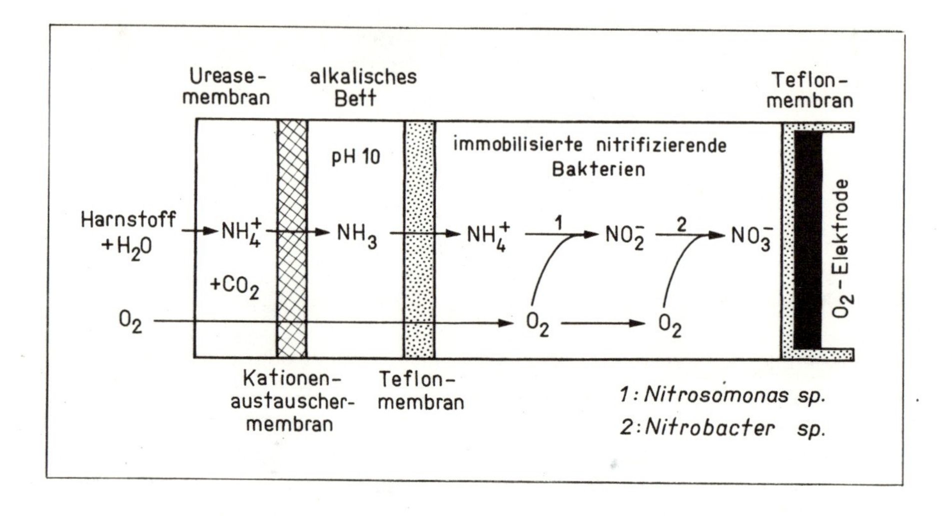

Abb. 107. Funktionsschema der bakteriellen Hybridelektrode zur Harnstoffbestimmung [nach OKADA et al. 1982]

Die Beschleunigung der Veratmung von Glucose durch aktive NH_4^+-Aufnahme wird in einem *B. subtilis*-Sensor zur Bestimmung dieses Ions genutzt [RIEDEL et al. 1985a]. Das normalerweise unter idealen Nährstoffbedingungen reprimierte NH_4^+-Aufnahmesystem der Zellen wird dazu durch Nährstofflimitation aktiviert. Der Sensor zeigt über mindestens 12 Tage gleichbleibende Empfindlichkeit. Ebenfalls in *B. subtilis*-Zellen haben RENNEBERG et al. (1985) durch Anzucht auf einem aspartamhaltigen Nährmedium Aufnahme- und Assimilationssysteme für das künstliche Süßungsmittel Aspartam induziert. Eine mit diesen Zellen gekoppelte CLARK-O_2-Elektrode ist zur Aspartambestimmung im Bereich 0,07 bis 0,6 mmol/l geeignet (Abb. 108). Die Empfindlichkeit gegenüber den beiden Aspartambausteinen Aspartat und Phenylalanin beträgt 20 % bzw. 10 % der

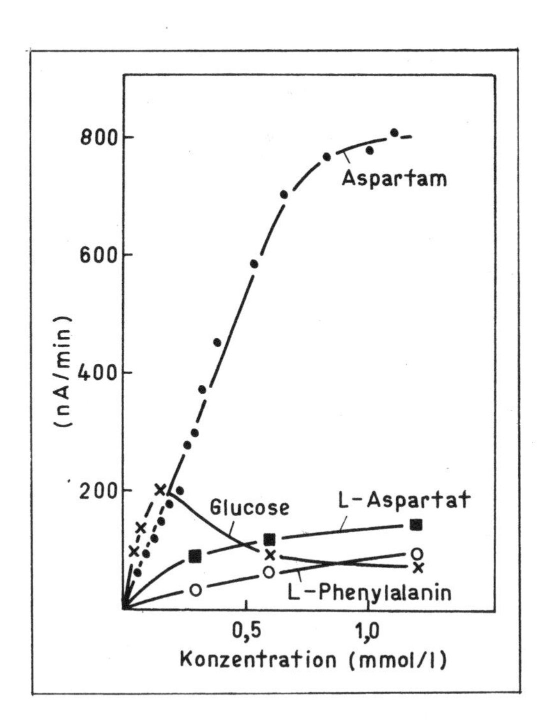

Abb. 108. Konzentrationsabhängigkeiten des Signals eines Sensors mit auf Aspartam gewachsenen *B. subtilis*-Zellen für Aspartam, dessen Bausteine sowie Glucose [nach RENNEBERG et al. 1985]

Empfindlichkeit für das Dipeptid. Glucose wird durch den Sensor ebenfalls nur in geringem Maße angezeigt. Das Konzept, in mikrobiellen Sensoren durch Induktion Selektivität zu erreichen, ist auch zur Bestimmung von weiteren Peptiden und von Hormonen angewendet worden [RIEDEL et al. 1988].

Selektivität für ein gewünschtes Substrat kann ferner durch Inhibition interferierender Reaktionen erzielt werden. RIEDEL und SCHELLER (1987) haben der Meßlösung eines *B. subtilis*-Sensors für Glutamat Chlormercuribenzoat zur Blockade der Glucoseaufnahme und NaF zur Hemmung der Glucoseassimilation zugesetzt. Damit gelingt die vollständige Unterdrückung der Störung der Glutamatbestimmung durch Glucose.

Einen mikrobiellen Hybridsensor zur Bestimmung der Aktivität von α-Amylase haben RENNEBERG et al. (1984) beschrieben. Darin befinden sich immobilsierte *B. subtilis*-Zellen und Glucoamylase vor einer O_2-Elektrode. Niedermolekulare Produkte der durch α-Amylase katalysierten Stärkespaltung diffundieren in die Biokatalysatormembran, wo sie durch Glucoamylase zu Glucose abgebaut werden, deren Veratmung durch *B. subtilis* als Meßsignal dient. Linearität wird bis 1,5 U/ml gefunden.

Die bakterielle Metabolisierung durch Zahnplaque ist zur Bestimmung einer Reihe von Hexosen (D-Glucose, D-Mannose, D-Galactose und D-Fructose) ausgenutzt worden [GROBLER und RECHNITZ 1980]. Die Plaque-Zellen werden dazu vor einer pH-Elektrode immobilisiert. Der Sensor spricht nicht auf Pentosen an.

RECHNITZ und Mitarbeiter [KOBOS und RECHNITZ 1977, JENSEN und RECHNITZ 1978] haben die Regenerierbarkeit mikrobieller Sensoren demonstriert. Die verbrauchten Sensoren (für L-Aspartat bzw. L-Cystein) werden zwischen den Messungen in Nährmedien getaucht, wodurch frische Zellen *in situ* vor der Elektrode wachsen, so daß die Ausgangsaktivität der Sensoren wiederhergestellt und somit ihre Lebensdauer erhöht wird. Allerdings ist diese Methode auf wenige Wachstumszyklen begrenzt, da zelluläre Bruchstücke an der Elektrode akkumuliert werden.

Die Anwendung von mit pH-sensitiven FETs gekoppelten Mikroorganismen zur Glucose- und Alkoholbestimmung ist von HANAZOTO und SHIONO (1983) bzw. KITAGAWA et al. (1987) untersucht worden. Vor dem Aufbringen auf das Gate des Transistors werden die Zellen in Agar bzw. Alginat immobilisiert. Die Ansprechzeit dieser Sensoren liegt bei 30 Minuten. Zur Ausschaltung von Störungen durch pH-Änderungen in der Meßlösung wird der Alkoholsensor mittels einer gaspermeablen Membran von dieser separiert.

Zum Testen von Chemikalien auf Mutagenität haben KARUBE et al. (1981b, 1982c) zwei mikrobielle Sensorverfahren entwickelt (Tab. 17). Grundlage ist jeweils die Messung der Atmungsaktivität der Zellen, die vor einer O_2-Elektrode immobilisiert werden. Dazu wird nur eine geringe Zellmenge eingesetzt, so daß bereits geringfügige Beeinflussungen der Atmung feststellbar sind. Eines der Verfahren beruht auf dem Vergleich zweier *B. subtilis*-Stämme, von denen einer, (Rec^-), einen Rekombinatenmangel aufweist. Auf zwei in dieselbe, glucosehaltige Meßlösung tauchenden O_2-Elektroden befinden sich jeweils Zellen eines Stammes. Der Zusatz eines Mutagens zur Lösung bewirkt, daß die Rec^--Zellen absterben, während der Wildstamm den induzierten DNA-Schaden reparieren kann. Das Resultat ist ein Ansteigen des O_2-Reduktionsstromes der Rec^--Elektrode durch verringerte Zellrespiration verglichen mit dem Wildstammsensor. Derart können innerhalb einer Stunde Mutagene in geringen Mengen nachgewiesen werden, z. B. Captan (2 μg/ml) oder AF-2 (1,6 μg/ml). Konventionelle Tests benötigen dazu mehrere Tage.

Mittels einer Mutante von *Salmonella typhimurium* kann die Nachweisgrenze für Mutagene weiter um Größenordnungen verringert werden. Die für ihr Wachstum Histidin benötigende Mutante wird in histidinfreiem Nährmedium mit einem Mutagen inkubiert. Einige der entstehenden Revertanten sind ohne Histidin vermehrungsfähig. Wird ein definiertes Volumen aus dem Inkubations-

Tabelle 17
Mikrobielle Sensoren zum Nachweis komplexer Größen und zur Charakterisierung von Mikroorganismen

Zielgröße	Mikroorganismen	Literatur
Biologischer Sauerstoffbedarf	*Clostridium butyricum*	KARUBE et al. (1977a, b)
	H. anomala	KULYS und KADZIAUSKIENE (1980)
	Trichosporon cutaneum	HIKUMA et al. (1979c)
	B. subtilis, T. cutaneum	RIEDEL et al. (1987)
Assimilationstest	diverse	HIKUMA et al. (1980d)
Assimilierbare Zucker	*Brevibacterium lactofermentum*	HIKUMA et al. (1980a)
Mutagene	*B. subtilis*	KARUBE et al. (1981b)
	Salmonella typhimurium	KARUBE et al. (1982c)
Zellpopulationen	diverse	MATSUNAGA et al. (1980a), NISHIKAWA et al. (1982), MATSUNAGA und NAMBA (1984a, b)
Zellzahl	diverse	MATSUNAGA et al. (1981)
Physiologischer Zustand	*B. subtilis*	RIEDEL et al. (1985b)
Differenzierung gramnegativ/grampositiv	diverse	MATSUNAGA und NAKAJIMA (1985)

ansatz auf einen Membranfilter vor eine Sauerstoffelektrode gebracht (Abb. 109), so zeigt diese aufgrund der erhöhten Anzahl der Zellen in Gegenwart von Glucose einen Stromabfall an. Ist die Testsubstanz dagegen kein Mutagen, so bleibt die Rückmutation aus; folglich findet keine Vermehrung statt, und die dann präparierte Elektrode zeigt keine Zellatmung an.

Die Fähigkeit von Mikroorganismen, eine Vielzahl organischer Substanzen abzubauen, wird in Sensoren zur Bestimmung des Biologischen Sauerstoffbedarfs (BSB) ausgenutzt. Der BSB ist eine wichtige Größe zur Charakterisierung von organisch kontaminierten Abwässern. Der konventionelle BSB-Test dauert fünf Tage (BSB_5). Eine schnelle BSB-Bestimmung ist mit Sensoren auf der Basis immobilisierter Zellen und O_2-Elektroden möglich. Solche Sensoren sind mit *B. subtilis* [RIEDEL et al. (1987), Abb. 110], *Hansenula anomala* [KULYS und KADZIAUSKIENE 1980], *Clostridium butyricum* [KARUBE et al. 1977a, b] und *Trichosporon cutaneum* [SUZUKI und KARUBE 1979, RIEDEL et al. 1987] aufgebaut worden. Der letztgenannte Sensor findet Anwendung zur Kontrolle von Abwässern bei der industriellen Fermentation (s. 5.4.).

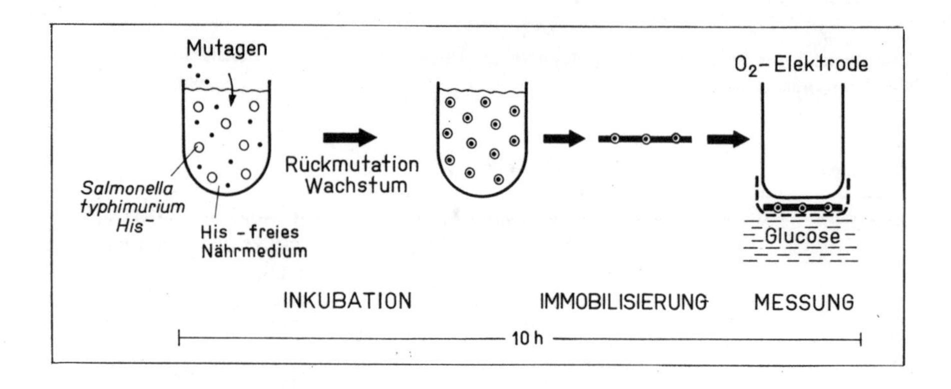

Abb. 109. Mutagenitätstest auf der Basis eines mikrobiellen Sensors

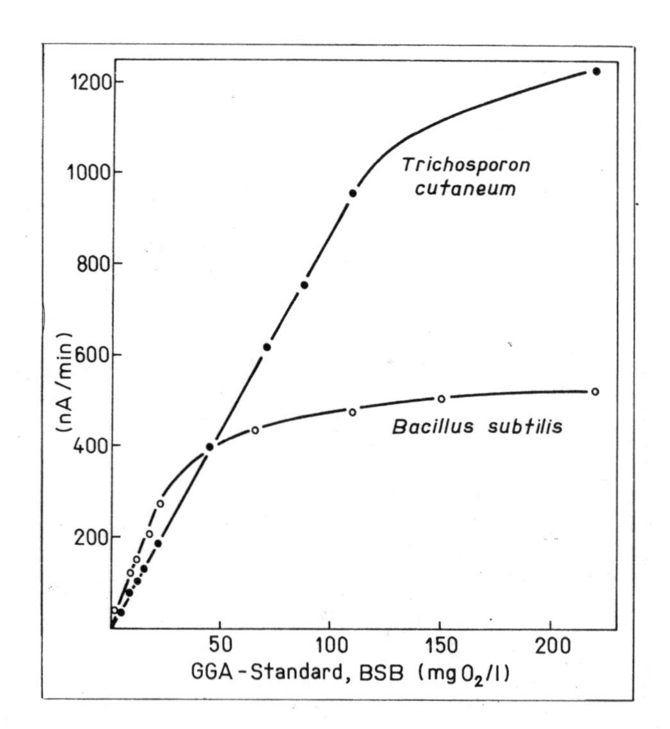

Abb. 110. Meßkurven von BSB-Sensoren mit unterschiedlichen Mikroorganismen. Als BSB-Standards werden Glucose-Glutaminsäure-Lösungen (GGA) verwendet.

KARUBE et al. (1977c) schlagen eine Biobrennstoffzelle zur BSB-Bestimmung vor. Darin wird der anodische Oxidationsstrom von Wasserstoff und Formiat, die von *Clostridium butyricum* anaerob aus organischen Verbindungen gebildet werden, als Meßsignal verwendet.

Enthält das Abwasser organische Substanzen, die nicht durch eine mikrobielle Spezies allein abbaubar sind, so können für die Abwasserreinigung benutzte Klärschlämme zur Sensorpräparation dienlich sein [STRAND und CARLSON 1984]. Allerdings ist die Stabilität solcher Mischpopulationen gering.

Charakterisierung von Mikroorganismen

Zur elektrochemischen Bestimmung von Zellpopulationen haben MATSUNAGA et al. (1980a) das Phänomen genutzt, daß Bakterien direkt anodisch oxidiert werden können. Dabei wird die Differenz zwischen einem unbedeckten und einem membranbedeckten Elektrodensystem in einer Suspension der Zellen gemessen. $0{,}2 \cdot 10^{-9}$ bis $2 \cdot 10^{-9}$ Zellen/ml von *B. subtilis* können mit dem Verfahren in guter Reproduzierbarkeit nachgewiesen werden. In ähnlicher Weise lassen sich Zellpopulationen an mit 4,4'-Bipyridyl [MATSUNAGA und NAMBA 1984a] oder mit Farbstoffen [NISHIKAWA et al. 1982] modifizierten Elektroden sowie mittels zyklischer Voltammetrie [MATSUNAGA und NAMBA 1984b] messen.

Sensoren zur Charakterisierung der Mikroorganismen selbst, in denen ebenfalls ihre *geringe* Selektivität ausgenutzt wird, beruhen auf dem Nachweis der Atmungsaktivität der vor CLARK-O_2-Elektroden fixierten Zellen. MATSUNAGA et al. (1981) führen mit einer solchen Anordnung die Messung der Lebendzellzahl aus. Dabei fällt mit zunehmender Zellzahl gemäß der erhöhten Respiration der Strom an der O_2-Elektrode. Die minimal nachweisbare Zellzahl ist für Bakterien 10^6/ml und für Hefen 10^5/ml.

HIGGINS et al. (1987) haben ein kommerzielles Gerät zur Zellzahlbestimmung mit der Bezeichnung „Biocheck" entwickelt. Zur Erfassung einer großen Zahl relevanter Mikroorganismen wird dabei eine Mischung verschiedener Redoxmediatoren eingesetzt, über die die Redoxsysteme der Zellen mit der Elektrode gekoppelt werden. 10^6 Zellen pro ml können damit innerhalb von zwei Minuten gemessen werden.

Zur Feststellung der Assimilationscharakteristik von Mikroben werden diese vor einer O_2-Elektrode fixiert, die dann mit den zu testenden Substraten in Kontakt gebracht wird [HIKUMA et al. 1980d]. Gegenüber herkömmlichen Assimilationstests, bei denen 24- bis 72stündige Kultivierungen erforderlich sind, benötigt der Test mit dem Sensor nur 30 Minuten. In gleicher Weise kann der physiologische Zustand von Zellen charakterisiert werden [RIEDEL et al. 1985b].

MATSUNAGA und NAKAJIMA (1985) ist durch Aufnehmen von Strom-Spannungs-Kurven einer Graphitelektrode mit fixierten Bakterien eine Differenzierung in gramnegativ und grampositiv gelungen. Grampositive Zellen ergeben Peakströme bei 0,65 bis 0,69 V, gramnegative dagegen solche bei 0,70 bis 0,74 V gegen SCE. Aus der Stromhöhe kann die Zellzahl ermittelt werden. Für *E. coli* und *Lactobacillus acidophilus* postulieren die Autoren, daß die Peakströme durch die elektrochemische Oxidation von Coenzym A hervorgerufen werden. Wenn dies zutrifft, kann allerdings keine eindeutige Korrelation zur Zellzahl hergestellt werden, da die Bildung von Coenzym A auch vom physiologischen Zustand der Zellen abhängt.

3.3.3. Gewebeschnitte

Gewebeschnitte oder -teile, sowohl tierischen als auch pflanzlichen Ursprungs, sind die höchst komplexen Systeme, die bisher in biospezifischen Sensoren Anwendung gefunden haben. Dazu sind Gewebe ausgewählt worden, in denen die entsprechenden Enzyme angereichert vorliegen. Die bekannten Entwicklungen auf diesem Gebiet sind in Tabelle 18 zusammengefaßt.

Aufgrund der relativ guten Handhabbarkeit können Gewebeschnitte durch einfache Befestigung vor der Elektrode mittels einer semipermeablen Membran oder eines Nylonnetzes immobilisiert werden. Zur Erhöhung der mechanischen und Funktionsstabilität wird zusätzlich auch eine Vernetzung praktiziert [KURIYAMA und RECHNITZ 1981].

In einer führenden Gruppe auf dem Gebiet der Gewebeschnittsensoren wie auch der (potentiometrischen) Biosensoren an der Universität Delaware sind für Sensoren zur Bestimmung von Glutamin [RECHNITZ et al. 1979] und Glucosamin-6-phosphat [MA und RECHNITZ 1985] Schweinenierenschnitte verwendet worden. Der Glutaminsensor wird zur Messung der Aminosäure in *Liquor cerebrospinalis* eingesetzt [ARNOLD und RECHNITZ 1980b]. Zur Unterdrückung der Interferenz durch NH_3, das in glykolytischen Reaktionen freigesetzt wird, muß der Meßlösung Iodacetamid zugefügt werden. Erst dann ist eine hohe Selektivität für Glutamin gegeben.

Sowohl in der Glutamin- als auch in der Glucosamin-6-phosphat-Bestimmung entsteht beim Substratmetabolismus NH_3, welches die Funktion der an der Elektrode angezeigten Substanz übernimmt. Um Selektivität für eines der beiden Substrate zu erreichen, ist lediglich eine Verschiebung des pH-Wertes erforderlich: Die pH-Optima liegen für Glutamin bei 8,5 und für Glucosamin-6-phosphat bei 9,25. Diese Differenz ist zwar gering, die Optima sind jedoch schmal genug, um hinreichende Trennschärfe zu gewährleisten. Neben der Hemmung interferierender Stoffwechselwege (s. auch 3.3.2.) ist damit ein weiterer Weg zur Erhöhung der Selektivität von HIS-Sensoren aufgezeigt worden.

Auch das Konzept der Hybridsensoren findet bei Gewebeschnittelektroden Anwendung. Ein Biosensor, in dem ein Pflanzengewebeschnitt eingesetzt wor-

Tabelle 18
Biosensoren auf der Basis von Geweben

Gewebe(schnitt)	Substrat	angezeigte Spezies	Literatur
Rinderleber (+ Urease)	Arginin	NH_3	Anonym (1978) (s. RECHNITZ 1981)
Schweineniere	L-Glutamin	NH_3	RECHNITZ et al. (1979), ARNOLD und RECHNITZ (1980a, b)
Kaninchenmuskel	Adenosinmonophosphat	NH_3	ARNOLD und RECHNITZ (1981)
Kürbis	L-Glutamat	CO_2	KURIYAMA und RECHNITZ (1981)
Rinderleber	H_2O_2	O_2	MASCINI et al. (1982), MASCINI und PALLESCHI (1983b)
Kaninchenleber	Guanin	NH_3	ARNOLD und RECHNITZ (1982)
Zuckerrübe	Tyrosin	O_2	SCHUBERT et al. (1983)
Maiskorn	Pyruvat	CO_2	KURIYAMA et al. (1983)
Kartoffel (+ GOD)	Phosphat, Fluorid	O_2	SCHUBERT et al. (1984)
Gurkenblatt	Cystein	NH_3	SMIT und RECHNITZ (1984)
Schweineniere	Glucosamin-6-phosphat	NH_3	MA und RECHNITZ (1985)
Champignon	Phenole	O_2	MACHOLÁN und SCHÁNĚL (1984)
Banane	Dopamin	O_2	SIDWELL und RECHNITZ (1985)
Tintenfischnerven	Diisopropylfluorphosphat	F^-	UCHIYAMA et al. (1987)
Gurkenschale	Ascorbinsäure	O_2	VINCKÉ et al. (1985c), MACHOLÁN und CHMELIKOVÁ (1986)
Bananenschale	Oxalat	CO_2	FONONG (1986b)
Teile von Nelken und Chrysanthemen	Aminosäuren, Harnstoff	NH_3	UCHIYAMA und RECHNITZ (1987)
Kohl	Sulfoxide	NH_3	SIDWELL und RECHNITZ (1986)

den ist, beruht auf der Kopplung von im Kartoffelgewebe angereicherter saurer Phosphatase mit Glucoseoxidase an einer Sauerstoffelektrode [SCHUBERT et al. 1984]. Mit diesem Sensor können anorganisches Phosphat und Fluorid bestimmt werden (Abb. 111). Besonders günstig wirkt sich dabei die hohe Stabilität der Phosphatase aus: Um bei Zugabe eines zu messenden Inhibitors (hier Phosphat oder Fluorid) ein Signal zu erhalten, darf das zu hemmende Enzym nicht im Überschuß vorliegen; seine Konzentration in der Schicht muß also niedrig sein. Die natürliche Denaturierung des Enzymproteins läßt sich nicht durch hohe Aktivität kompensieren; sie muß vielmehr durch ein optimales Milieu minimiert werden. Gerade dieses Milieu ist aber im intakten Gewebe gegeben. Mit einem einmal präparierten Kartoffel-Glucoseoxidase-Sensor können während vier Wochen Phosphatbestimmungen ausgeführt werden.

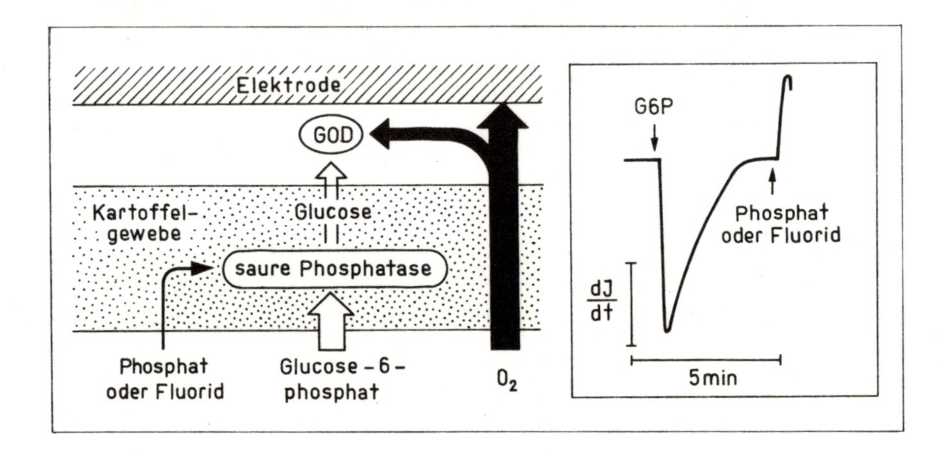

Abb. 111. Schematische Darstellung und Meßkurve der Bestimmung der Inhibitoren Phosphat und Fluorid mit dem Gewebeschnitt-GOD-Hybridsensor [nach SCHUBERT et al. 1984]

Die Fähigkeit von Blüten und Blumen, biochemische Substrate in leicht flüchtige Produkte umzuwandeln ist von UCHIYAMA und RECHNITZ (1987) auf ihre Anwendbarkeit in Biosensoren hin untersucht worden. Dazu haben sie sowohl zerkleinerte als auch intakte Gewebeteile von Chrysanthemen und Nelken zum Aufbau von Harnstoff- und Aminosäuresensoren mit ammoniaksensitiven Elektroden gekoppelt und überraschend unterschiedliche Selektivitätsmuster mit den beiden Spezies sowie ihren verschiedenen strukturellen Subelementen festgestellt. So spricht beispielsweise ein Sensor mit einem Blütengewebeschnitt der Chrysantheme in einem Gemisch von 20 Aminosäuren ausschließlich auf L-Aspartat, L-Glutamat und L-Serin an, während mit dem

Kelchblatt derselben Blume ein selektiver Sensor für L-Arginin, L-Citrullin und L-Ornithin erhalten wird. Die Funktionsstabilität solcher Sensoren beträgt z. T. mehrere Wochen.

UCHIYAMA et al. (1987) haben Nervengewebe des Tintenfisches vor einer fluoridsensitiven Elektrode immobilisiert. Das Gewebe enthält eine Diisopropylfluorphosphatase, deren Aktivität zur Bestimmung von Diisopropylfluorphosphat ausgenutzt wird. Wenn bei 0 °C gemessen wird, kann eine Funktionsstabilität des Sensors von 18 Tagen erreicht werden.

3.3.4. Weitere bioorganische Materialien

In die Tendenz zur Verbesserung der Zugänglichkeit und Vereinfachung der Handhabung von Biomaterialien für Biosensoren ordnen sich neben den (durch jedermann selbst herstellbaren) Gewebeschnitten auch *Rohpräparate* zur Enzymgewinnung ein. ARNOLD und Mitarbeiter haben die Anwendbarkeit von Jakobsbohnenmehl in Harnstoffelektroden [ARNOLD und GLAIZER 1984] sowie von acetonbehandeltem pulverisiertem Kaninchenmuskel für Elektroden zur AMP-Bestimmung untersucht [FIOCCHI und ARNOLD 1984]. In beiden Fällen sind die Sensoren bezüglich des Anstiegs der Eichgeraden und der Stabilität entsprechenden Enzymelektroden weit überlegen. Andere Parameter, wie Ansprechzeit und Linearitätsbereich, unterscheiden sich kaum voneinander.

3.3.5. Lipidmembran-Biosensoren

Zum Studium von Wechselwirkungen an Zellmembranen eignen sich synthetische Lipid-Doppelschichtmembranen, wie sie bereits 1962 von MUELLER et al. präpariert worden sind. Neuerdings werden solche "bilayer lipid membranes" (BLM) auf ihre Anwendbarkeit in Biosensoren untersucht [KRULL und THOMPSON 1985]. Das Meßsignal erzeugt der Ionenflux als Resultat eines über die Membran angelegten Potentials zwischen 5 und 50 mV, der sich bei Wechselwirkung des Analyten mit der Membran verändert. Selektivität kann durch Inkorporation eines geeigneten Rezeptors erreicht werden, dessen Komplexbildung mit dem Analyten ionenleitende Poren, eine veränderte Ionenpermeabilität oder Fluiditätsveränderungen in der BLM hervorruft. Erste Ergebnisse mit einem BLM-Ammoniak-Gassensor, dessen Selektivität durch Inkorporation eines Antibiotikums erreicht worden ist, liegen vor [THOMPSON et al. 1983]. Zur praktischen Präparation von Multischichten können durch die LANGMUIR-BLODGETT-Technik Monoschichten sukzessive auf ionenleitende Substrate gebracht werden.

4. Affinitätssensoren

Wie in Abschnitt 2.3. dargelegt, lassen sich auch verschiedenartige biospezifische Erkennungssysteme und Wechselwirkungen *ohne Analytumwandlung* für die Konstruktion von Biosensoren ausnutzen. Erfolgt die Bindung des Analyten an ein geeignetes immobilisiertes Biomolekül oder komplexeres Rezeptorsystem *reversibel*, so ist der Sensor wiederverwendbar. Da die Änderung physikochemischer Parameter bei diesen Bindungsvorgängen meist sehr geringfügig und nur mit hohem Aufwand anzeigbar ist, werden zur Signalverstärkung häufig Hilfsreaktionen angekoppelt.

Diese *Affinitätssensoren* können aus niedermolekularen biospezifischen Liganden, einzelnen Proteinen und Enzymen, Antikörpern (Immunosensoren) oder Zellmembrankomponenten, Zellorganellen sowie intakten Zellen und Zellverbänden (Rezeptroden) aufgebaut sein.

4.1. Affinitätssensoren mit niedermolekularen Liganden

Die Entwicklung eines optischen Biosensors für Dehydrogenasen basiert auf der Affinität dieser Enzyme zum Coenzym NAD^+ [MANDENIUS et al. 1986]. Dazu wird ein Silikonchip nach Silanisierung mit Dextran beschichtet und anschließend NAD^+ kovalent daran fixiert. Mit einem Refraktometer wird aus der Polarisation des reflektierten Lichtes die Dicke der fixierten Schicht auf dem Chip bestimmt. Die Zugabe einer Enzymlösung (ADH oder LDH) führt aufgrund der spezifischen Wechselwirkung der Dehydrogenase mit NAD^+ innerhalb von 30 Sekunden zu auswertbaren Änderungen der Schichtdicke (Abb. 112). Der Chip ist mehrmals verwendbar. Die Regenerierung erfolgt durch Spülen mit NAD^+-Pyrazollösung (je 2 mmol/l), wodurch ADH in einem ternären Komplex gebunden wird, oder mit NAD^+-Oxalatlösung (je 2 mmol/l) zur kompetitiven Bindung von LDH. Der Chip wird in einer Durchflußanordnung eingesetzt. Bei einer Fließgeschwindigkeit von 0,5 ml/min werden von 0,1 mg/ml ADH 1,7 $\mu g/cm^2$ gebunden.

Einen reagenzlosen optoelektronischen Sensor für Serumalbumin haben GOLDFINCH und LOWE (1980) entwickelt, indem sie eine Zellophanmembran mit immobilisiertem Bromkresolgrün zwischen einer Rotlicht emittierenden Diode und einer Photodiode angeordnet haben (s. auch Abb. 8). Bei einem pH-Wert von 3,8 wird menschliches Serumalbumin (HSA) an dem immobilisierten Farbstoff adsorbiert, wodurch die Farbe von gelb nach blaugrün umschlägt. Entsprechend reduziert sich die Transmission des roten Lichtes. Dieser Sensor arbeitet linear von 5 bis 35 mg/ml HSA. Die Bindung des HSA ist vollständig reversibel und mit einem VK von 1,4 % sehr gut reproduzierbar. Die

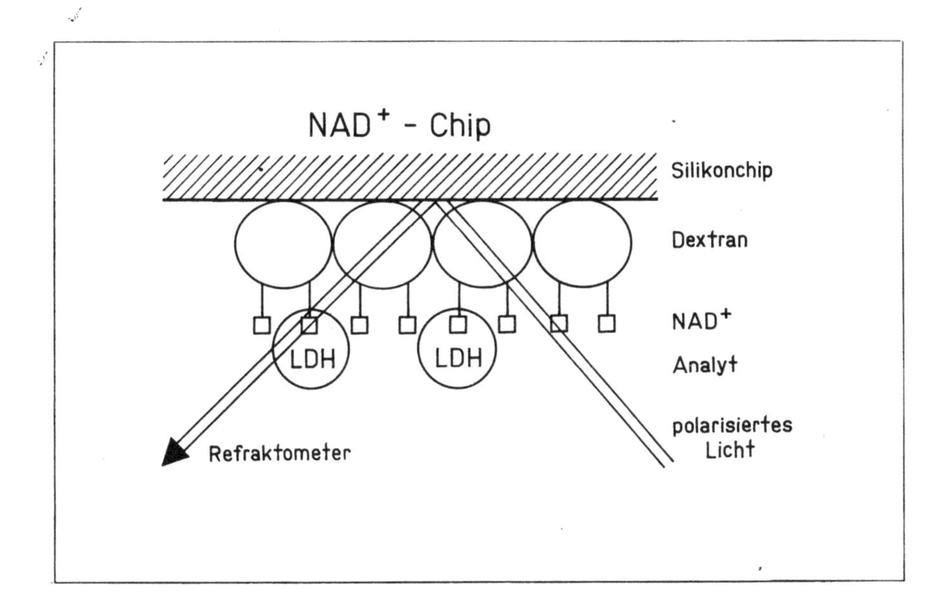

Abb. 112. Schema eines Affinitätssensors für Dehydrogenasen mit refraktometrischer Registrierung [nach MANDENIUS et al. 1986]

Empfindlichkeit ist der des verbreiteten Radioimmunoassays für HSA vergleichbar. Der Vorteil dieses Sensortyps resultiert unter anderem daraus, daß radioaktive Substanzen vermieden werden. Die Meßzeit ist mit 15 Minuten wesentlich kürzer als bei üblichen Tests; auch der apparative Aufwand ist bedeutend geringer.

4.2. Affinitätssensoren auf der Grundlage von Proteinen und Enzymen

4.2.1. Bindungssensoren ohne zusätzliche Reaktionen

Lectine sind pflanzliche Proteine mit Antikörper(Ak)-ähnlichen Eigenschaften. Sie haben eine hohe Affinität zu bestimmten Kohlenhydraten bzw. Kohlenhydratgruppen und werden deshalb zunehmend zur spezifischen Reinigung schwer zugänglicher Glykoproteine (z. B. Blutgruppensubstanzen) mittels Affinitätschromatographie eingesetzt. Eines der bekanntesten Lectine, das Concanavalin A (Con A) aus der Jakobsbohne, bindet spezifisch Glucose und Mannose.

Die Idee, ein solches Bindungsverhalten für die Analytik auszunutzen, ist erstmals von JANATA (1975) verwirklicht worden (Tab. 19). Con A wird an eine PVC-Membran vor einer Platinelektrode gebunden. Das Prinzip dieser

Tabelle 19
Affinitätssensoren

Analyt	immobilisierte Spezies	Prinzip	Transduktor	Literatur
Mannan	Con A	Differenzmessung zwischen „aktiver" und blockierter Con A-Elektrode	Pt-Elektrode	JANATA (1975)
POD	Con A	spezifische Bindung und Messung der Enzymaktivität	H_2O_2-Elektrode	AIZAWA (1982)
Glucose	Con A	Konkurrenz von Glucose mit Fluoreszein-Dextran um Con A	Fiberoptischer Sensor	SCHULTZ und SIMS (1979)
Glucose	Con A	Konkurrenz von Glucose mit Fluoreszein-Glykogen um Con A	Fiberoptischer Sensor	SRINIVASAN et al. (1986)
Glucose	Con A	Änderung der Ladungsverteilung in Säule durch spezifische Bindung	Elektrode (Strömungspotential)	MATTIASSON (1984)
Hefezellen	Con A	Messung der Schichtdickenänderung auf der Chipoberfläche bei Analytbindung	Refraktometer, Ellipsometer	MANDENIUS et al. (1984)
Biotin	HABA	Konkurrenz von HABA mit Biotin um Avidin-Katalase	O_2-Elektrode	IKARIYAMA et al. (1983)
B-Lymphozyt	Protein A – Katalase	Abnahme der Katalaseaktivität durch Bindung von B-Lymphozyten	O_2-Elektrode	AIZAWA (1983)
Formaldehyd	Formaldehyd-dehydrogenase	Masseänderung durch spezifische Bindung	Piezoelektrischer Kristall	GUILBAULT und NGEH-NGWAINBI (1987)
Malathion	Acetylcholinesterase	Masseänderung durch spezifische Bindung	Piezoelektrischer Kristall	NGEH-NGWAINBI et al. (1986b)

HABA – 2-(4'-Hydroxyphenylazo)benzoesäure

Affinitätselektrode für Mannan beruht darauf, daß bei der Wechselwirkung mit dem immobilisierten Lectin der Potentialverlauf in der elektrochemischen Grenzschicht an der PVC-Membran beeinflußt wird. Allerdings entstehen auch Potentialänderungen durch die unspezifische Bindung von Proteinen an diese Membran. Um diese Fehler zu eliminieren, wird eine zweite Elektrode mit immobilisiertem Con A benutzt, bei der jedoch Con A durch D(+)-Glucosamin abgesättigt und damit für eine Bindung von Mannan blockiert ist. Die Änderung der Potentialdifferenz zwischen der „freien" und der blockierten Affinitätselektrode erreicht 30 bis 45 Minuten nach Mannanzugabe einen Gleichgewichtswert. Die Nachweisgrenze liegt mit 0,1 mg/ml relativ hoch. Während die unspezifische Proteinadsorption nicht ins Gewicht fällt, bleibt das Problem der Interferenz durch andere Kohlenhydrate mit Affinität zu Con A ungelöst. Trotzdem war diese Arbeit ein Ausgangspunkt für die Entwicklung einer Vielzahl von Immunoelektroden.

Eine Lectinelektrode, in der auf der H_2O_2-sensitiven Elektrode immobilisiertes Con A auch Peroxidase über deren Kohlenhydratgruppen bindet, ist von AIZAWA (1982) patentiert worden. Aus dem H_2O_2-Verbrauch einer Bezugslösung läßt sich die Peroxidaseaktivität ermitteln.

Weiterhin wird Con A in einem optischen Affinitätssensor für Glucose und andere Kohlenhydrate angewendet [SCHULTZ und SIMS 1979] (Abb. 113). Der Sensor enthält eine für niedermolekulare Substanzen permeable Membran auf der Stirnfläche eines Lichtleitkabels, die eine mit fluoreszeinmarkiertem Dextran gefüllte Reaktionskammer abdeckt. Eine Photodiode dient der Registrierung der

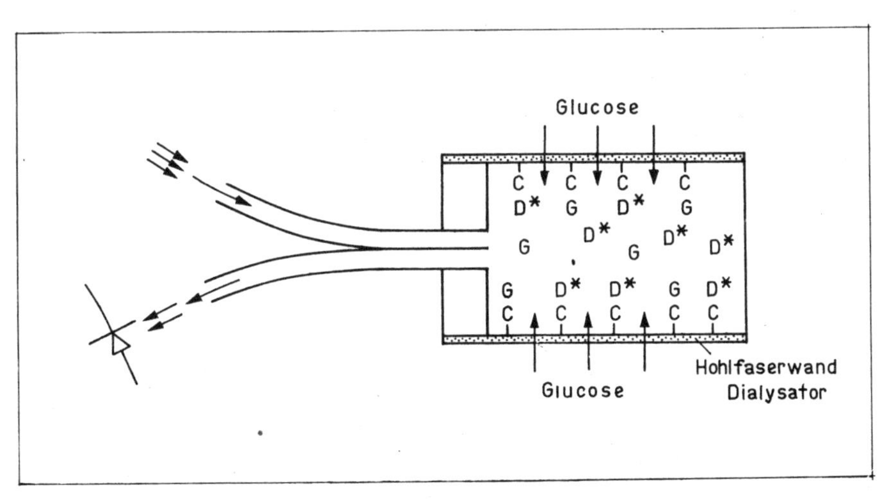

Abb. 113. Faseroptischer Affinitätssensor für Glucose und andere niedermolekulare Kohlenhydrate
C – immobilisiertes Con A, D* – fluoreszeinmarkiertes Dextran, G – Glucose

Fluoreszenz. An der Innenwand der Kammer fixiertes Con A fungiert als Rezeptor. Nach Glucosezugabe konkurrieren Glucose und markiertes Dextran um die Bindung an Con A. Da Con A außerhalb des Lichtweges immobilisiert ist, verhält sich das gebundene markierte Dextran „optisch stumm". Die Fluoreszenz der in der Lösung verbleibenden markierten Substanzmenge ist damit der Glucosekonzentration direkt proportional. Die Autoren haben mit diesem Sensor Glucose im Bereich von 1 bis 28 mmol/l mit einer Ansprechzeit von 5 bis 10 Minuten bestimmt. Die Empfindlichkeit ist jedoch durch das hohe Grundsignal begrenzt. Diese Variante eines Affinitätssensors ist aber auch insofern bemerkenswert, als sie eine kontinuierliche Messung ermöglicht. Der Sensor ist über mehrere Wochen stabil. Die Anwendung dieser Meßanordnung ist nicht auf Glucose beschränkt.

Eine von den bisher üblichen Prinzipien abweichende Lösung ist die Messung des *Strömungspotentials* [MATTIASSON 1984] in einer Minisäule mit immobilisiertem Biosorbent. Da sich die Ladungsverteilung durch die biospezifische Bindung ändert, ist es möglich, solche Wechselwirkungen nachzuweisen. Unter Verwendung von immobilisiertem Con A kann auch hier die Bindung der Kohlenhydrate verfolgt werden.

Ein anderer Bioaffinitätssensor nutzt die Eigenschaft von Avidin, neben Biotin (Vitamin H) auch 2-(4'-Hydroxyphenylazo)benzoesäure (HABA) zu binden [IKARIYAMA et al. 1983]. Dabei ist die Bindungsaffinität von Avidin zu HABA mit einer Affinitätskonstante von $K = 1{,}7 \cdot 10^5$ l/mol viel geringer als zu Biotin ($K = 10^{15}$ l/mol). Der Avidin-HABA-Komplex dissoziiert deshalb in Gegenwart von Biotin sehr leicht. Der Sensor für Biotin, der auf dieser unterschiedlichen Affinität basiert, ist in Abbildung 114 schematisch dargestellt. Mit diesem Sensor wird aber nicht der direkte Effekt der Bindung angezeigt. Vielmehr wird zur Erhöhung seiner Empfindlichkeit Avidin mit Katalase markiert und die H_2O_2-Zersetzung gemessen.

Auf der Sauerstoffelektrode befindet sich eine Zellulosetriacetatmembran mit adsorbierter HABA, die mit markiertem Avidin abgesättigt ist. Wird Biotin diesem System zugesetzt, geht das markierte Avidin die stabilere Bindung mit Biotin ein. Daraus resultiert eine reduzierte Katalaseaktivität vor der Elektrode. Durch Zugabe von H_2O_2 läßt sich aus dem erzeugten O_2 die auf der Elektrodenmembran verbliebene Katalaseaktivität bestimmen. Sie ist der Biotinkonzentration umgekehrt proportional. Diese Biotinaffinitätselektrode ist regenerierbar und erlaubt Biotinmessungen von $5 \cdot 10^{-7}$ bis $1 \cdot 10^{-9}$ g/ml. Das Prinzip ist auch zur Bestimmung von kleinen Molekülen, wie Hormonen und Pharmaka, anwendbar.

Eine mit Protein A beschichtete Sauerstoffelektrode ist zur selektiven Bestimmung von B-Lymphozyten einsetzbar [AIZAWA 1983]. Dabei wird ebenfalls die nach der Analytbindung verbliebene Aktivität des Markerenzyms Katalase gemessen.

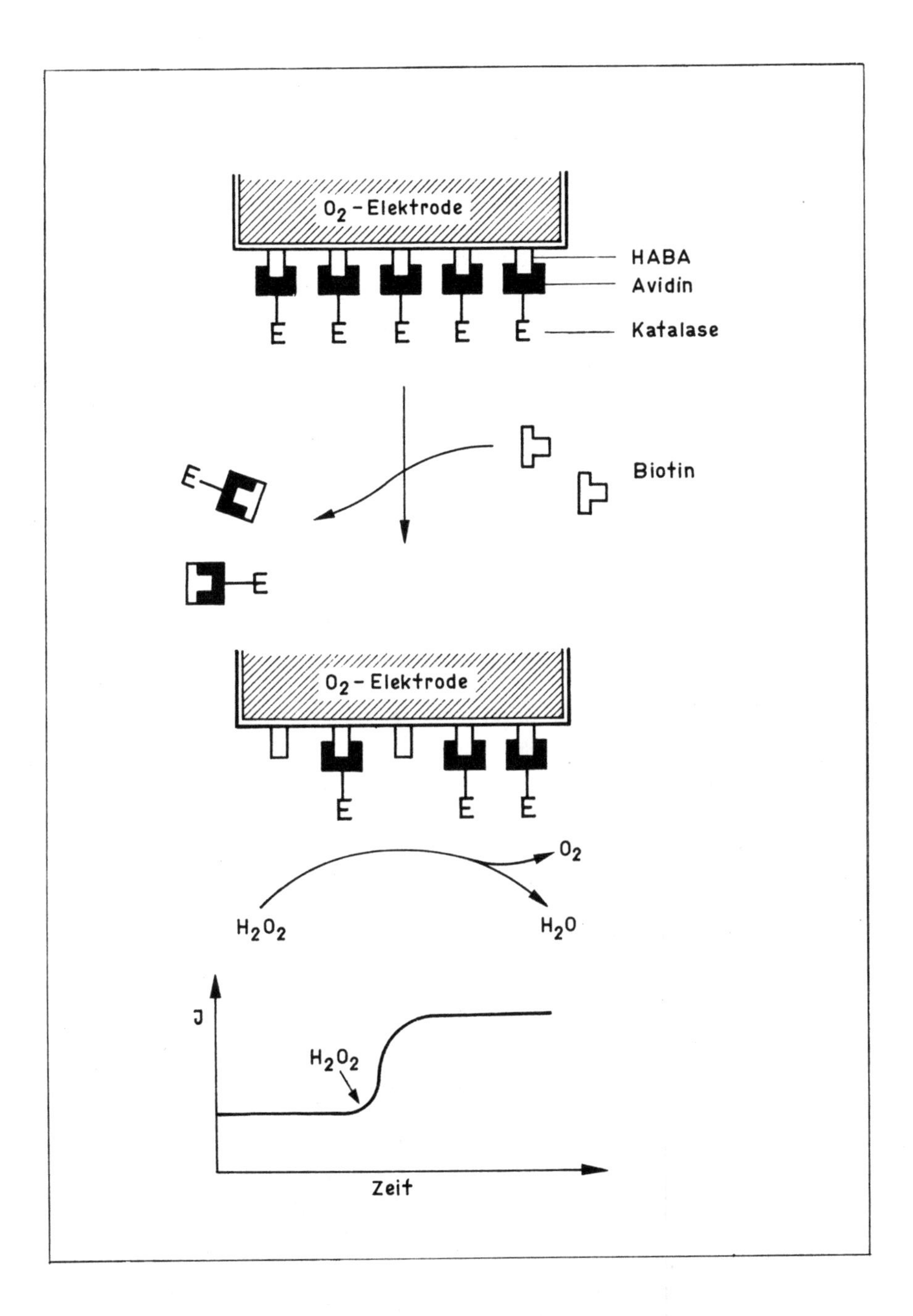

Abb. 114. Affinitätselektrode zur Bestimmung von Biotin

GUILBAULT und NGEH-NGWAINBI (1987) haben durch Aufbringung trockener Formaldehyddehydrogenase auf die Oberfläche eines piezoelektrischen Kristalls das Prinzip einer reagenzlosen Formaldehydmessung verwirklicht. Gemessen wird direkt in der Gasphase mit geringen Interferenzen durch andere Aldehyde und Alkohole. Mit diesem Sensor wird nur die spezifische Affinität des Enzyms zum jeweiligen Substrat ausgenutzt und im Gegensatz zu den üblichen Metabolismussensoren der Substratumsatz abgekoppelt.

In Analogie zum Formaldehydsensor ist durch Fixierung von Acetylcholinesterase auf dem Kristall auch die empfindliche Bestimmung von gasförmigen phosphororganischen Pestiziden gelungen [NGEH-NGWAINBI et al. 1986b]. Für Malathion verläuft die Bezugskurve linear bis 50 ppb mit einer Ansprechzeit von etwa einer Minute und einer relativen Standardabweichung < 4 %. Der enzymbeschichtete Sensor ist im trockenen Raum bei Zimmertemperatur sogar 40 Tage haltbar.

Trotz der unterschiedlichen Registriermethoden der Wechselwirkung von Biomolekülen mit Liganden (s. Tab. 19), besteht bei all diesen Methoden das Problem der ungenügenden Spezifität, das häufig nicht näher untersucht worden ist.

4.2.2. Apoenzymelektroden für prosthetische Gruppen

Die Bindung der prosthetischen Gruppe an das Apoenzym geschieht generell mit einer hohen Affinität; diese ist außerordentlich spezifisch. Als Analyt wird die prosthetische Gruppe durch das Apoenzym erkannt, jedoch im Meßprozeß nicht in der umgewandelten Form angehäuft, wie z. B. das Reaktionsprodukt, sondern sie liegt als Bestandteil des Biokatalysators nach der Reaktion wieder unverändert vor. Damit vollzieht sich hier ein Übergang zum *Affinitätssensor,* wobei die enzymkatalysierte Substratumsetzung der Signalverstärkung dient. Bei Substratsättigung und einem Überschuß an Apoenzym ist die Reaktionsgeschwindigkeit der Konzentration des Holoenzyms proportional.

Dieser Reaktionstyp ist unter Einsatz des gelösten Apoenzyms besonders empfindlich und auch gut zu handhaben: Mit löslicher Apo-GOD gelingt bei elektrochemischer Anzeige des gebildeten H_2O_2 die Erfassung von FAD bis herab zu 10^{-12} mol/l [NGO und LENHOFF 1980]. Analog dazu haben HASSAN und RECHNITZ (1981) und SEEGOPAUL und RECHNITZ (1983) die Vitamine B_6 (Pyridoxalphosphat, PLP) mit Apo-Tyrosindecarboxylase bzw. B_1 (Thiaminpyrophosphat) mit Apo-Pyruvatdecarboxylase bestimmt. Unter optimalen Bedingungen kann 1 nmol/l PLP erfaßt werden, wobei die Verstärkung 10^5 beträgt. Das Prinzip ist auch auf die Bestimmung von Markerenzymen, z. B. alkalischer Phosphatase (aP), ausgedehnt worden. Dazu werden ein inaktives Derivat der prosthetischen Gruppe, z. B. der Phosphorsäureester von PQQ, und das entsprechende Apoenzym, z. B. Apo-Glucosedehydrogenase, eingesetzt.

Das Markerenzym erzeugt dann die „aktive" prosthetische Gruppe, deren Bindung an das Apoenzym zur kaskadenartigen Substratumsetzung führt. Dieses Konzept wird auch bei DNA-Hybridisationstests angewendet [HIGGINS et al. 1987].

Durch Kombination von immobilisierter, Cu^{2+}-freier Apo-Tyrosinase mit einer O_2-Elektrode haben MATTIASSON et al. (1979) die erste Apoenzymelektrode für Cu^{2+} entwickelt. Die Nachweisgrenze liegt bei 50 ppm. Allerdings ist die Wiederverwendbarkeit einer Apoenzymmembran für mehrere Proben fraglich, da sich die Enzymaktivität von Messung zu Messung akkumuliert. Das Meßprinzip funktioniert nur dann, wenn rein kinetische Limitierung gegeben ist, so daß die Empfindlichkeit linear von der Aktivität des Holoenzyms in der Membran abhängt.

Zur Bestimmung von Zn^{2+} haben JASAITIS et al. (1983) eine chemisch modifizierte Elektrode eingesetzt, bei der aP mit Carbodiimid kovalent an die Kohleoberfläche gebunden ist. Durch Behandeln der Elektrode mit EDTA wird die immobilisierte Apo-Phosphatase erzeugt. Durch Zugabe Zn^{2+}-haltiger Proben wird die enzymatische Aktivität der aP innerhalb von 30 Sekunden wiederhergestellt, wie es die Entstehung des elektrodenaktiven Hydrochinon aus Hydroxyphenylphosphat belegt. Nach jeder Messung wird die Apoenzymelektrode durch EDTA-Behandlung regeneriert. Die untere Nachweisgrenze liegt bei 0,8 μmol/l Zn^{2+}.

4.2.3. Enzymsensoren für Inhibitoren

Die Messung von *Inhibitoren* mit Biosensoren beruht darauf, daß diese Substanzen an die Rezeptorkomponente gebunden werden (Erkennungsschritt), und dadurch die Geschwindigkeit der Substratumwandlung verlangsamt wird. Die Sensoren für Inhibitoren stellen damit wie die Sensoren für prosthetische Gruppen und die Enzymimmunosensoren eine Kombination von Affinitätsprinzip und enzymatischer Verstärkungsreaktion dar. Auch hier wird im Unterschied zu den Metabolismussensoren nicht die chemische Umsetzung des Analyten ausgewertet.

Eine wichtige Voraussetzung für die Anzeige von Inhibitoren besteht darin, daß der Gesamtprozeß durch die Geschwindigkeit der Enzymreaktion bestimmt wird, d. h., daß der Sensor der Reaktionskontrolle unterliegt. Wie in Abschnitt 2.4. beschrieben, ist diese bei niedrigem Enzymbeladungsfaktor oder Substratsättigung gegeben. TRAN-MINH und BEAUX (1979) haben diese Zusammenhänge am Beispiel der Hemmung von Urease durch Fluorid untersucht.

Während viele Enzyme nur durch spezielle Substanzen gehemmt werden, sind andere, z. B. Acetylcholinesterase (AChE), gegenüber ganzen Substanzklassen sensibel. Da der Stoffwechsel von Mikroorganismen durch die verschiedensten Giftstoffe beeinflußt wird, kann in solchen Fällen eine „komplexe" Toxizität erfaßt werden (s. 3.3.2.). Bei der kompetitiven Hemmung konkurrieren Substrat und Inhibitor um die Bindung am aktiven Zentrum. Das trifft auch für die Produkthemmung zu, wo die Anhäufung des Endprodukts zu einer Verlangsamung der Enzymreaktion führt, z. B. bei der Hemmung von aP durch Phosphat, von Arylsulfatase durch Sulfat sowie von Cholesteroloxidase durch Cholestenon.

So haben GUILBAULT und NANJO (1975b) zur *Phosphatbestimmung* eine Enzymsequenzelektrode mit aP und GOD entwickelt, bei der Glucose-6-phosphat (G6P) als Substrat dient:

$$\mathrm{G6P} + H_2O \xrightarrow{\mathrm{aP}} \beta\text{-D-Glucose} + HPO_4^{2-}.$$

Der Zusatz von Phosphat erniedrigt die Geschwindigkeit der Produktbildung, so daß in der GOD-katalysierten Reaktion weniger H_2O_2 gebildet wird, woraus eine Verringerung des Stroms resultiert. Bei diesem Verfahren treten Interferenzen durch Wolframat und Arsenat auf, die ebenfalls die aP-Reaktion inhibieren.

Analog dazu ist zur Bestimmung von *Maltitol* die kompetitive Hemmung der Maltosespaltung durch Glucoamylase mit der Anzeige der gebildeten Glucose durch GOD gekoppelt worden [RENNEBERG 1988].

Für die Messung von *Sulfat* wird dagegen nur *ein* immobilisiertes Enzym benötigt, da in der durch *Arylsulfatase* (EC 3.1.6.1) katalysierten Reaktion ein elektrodenaktives Produkt gebildet wird:

$$\mathrm{C_6H_3(NO_2)(OSO_3^-)(OH)} + H_2O \rightleftharpoons \mathrm{C_6H_3(NO_2)(OH)(OH)} + SO_4^{2-} + H^+$$

In der halblogarithmischen Auftragung hängt die Inhibition linear von pSO_4^{2-} zwischen 0,1 und 10 mmol/l ab. Dabei nimmt die Steilheit der Kalibrierungskurve, d. h. die Empfindlichkeit, mit abnehmender Enzymbeladung zu. Dieser Befund belegt die Bedeutung der Reaktionskontrolle für die Messung von Inhibitoren [CSERFALVI und GUILBAULT 1976].

Für immobilisierte Cholesteroloxidase haben WOLLENBERGER et al. (1983) eine Erhöhung der Inhibitorkonstante für *Cholestenon* auf 2,2 mmol/l gegenüber 0,13 mmol/l für das gelöste Enzym ermittelt. Der stationäre Strom des

Hemmstoffsensors hängt nichtlinear von der Inhibitorkonzentration ab. Dabei wird eine maximale Hemmung von 50 % beobachtet.

Die Sequenz Cytochromoxidase–Cytochrom c ist von ALBERY et al. (1987a) an eine modifizierte Goldelektrode gekoppelt und die Inhibition durch CO über die Senkung der O_2-Reduktionsgeschwindigkeit ermittelt worden. Prinzipiell können damit alle Atemgifte quantitativ erfaßt werden.

Schwermetallionen, wie Hg^{2+}, Pb^{2+} oder Zn^{2+}, wirken bei SH-gruppenhaltigen Enzymen als irreversible Hemmstoffe. Grundsätzlich besteht mit immobilisierter GOD die Möglichkeit, diesen Hemmeffekt zur Anzeige von Schwermetallionen zu nutzen. Der Einsatz des immobilisierten Enzyms ist aber wegen der Irreversibilität und damit der Beschränkung auf nur eine Meßprobe nicht sinnvoll [LIU et al. 1982].

Phosphororganische Verbindungen sind irreversible Inhibitoren der AChE und der *Butyrylcholinesterase* (BuChE, EC 3.1.1.8). Bei der Bindung von phosphororganischen Pestiziden wird die Phosphatgruppe auf das Enzym übertragen. Zur Anzeige dieser irreversiblen Inhibitoren ist deshalb der Einsatz des gelösten Enzyms zweckmäßig. Da die Aktivität der Cholinesterase (ChE) im normalen Serum sehr hoch ist (800 U/l), ist es möglich, unvorbehandelte Serumpools zur Messung von Inhibitoren zu verwenden. GRUSS und SCHELLER (1987) haben die Hydrolysegeschwindigkeit von Butyrylthiocholiniodid mit einer auf +470 mV polarisierten Platinelektrode, vor der sich eine Dialysemembran befindet, direkt angezeigt. In der differenzierten Strom-Zeit-Kurve stellt sich nach etwa 20 Sekunden ein stationärer Wert ein, welcher der Enzymaktivität im Serum proportional ist. Der Zusatz eines Inhibitors verringert die Geschwindigkeit der Bildung von Thiocholin, so daß die Restaktivität nach 30 Sekunden direkt ablesbar ist (Abb. 115). RAZUMAS et al. (1981) benutzen Indoxylphosphat als ChE-Substrat und registrieren die Bildung von Indigo bei +300 mV. Unter Verwendung von 0,4 U ChE je Messung können sie Insektizide in einem Bereich von 10–600 pmol/l erfassen. Dabei operieren sie mit einer Vorinkubation von drei bis zehn Minuten.

BuChE ist von TRAN-MINH et al. (1986) auf einer Glaselektrode immobilisiert und die pH-Erniedrigung bei der Hydrolysereaktion nachgewiesen worden. Die Elektrode, auf der 3 U BuChE in einem etwa 10 μm dicken Film fixiert sind, befindet sich in einer Durchflußzelle. Nachdem sich der stationäre pH-Wert in einer Butyrylcholinlösung (0,5 mmol/l) eingestellt hat, wird ein kompetitiver Inhibitor, z. B. Carbamat, zugegeben. Durch die Hemmung der Hydrolyse stellt sich ein höherer pH-Wert in der Enzymschicht ein. Die Regenerierung des Enzyms erfolgt durch Zusatz von Pyridinaldoxim als Antidot.

Dieses Meßprinzip haben DURAND et al. (1984) auf eine Zwei-Elektrodenanordnung erweitert, womit pH-Unterschiede in den Meßproben ausgeglichen werden. Bei einer BuChE-Aktivität von 7,5 U/cm^2 auf der Elektrode wird in

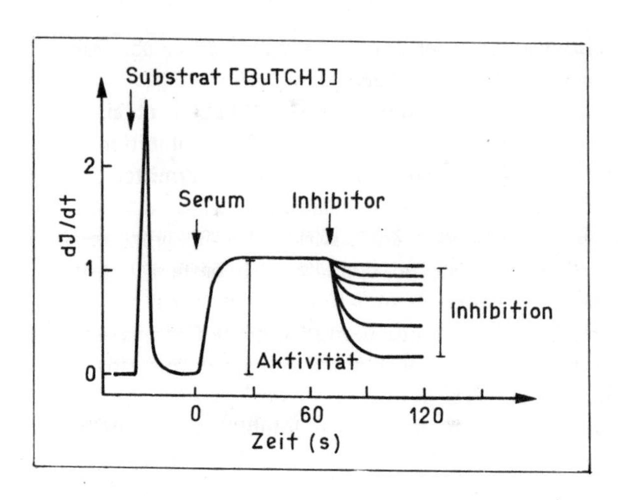

Abb. 115. Bestimmung der Aktivität von Cholinesterase und Nachweis der Inhibition des Enzyms mit dem Glukometer
BuTCHI – Butyrylthiocholiniodid
[nach GRUSS und SCHELLER 1987]

10 mmol/l Tris-Puffer mit 10 mmol/l Substrat, d. h. unter Substratsättigung, eine Empfindlichkeit erzielt, die im mikromolaren Bereich liegt. Dabei ist die Inhibitionswirkung der einzelnen Pestizide sehr unterschiedlich. Ein Vorteil dieses Sensors gegenüber physikochemischen Methoden besteht darin, daß nicht nur die Konzentration, sondern die Stärke der Inhibition erfaßt wird.

Die reversible Hemmung von Urease wird zur Messung von Hg^{2+} im Konzentrationsbereich von 0 bis 150 nmol/l genutzt [ÖGREN und JOHANSSON 1978]. Urease befindet sich – an porösem Glas immobilisiert – in einem Minireaktor von 14 μl Rauminhalt. Die Harnstoffkonzentration wird so hoch gewählt, daß nur 3 % umgesetzt werden. Die Inhibition ist der Erniedrigung der Ammoniakbildung proportional, die mit einer Glaselektrode verfolgt wird. Die Inhibition hängt linear von der Hg^{2+}-Menge ab, die durch den Ureasereaktor geflossen ist. Nach Regenerierung des Enzymreaktors mit Thioacetamid und EDTA wird eine konstante Empfindlichkeit auch nach mehreren Zyklen von Inhibition und Regenerierung erhalten. Aus quantitativen Messungen schließen die Autoren, daß ein oder zwei Hg^{2+}-Ionen je Untereinheit der Urease eine Inaktivierung des Enzyms bewirken.

Die kompetitive Hemmung von Urease, die mit Glutaraldehyd an die Silikonmembran einer CO_2-Gaselektrode gebunden ist, haben TRAN-MINH und BEAUX (1979) untersucht. Sie erhalten eine lineare Abhängigkeit des Potentials von lg F^- zwischen 0,5 und 10 mmol/l. Bezüglich des Einflusses der

Enzymbeladung haben sie folgenden interessanten Effekt festgestellt: Obwohl bei unterschiedlichen Ureaseaktivitäten die Meßkurven des Substrats Harnstoff übereinstimmen, d. h. Diffusionskontrolle besteht, ist die relative Inhibition erheblich von der Enzymbeladung abhängig. Mit abnehmender Beladung wird die Bezugskurve zu geringeren Fluoridkonzentrationen parallelverschoben (Abb. 116). Der Enzymüberschuß wird also durch den Inhibitor „abtitriert", bevor sich der Gesamtprozeß verlangsamt. Diesen Effekt belegen auch Untersuchungen mit Sensoren, in denen die Vernetzung des Enzyms durch unterschiedliche Einwirkdauer des Glutaraldehyds variiert wird: Hier zeigt die erhöhte Empfindlichkeit für Fluorid die zunehmende Enzymdesaktivierung bei längerer Einwirkung von Glutaraldehyd an. Diese Befunde verdeutlichen, daß ein hoher Enzymüberschuß für die Substratmessung zweckmäßig ist, so daß Störungen durch Inhibitoren minimal sind.

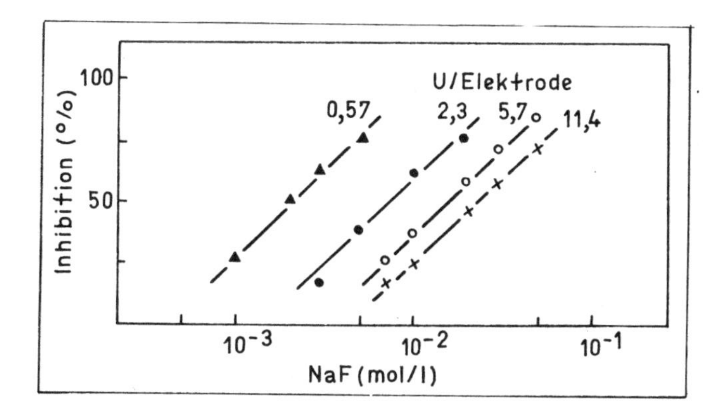

Abb. 116. Ureaseinhibition in Abhängigkeit von der Fluoridkonzentration und der Enzymbeladung des Sensors [nach TRAN-MINH und BEAUX 1979]

4.3. Immunosensoren

4.3.1. Funktionsprinzip von Immunoassays

Antikörper (Ak) und Antigene (Ag) bzw. Haptene reagieren reversibel mit Affinitätskonstanten im Bereich von $5 \cdot 10^4$ bis 10^{12} l/mol. Die Komplexbildung verläuft generell langsamer als chemische Reaktionen und ist deshalb schwierig direkt zu messen. Möglichkeiten, diese Reaktion empfindlich anzuzeigen und damit einen der Reaktionspartner nachzuweisen, beruhen auf der Markierung eines Immunreaktanden.

Während im homogenen, separationsfreien Immunoassay die Aktivität des Markers am Ag durch die Bindung des Ak verändert, im häufigsten Fall gehemmt wird, bleibt diese Größe beim heterogenen Immunoassay durch die Immunreaktion unbeeinflußt. Das macht im letzteren Test eine Trennung des freien vom immunreagenzgebundenen Konjugat vor der Aktivitätsbestimmung des Markers notwendig. Für die Messung von Ag werden am häufigsten kompetitive Bindungstests mit markierten Ag sowie Zwei-Seiten-Bindungstests (Sandwich-Tests) mit markierten Ak durchgeführt (Abb. 117).

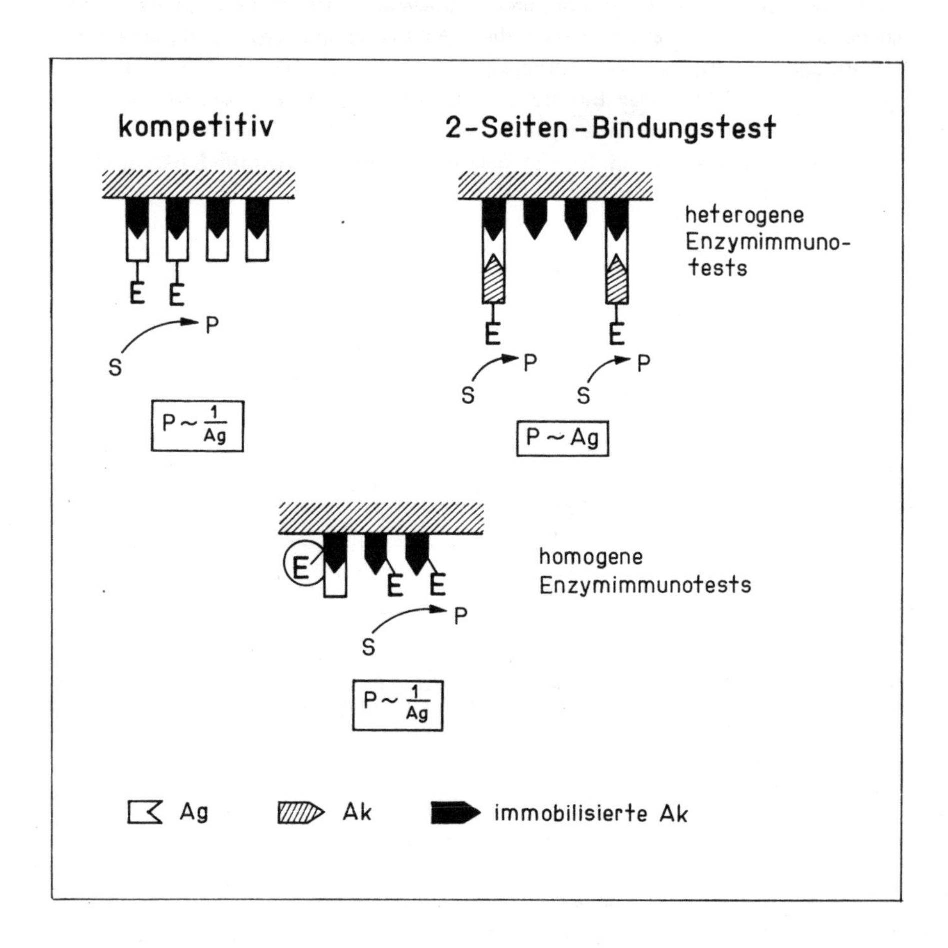

Abb. 117. Prinzipien der Enzymimmunotests zur Bestimmung von Ag

Mit der Einführung des Radioimmunoassays (RIA) durch YALOW und BERSON (1959) ist die spezifische Messung von Substanzen in sehr geringer Konzentration möglich geworden. Die Methode nutzt die spezifische molekulare Erkennung in der immunchemischen Wechselwirkung und kombiniert sie mit der extremen Empfindlichkeit der Isotopenmessung. Im kompetitiven RIA konkurrieren nichtmarkierte Ag mit markierten Ag um die Bindungsorte einer definierten Menge komplementärer Ak. Nach Entfernung der überschüssigen Ag ist die Radioaktivität des Ag-Ak-Komplexes der Ag-Konzentration der Probe umgekehrt proportional. Um die Nachteile des RIA, die insbesondere aus der Verwendung von radioaktiven Isotopen erwachsen, zu umgehen, werden andere Indikatoren, beispielsweise Enzyme, Fluorophoren oder Lumineszenzmarker, eingeführt. Die Enzyme gewährleisten durch die katalytische Verstärkung des Signals eine empfindliche Messung. Deshalb stellen Enzymimmunoassays (EIA) eine Alternative zu den RIA, den in der Praxis am häufigsten verwendeten Tests für immunchemische Messungen, dar. Denn gegenüber den Isotopen sind Enzyme auch in homogenen, separationsfreien Tests einsetzbar und mit geringerem apparativen Aufwand meßbar [TIJSSEN 1985]. Generell liegt die Empfindlichkeitsgrenze des RIA zwischen 1 und 500 pmol/l. Mit dem RIA vergleichbare Empfindlichkeit ist mit dem heterogenen EIA für HB_s-Ag und Insulin beschrieben worden. Mit wenigen Ausnahmen sind homogene EIA unempfindlicher [OELLERICH 1980].

In der Entwicklung von Immunosensoren lassen sich zwei Richtungen unterscheiden: Mit den *direkten* Sensoren wird die immunchemische Komplexbildung durch Veränderungen auf der Oberfläche des Transduktors über elektrochemische, optische oder elektrische Parameter registriert. Die *indirekten* Techniken basieren – ebenso wie heterogene und homogene Immunotests – auf der Markierung eines an der immunchemischen Reaktion beteiligten Partners. Eine Klasse dieses Typs sind die Enzymimmunosensoren. Hier ist die Selektivität der Immunkomplexbildung mit der hohen Empfindlichkeit durch den enzymchemischen Verstärkungseffekt kombiniert.

4.3.2. Elektrodengestützte Enzymimmunoassays

In der Weiterentwicklung von Immunoassays geht es gegenwärtig auch darum, sie an elektrochemische Verfahren anzupassen [NGO 1987]. Direkte polarographische Nachweismethoden von Immunreaktionen sind z. B. die Messung der BRDIČKA-Ströme von Albumin in Gegenwart von Antialbumin-Ak [ALAM und CHRISTIAN 1984] oder die differentielle Pulspolarographie von Östrogen-Ak in Lösungen, die Dinitroöstriol enthalten [WEHMEYER et al. 1982]. In homogenen kompetitiven Tests erfolgt eine Maskierung der elektroaktiven Gruppen des markierten Ag. Solche elektrochemischen Immunoassays für HSA basieren auf der Markierung des Proteins mit Pb^{2+} und Zn^{2+} [ALAM und CHRI-

STIAN 1982, 1984, 1985]. Das an HSA gebundene Metallion wird mit der differentiellen Pulspolarographie an der Hg-Elektrode gemessen, wobei der Peakstrom bei der Bindung an den Ak absinkt.

Das Konzept der Markierung mit elektroaktiven Substanzen ist auch in weiteren Beispielen, wie der Morphinbestimmung mit Ferrocenmarker an Glaskohlenstoffelektroden [WEBER und PURDY 1979] oder dem voltammetrischen HSA-Test mit metallchelatmarkiertem HSA und Freisetzung eines Indiumindikators nach der Immunreaktion [DOYLE et al. 1982], realisiert worden.

Die Empfindlichkeit der elektrochemischen Verfahren kann erhöht werden, wenn sie mit chemischer Verstärkung, z. B. mit der Enzymkatalyse, verknüpft wird. So hat die Möglichkeit, Ferrocen als Elektronenakzeptor der GOD-katalysierten Glucoseoxidation einzusetzen (s. 3.1.1.), zu homogenen, also separationsfreien, elektrodengekoppelten Immunotests für *Lidocain* und *Thyroxin* geführt [DI GLERIA et al. 1986; ROBINSON et al. 1986a] (Abb. 118). Ferrocen wird mit dem entsprechenden Ag konjugiert. Das Konjugat ist coenzymatisch aktiv für GOD, während die Bindung des Ak an das Konjugat die Mediatorwirkung blockiert. Deshalb wird in Gegenwart von Glucose und GOD kein reduziertes Ferrocen gebildet und demzufolge auch kein katalytischer Strom der Ferrocenreoxidation an der Elektrode (bei +340 bis +380 mV) registriert. Dieser Prozeß wird in Abhängigkeit von der Ag-Konzentration kompetitiv rückgängig gemacht. Der meßbare Strom ist damit der Analytkonzentration direkt proportional.

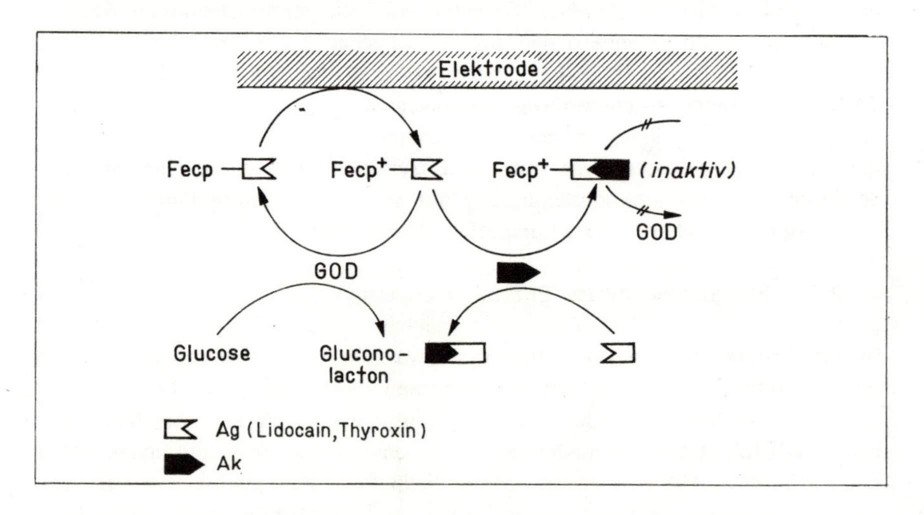

Abb. 118. Schema des homogenen elektrodengekoppelten Enzymimmunotests
Fecp – Ferrocen

Für die Thyroxinbestimmung liegt der lineare Meßbereich von 25 bis 400 nmol/l im klinisch bedeutsamen Konzentrationsgebiet. Mit einer Gesamtmeßzeit von 15 Minuten/Probe ist Lidocain in Plasmaproben relativ genau von 5 bis 50 µmol/l gemessen worden. Das Prinzip kann auch für andere Haptene, z. B. Digitoxin, Theophyllin und Phenobarbital angewendet werden. Wenn es gelingt, die Empfindlichkeit der gebräuchlichen RIA zu erreichen, könnten solche Verfahren praxiswirksam werden.

NGO et al. (1985) beschreiben die Konjugation von Apo-GOD mit 2,4-Dinitrophenol (DNP) als Liganden für *DNP-Aminokapronsäure.* Die Rekonstitution der GOD-Aktivität aus DNP-Apo-GOD und dem Coenzym FAD wird amperometrisch über die Bildung von H_2O_2 in Gegenwart von Glucose gemessen. Wenn der DNP-Ak an das Apoenzym-DNP-Konjugat gebunden wird, läßt sich die GOD-Aktivität nach FAD-Gabe nicht rekonstituieren. In Gegenwart einer größeren Menge DNP-Aminokapronsäure (Analyt) werden die Ak zum größten Teil am Analyten gebunden. Dementsprechend wird nur eine geringe Menge des inaktiven Komplexes Ak-DNP-Apo-GOD gebildet. Die Zugabe von FAD und Glucose bewirkt, daß sich H_2O_2 durch Holo-GOD bildet. Der Oxidationsstrom der H_2O_2-sensitiven Elektrode ist damit der Ak-Konzentration proportional (Abb. 119). POD wird im EIA am häufigsten als Enzymmarker der Ag oder Ak verwendet. Neben der spektrophotometrischen Bestimmung des Markers sind elektrochemische Methoden geeignet.

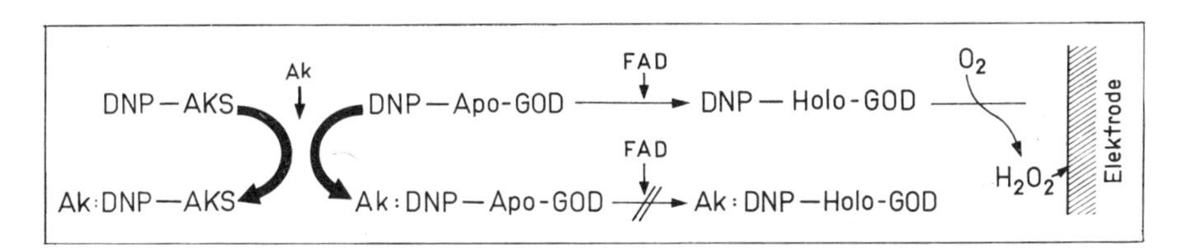

Abb. 119. Schema des homogenen elektrodengekoppelten EIA für DNP-Aminokapronsäure (DNP-AKS)

MASCINI und PALLESCHI (1983b) haben eine Gewebeschnittelektrode für die Messung von H_2O_2 entwickelt (s. 3.3.3.). Die Grundlage dafür bildet die katalatische Aktivität des verwendeten Lebergewebes. Diese Elektrode wird von den Autoren mit einem kommerziell erhältlichen Testbesteck für Digoxin und Insulin kombiniert. Sie dient zur Bestimmung der POD-markierten Hormone, die im Teströhrchen mit den Ag der Meßprobe konkurrieren. Dabei ist die gebundene POD-Aktivität der Insulin- bzw. Digoxinkonzentration umgekehrt proportional.

Ein homogener potentiometrischer EIA für *humanes IgG* basiert auf der Hemmung der katalytischen Aktivität von Chloroperoxidase (Cl-POD) nach der Bindung von IgG an das Cl-POD-Ak-Konjugat [FONONG und RECHNITZ 1984b]. Die CO_2-Bildung aus β-Ketoadipinat in der Cl-POD-katalysierten Reaktion wird mit einer CO_2-gassensitiven Membranelektrode verfolgt. Die Empfindlichkeit dieses Systems ist jedoch gering im Vergleich zu den üblichen RIA. Auch G6P-DH wird als Enzymmarker eingesetzt [EGGERS et al. 1982]. Die Bildung von NADH in der durch die Dehydrogenase katalysierten Oxidation von G6P wird amperometrisch gemessen. Dieser heterogene EIA nutzt die f.i.a.-Technik und ist deshalb gegenüber den meisten EIA schnell. Eine Messung dauert maximal acht Minuten. Phenytoin ist als Modellanalyt für dieses Meßprinzip ausgewählt worden. Die Abhängigkeit des Stromes von der Konzentration ist im Bereich von 1 bis 30 μg/ml linear. Die Elektrodenvergiftung durch Proteine der Meßprobe wird durch Zyklisieren des Elektrodenpotentials zwischen +1,5 und −1,5 V zwischen den Messungen verhindert.

Ein anderer, mit einer potentiometrischen Elektrode gekoppelter heterogener EIA erlaubt die Bestimmung von *RSA* bis zu einer unteren Grenze von 10 ng/ml und von cAMP bis zu 10^{-8} mol/l [MEYERHOFF und RECHNITZ 1979]. Als Markerenzym dient Urease, deren Aktivität mit einer NH_3-gassensitiven Elektrode gemessen wird. Der Sensor braucht längere Zeit für die Gleichgewichteinstellung der Immunreaktion und verliert damit einen der Vorteile der Biosensoren.

Die enzymelektrodengekoppelte Bestimmung des für die Gerinnungsdiagnostik wichtigen *Faktor VIII* ist von RENNEBERG et al. (1983a) beschrieben worden. Als Marker dient aP. Die aP-Aktivität wird aus der Messung der Glucosefreisetzung aus G6P mit einer Glucoseelektrode bestimmt. Die Kombination dieses EIA mit der Glucoseelektrode erlaubt die Bestimmung von 1,6 bis 16 ng Faktor VIII in menschlichem Plasma.

In kompetitiven heterogenen EIA für *Digoxin* [WEHMEYER et al. 1986] und *menschliches Orosomucoid* [DOYLE et al. 1984] wird aP mit den entsprechenden Ag konjugiert. Die Enzymaktivität wird mit Phenylphosphat als Substrat bestimmt. Das enzymatisch gebildete Phenol wird dabei nach chromatographischer Separierung an einer Kohlepasteelektrode oxidiert. Die Nachweisgrenze für Orosomucoid liegt bei 1 ng/ml, für Digoxin sogar bei 50 pg/ml. Da der Nachweis von Phenol in diesem Verfahren nicht der limitierende Faktor ist, könnten niedrigere Nachweisgrenzen mit Ak erreicht werden, die höhere Bindungskonstanten aufweisen.

Ein anderer Weg zur Verbesserung dieses Verfahrens besteht darin, modifizierte Mediatoren zu verwenden, deren enzymatische Spaltprodukte elektroaktiv sind. Mit dem Mediatorderivat N-Ferrocenoyl-4-aminophenylphosphat kann sowohl die Empfindlichkeit gesteigert als auch der Meßbereich des Nachweises von aP erweitert werden [HIGGINS et al. 1987]. Entsprechend der Aktivität der am Immunkomplex gebundenen aP entsteht aus dem modifizierten Mediator Phenylphosphat und Ferrocen, das direkt elektrochemisch angezeigt wird. Auf diese Weise können in jeweils 15 Minuten $8 \cdot 10^{-16}$ mol aP nachgewiesen werden. Von den Autoren ist dieses Prinzip an der Östriolmessung erprobt worden.

Unter Ausnutzung der Vorteile von Mediatoren und des Effektes der enzymatischen Verstärkung ist mit $NADP^+$ als Substrat für den Marker aP folgender Zyklus aufgebaut worden [STANLEY et al. 1985] (Abb. 120): Durch aP wird $NADP^+$ dephosphoryliert. In der Lösung wird das entstehende NAD^+ mit ADH (im Überschuß) zu NADH reduziert, das seine Elektronen mittels Diaphorase auf Ferrocen überträgt. Dabei entsteht wiederum NAD^+, das nochmals in den Zyklus eingeht. Auf diese Weise wird eine enzymatische Verstärkung im Immunoassay genutzt. Diese Systeme mit aP könnten ebenfalls für DNA-Hybridisierungstests eingesetzt werden [DOWNS et al. 1987].

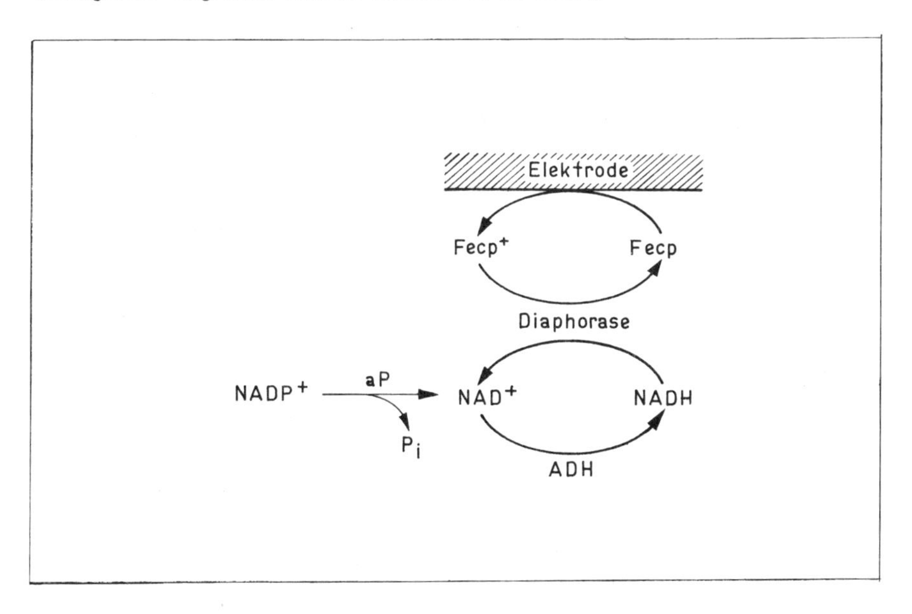

Abb. 120. Aktivitätsbestimmung des Markers alkalische Phosphatase (aP) mit enzymatischer Verstärkung

Anstelle der katalytischen Aktivität eines konjugierten Enzyms kann auch die *komplementvermittelte Immunlysis* von Liposomen zur Verstärkung des Meßsignals ausgenutzt werden. In diesem Verfahren dient die Freisetzung der in Liposomen eingeschlossenen Marker zur Konzentrationsbestimmung des Ag. Sie hängt von der Anzahl der an der Lipidmembran haftenden Ak ab. In solchen Liposomen werden elektroaktive Substanzen wie quaternäre Ammoniumionen, deren Nachweis direkt mit ionenselektiven Elektroden [UMEZAWA

1983] geführt wird, ferner Enzymsubstrate, z. B. Glucose, die amperometrisch mit einer Enzymelektrode für Glucose angezeigt wird [UMEZAWA et al. 1982], sowie Fluoreszenzmarker [ISHIMORI et al. 1984] angewendet. Dabei ist das optische System mit einer Meßgrenze von 10^{-15} mol/l am empfindlichsten. Eine doppelte Signalverstärkung wird durch den Einschluß von Enzymen erreicht [BRAHMAN et al. 1984]. Beispielsweise wird für die Bestimmung von 4 bis 20 nmol/l Theophyllin POD in sensibilisierte Liposomen eingeschlossen [HAGA et al. 1980]. Die Geschwindigkeit der POD-Freisetzung wird über NADH-Oxidation mit einer Sauerstoffelektrode verfolgt und korreliert mit der Theophyllinkonzentration in der Probe.

Insgesamt ergibt sich, daß die Prinzipien der optischen EIA auch auf Assays mit elektrochemischem Nachweis anwendbar sind. Die konkreten Beispiele zeigen, daß die *homogenen* EIA ohne Separationsschritt und deshalb schneller und einfacher arbeiten, jedoch meist unempfindlicher sind und stärker durch Interferenzen beeinflußt werden als die *heterogenen* EIA. Diese arbeiten mit relativ geringen Interferenzen und weniger Elektrodenvergiftung, da vor der Aktivitätsbestimmung des Markers der Meßraum vor der Elektrode gespült wird. Weil die Ag-Ak-Bindung nicht reversibel ist, eignet sich allerdings keine dieser Methoden für kontinuierliche Messungen.

Die Weiterentwicklung der Verfahren der Ag- bzw. Ak-Bestimmung führt dazu, die jeweiligen immunchemischen Partner des Analyten zu immobilisieren. Gelingt es, die Immunreaktion reversibel zu gestalten, so kann die Anordnung mit dem immobilisierten Liganden mehrmals verwendet werden. Eine räumliche Kopplung des Immunosorbents mit dem Sensor ist für die Immunosensoren charakteristisch. Diese beiden Elemente sind in den Immunoreaktoren räumlich getrennt angeordnet. Auch in diesen Fällen sind die „klassischen" Prinzipien der Immunoassays anwendbar.

4.3.3. Immunoreaktoren

4.3.3.1. Immunoreaktoren mit elektrochemischer Detektion

Ein auf dem Zwei-Seiten-Bindungstest beruhender Immunoreaktor mit elektrochemischer Anzeige ist von DE ALWIS und WILSON (1985) beschrieben worden. Der mit einem Immunosorbent (IgG immobilisiert an Reactigel-6X) gefüllte Minireaktor befindet sich in einer Durchflußanordnung. Bei einer Fließgeschwindigkeit von 0,5 ml/min werden in Abständen von zwei Minuten nacheinander Probe (Maus-Antirinder-IgG-Ak) und markierter Analyt (Antimaus-IgG-Ak-GOD-Konjugat) zugegeben. Die GOD und damit die Menge Anti-IgG-Ak der Probe wird durch drei sukzessive Glucoseinjektionen über die amperometrische Messung des produzierten H_2O_2 ermittelt. Nach jeder Bestimmung wird das Konjugat mit Puffer, pH 2,0, eluiert und die Säule auf diese Weise regeneriert. Nach einer Äquilibrierung des Reaktors für zehn Minuten mit dem Meßpuffer kann die nächste Bestimmung erfolgen. Der VK beträgt 3 %. Das System spricht im Femto- bis Picomolbereich an. Bei höheren Ak-Konzentrationen kann mit einer minimalen Inkubationszeit von 6 Sekunden gearbeitet werden. Besonders hervorzuheben ist, daß der Reaktor für etwa drei Monate oder mindestens 500 Messungen einsetzbar ist, bevor das Immobilisat die Immunreaktivität verliert.

In Weiterführung dieser Arbeiten ist den Autoren [DE ALWIS und WILSON 1987] durch die Verwendung von Fab-Fragmenten humaner Anti-IgG-Ak der Nachweis von IgG im subpicomolaren Bereich gelungen. Durch die Kombination der Reaktortechnik mit f.i.a. und elektrochemischer Anzeige kann eine Meßdauer von 12 Minuten erreicht werden.

In einem „Immunorührer" zur Bestimmung des Creatinkinase-Isoenzyms MB (CK-MB) werden an Alkylaminglasperlen immobilisierte Anti-IgG-Ak angewendet [YUAN et al. 1981]. Durch die Bindung an die Ak wird nur die CK-M-Untereinheit, nicht aber die CK-B-Untereinheit gehemmt. Die verbleibende CK-B-Aktivität wird durch die elektrochemische Oxidation des Ferrocyanids über die Kopplung von NADH mit Diaphorase erfaßt:

$$\text{Creatinphosphat} + \text{ADP} \xrightarrow{\text{CK-B}} \text{Creatin} + \text{ATP},$$

$$\text{ATP} + \text{Glucose} \xrightarrow{\text{Hexokinase}} \text{G6P} + \text{ADP},$$

$$\text{G6P} + \text{NADP}^+ + H_2O \xrightarrow{\text{G6P-DH}} \text{6-Phosphogluconat} + \text{NADPH} + H^+,$$

$$\text{NADPH} + [Fe(CN)_6]^{3-} \xrightarrow{\text{Diaphorase}} \text{NADP}^+ + [Fe(CN)_6]^{4-}.$$

Mit einer Bindungskapazität von maximal 800 U/l CK-M und Variationskoeffizienten von 4 bis 5 % ist diese Meßanordnung 52 Tage stabil.

Die Änderung des Transmembranpotentials in einem 2-Kompartmentsystem durch die Ag-Bindung an die einseitig mit Ak beschichtete immunresponsible Membran (Abb. 121) dient zur Bestimmung von WASSERMANN-Ak im Syphilistest und zur Blutgruppenbestimmung [AIZAWA et al. 1979b, 1980a]. Dazu werden WASSERMANN-Ag bzw. humane Blutgruppensubstanzen an Acetylzellulose immobilisiert und als Trennmembran zwischen zwei elektrochemischen Halbzellen fixiert. Die Probenzugabe zu einem Kompartment bewirkt, daß sich der Potentialabfall in der Doppelschicht zwischen Membran und Meßlösung durch die Ag-Ak-Bindung verschiebt. Aus der Potentialdifferenz zwischen beiden Referenzelektroden wird die Ak-Konzentration bestimmt. Da auch Größen, die nicht mit der Analytkonzentration korrelieren, Potentialverschiebungen erzeugen, ist dieses Meßprinzip nicht sehr zuverlässig; die Ergebnisse sind kaum reproduzierbar.

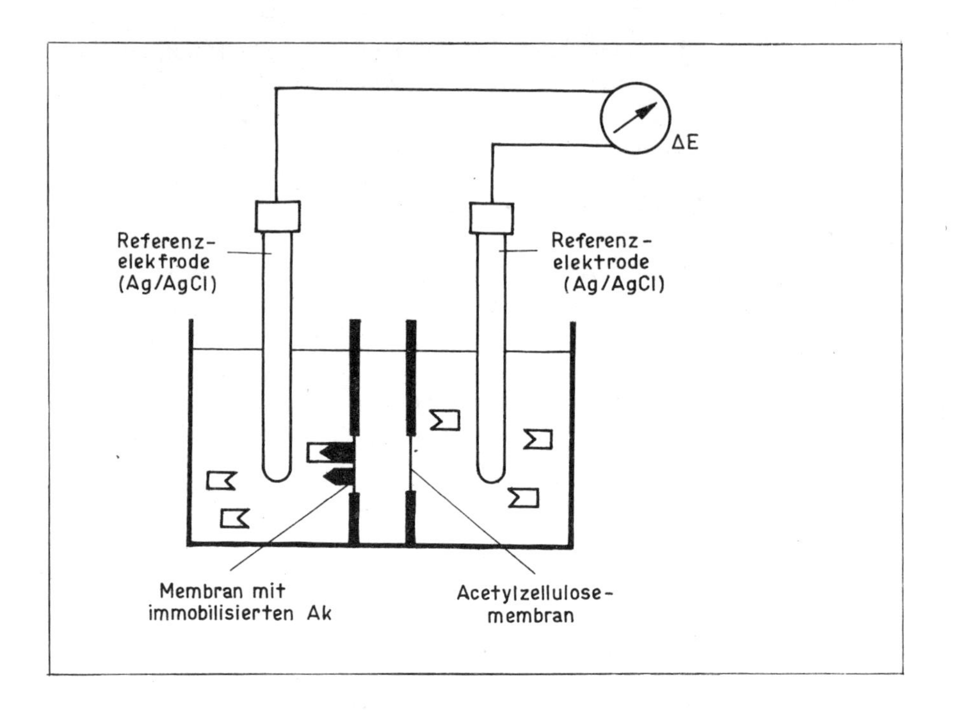

Abb. 121. Bestimmung von WASSERMANN-Ak im Syphilistest durch Messung der Änderung des Transmembranpotentials (ΔE) [nach AIZAWA et al. 1977]

4.3.3.2. Thermometrische Enzymimmunotests

Die thermometrischen Enzymimmunoassays (TELISA) betreffen Immunotests, die auf dem Prinzip der heterogenen EIA-Technik mit kalorimetrischer Meßmethode beruhen. Antikörper werden kovalent an eine feste Phase, z. B. Sepharose CL-4B, gebunden und in den Reaktorraum einer Durchflußapparatur gefüllt. Nach der Immunreaktion der nichtmarkierten Ag in Konkurrenz zu enzymmarkierten Ag wird die Aktivität des Enzyms mit dem Thermistor bestimmt. Die Durchflußanordnung erlaubt die Analyse unter Nichtgleichgewichtsbedingungen [BORREBAECK et al. 1978, BIRNBAUM et al. 1986]. Dadurch reduziert sich die Meßdauer von mehreren Stunden (Gleichgewicht) auf 9 bis 12 Minuten. Eine schematische Darstellung der Zeitfolgen enthält Abbildung 122. Auf diese Weise sind Albumin, Gentamycin und Proinsulin (Tab. 20) schnell meßbar. Durch Spülen mit 0,2 mol/l Glycin-HCl-Puffer, pH 2,2, kann die Bindung zwischen Ag und immobilisierten Ak wieder gelöst und damit der Ak ligandierte Träger regeneriert werden. Jedoch ist die Empfindlichkeit dieser Methode weit geringer als die der RIA und Fluoreszenzimmunotests.

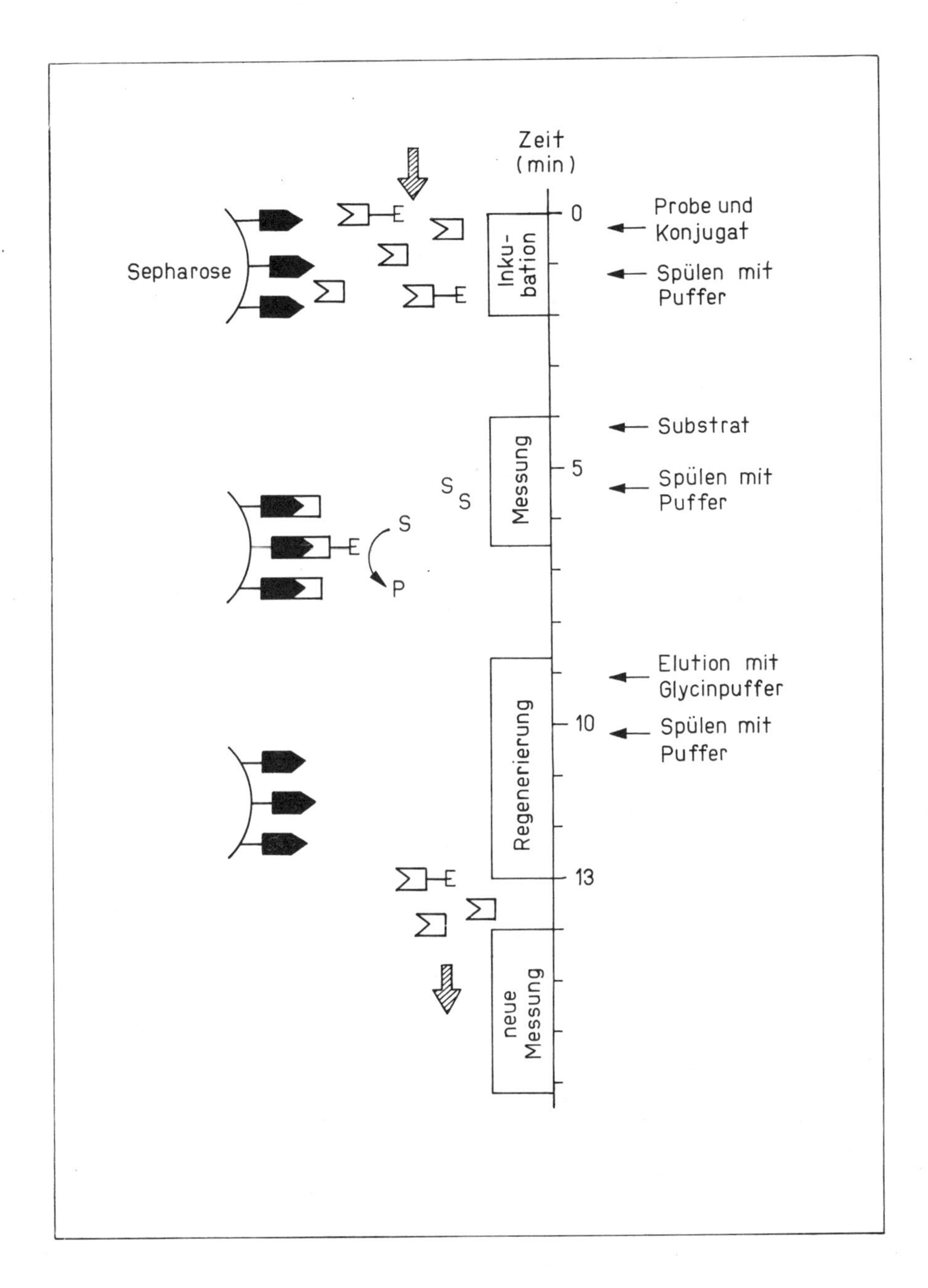

Abb. 122. Prinzip und Zeitregime des TELISA [nach BIRNBAUM et al. 1986]

Tabelle 20
Thermometrische Enzymimmunotests mit kovalent gebundenen Ak an Sepharose CL-4B

Substanz	Immunosorbent	Enzymmarker	Meßbereich	Meßdauer	Lebensdauer	Literatur
Gentamycin	Antigentamycin-Ak	Katalase POD	0,01–0,9 μg/ml	9–12 min	8 Tage	BORREBAECK et al. (1978)
HSA	Anti-HSA-Ak	Katalase	$1 \cdot 10^{-13} - 1 \cdot 10^{-8}$ mol/l		15–20 Messungen	BORREBAECK et al. (1978)
Proinsulin	Antiinsulin-Ak	POD	$1 \cdot 10^{-8} - 5{,}5 \cdot 10^{-6}$ mol/l	13 min	14–21 Tage	BIRNBAUM et al. (1986)

Die Durchfluß-TELISA-Apparatur ist automatisiert worden. Die Produktion von humanem Proinsulin durch genetisch manipulierte *Escherichia coli* kann in guter Übereinstimmung mit dem RIA verfolgt werden. Die kurzen Meßzeiten, die Wiederverwendbarkeit und insbesondere die Automatisierbarkeit der Durchflußanordnungen begründen die Perspektive dieser Analysenmethode sowohl für die Fermentation als auch für die klinische Laboratoriumsdiagnostik.

4.3.4. Immunosensoren mit Membrananordnungen

Enzymimmunoelektroden beinhalten die räumliche Kopplung von Sensor und Immunkomplex sowie den katalytischen Verstärkungseffekt durch den Enzymindikator. Sie basieren ebenfalls auf den üblichen EIA-Prinzipien (Tab. 21).
In einer der ersten Arbeiten über amperometrische Immunosensoren haben MATTIASSON und NILSSON (1977) ein Elektrodensystem zur Bestimmung von Insulin und Albumin vorgestellt: Auf eine Sauerstoffelektrode wird ein Nylonnetz mit darauf fixiertem Ak gegen Insulin gespannt. Diese Elektrode befindet sich in der Meßzelle einer Durchflußapparatur. Die Analyse wird nach dem Prinzip des kompetitiven EIA vorgenommen. Als Markerenzyme dienen Katalase für die Insulinmessung und GOD für die Bestimmung von Albumin. Für die Messung wird die Probe in Gegenwart einer bekannten Menge von markiertem Ag mit der Membran in Kontakt gebracht. Gegenüber der konventionellen EIA-Technik wird die Einstellung des Gleichgewichtes der Immunreaktion jedoch nicht abgewartet. Vielmehr wird der Reaktionsraum schon zwei Minuten nach Ag-Zugabe gespült und durch Zugabe des Markerenzymsubstrats (2 mmol/l H_2O_2 oder 100 mmol/l Glucose) die gebundene enzymatische Aktivität des Ag-Ak-Komplexes über die Veränderung des Sauerstoffpartialdruckes an der Sauerstoffelektrode angezeigt. Die Aktivitätsbestimmung des an der Membranoberfläche fixierten Enzyms nimmt etwa zwei Minuten in Anspruch. Dabei ist, wie in allen kompetitiven EIA, die zu bestimmende Ag-Konzentration umgekehrt proportional der am immobilisierten Immunkomplex gebundenen Enzymaktivität. Für Insulin ist die untere Bestimmungsgrenze 1 μmol/l, während sie für Albumin bei 10 nmol/l liegt. Die Empfindlichkeit ist also beträchtlich geringer als die der konventionellen RIA. Der Sensor ist vergleichsweise schnell und einfach handhabbar.

Sensoren für IgG [AIZAWA et al. 1978], Theophyllin [HAGA et al. 1984] und Hepatitis B-Oberflächen-Ag (HB_s-Ag) [BOITIEUX et al. 1984] basieren ebenfalls auf der EIA-Technik mit amperometrischer Messung der Enzymaktivität. Auch hier wird die Ak-Membran nach jeder Messung durch Verringerung des pH-Wertes regeneriert. Derart ist sie für eine Vielzahl von Ag-Bestimmungen einsetzbar. Im Falle von IgG und Theophyllin bewirkt die Konkurrenz von Katalase-markierten und unmarkierten Ag mittels Katalase-Aktivitätsbestimmung die konzentrationsabhängige Sauerstoffgenerierung im gebundenen Ag-Ak-Katalase-

Tabelle 21
Enzymimmunoelektroden zur Antigenbestimmung

Antigen	Elektrode	Testprinzip	Enzymmarker	Empfindlichkeit	Literatur
Theophyllin	O_2	kompetitiv	Katalase	$1 \cdot 10^{-3}$–$5 \cdot 10^{-3}$ mol/l	HAGA et al. (1984)
	O_2	2-Seiten-Bindungsmethode	Katalase	$5 \cdot 10^{-8}$–$2{,}5 \cdot 10^{-6}$ mol/l	SHIMURA et al. (1986)
Insulin	O_2	kompetitiv	Katalase	10^{-6} mol/l	MATTIASSON und NILSSON (1977)
AFP	O_2	kompetitiv	Katalase	$5 \cdot 10^{-11}$–10^{-8} g/ml	AIZAWA et al. (1980b)
HCG	O_2	kompetitiv	Katalase	$3 \cdot 10^{-9}$–$1{,}5 \cdot 10^{-5}$ g/ml	AIZAWA et al. (1979a)
	Ferrocen	2-Seiten-Bindungsmethode	GOD	$3 \cdot 10^{-11}$–$3 \cdot 10^{-10}$ g/ml	ROBINSON et al. (1985)
	Ferrocen	kompetitiv	GOD	$1{,}3 \cdot 10^{-10}$–$1{,}1 \cdot 10^{-8}$ g/ml	ROBINSON et al. (1986b)
Albumin	O_2	kompetitiv	GOD	$1 \cdot 10^{-8}$ mol/l	MATTIASSON und NILSSON (1977)
IgG	O_2	kompetitiv	Katalase	$6 \cdot 10^{-11}$–$6 \cdot 10^{-9}$ mol/l	AIZAWA et al. (1978)
	H_2Q/BQ	2-Seiten-Bindungsmethode	GOD	$3 \cdot 10^{-13}$ mol/l	GYSS und BOURDILLON (1987)
HB_s	O_2	2-Seiten-Bindungsmethode	GOD	$1 \cdot 10^{-10}$–$1 \cdot 10^{-7}$ g/ml	BOITIEUX et al. (1984)
	Iod	2-Seiten-Bindungsmethode	POD	$5 \cdot 10^{-10}$ g/ml	BOITIEUX et al. (1979)

AFP – α-Fetoprotein; HCG – humanes Choriongonadotropin; IgG – Immunoglobulin G; HB_s – Hepatitis B-Oberflächenantigen; H_2Q/BQ – Hydrochinon/Benzochinon komplex für 1 bis 15 mmol/l Theophyllin. HB_s kann zwischen 0,1 und 100 μg/l mit der Sandwichmethode über GOD-markierte Ak bestimmt werden. Hier befinden sich auf der Oberfläche einer Sauerstoffelektrode in Gelatine fixierte Ak, die mit dem HB_s-Ag im Serum reagieren. Anschließend werden markierte Ak zugesetzt, und die gebundene Aktivität wird nach Glucosezusatz über den Sauerstoffverbrauch registriert.

Eine relativ zeitaufwendige Variante der Enzymimmunoelektroden haben AIZAWA et al. (1979a, 1980b) realisiert: Der membranimmobilisierte Ak wird zunächst mit dem enzymmarkierten und dem komplementären Ag im Reagenzglas inkubiert. Nach einer definierten Zeit wird die Membran gespült und vor eine Sauerstoffelektrode gespannt. Auch hier ist die gebundene Enzymaktivität ein Maß für das zu bestimmende Ag. Die langsame Bildung des Immunkomplexes sowie dessen Fixierung beschränken häufig die heterogenen EIA mit elektrochemischer Detektion. Deshalb haben BOITIEUX et al. (1987) eine neue Technologie zur Abtrennung markierter Immunkomplexe entwickelt. Dazu wird auf einer Sauerstoffelektrode eine Membran aufgebracht, die spezifische β-Galactosidase bindet. IgG stellt das Ag dar, das mit GOD-markiertem IgG um β-Galactosidase-markierte Ak konkurriert. Nach der Bildung des Immunkomplexes in der Lösung bindet sich dieser innerhalb einer Minute reversibel an die Sensoroberfläche. Die GOD-Aktivität ist der IgG-Konzentration umgekehrt proportional.

Auch für menschliches Choriongonadotropin (HCG) und α-Fetoprotein (AFP) sind solche Elektroden entwickelt worden, mit deren Membran jedoch nur Einzelmessungen vorgenommen werden können. Der Vorteil der Methode besteht darin, daß der Analysator während der Inkubation für die Messung frei ist. Zur Bestimmung von HB_s haben BOITIEUX et al. (1979) eine iodsensitive Elektrode zur POD-Aktivitätsbestimmung nach dem Prinzip des Sandwich-ELISA mit Einwegmembran eingesetzt. Die Zeit von drei Stunden für die Bestimmung der HB_s-Konzentration sowie zwei Stunden für AFP ist lang. Es sind Konzentrationen von $2 \cdot 10^{-2}$ bis $1 \cdot 10^{2}$ U/ml HCG, $5 \cdot 10^{-11}$ bis $1 \cdot 10^{-8}$ g/ml AFP und bis zu $5 \cdot 10^{-10}$ g/ml HB_s meßbar.

Die Auswahl von Enzymen für EIA ist gering, und der Einsatz von Elektroden schränkt diese weiter ein. Unter Verwendung von O_2-sensitiven polarographischen Elektroden werden bisher nur GOD, Katalase und POD benutzt. Katalase ist aufgrund der hohen Turnover-Zahl und des daraus resultierenden Verstärkungseffekts auch in kalorimetrischen Verfahren eingesetzt worden.

Die Einführung *magnetischer* Trägermaterialien in den amperometrischen EIA ist eine wichtige Verbesserung der Enzymimmunoelektroden [ROBINSON et al. 1985]. Mit dieser Technik wird im zweiseitigen immunometrischen Test für HCG der GOD-markierte Immunkomplex mit einer magnetischen Arbeitselektrode vom Meßmedium abgetrennt.

Die GOD-Aktivität wird aus der Höhe des katalytischen Stroms der Ferroenoxidation bestimmt, der damit ein Maß für die HCG-Probenkonzentration ist. Er hängt im Bereich von 0,25 bis 2,5 U/l linear von der HCG-Konzentration ab. Pro Messung werden 20 Minuten benötigt. Durch die direkte Bindung des HCG-Ak an eine Kohlenstoffelektrode kann dieses Prinzip vereinfacht werden [ROBINSON et al. 1986b]. Insbesondere ist dann die Separierung des Immunkomplexes nicht mehr notwendig und Ak werden eingespart. Während einer Meßdauer von 20 Minuten/Probe können bis zu 9 U/l HCG im Serum mit einer sehr guten Korrelation zum RIA bestimmt werden. Die Meßbereichsgrenze von 75 U/l wird durch die Zahl der kovalent an die Elektrodenoberfläche gebundenen aktiven Ak determiniert. Eine Vergrößerung oder Änderung der Geometrie der Elektrodenfläche könnte demzufolge zu einer Erhöhung der gebundenen Ak-Menge und damit einer Erweiterung des Meßbereiches führen.

Der Waschprozeß (mit 8 mol/l Harnstoff) erlaubt es, die Ak-Elektrode für etwa 40 Bestimmungen einzusetzen, ohne daß ein spezifischer Abfall der Immunaktivität der Ak zu verzeichnen ist.

Ein ähnliches Verfahren erlaubt die IgG-Bestimmung im femtomolaren Bereich [GYSS und BOURDILLON 1987]. Dabei wird die Oberfläche der verwendeten Glaskohlenstoffelektrode elektrochemisch gereinigt. Das bedeutet jedoch, daß die Ak-Adsorption vor jeder Messung neu vollzogen werden muß. Dieser Schritt nimmt etwa zwei Stunden in Anspruch. Nach sukzessiver Inkubation mit dem zu messenden Ag und mit GOD-markiertem Anti-IgG-Ak wird die gebundene GOD-Aktivität ermittelt.

Das Prinzip einer Immunoelektrode mit doppelter Signalverstärkung basiert auf der Kombination von komplementvermittelter Liposomenlysis und einer chemisch modifizierten Elektrode [DURST und BLUBAUGH 1986; Abb. 123]. Zunächst wird die Membran der Liposomen, die eine Dehydrogenase einschließen, durch die Einbettung von Ak für ein entsprechendes Ag sensibilisiert. Durch die Coimmobilisierung dieser Liposomen mit NAD^+ an der Elektrodenoberfläche ist eine räumliche Kopplung garantiert. Zur Analyse wird in Gegenwart von Komplement K und dem Substrat S der Dehydrogenase SDH die Ag enthaltende Meßprobe zugesetzt. Die Immunkomplexbildung ermöglicht eine Komplementbindung, die zur Liposomenlysis führt. Dadurch gelangt eine Vielzahl von Enzymmolekülen in die Lösung, die während der Substratumwandlung den Cofaktor NAD^+ reduzieren. Das gebildete NADH wird elektrochemisch zu NAD^+ reoxidiert. Der dabei fließende Strom korreliert mit der Dehydrogenaseaktivität und somit auch mit der Analytkonzentration. Auch diese Arbeiten sind noch nicht über das Versuchsstadium hinausgelangt.

Diese Enzymimmunoelektroden stellen ausnahmslos Entwicklungen dar, die noch nicht praktisch genutzt werden. Da mit einer Membran nur eine Probe, in seltenen Fällen eine begrenzte Anzahl von Proben bestimmt werden kann und die Meßzelle außerdem während der Immunkomplexbildung blockiert ist, sind serienmäßige Analysen, wie sie gegenwärtig mit RIA,

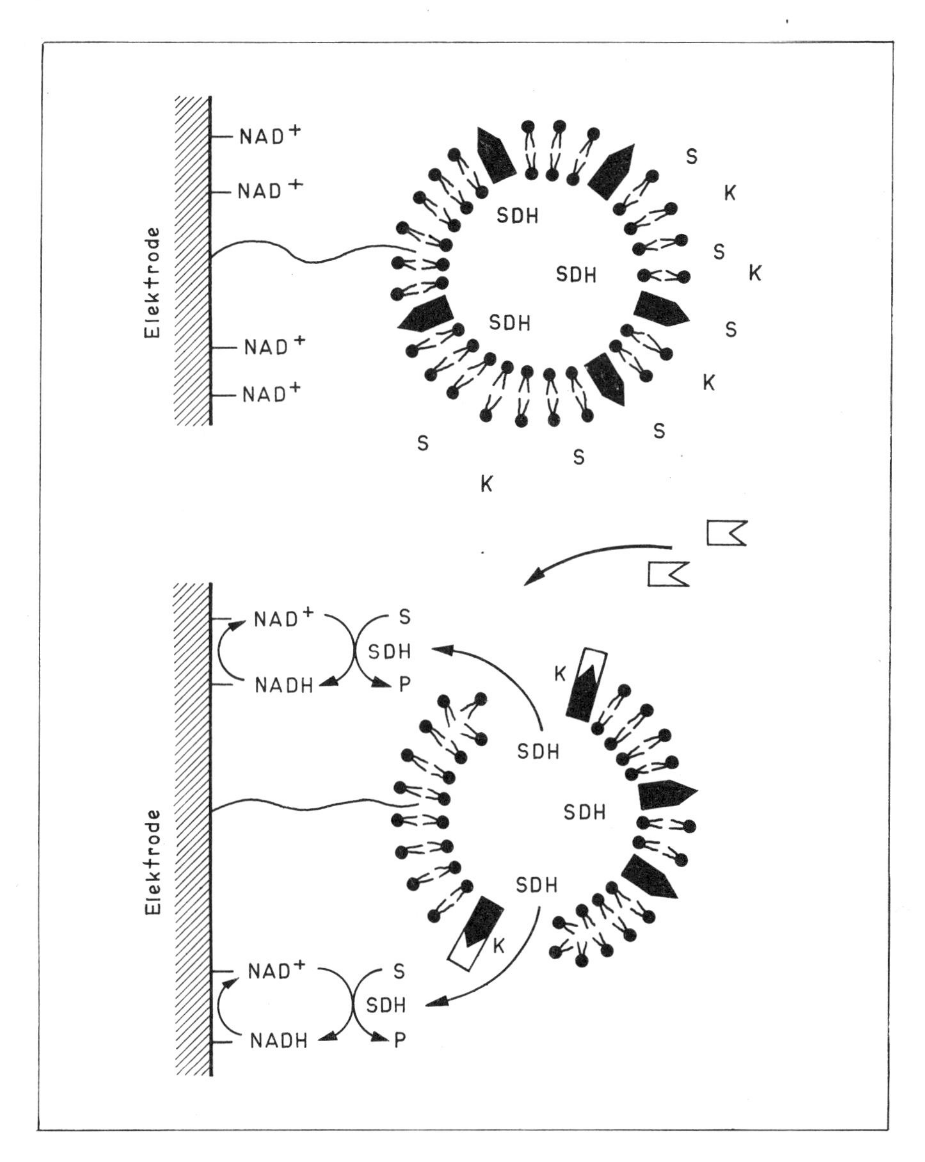

Abb. 123. Immunoelektrode mit doppelter Signalverstärkung auf der Basis coimmobilisierter Liposomen und NAD^+
SDH – Substratdehydrogenase, K – Komplement, ꞵ – Lipid
[nach DURST und BLUBAUGH 1986]

Fluoreszenzimmunoassays und EIA üblich sind, mit Enzymimmunoelektroden nicht durchführbar.

4.3.5. Reagenzlose Immunoelektroden

Biologische Makromoleküle enthalten eine Reihe von positiven und negativen Ladungen auf der Moleküloberfläche. Die Anlagerung dieser Moleküle an Elektroden erzeugt deshalb Veränderungen der elektrochemischen Doppelschicht. Daraus resultieren Potentialverschiebungen und Änderungen der Dielektrizitätskonstanten in der Nähe der Elektrodenoberfläche. Die Potentialverschiebungen bilden die Grundlage der *direkten* potentiometrischen Methoden. Sowohl Membranelektroden mit immobilisierten Ak als auch direkt mit Ak bedeckte Elektroden werden in verschiedenen Varianten zum Nachweis von Makromolekülen und Haptenen angewendet. Zur Ak-Analytik werden die Ag in entsprechender Weise mit den Elektroden gekoppelt. Aber auch Versuche, die Kapazitätsmessung zum Nachweis von Immunreaktanden zu nutzen, sind beschrieben worden [NEWMAN et al. 1986].

Ionenselektive Membranelektroden sind für die Bindung von Ak gegen Cortisol, Digoxin, Dinitrophenol und Serumalbumin eingesetzt worden [KEATING und RECHNITZ 1983, 1984; SOLSKY und RECHNITZ 1981]. Dazu werden die entsprechenden Ag mit Ionophoren der Benzokronenether konjugiert. Die Konjugate werden in einer 0,2 mm dicken PVC-Membran immobilisiert und auf eine K^+-sensitive Elektrode aufgebracht (Abb. 124).

Die Potentialverschiebung der Elektrode wird durch Veränderung der Ionophoren bei der Bindung der Ak hervorgerufen. Zur Messung von Anticortisol-Ak wird nach Einstellung des Grundpotentials der Elektrode der Ak zugesetzt und das Potential nach drei bis neun Minuten registriert. Die Bezugskurve im Konzentrationsbereich von 3,5 bis 165 ng/ml ist jedoch nicht streng linear.

Die Regenerierung der Ag-Membranelektrode wird durch kurzes Spülen mit Citratpuffer, pH 4,0, erreicht. Anschließend ist der Sensor für die nächste Probe meßbereit. Andere Proteine, z. B. γ-Globuline, erzeugen keine unspezifischen Effekte [KEATING und RECHNITZ 1983]. Ähnlich ist die Meßprozedur zur Antidigoxin-Ak-Bestimmung. Anstelle von Cortisol-Ak werden Digoxin-Benzokronenetherkonjugate in die PVC-Membran der K^+-sensitiven Elektrode eingebettet. Die Meßgrenze liegt im Bereich von wenigen μg/ml. Der Sensor wird durch kurzzeitiges (< 60 s) Eintauchen in Glycin-HCl-Puffer, bei pH 2,8, regeneriert. Im routinemäßigen Einsatz im Biosensor ist die Membran ein bis zwei Wochen stabil.

Die Immobilisierung der Ak direkt auf der Spitze der potentiometrischen Elektrode, in deren sensitive Membran das entsprechende Hapten eingebettet ist, führt zu einem neuen Typ von Immunosensoren für niedermolekulare Substanzen [BUSH und RECHNITZ 1987]. Der reversible, kompetitive Bindungstest erfolgt ohne Verwendung markierter Ag im Sensor. So kann die Ag-Konzentration kontinuierlich verfolgt werden. Am Beispiel der Bestimmung

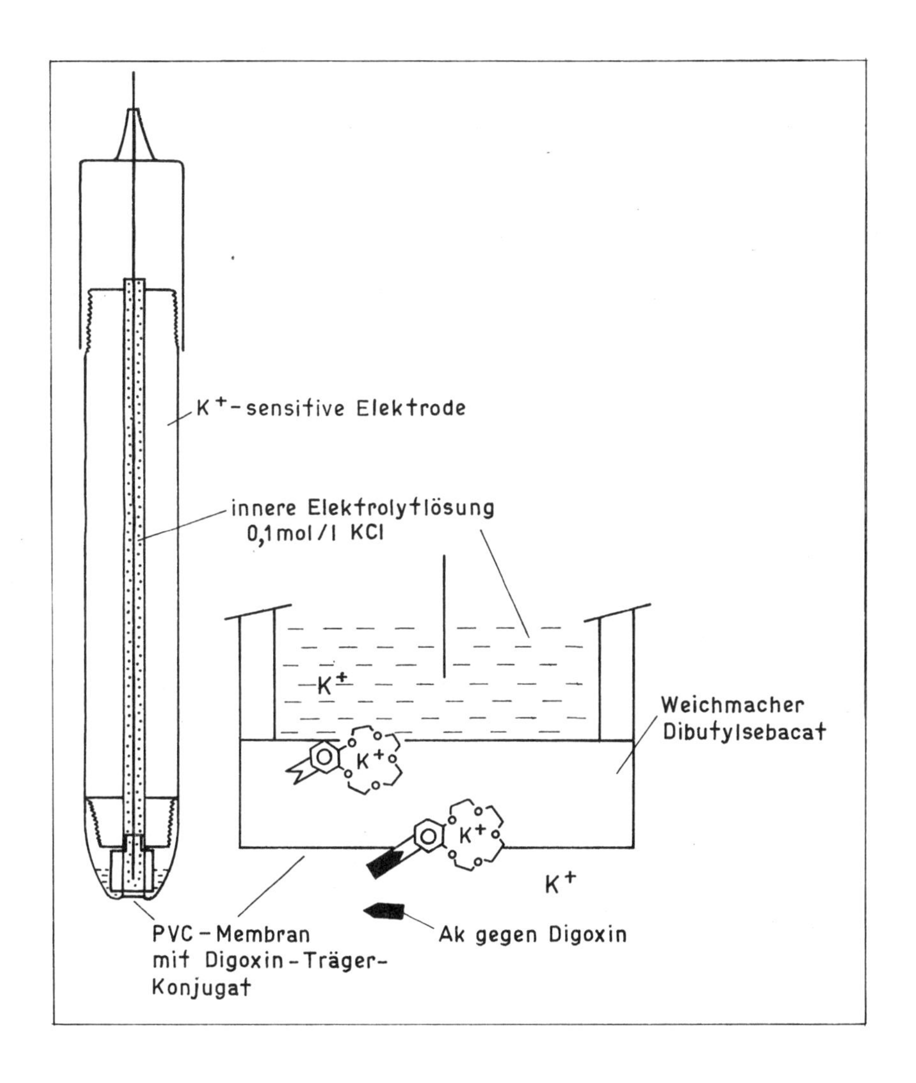

Abb. 124. Direkte potentiometrische Immunoelektrode für Digoxin-Ak [nach KEATING und RECHNITZ 1984]

von DNP ist dieses neue Prinzip demonstriert worden. Dazu wird DNP in die Polymerschicht einer K^+-sensitiven Elektrode eingebracht. Direkt darüber werden monoklonale Ak gegen DNP mittels Kollagenmembran eingeschlossen. Die präparierte Elektrode taucht in eine Lösung konstanter K^+-Konzentration. Entsprechend der in der Sensormembran stattfindenden DNP-Ak-Bindung stellt sich ein Potential ein. Die Zugabe von DNP in die Meßvorlage verringert die am immobilisierten DNP gebundene Menge Ak um den Anteil, der sich an den Analyten DNP anlagert. Meßbares Resultat ist eine Potentialänderung, die nach 15 Minuten ihren stationären Wert erreicht. Da die Immunreaktion direkt im Biosensor und reversibel abläuft, ist eine kontinuierliche DNP-Bestimmung möglich. Dieser neue Immunosensor ist für DNP-Messungen im mikromolaren Bereich verwendbar und zeigt eine für Immunosensoren hohe Arbeitsstabilität von mindestens 17 Tagen. Eine Erweiterung auf andere niedermolekulare Haptene scheint möglich zu sein. Dagegen ist dieses Prinzip aufgrund der Diffusionsbehinderung durch die Membran nicht für hochmolekulare Substanzen geeignet.

Weitere, jedoch wesentlich weniger spezifische potentiometrische Immunoelektroden basieren auf der Ag-induzierten Potentialverschiebung von chemisch modifizierten Halbleiterelektroden (Abb. 125) [YAMAMOTO et al. 1983]. Die Oberfläche einer Titandioxidelektrode wird durch eine mit Bromcyan aktivierte Polymermembran bedeckt und in die Ak-Lösung getaucht. Die Ak binden sich kovalent an die aktivierte Elektrodenoberfläche. Dann erfolgt die Ag-Bestimmung. Dazu wird die Probe nach Einstellung der Potentialdifferenz zwischen der modifizierten und einer Referenzelektrode zugegeben. Der durch die Immunreaktion bedingte neue Potentialwert ist nach 20 Minuten erreicht. Das bedeutet, daß die Potentialänderung ein Maß für den Ag-Gehalt der Probe ist.

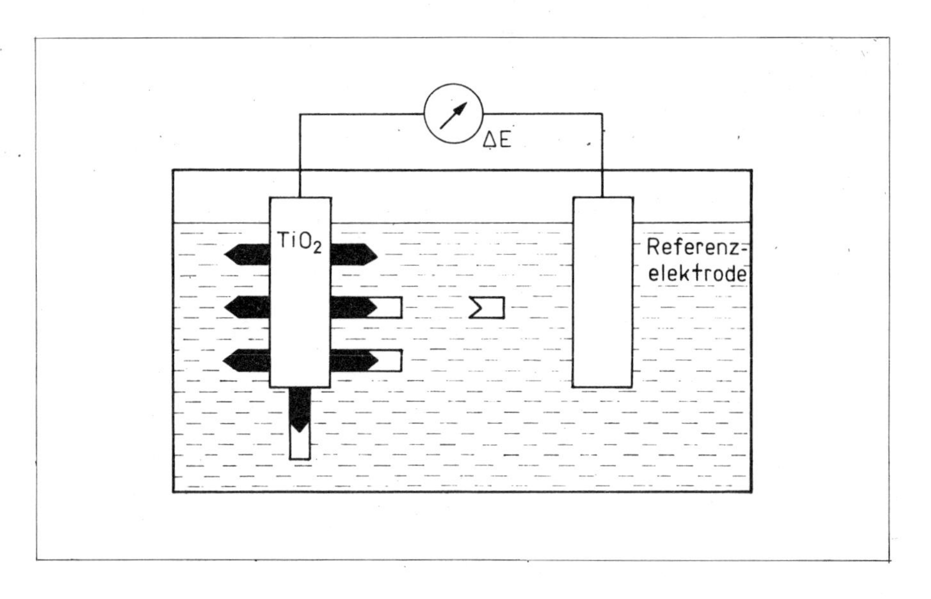

Abb. 125. Chemisch modifizierte Halbleiterelektrode mit kovalent gebundenen Ak zur Ag-Bestimmung [nach YAMAMOTO et al. 1983]

Die Autoren fixieren an die aktivierte Elektrode Antitrinitrophenol-IgA (Anti-TNP-IgA), einen monoklonalen Ak, der mit TNP-gruppenhaltigen Substanzen selektiv reagiert. Der IgA-Sensor spricht auf TNP-γ-Globulin im Bereich von 0,066 bis 1 μmol/l an und erreicht damit die Empfindlichkeit des EIA. TNP-Ovalbumin interferiert bei diesen Messungen.

HCG kann mit einer Ak-bedeckten Titandioxidelektrode im Urin schwangerer Frauen nachgewiesen werden [YAMAMOTO et al. 1978]. Das angezeigte Potential ist jedoch stets auch abhängig von der Pufferzusammensetzung, dem pH-Wert und der Ionenstärke. Außerdem verfälschen unspezifische Adsorptionen anderer Proteine an die Transduktoroberfläche den Meßwert. Die Richtigkeit der Messung hängt also auch vom Verhältnis von spezifischer und unspezifischer Wechselwirkung ab.

Immunofeldeffekttransistoren — Immuno-FETs

Wird eine isolierende, mit Ak beladene Membran auf das Gate eines ionenselektiven Feldeffekttransistors (ISFET) gebracht, so ist ein Immuno-FET gegeben, der z. B. sensitiv für Antialbumin-Ak oder Antisyphilis-Ak ist [BERGVELD et al. 1987, JANATA und HUBER 1980]. Diese Entwicklungen haben gegenwärtig nur konzeptionellen Charakter, was sich insbesondere aus der unzureichenden Spezifität, der kurzen Lebensdauer der auf kleinstem Raum fixierten Biomoleküle und aus der schwierigen Isolierung der Halbleiteroberfläche gegenüber der Umgebung ergibt. Problematisch ist es bis jetzt auch, eine vollständig isolierende, jedoch immunresponsible Membran zu entwickeln, die dünn genug ist, kleine Ladungsverschiebungen (durch Ag-Ak-Bindung) über Änderungen des elektrischen Feldes zu messen. Neuartige Technologien können in der Zukunft zur Weiterentwicklung dieser Sensortypen führen.

4.3.6. Piezoelektrische Systeme

Schon 1972 sind für Immunotests piezoelektrische Detektoren mit Ag bzw. Ak bedeckt worden [SHONS et al. 1972]. Durch die Reaktion der entsprechenden Immunopartner wird die resultierende Masseerhöhung als Änderung der Resonanzfrequenz des Kristalls registrierbar. Da im allgemeinen Paare von Kristallen gegeneinander gemessen werden, können Temperatureinflüsse und elektronische Schwankungen ausgeschlossen werden. Allerdings sind diese Sensoren nur im vollkommen trockenen Zustand verwendbar. Nach Beschichtung eines Kristalls mit Rinderserumalbumin (RSA) kann die anschließende Adsorption des Antiserums gemessen werden. Damit sind Anti-BSA-Ak über drei Größenordnungen erfaßbar. Ähnliche Ergebnisse haben die Autoren mit der passiven Agglutinationstechnik erhalten, die jedoch mehrere Stunden beansprucht. Demgegenüber dauert die Registrierung mit der Immunopiezokristalltechnik nur wenige Minuten. Die erneute Meßbereitschaft erfordert jedoch eine extensive Spül- und Trocknungsprozedur.

Die Messung des Pestizids Parathion in der Gasphase mit einem Ak-beschichteten Kristall beschreiben NGEH-NGWAINBI et al. (1986a). Durch die Immobilisierung von Protein A an einen Quarzkristall über γ-Aminopropyltriethoxysilan gelingt es, menschliches IgG empfindlich zwischen $1 \cdot 10^{-11}$ und $1 \cdot 10^{-7}$ mol/l zu messen [MURAMATSU et al. 1987]. Dieses Immobilisierungsverfahren wird auch zur Bestimmung von Mikroorganismen angewendet [MURAMATSU et al. 1986]. So werden an die anodisch oxidierte palladiumbeschichtete Sensoroberfläche ebenfalls über γ-Aminopropyltriethoxysilan Anti-*Candida*-Ak fixiert. Die Affinitätsbindung der pathogenen *Candida albicans* erniedrigt die Resonanzfrequenz, die im Bereich von 0,5 bis 1,4 kHz mit der Konzentration von $1 \cdot 10^6$ bis $5 \cdot 10^8$ Zellen korreliert. Die Meßdauer beträgt jedoch etwa eine Stunde, da auch hier mit getrockneten Kristallen gearbeitet werden muß. Unter Umgehung dieses Nachteils haben ROEDERER und BASTIAANS (1983) Immunosensoren für Nanogramm-Mengen von humanem IgG und von Influenza Typ A-Virus konstruiert. Dabei wird mit dem Ak-beschichteten Kristall direkt in der Lösung gegen einen Ak-freien Referenzkristall gemessen. Die Ansprechzeit eines solchen Sensors beträgt etwa 20 Sekunden. Die Regenerierung des Kristalls gelingt mit einer Lösung hoher Ionenstärke, so daß die Ak beschichtete Kristalloberfläche für mehrere Messungen verfügbar ist. Die Nachweisgrenze wird durch unspezifische Adsorptionen sowohl am Indikator- als auch am Referenzkristall erhöht. Nachteilig ist weiterhin, daß nur Moleküle mit hohem Molekulargewicht nachweisbar sind.

4.3.7. Optische Immunosensoren

Antigene Reaktionen an Oberflächen ändern auch bestimmte optische Eigenschaften, die die Grundlage optoelektronischer Immunosensoren bilden. Die Dicke der Monoschicht des Ag-Ak-Komplexes beträgt etwa 20 bis 40 nm. Die Schichtdicke bzw. deren Änderung, der Brechungsindex, das Ausmaß der Lichtabsorption in der Schicht, das Reflexionsverhalten des eingestrahlten Lichtes und die Lichtstreuung werden als Parameter zur Ag-Bestimmung bei gebundenem Ak genutzt. Weniger als 1 ng/ml sind bereits nachgewiesen worden. Daneben gewinnen Lichtleitersensoren an Bedeutung, in denen für die Analytmessung Fluoreszenzänderungen von Indikatormolekülen, die an der Lichtleiterspitze immobilisiert sind, registriert werden. Zur Registrierung dieser Parameter sind die Ellipsometrie und die interne Reflexionsspektroskopie, die Fluoreszenzspektroskopie, die Oberflächenplasmonresonanz und die Lichtstreuungsmessung erfolgreich angewendet worden [PLACE et al. 1985].

Die Ellipsometrie ist eine oft benutzte Methode zur Untersuchung dünner Schichten auf reflektierenden Oberflächen. Wegen seines hohen Brechungsindexes ist Silicium als Unterlage besonders geeignet. Häufig werden die Oberflächen mit Metall bedampft. Für Schichtdicken im nm-Bereich ändert sich, bedingt durch Dämpfung und Phasenverschiebung, die Reflexion des polarisierten monochromatischen Lichtes an der Oberfläche, wenn Moleküle darauf adsorbiert werden. Mit Reflektometern werden kinetische Untersuchungen der Bindungsreaktionen, wie Ak-Bindung an Oberflächen und Ak-Ag-Reaktionen, angestellt. Proteinadsorption ruft eine noch meßbare Reflexionsänderung bis zu einem Minimum von 0,1 $\mu g/cm^2$ hervor. WELIN et al. (1984) verwenden als Modellanalyt IgG.

Mit der Methode sind auch Choleratoxin an mit Gangliosid bedeckten Oberflächen [STENBERG und NYGREN 1982] gemessen worden. Überdies ist die Bestimmung von Anti-HSA [ARWIN und LUNDSTRÖM 1985], RSA [ELWING und STENBERG 1981], Fibrinogen [CUYPERS et al. 1978] und verschiedenen mikrobiellen und viralen Ag, beispielsweise Pneumokokken-Polysaccharide [ROTHEN 1947, ROTHEN und MATHOT 1971] und *Leishmania donovani* [MATHOT et al. 1967] vorgestellt worden. In den Experimenten wird das komplementäre Biomolekül an der hydrophoben Silicium- oder Metall(oxid)-oberfläche adsorbiert. Durch die Kombination von Immunoelektroadsorptionsmethoden und Ellipsometrie kann die immunologische Reaktion beschleunigt werden. Wenn während der Adsorption und Immunreaktion für ein bis zwei Minuten ein geringer Strom (300 μA) am Chip fließt, sind Empfindlichkeitssteigerungen bis zu sechs Größenordnungen möglich. So konnte menschliches Wachstumshormon noch bis zu 0,2 ng/ml gemessen werden [ROTHEN et al. 1969]. Die Reproduzierbarkeit dieser Methode leidet allerdings darunter, daß sich die Metalloxidschicht der Oberfläche instabil verhält. Unspezifische Bindungen werden bei der Ellipsometrie durch Verwendung von Gelen mit der „Geldiffusionstechnik" stark reduziert [ELWING und STENBERG 1981].

SEIFERT et al. (1986) haben mit der Prägetechnik Oberflächenreliefs auf einem Lichtwellenleiter hergestellt. Dieser reagiert besonders empfindlich auf die Proteinadsorption an der Oberfläche. Mit einem Differenzrefraktometer ist die Bindung von Anti-IgG bei adsorbiertem IgG als Modellanalyt registriert worden.

Die Erhöhung der Lichtstreuung von mit Indium beschichteten Glasoberflächen nach Immunkomplexbildung ist u. a. zur Messung eines Rheumafaktors genutzt worden [GIAEVER et al. 1984]. Die Lichtstreuung ist der Ag-Konzentration proportional, wenn die Ak vorher den Indiumfilm bedecken.

Besondere Bedeutung hat die innere oder gedämpfte Totalreflexionsspektroskopie: Ein Lichtstrahl trifft auf ein transparentes Material (Platte oder Faser) mit hohem Brechungsindex, das mit einer immunresponsiblen Schicht (immobilisierte Ak) belegt ist (Abb. 126). Dabei überschreitet der Eintrittswinkel den Grenzwinkel der Totalreflexion. Der Strahl wird an der internen Grenzfläche reflektiert und kann erst nach einer größeren Anzahl von Reflexionen wieder austreten. Um den Bruchteil einer Wellenlänge dringt der Lichtstrahl aber in das immunresponsible Medium ein, worin Absorptionen

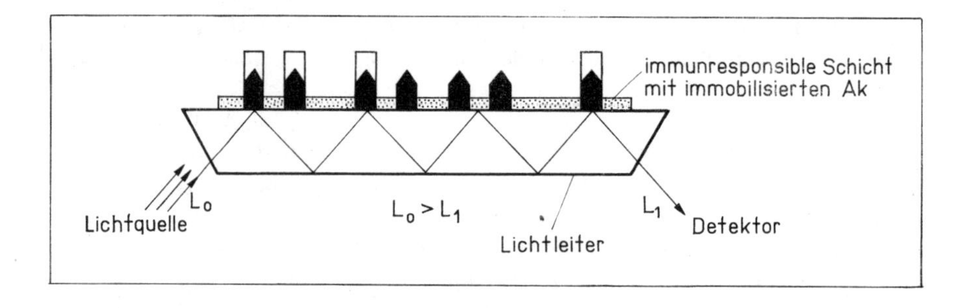

Abb. 126. Prinzip der internen Reflexionsspektroskopie

stattfinden. Aus den Intensitätsänderungen resultiert ein Spektrum dieses Oberflächenbereichs. Dieses Prinzip ist von SUTHERLAND et al. (1984) für den homogenen Immunotest von IgG vorgestellt worden. Damit ist eine kinetische, also schnelle Registrierung möglich. Die Meßgrenze liegt bei 20 ng/ml. Ein weiterer Vorteil dieser Methode ist die Möglichkeit des „in-line"-Nachweises. Das bedeutet, daß das Signal nahezu unbeeinflußt von der Umgebung ist. Diese Entwicklung ist von den Autoren zu einem Einwegsensor für IgG weitergeführt worden, der auf der Konkurrenz des auf dem Lichtleiter immobilisierten IgG mit dem Analyten um Anti-IgG-Fluoreszeinisothiocyanat beruht [SUTHERLAND et al. 1987].

Totale innere Reflexionsfluoreszenzspektroskopie ist ebenfalls für eine Reihe von Analyten beschrieben worden, womit die Fluoreszenz von Tryptophan in Proteinen oder von Fluoreszeinmarkern gemessen worden ist. Beispielsweise kann Morphin mit einer Nachweisgrenze von 0,2 μmol/l an einem Quarzträger mit immobilisiertem, fluoreszeinmarkiertem Antihapten bestimmt werden [KRONICK und LITTLE 1973].

Eine weitere Technik ist die Oberflächenplasmonresonanz-Spektroskopie. Ein Oberflächenplasmon ist eine elektromagnetische Welle, die sich entlang einer Metalloberfläche fortsetzt. Oberflächenwellen können durch Totalreflexion von Licht an einer mit einem dünnen Metallfilm beschichteten Glasoberfläche entstehen. Für ein geeignetes Metall entsprechender Dicke existiert ein Einfallswinkel des Lichtstrahls, bei dem Oberflächenplasmonresonanz eintritt, was sich im Minimum der reflektierten Lichtintensität äußert. Dieser „Resonanzwinkel" ist sehr sensibel gegenüber Änderungen des Brechungsindexes im Medium an der Außenseite der Metalloberfläche, und zwar bis zu einem Abstand von einigen hundert μm. Proteinadsorptionen verschieben daher den Resonanzwinkel bzw. erhöhen die Intensität des reflektierten Lichtes, wenn sich das System vorher vom Zustand der Resonanz entfernt. Das Verfahren ist äußerst schnell. Die minimal erfaßbare Schichtdickenänderung beträgt 1 nm [NYLANDER et al. 1982]. Innerhalb einiger Sekunden können 2 μg/ml IgG nachgewiesen werden [LIEDBERG et al. 1983]. Auch für Anti-HSA-Bestimmungen ist diese Methode benutzt worden [FLANAGAN und PANTELL 1984, KOOYMAN et al. 1987].

4.4. Intakte biologische Rezeptoren

Die Kombination von biologisch intakten sensorischen Strukturen mit Elektroden führt in den Bereich der Bioelektrochemie, der einen Übergang zwischen Neuroelektrophysiologie und Biosensortechnologie darstellt. Für die Kopplung von Chemorezeptoren als molekulare Erkennungselemente mit Elektroden – als „Rezeptroden" bezeichnet – sind zwei Richtungen erkennbar: Einerseits werden isolierte Rezeptoren eingesetzt, andererseits ganze Chemorezeptorstrukturen. Solche Integrationsstufen sind mit Enzymelektroden und Sensoren mit höher integrierten Systemen vergleichbar. Allerdings sind im Unterschied zu Enzymen nur wenige Rezeptoren – und diese auch nur in geringen Mengen – isoliert worden. Beispiele dafür sind die Anwendung isolierter Nicotin-Acetylcholin- und pflanzlicher Rezeptoren in Rezeptroden für Acetylcholin und dessen Antagonisten sowie für Auxin und Toxin [RECHNITZ 1987, THOMPSON et al. 1986].

Als elektrochemische Sensoren sind auch Feldeffekttransistoren verwendet worden [GOTOH et al. 1987].

Die Fixierung des Acetylcholinrezeptors auf dem Gate eines ionensensitiven Feldeffekttransistors erfolgt durch eine Polyvinylbutyratmembran. Meßbare Potentialänderungen treten bei der Bindung von 0,1 bis 10 μmol/l Acetylcholin an den Rezeptor auf. Eine Verdreifachung des Signals wird durch die Einbettung des Rezeptors in eine Lipidmembran erreicht, da in diesem Falle ein acetylcholinabhängiger Na^+-Flux durch den Rezeptorkanal entsteht. Aufgrund ihrer Instabilität, geringen Lebensdauer und ungenügenden Reproduzierbarkeit sind diese Rezeptroden noch nicht als praktisch nutzbare analytische Elemente anzusehen.

Stabilere Alternativen sind intakte sensorische Strukturen natürlicher Organismen als Signalwandler in Biosensoren. Die Stimulierung von Rezeptoren in solchen sensorischen Strukturen ruft z. B. meßbare Aktionspotentiale an Neuronen hervor. So enthalten olfactorische Organe in den Fühlern der blauen Meereskrabbe *Calinectes sadipus* Chemorezeptoren, die auf Aminosäuren reagieren. Die chemische Information wird neural codiert und ist deshalb elektrophysiologisch ableitbar. BELLI und RECHNITZ (1986) haben das Konzept einer Rezeptrode verwirklicht, indem sie die Fühler der Krabbe als aktives Sensorelement eingesetzt haben. An den freigelegten Nervenfasern (einzeln oder gebündelt) wird eine Platinelektrode angebracht (Abb. 127). Die Stimulierung durch L-Glutamat erzeugt Nervenimpulse mit Amplituden zwischen 10 und 1000 μV innerhalb von 5 bis 10 Sekunden. Quantitative Daten werden durch

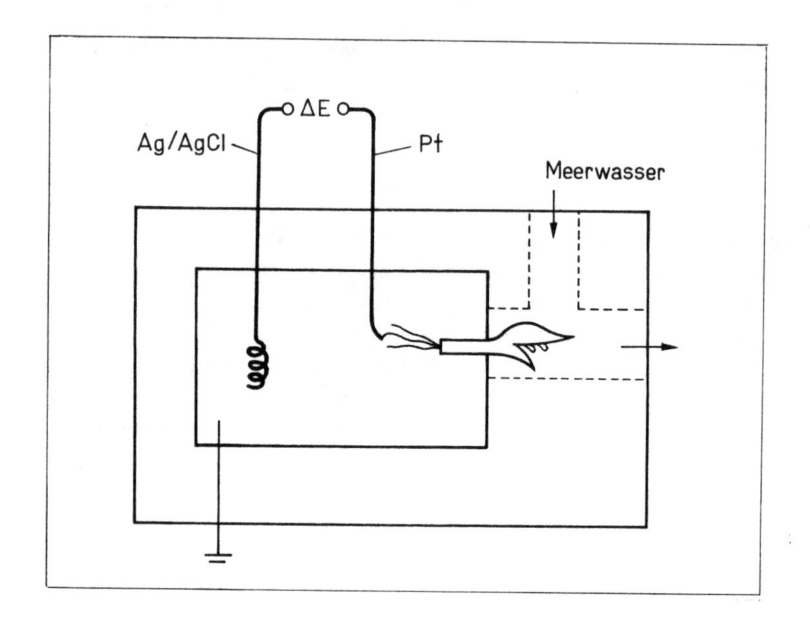

Abb. 127. Rezeptrode aus intaktem olfactorischem Organ der blauen Meereskrabbe [nach BELLI und RECHNITZ 1986]

die Integration der Kurven des Reaktionsverlaufs gewonnen. Die erhaltene Größe ist von 0,01 bis 1 mmol/l L-Glutamat linear abhängig. Die Grenze der Empfindlichkeit beträgt etwa 1 μmol/l L-Glutamat.

Die Wechselwirkung von Hormonen mit Rezeptoren in intakten biologischen Membranen bewirkt unter anderem die Adenylatcyclaseaktivierung und Permeabilitätsänderungen. UPDIKE und TREICHEL (1979) haben einen Sensor für Vasopressin entwickelt, indem sie Haut einer Krötenblase auf eine Na^+-sensitive Glaselektrode aufbringen. Das Hormon bindet sich an der antiluminalen Seite an die Rezeptoren, wodurch die Bildung von cAMP stimuliert wird, was ebenfalls die Membranpermeabilität für Wasser erhöht und den antiluminal gerichteten Na^+-Transport verstärkt. Ein verringertes Potential der Elektrode ist die meßbare Folge. Der von Vasopressin abhängige Meßeffekt wird zusätzlich verstärkt, wenn der Innenlösung zwischen Schleimhaut und Elektrode Mannitol zur Erhöhung des osmotischen Drucks zugesetzt wird. Der Gradient gegenüber der Außenlösung bewirkt einen nach innen gerichteten Wasserfluß, der zusätzlich eine Verdünnung der Na^+-Innenkonzentration und damit eine Verringerung des Potentials hervorruft. Die obere Meßgrenze ist 40 bis 50 mU/ml Vasopressin bei einer linearen Bezugskurve für Na^+-Vasopressin von 5 bis 30 mU/ml.

Neutrophile Leukozyten reagieren auf verschiedene Stimuli mit einer

Superoxidanionproduktion, dem sogenannten "respiratory burst". Ein Sensor für Neutrophile [GREEN et al. 1984] basiert auf der Stimulierung dieser Zellen mit IgG, das sich auf einer pyrolytischen Graphitelektrode befindet. Die Freisetzung von $O_2^{-\bullet}$ wird mit dieser Elektrode innerhalb von drei Minuten nachgewiesen. Sie ist ein Maß für die Anzahl der neutrophilen Leukozyten. Einen Beweis für die Bildung von $O_2^{-\bullet}$ liefert das Fehlen des Oxidationsstromes in Gegenwart von Superoxiddismutase.

Ein interessantes Konzept haben SUGAWARA et al. (1987) verwirklicht, indem sie mittels der LANGMUIR-BLODGETT-Technik von Ionenkanälen durchzogene künstliche Lipidmembranen auf Kohleelektroden bringen. Die Stimulierung der Kanäle durch Ca^{2+} bewirkt die Durchlässigkeit der Schicht für das elektrodenaktive Ferrocyanid, dessen Oxidationsstrom ein Maß für die Ca^{2+}-Konzentration im Meßmedium ist. Durch den Einbau *biologischer Rezeptoren* in künstliche Lipidmembranen, z. B. mittels LANGMUIR-BLODGETT-Technik [ROBERTS 1983, WINGARD 1987] könnten ebenfalls empfindliche und selektive Sensoren für die entsprechenden Liganden entwickelt werden (s. 3.3.5.).

5. Anwendung von Biosensoren

5.1. Allgemeine Gesichtspunkte

Weltweit werden jährlich zwischen 12 und 15 Mrd. Dollar für analytische Zwecke ausgegeben. Davon entfallen etwa 50 Mio. Dollar auf die Kosten für Enzyme. Sie werden für die routinemäßige Bestimmung von etwa 80 verschiedenen Substanzen im klinischen Labor, in der Nahrungsgüterwirtschaft, in der mikrobiologischen und der Kosmetikindustrie eingesetzt. Mit enzymkatalysierten Reaktionen werden vor allem niedermolekulare Metabolite, aber auch Effektoren, Inhibitoren und die Aktivität von Enzymen selbst bestimmt.

Durch den Aufschwung der Immuntechnik, insbesondere bei der Herstellung von monoklonalen Antikörpern, stehen heute sowohl für niedermolekulare Haptene als auch für Makromoleküle und Mikroorganismen Immunoassays zur Verfügung. Jährlich werden etwa eine Milliarde Immunoassays verkauft.

Der routinemäßige Einsatz von Enzymen und Antikörpern in der Analytik hat durch die Entwicklung von Immobilisierungstechniken entscheidende Impulse erhalten. Neben der Möglichkeit, diese Reagenzien mehrfach zu verwenden, ist ihr Hauptvorteil die einfache Handhabung und die Sicherheit der Manipulation. Ein weiterer Aspekt ist die räumliche Begrenzung des Reaktionsraumes, die gegenüber der Anwendung gelöster Enzyme eine beträchtliche Vereinfachung der Analysatoren erlaubt. Für Biosensoren insgesamt wird ein Durchbruch vor allem in solchen Bereichen erwartet, in denen sich die relativ hohen Enwicklungskosten angesichts überdurchschnittlicher Produktivitätssteigerungen rasch amortisieren und ein entsprechender ökonomischer Nutzen garantiert ist. Das betrifft vor allem die Biotechnologie. Auf der Grundlage der für diese Anwendungsgebiete entwickelten Sensortechnologien wird sich der Einsatz mit großer Wahrscheinlichkeit erweitern.

Nach einer Prognose von TSCHANNEN et al. (1987) soll bereits 1990 in Westeuropa ein Marktvolumen für Biosensoren von 440 Mio. Dollar erreicht sein. Allein für Glucosesensoren wird weltweit ein potentielles Marktvolumen von 500 Mio. Stück angegeben.

Ein wichtiger Gesichtspunkt bei der Weiterentwicklung von Biosensoren ist die Vereinfachung ihrer Handhabung, zumal hierin die Teststreifen gegenwärtig noch überlegen sind. In diesem Wettlauf ist entscheidend, daß die Einsparung an Reagenzien bei wiederverwendbaren Sensoren durch den Wartungsaufwand nicht überkompensiert wird. Deshalb stellt sich die Frage, ob es möglich ist, die Vorteile beider Konzepte in „wiederverwendbaren Teststreifen" oder „Einwegbiosensoren" zu kombinieren. Die erste Variante führt zu den optoelektronischen Biosensoren. Es gibt aber auch intensive Bemühungen um die Realisierung des Einwegbiosensors. Solche Elemente können bereits nach Technologien der Massenproduktion hergestellt werden, wobei den billigeren Dünnschichtelektroden gegenwärtig eine bessere Chance als den Enzym-Feldeffekttransistoren eingeräumt werden muß. Ein Einwegsensor hat gegenüber Teststreifen den Vorteil, daß für den Meßvorgang lediglich eine undefinierte Probemenge aufzubringen und kein exaktes Meßregime einzuhalten ist. Überdies muß die Probe nicht abgewischt werden. Allerdings müssen die Sensoren innerhalb einer Charge nahezu identisch sein, weil eine Kalibrierung durch den Nutzer kaum mehr möglich ist.

Die Integration der Auswertelogik mit dem Sensor scheint für Einwegsensoren in nächster Zeit nicht realisierbar zu sein. Wahrscheinlich werden sich Hybridsysteme durchsetzen, in denen ein separates, tragbares Auswertegerät mit einem Einwegsensor kombiniert werden kann.

Während in der traditionellen enzymatischen Analytik die spektrophotometrischen Methoden dominieren, sind bei der analytischen Anwendung von immobilisierten Enzymen neben den Enzymteststreifen die biospezifischen Elektroden am weitesten verbreitet. Es wird erwartet, daß Enzymelektroden bis 1995 führend bleiben.

5.2. Biosensoren für klinisch-chemische Laboratorien

Die meisten klinisch-chemischen Analysen betreffen Metabolite im Blut oder Urin im mikro- und millimolaren Konzentrationsbereich. Für ein besseres Verständnis vieler Krankheitszustände ist die Bestimmung von Steroiden, Pharmaka und deren Metaboliten, von Hormonen sowie von Proteinfaktoren erforderlich. Die Konzentration dieser Substanzen liegt zwischen 10^{-11} und 10^{-9} mol/l und kann zur Zeit nur mit Immunoassays ermittelt werden. Citobestimmungen oder der kontinuierliche *in vivo*-Nachweis solcher Substanzen sind besonders wichtig, wenn kurzfristig über die Dosierung von Pharmaka zu entscheiden ist, z. B. in Notfalleinrichtungen und lebensbedrohlichen Situationen, bei Operationen sowie in der Militärmedizin.

5.2.1. Teststreifen und optoelektronische Sensoren

Von international renommierten Firmen werden kompliziert aufgebaute Teststreifen zur Bestimmung von etwa zehn verschiedenen niedermolekularen Substanzen (Metabolite, Pharmaka und Elektrolyte) und acht Enzymaktivitäten produziert [LIBEER 1985]. Generell liegt der Preis über 1 Dollar je Streifen. Zur Auswertung werden einfache Taschenphotometer oder computergestützte spektroskopische bzw. potentiometrische Anzeigegeräte angeboten. Bei der visuellen Auswertung bzw. beim Einsatz einfacher Photometer wird allerdings nicht die in der mechanisierten enzymatischen Analytik geforderte analytische

Qualität erreicht. Andererseits beeinträchtigt die Anwendung von Enzymteststreifen in halbautomatischen Geräten – wegen des hohen Stückpreises – den wirtschaftlichen Vorteil. Deshalb sind die Einsatzgebiete der Teststreifen vor allem die Patientenselbstkontrolle und das Screening in der Arztpraxis oder im kleinen klinischen Labor.

Für die Bestimmung von Glucose, Harnstoff, Penicillin und Humanserumalbumin sind bereits optoelektronische Biosensoren mit immobilisierter Farbindikation beschrieben worden [LOWE et al. 1983]. Vielversprechende Ansätze basieren auf immobilisierter Luciferase oder Peroxidase mit Luciferin bzw. Luminol als Cosubstrat zur Messung von NADH oder ATP bzw. mit einer weiteren Oxidase zum Nachweis von Harnsäure und Cholesterol. Bisher sind diese Prinzipien aber noch nicht in die Routineanalytik eingegangen. Mit der ersten Einführung optischer Biosensoren ist wahrscheinlich zunächst im Bereich der Immundiagnostik zu rechnen.

5.2.2. Thermistoren

Enzymthermistoren, die auf immobilisierten Enzymen bzw. Antikörpern beruhen, sind für zahlreiche im klinisch-chemischen Labor wichtige Substanzen entwickelt worden (Tab. 22); bisher ist ihr Einsatz aber auf wenige Forschungslaboratorien beschränkt. Beispielsweise werden TELISA (*thermometric enzyme linked immunosorbent assays*) routinemäßig in der Produktion monoklonaler Antikörper benutzt. Einer breiten Einführung in die Praxis steht bisher noch der hohe apparative Aufwand und die relativ niedrige Meßfrequenz entgegen.

5.2.3. Enzymelektroden

Heute werden weltweit etwa 15 bis 20 Analysatoren auf der Grundlage von Enzymelektroden als Einparametermeßplätze für Glucose, Galactose, Harnsäure, Cholin, Ethanol, Lysin, Lactat, Pestizide, für die Disaccharide Saccharose und Lactose sowie für die Aktivität des Enzyms α-Amylase angeboten (Tab. 23). Der wesentliche Vorteil dieser Analysatoren ist ihr vernachlässigbar geringer Enzymverbrauch, der weniger als 1 Mikrogramm je Probe beträgt.

In Europa war das „Glukometer GKM 01" (Zentrum für Wissenschaftlichen Gerätebau der Akademie der Wissenschaften der DDR) der erste kommerzielle Analysator für Glucose mit einer Enzymelektrode. 300 dieser 1981 eingeführten Meßgeräte werden gegenwärtig zur Blutglucosebestimmung in klinisch-chemischen Laboratorien benutzt. Darüber hinaus wird das Glukometer zur Messung der klinisch wichtigen Substanzen Harnsäure und Lactat sowie zur Bestimmung der Aktivität des Enzyms Acetylcholinesterase adaptiert. Gegenwärtig erfolgt die Entwicklung und Testung der Anwendbarkeit

Tabelle 22
Enzymthermistoren

Substanz	Immobilisierter Biokatalysator	Meßbereich (mmol/l) bzw. Bestimmungsgrenze
Klinische Analytik		
Ascorbinsäure	Ascorbatoxidase	0,05–0,6
ATP	Apyrase oder Hexokinase	1–8
Cholesterol	Cholesteroloxidase	0,03–0,15
Cholesterolester	Cholesterolesterase + Cholesteroloxidase	0,03–0,15
Creatinin	Creatininiminohydrolase	0,01–10
Glucose	Glucoseoxidase + Katalase	0,002–0,8
Glucose	Hexokinase	0,5–25
Lactat	Lactatmonooxygenase	0,01–1
Oxalsäure	Oxalatoxidase	0,005–0,5
Oxalsäure	Oxalatdecarboxylase	0,1–3
Triglyceride	Lipoproteinlipase	0,1–5
Harnstoff	Urease	0,01–500
Harnsäure	Uricase	0,5–4
Immunologische Analytik (TELISA)		
Albumin (Antigen)	Immobilisierte Antikörper + enzymmarkiertes Antigen	10^{-10}
Gentamicin (Antigen)	Immobilisierte Antikörper + enzymmarkiertes Antigen	0,1 µg/ml
Insulin (Antigen)	Immobilisierte Antikörper + enzymmarkiertes Antigen	0,1–1,0 U/ml

auf sieben weitere niedermolekulare Analyte sowie vier Enzyme (Tab. 24).

Im "Lipid Analyzer ICA-LG 400" der japanischen Firma Toyo Jozo ist erstmals die Bestimmung einer *Gruppe* von Analyten (Cholesterol, Triglyceride und Phospholipide) mittels Enzymelektroden realisiert worden. Die Serumprobe wird mit der entsprechenden Hydrolase, d. h. Cholesterolesterase, Lipoproteinlipase und Phospholipase D vorinkubiert. Anschließend erfolgt die Messung mit einer Enzymelektrode, in der die Enzyme Cholesteroloxidase oder Glycerokinase (EC 2.7.1.30) zusammen mit Glycerophosphatoxidase (EC 1.1.3.–) bzw. Cholinoxidase vor einer Sauerstoffelektrode immobilisiert sind. Für ein Probevolumen von 30 µl beträgt die Analysenfrequenz 40/Stunde. Bisher hat der Analysator jedoch die Marktreife noch nicht erlangt.

Tabelle 23
Analysatoren auf der Basis von Enzymelektroden

Firma, Ursprungsland	Modell	Analyt	Linearer Meßbereich (mmol/l)	Meßfrequenz (Proben/h)	Serieller Variationskoeffizient (%)	Stabilität
Yellow Springs Instruments, USA	23A	Glucose	1–45	40	<2	300 Proben
	23L	Lactat	0–15	40		
	27	Ethanol	0–60	20	<2	
		Lactose, Galactose, Saccharose	0–55	20	2	
Zentrum für Wissenschaftlichen Gerätebau, DDR	Glukometer	Glucose	0,5–50	60–90	1,5	>1000 Proben
	GKM	Harnsäure	0,1–1,2	40	2	10 Tage
Fuji Electric, Japan	GLUCO 20	Glucose	0–27	80–90	1,7	>500 Proben
		α-Amylase		30	4–5	
	UA–300A	Harnsäure		50–60	3	
Daiichi, Japan	AutoSTAT GA–1120	Glucose	1–40	60–120	1	
Radelkis, Ungarn	OP–GL–7110S	Glucose	1,7–20	40	5–10	240 Tage
UdSSR	ExAn	Glucose	2,5–30	20	>3	
La Roche, Schweiz	LA 640	Lactat	0,5–12	20–30	<5	40 Tage
Omron Tateisi, Japan	HER–100	Lactat	0–8,3		<5	>10 Tage
Seres, Frankreich	Enzymat	Glucose	0,3–22	60		
		Cholin	1,0–29	60		
		L-Lysin	0,1–2	60		
		D-Lactat	0,5–20	60		
Tacussel, Frankreich	Glucoprocesseur	Glucose	0,05–5	90	<2	>2000 Proben
Prüfgeräte-Werk Medingen, DDR (Eppendorf, BRD)	ADM 300	Glucose	1–100	80	<2	>2000 Proben
	ECA 20 (ESAT 6660)	Glucose	0,6–60	120–130	$<1,5$	10 Tage
		Lactat	1–30	120	<2	14 Tage
		Harnsäure	0,1–1,2	80	<2	10 Tage

Tabelle 24
Anwendung des Glukometers GKM

Analyt	Enzym	Meßbereich (mmol/l)	Meßbereich (U/l)	Meßfrequenz (Proben/h)	Serieller Variations-koeffizient (%)	Stabilität (Tage)
Lactat	LOD	1–40		60	1	14
Pyruvat (+Lactat)	LDH+LMO	0–7		20	2	55
Glucose	GOD	0,5–50		60–90	1,5	10
Harnstoff	Urease	0,8–50		40	1	15
Harnsäure	Uricase	0,1–1,2		40	2	10
Lactose	GOD+β-Gal	1–50		100	1,5	20
Maltose	GOD+GA	1–50		60	2	14
Saccharose	GOD+MR+IN	1–44		40	1,5	5
Glutamat	GLOD	0,04–40		40	1,5	10
Phosphat	GOD+AcP	2–24		12	2	28
Lactatdehydrogenase	LMO		60–1200	15	2	55
Pyruvatkinase	LDH+LMO		60–840	15	3	55
Creatinkinase	PK+LDH+LMO		60–1050	10	3	14
Acetylcholinesterase			200–24000	40	2	21

Abkürzungen: LMO – Lactatmonooxygenase, LDH – Lactatdehydrogenase, PK – Pyruvatkinase, GOD – Glucoseoxidase, GLOD – Glutamatoxidase, β-Gal – β-Galactosidase, GA – Glucoamylase, MR – Mutarotase, IN – Invertase, AcP – saure Phosphatase (Kartoffelgewebe)

5.2.3.1. Glucose

In den Industrieländern beträgt die Diabetesprävalenz rund 4 %. Deshalb ist die spezifische Bestimmung der Blutglucose für das Screening auf Diabetes und seine gezielte Behandlung entscheidend.[4] Der Normalbereich liegt im Serum zwischen 4,2 und 5,2 mmol/l Glucose.

Glucoseanalysatoren auf der Basis von Enzymelektroden werden in den USA, in Japan und Frankreich, in der UdSSR und in der DDR angeboten (s. Tab. 23).

Ähnlich wie die anderen Analysatoren ist das Glukometer GKM (Abb. 128) zur Bestimmung von Einzelproben und zur Abarbeitung kleiner Serien besonders geeignet. Für diesen manuellen Analysator werden die Meßvorlage und das Prüfmaterial mit Kolbenhubpipetten dosiert. Innerhalb einer Serie muß jeweils nach 20 Proben nachkalibriert werden. Die Präparation der Enzymelektrode mit der GOD-Membran dauert etwa 3 Minuten und ist maximal einmal wöchentlich vorzunehmen. Bei Aufnahme des Meßbetriebs ist das Gerät nach 2 bis 3 Kalibrierungen funktionstüchtig.

Die direkte Injektion von Vollblut in den Analysator wäre ein Bedienungsvorteil gegenüber der Verwendung von Plasma oder einer Vorverdünnung des Prüfmaterials. Untersuchungen mit dem Glukometer haben jedoch gezeigt, daß mit unverdünntem Blut ein um 19,8 % niedrigerer Wert erhalten wird, verglichen mit im Verhältnis 1 : 10 vorverdünnten Blutproben. Offensichtlich wird ohne Verdünnung die Glucose aus den Erythrozyten nur unvollständig erfaßt (Abb. 129) [SCHELLER et al. 1986b]. Deshalb wird von HANKE et al. (1987) im Arzneibuch der DDR für die Blutglucosebestimmung eine Vorverdünnung im Verhältnis 1 : 10 bis 1 : 50 vorgeschlagen. Zur Verdünnung hat ursprünglich ein isotoner Phosphatpuffer mit einem Zusatz von 2 g/l Dextran gedient. Mit Proben von 500 µl im Verhältnis 1 : 10 verdünntem Blut wird im Routinebetrieb des Glukometers eine hohe analytische Qualität erhalten [WOLF und ZSCHIESCHE 1986]. Die durchschnittliche prozentuale serielle Präzision beträgt etwa 1,7 %, die zeitabhängige Präzision etwa 3 %. Für Patientenproben ergibt der Methodenvergleich sehr gute Übereinstimmung mit dem o-Toluidinverfahren.

Dagegen liefern die Glucoseanalysatoren der Firmen Yellow Springs Instruments (YSI), Fuji Electric und Daiichi nur für Serum oder Plasma Meßwerte, die mit anderen Methoden übereinstimmen. Bei direkter Injektion von Vollblut in den Fuji-Analysator sind die Meßwerte um 13 % zu niedrig [NIWA et al. 1981]. Auch die in der mit dem Analysator „AutoSTAT" von Daiichi erhaltenen Korrelationsgleichung

4 Beispielsweise wurden 1984 in klinisch-chemischen Laboratorien der DDR (Bevölkerung 16 Mio.) mehr als 17 Mio. Glucosebestimmungen in Blut und Urin durchgeführt; die Anzahl der Analysen nimmt weiter zu. Der Hauptteil entfällt auf etwa 320 größere Laboratorien mit einer durchschnittlichen Serienlänge von 75 Bestimmungen pro Tag. Rund ein Drittel der Blutglucosebestimmungen erfolgt in etwa 1200 kleineren Labors mit einer mittleren Größe der Serie von 10 pro Tag [JÄNCHEN 1987].

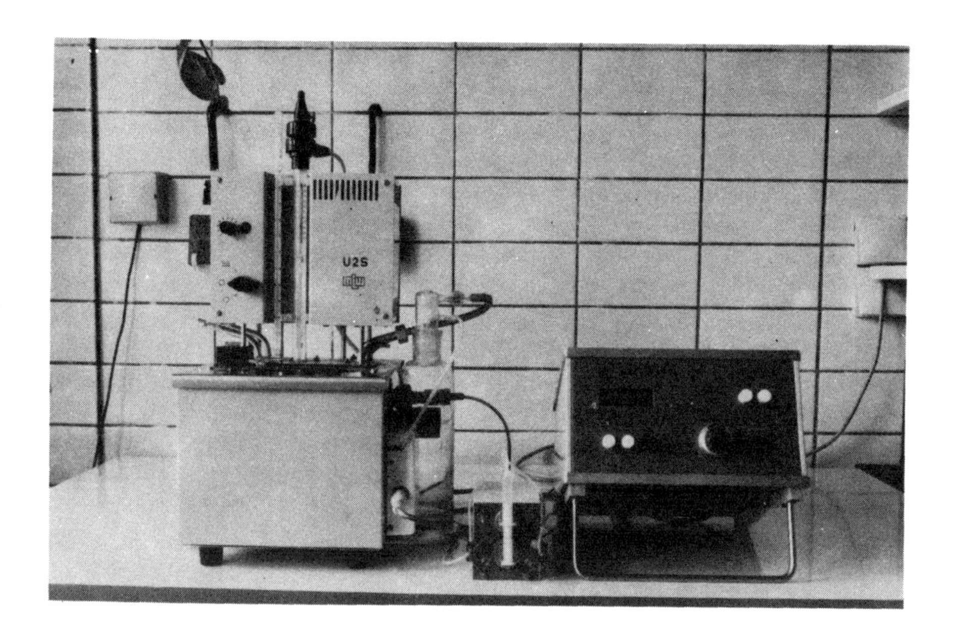

Abb. 128. Manueller Glucoseanalysator „Glukometer GKM" (Zentrum für Wissenschaftlichen Gerätebau der Akademie der Wissenschaften der DDR) bestehend aus Thermostat mit Meßzelle und Enzymelektrode (links), Dosierer (Mitte) und Nachweiselektronik (angepaßt für Glucose-, Harnsäure- und Lactatmessungen) (rechts)

$$y = (0{,}793x + 0{,}47)\,\mathrm{mmol/l}$$

zum Ausdruck kommende Abweichung belegt diese Tendenz. Zur Ausschaltung dieser systematischen Abweichungen ist für den YSI-Analysator eine Korrektur des Meßwertes in Abhängigkeit vom Hämatokrit-Wert mittels einer Tabelle erforderlich [MASON 1987].

Ausgehend von Untersuchungen von BERTERMANN et al. (1981) ist die Methodeneinheit „Glucose VI" für den Fließautomaten ADM 300 (VEB Prüfgeräte-Werk Medingen, DDR) entwickelt und 1984 klinisch erprobt worden (Abb. 130). Dieser Analysenautomat ist für die Abarbeitung großer Serien von Patientenmaterial in Zentrallaboratorien vorgesehen. Das erfordert eine lange Haltbarkeit der Glucose im Untersuchungsmaterial, was durch Verdünnung der Probe mit einem hypotonen Puffersystem folgender Zusammensetzung erreicht wird:

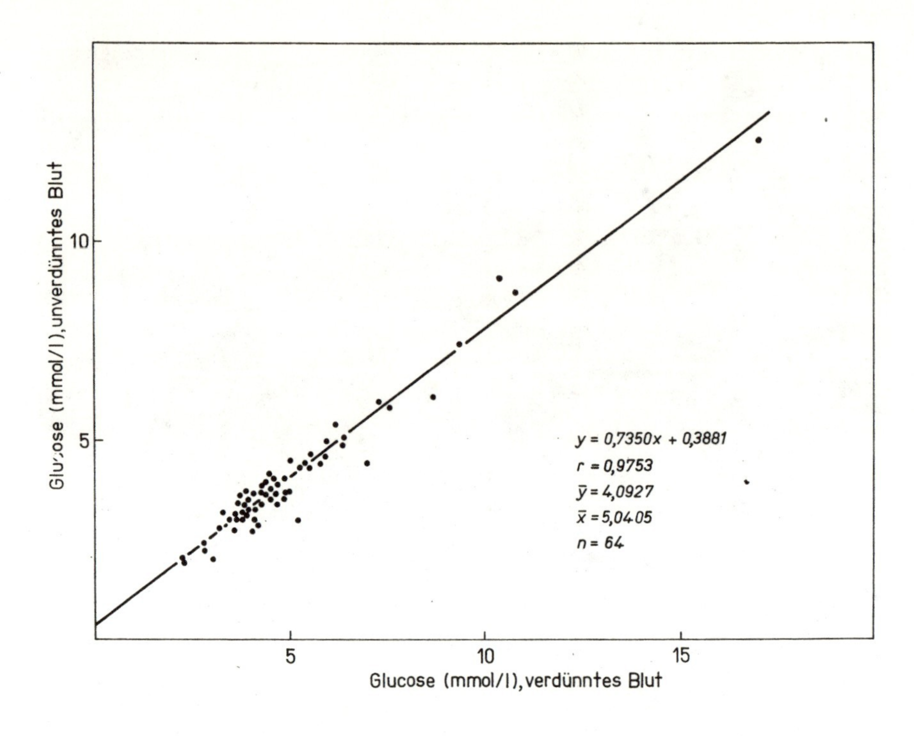

Abb. 129. Vergleich der mit dem Glukometer GKM gemessenen Glucosekonzentration bei Injektion von unverdünnten Blutproben und bei Einsatz von 1 : 10 vorverdünntem Prüfmaterial

Dextran M:	2 g/l,
EDTA:	977 µmol/l,
Dinatriumhydrogenphosphat:	9,77 mmol/l,
Kaliumchlorid:	19,5 mmol/l,
Kaliumdihydrogenphosphat:	2,93 mmol/l,
Natriumazid:	0,977 mmol/l.

Darin erfolgt die Hämolyse nahezu momentan. Die Stabilität des Blutglucosegehalts beträgt 24 Stunden. Mit diesem Puffer wird sehr gute Übereinstimmung mit den standardisierten Methoden erreicht.

Der Analysator erlaubt die Bestimmung von 80 Proben/Stunde mit einer seriellen Präzision von 1,0 bis 1,5 Prozent.

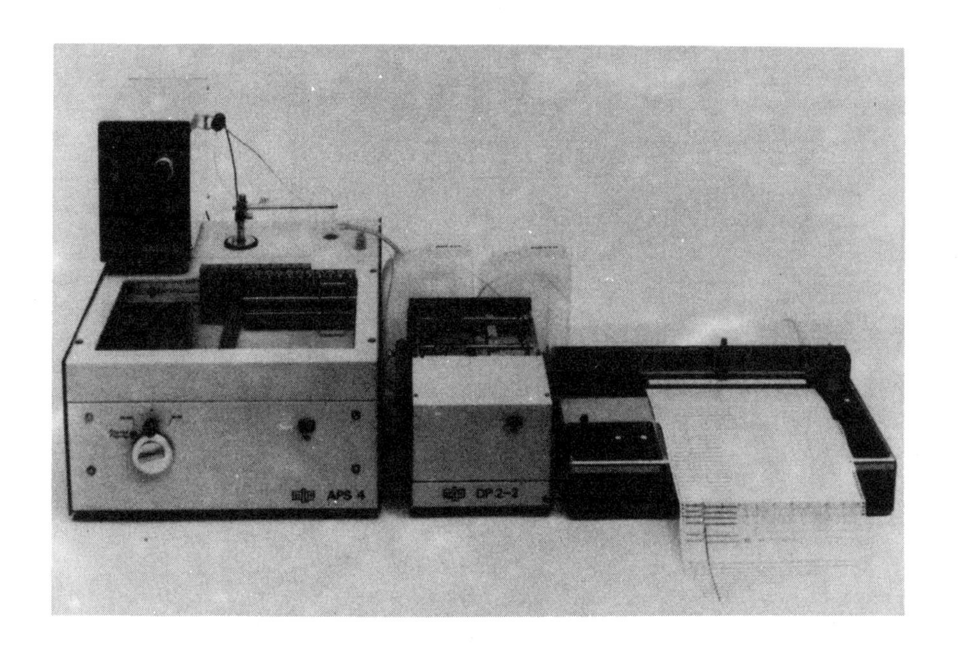

Abb. 130. Methodeneinheit „Glucose VI" des Fließautomaten ADM 300 (Prüfgeräte-Werk Medingen, DDR) bestehend aus dem automatischen Probenspeicher APS 4, dem elektronischen Meßverstärker AMV 3 mit der Durchflußzelle (links), der Schlauchpumpe DP 2-2 und einem Schreiber

Als Ergebnis fünfjähriger Routineerfahrungen mit dem Glukometer ist im Zentralinstitut für Molekularbiologie der Akademie der Wissenschaften der DDR gemeinsam mit dem VEB Prüfgeräte-Werk Medingen der Enzym-chemische Analysator „ECA 20" entwickelt worden (Abb. 131). Der Einsatz der Mikrorechentechnik gewährleistet einen ausgezeichneten Bedienungskomfort. Die hohe Qualität wird durch einen zeitabhängigen Variationskoeffizienten unter 3 %, einen linearen Meßbereich von 0,6 bis 60 mmol/l Glucose sowie die exzellente Korrelation zur hochspezifischen Glucosehydrogenase-Methode belegt (Abb. 132):

$$y = [(1{,}003 \pm 0{,}006)x - (0{,}015 \pm 0{,}045)]\ \text{mmol/l};\ r = 0{,}996\ (n = 196).$$

Die Meßfrequenz beträgt 120 Proben/Stunde; der Meßwert von Cito-Proben liegt bereits nach 60 Sekunden vor. Die Kalibrierung erfolgt automatisch, und

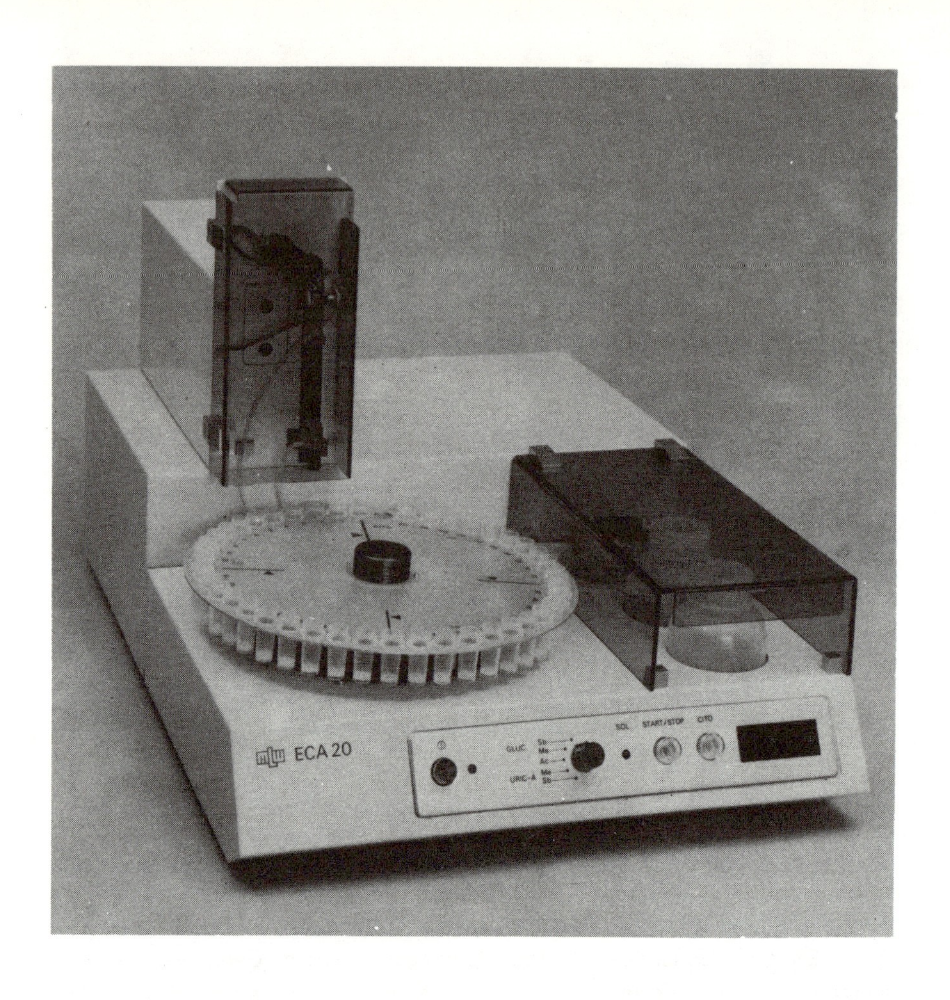

Abb. 131. Enzym-chemischer Analysator ECA 20 (VEB Prüfgeräte-Werk Medingen, DDR)

nur 5 bis 20 μl Blut sind erforderlich. Eine Glucoseoxidasemembran kann für die Bestimmung von mindestens 2000 Blutproben genutzt werden. Diese Parameter weisen den ECA 20 als den zur Zeit leistungsfähigsten Analysator auf der Basis immobilisierter Enzyme aus. Von der Firma Eppendorf (BRD) wird eine modifizierte Variante dieses Gerätes unter der Bezeichnung „ESAT 6660" angeboten (Abb. 133).

Mit H_2O_2-anzeigenden Enzymelektroden zur Bestimmung der *Uringlucose* treten erhebliche Störungen durch in hoher Konzentration anwesende oxidierbare Substanzen auf, zumal der Normalbereich nur bis etwa 0,2 mmol/l reicht.

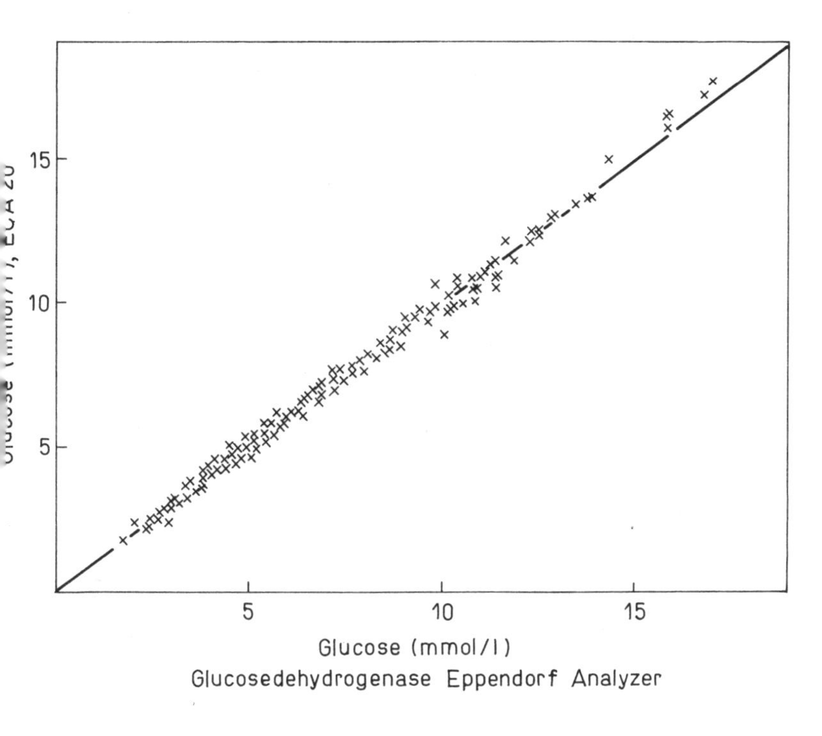

Abb. 132. Vergleich der Meßergebnisse des ECA 20 mit denen der Glucosedehydrogenase-Methode für 1 : 50 vorverdünnte Blutproben

Deshalb erhält man erst oberhalb 5 mmol/l Meßergebnisse, die annähernd mit jenen nach der Hexokinasemethode übereinstimmen [JÄNCHEN et al. 1980]. Die Störungen können mittels einer durch Zellulosenitrat modifizierten GOD-Membran und dem genannten hypotonen Puffer unter Zusatz von 2 mmol/l Ferricyanid vermieden werden [HANKE 1988]. Hier erfolgt bereits in der Vorlagelösung die chemische Oxidation von Störsubstanzen zu elektrochemisch inaktiven Produkten. Deshalb wird mit diesem Verfahren eine gute Übereinstimmung mit der Hexokinasemethode erzielt. Ein weiterer Vorteil ist, daß Blut- und Urinproben wahlweise – ohne Veränderungen am Meßgerät – bestimmt werden können.

Die britische Firma Genetix International hat 1987 auf der Grundlage der GOD-Ferrocenelektrode (s. 3.1.1.3.) den ersten Glucosesensor der 2. Ge-

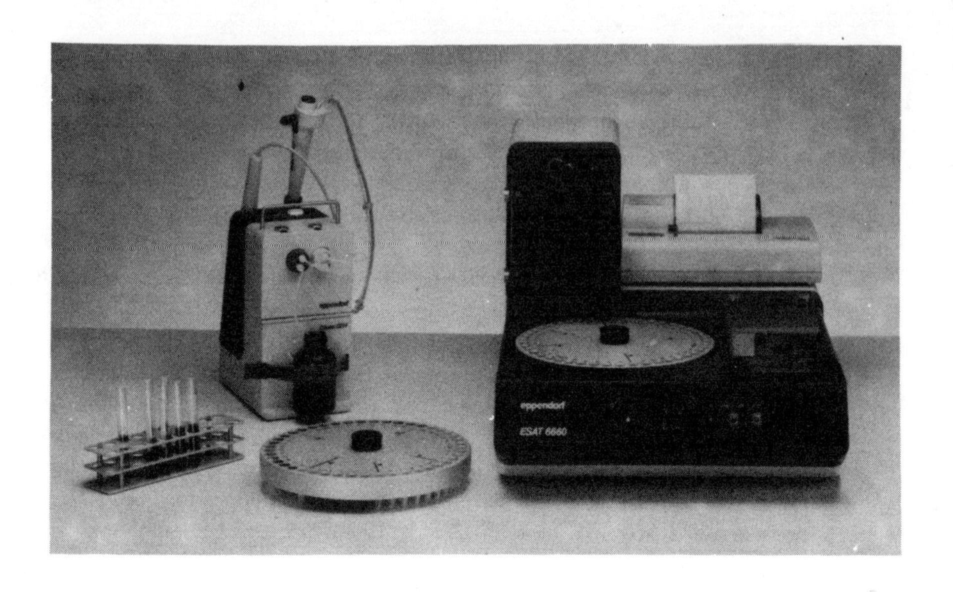

Abb. 133. Analysator „ESAT 6660" (Eppendorf, BRD)

neration marktreif entwickelt [McCANN 1987]. Zur Glucosebestimmung wird ein Tropfen Blut aufgegeben und der „Elektrodenstreifen" in das Anzeigegerät von der Größe eines Füllfederhalters eingeführt. Die Ansprechzeit beträgt nur 30 Sekunden, also wesentlich weniger als die der üblichen Teststreifen. Der Sensor ist sowohl für venöses als auch für Kapillarblut einsetzbar. Von Genetix International wird ein serieller Variationskoeffizient von 3,9 % im Normalbereich angegeben, während im hypoglykämischen Bereich eine erheblich größere Streuung zu verzeichnen ist. Der Vergleich mit einer nicht spezifizierten Methode ergibt folgende Korrelationsbeziehung:

$$y = (1{,}04x + 0{,}9)\ \text{mmol/l}; \quad r = 0{,}985.$$

Wegen der einfachen Handhabung ist dieser Blutglucosesensor vor allem in der Arztpraxis und zur Patientenselbstkontrolle geeignet. Allerdings ist der Preis von 1 Dollar je Glucosebestimmung nicht unerheblich.

5.2.3.2. Harnstoff

Die Harnstoffkonzentration im Blut, die häufig auch als "blood urea nitrogen (BUN)" ausgedrückt wird, ist ein wichtiger Parameter in der klinischen Chemie[5] und ein guter Index für die Nierenfunktion. Der Normalbereich liegt zwischen 3,6 und 8,9 mmol/l.

Die in Abschnitt 3.1.21. beschriebene potentiometrische Harnstoffelektrode von HAMANN (1987) ist zur Bestimmung der Harnstoffkonzentration im Serum in einem Enzymdifferenzanalysator verwendet worden. Damit wird die Differenz der Potentialänderung einer mit Urease beschichteten und einer unbeschichteten pH-Glaselektrode 30 Sekunden nach Probezugabe ausgewertet. Dieses Festzeitregime gewährleistet eine Meßfrequenz von 20 bis 25 Proben/Stunde; der lineare Meßbereich erstreckt sich für 1 : 120 verdünnte Proben von 1 bis 20 mmol/l Harnstoff. Diese Parameter sind wesentlich besser als die mit den üblichen potentiometrischen Enzymelektroden erreichbaren.

Zur Messung von Serumproben erfolgt die Kalibrierung mit Harnstofflösungen in 0,0185 mol/l Tris-HCl, pH 7,0 (β = 8 mmol/l) in aqua dest. Dadurch kann der Einfluß der individuellen pH-Werte der Meßproben und der schwankenden Pufferkapazität innerhalb der Meßwertstreuung des übrigen Meßsystems gehalten werden. Der Vergleich mit der BERTHELOT-Methode ergibt folgende Parameter:

$$y = (1{,}025x - 0{,}042)\ \text{mmol/l};\ r = 0{,}998\ (n = 23).$$

Der serielle Variationskoeffizient für 20 sukzessive Bestimmungen von Serumproben mit 6,5 mmol/l Harnstoff beträgt 2,1 %. Die Funktionsstabilität der Harnstoffelektrode ist für mindestens 28 Tage gegeben. Zwischen den Messungen wird die Elektrode bei Raumtemperatur aufbewahrt.

Eine amperometrische Harnstoffelektrode, basierend auf der pH-Abhängigkeit der anodischen Hydrazinoxidation [KIRSTEIN 1987], ist im Glukometer GKM 02 zur Verlaufskontrolle der Hämodialyse eingesetzt worden. Für die im Dialysat bestimmte Harnstoffkonzentration wird folgende Korrelation mit der enzymatischen Methode nach BERTHELOT erhalten:

$$y = (0{,}9912x + 0{,}125)\ \text{mmol/l};\ r = 0{,}997\ (n = 67).$$

Bei der Harnstoffmessung in *Serumproben* mit dieser einfachen Anordnung ist die Übereinstimmung mit der BERTHELOT-Methode allerdings unbefriedigend. Schwankungen des pH-Wertes und der Pufferkapazität des biologischen Materials, hervorgerufen durch unterschiedliche Konzentrationen von Proteinen und Bikarbonat, äußern sich in unsystematischen Abweichungen. Erst die Differenz-

5 Im Gesundheitswesen der DDR werden jährlich etwa 1 Mio. Harnstoffbestimmungen vorgenommen.

bildung der Signale einer ureasebeschichteten und einer enzymfreien Elektrode, die an je ein Glukometer angeschlossen sind, ergibt eine hinreichende Korrelation.

5.2.3.3. Lactat

Die Lactatbestimmung gehört nicht zu den im klinisch-chemischen Labor häufig durchgeführten Analysen. Sie wird jedoch zunehmend bedeutsam in der Schock- und Herzinfarktdiagnostik, der Neonatologie und der Sportmedizin. Deshalb wird international angestrengt an der Entwicklung von Lactatanalysatoren mit Enzymelektroden gearbeitet.

Die Normalkonzentration des Lactats im Blut beträgt 1,2 bis 2,7 mmol/l. Für eine richtige Bestimmung ist einerseits die Hämolyse im Prüfmaterial erforderlich, um den (lactatarmen) Inhalt der Erythrozyten mitzuerfassen. Andererseits muß die Glykolyse zur Hemmung der Lactatbildung schnell inhibiert werden. Enteiweißtes Blut ist als Prüfmaterial am besten geeignet, der Aufwand zu seiner Gewinnung steht jedoch einer Sofortbestimmung entgegen. Deshalb wird versucht, als Voraussetzung für eine Schnellbestimmung mit Biosensoren eine schnelle Präanalytik von Blutproben zu entwickeln.

Der erste Lactatanalysator mit einer Enzymelektrode ist 1976 von La Roche (Schweiz) auf den Markt gebracht worden (s. Tab. 23). Darin befindet sich Cytochrom b_2 in einer Meßkammer vor der auf +0,25 bis 0,40 V polarisierten Platinelektrode. Die vom Hersteller angegebene Methode der Probenvorbehandlung zur Messung in Vollblut ist von SOUTTER et al. (1978) für ungenügend befunden und durch Zusatz von Cetyltrimethylammoniumbromid verbessert worden. Damit wird die Hämolyse herbeigeführt, die Lactatkonzentration stabilisiert und gute Übereinstimmung mit der spektralphotometrischen Methode mit enteiweißtem Blut erhalten:

$$y = (1{,}007x + 0{,}024)\ \text{mmol/l};\ r = 0{,}9813\ (n = 53).$$

Sodann ist durch La Roche eine neue präanalytische Vorschrift erarbeitet worden (Zusatz von Penthanil und Saponin), deren Anwendung zu folgender Korrelationsbeziehung führt [GEYSSANT et al. 1985]:

$$y = (0{,}96x + 0{,}42)\ \text{mmol/l};\ r = 0{,}97\ (n = 88).$$

Mit dem Gerät können auch Lactatbestimmungen in Muskelbiopsieproben vorgenommen werden [DENIS et al. 1985].

In allen weiteren Lactatanalysatoren wird Lactatoxidase (LOD) verwendet. CLARK et al. (1984b) fixieren das Enzym im „YSI 23L" zwischen einer Zelluloseacetat- und einer Polycarbonatmembran, wobei die letztgenannte zum Ausschluß höhermolekularer Interferenzen dient. Messungen der Lactatkonzentration in Blutproben (25 μl), die nach der Abnahme sofort in den Phosphatpufferstrom des Gerätes injiziert werden, ergeben folgende Korrelation mit den in enteiweißten Proben bestimmten Werten [WEIL et al. 1986]:

$$y = (0{,}95x - 0{,}17)\ \text{mmol/l};\ r = 0{,}994\ (n = 179).$$

Durch den Sensor wird nur der Lactatgehalt des Plasmas angezeigt, während die Vergleichsmethode Plasma- und Erythrozytenlactat erfaßt. Die durchschnittliche Abweichung der Elektrodenwerte (5 %) ist erstaunlich gering, wenn der hohe Erythrozytengehalt des Blutes (Hämatokrit 10 bis 50 %) berücksichtigt wird, der zu wesentlich niedrigeren Werten führen sollte. Die Autoren postulieren deshalb gleiche Verteilung des Lactats zwischen Plasma und Blutzellen. Unter diesen Umständen müßte jedoch die Abweichung der mit dem Sensor gemessenen Werte nach unten – da das reale Probevolumen erheblich unter 25 μl liegt – noch größer sein. Diese widersprüchlichen Ergebnisse lassen an der Anwendbarkeit des YSI 23L und seiner Methodenvorschrift für Bestimmungen im Vollblut zweifeln.

Die Selektivität des YSI 23L ist durch Austausch der Zelluloseacetatmembran gegen eine Zelluloseacetat-Butyratmembran wesentlich erhöht worden [WEIL et al. 1986]. Diese Membran verhindert die Permeation anodisch oxidierbarer Arzneimittel, wie Acetaminophen und Aminoguanidin, zur Elektrodenoberfläche. Die Eignung des Analysators zur Lactatbestimmung in Spinalflüssigkeit ist erfolgreich getestet worden [CLARK et al. 1984a].

Im Modell „HER-100" der Firma Omron Tateisi wird eine asymmetrische Zelluloseacetatmembran mit kovalent über γ-Aminopropyltriethoxysilan gebundener und mit Glutaraldehyd vernetzter LOD benutzt [TSUCHIDA et al. 1985]. Diese Membran hat eine hohe Selektivität für H_2O_2. Der Analysator ist zur Lactatbestimmung in menschlichem Serum eingesetzt worden. Für Kontrollseren wird gute Übereinstimmung mit der photometrischen Methode gefunden.

WEIGELT et al. (1987a) haben das Glukometer mit Lactatmonooxygenase (LMO) an die Lactatbestimmung adaptiert. Da die Methode auf der Anzeige von Sauerstoff beruht, dient Plasma als Prüfmaterial. Für 30 Proben ergibt der Vergleich mit dem Monotest der Firma Boehringer einen Korrelationskoeffizienten von 0,998.

Ebenfalls im Glukometer, aber auch im ECA 20 und ESAT 6660 wird polyurethanimmobilisierte LOD eingesetzt. Dabei wird der gleiche hypotone Puffer wie für die Glucosebestimmung (s. 5.2.3.1.) verwendet. Darin wird die Glykolyse vollständig gehemmt, und die Erythrozyten hämolysieren nahezu augenblicklich. Wie die Korrelationsbeziehungen verdeutlichen, sind die Resultate der Messungen äußerst zuverlässig:

GKM: $y = (1{,}042x - 0{,}023)\ \text{mmol/l};\ r = 0{,}995\ (n = 70)$,

ECA (ESAT): $y = (0{,}994x - 0{,}076)\ \text{mmol/l};\ r = 0{,}992\ (n = 244)$.

Mit diesen Meßgeräten sind die Lactatwerte bereits innerhalb einer Minute nach Blutabnahme verfügbar.

Die Bestimmung des Lactat-Pyruvat-Verhältnisses im Plasma mit einer Lactatdehydrogenase-LMO-Sequenzelektrode ist von WEIGELT et al. (1987b) untersucht worden. Der Sensor ist an einen pO_2-Meßverstärker angeschlossen und zeigt übereinstimmende Empfindlichkeit für Lactat und Pyruvat. Eine Messung der beiden Substratkonzentrationen im Plasma dauert etwa drei Minuten.

5.2.3.4. Harnsäure

Der Normalbereich der Harnsäure im Serum umfaßt 200 bis 420 µmol/l. Die zunehmende diagnostische Bedeutung der Hyperurikämie ergibt sich aus der direkten Beziehung zur Gicht sowie der Rolle als Risikofaktor für eine Reihe von anderen Erkrankungen.[6]

Aufgrund der breiten Anwendung des Glukometers empfiehlt es sich – nach einem ähnlichen Prinzip wie für die Glucosemessung – Harnsäure mit einer Enzymelektrode zu bestimmen. Methodenvergleiche zur photometrischen Uricase-Katalase-Bezugsmethode zeigen befriedigende Korrelationen, wobei die Mittelwertdifferenz zur Bezugsmethode +2,4 µmol/l beträgt.

Die Chemikalienkosten für diese Verfahrensweise betragen nur 10 % der für die manuelle photometrische Methode erforderlichen Aufwendungen.

5.2.3.5. Bestimmung von Enzymaktivitäten

In der klinischen Diagnostik nimmt die Bestimmung der Aktivität von Enzymen eine Schlüsselstellung ein, da erhöhte Aktivitäten in den Körperflüssigkeiten auf die Schädigung von Gewebe und Zellen einzelner Organe hinweisen. Allgemein wird die Anfangsgeschwindigkeit der Umsetzung in Gegenwart des Enzyms unter Substratsättigung ausgewertet.

Mit Sensoren werden zwei grundsätzliche Verfahren benutzt:

1. Nach einer definierten Reaktionszeit außerhalb der Meßzelle erfolgt die Produktanzeige;
2. die enzymkatalysierte Reaktion verläuft in der Meßzelle, und die Reaktionsgeschwindigkeit wird durch elektronisches Differenzieren der Strom-Zeit-Kurve angezeigt.

Acetylcholinesterase

Die Aktivität von Cholinesterase im Serum ist ein Maß für die Syntheseleistung der Leber. Erniedrigte Werte gegenüber dem Normalbereich (600 bis 1400 U/l) weisen auf einen Kontakt mit Inhibitoren, z. B. Herbiziden, hin. Neben der Anzeige des bei der Hydrolyse entstehenden Cholin mit immobi-

6 Die Messung von Harnsäure steht z. B. in der DDR mit 1,3 Mio. Analysen an 12. Stelle der quantitativen klinisch-chemischen Bestimmungen.

lisierter Cholinoxidase ist unter Verwendung von Butyrylthiocholiniodid als Substrat die direkte elektrochemische Registrierung des Produkts möglich. GRUSS und SCHELLER (1987) haben das Glukometer an dieses Reaktionssystem adaptiert, indem sie die Platinelektrode gegenüber einer AgI-Elektrode in 0,1 mol/l KI auf 470 mV polarisieren. Die Meßvorlage enthält 0,5 mmol/l Butyrylthiocholiniodid, und die Reaktion wird durch Zugabe von 50 μl Serum gestartet. Durch die Bildung von Thiocholiniodid steigt der Oxidationsstrom an, und nach einer Übergangsphase von etwa 20 Sekunden erreicht die Reaktionsgeschwindigkeit einen konstanten Wert. Bei der kinetischen Messung wird ein Meßwert angezeigt, der der Reaktionsgeschwindigkeit direkt proportional ist (s. Abb. 115). Zur Kalibrierung in Aktivitätseinheiten mittels Zugabe des Reaktionsprodukts wird ein Kalibrierungsgenerator benutzt, der die von der Empfindlichkeit der Anzeigeelektrode abhängige Stromänderung in einer vorgegebenen Zeit durchläuft.

Mit dieser Meßanordnung wird sowohl für Serumcholinesterase als auch für das Isoenzym in den Erythrozyten eine sehr gute Korrelation zur Standardmethode erhalten:

$$y = (1{,}0108x - 4{,}1)\ \mathrm{U/l};\ r = 0{,}994\ (n = 27).$$

Die hohe serielle Präzision wird durch einen VK unter 2 % belegt.

Das modifizierte Glukometer kann auch zum Nachweis von Inhibitoren der Cholinesterase benutzt werden. Unter Verwendung einer Serumprobe bekannter Aktivität nimmt die Reaktionsgeschwindigkeit nach Zugabe eines Inhibitors ab, und die Restaktivität wird nach etwa 30 Sekunden angezeigt.

Das gleiche Reaktionssystem wird in den „Bioalarmgeräten" von Thorn EMI (England) und Midwest Research Instruments (USA) bereits kommerziell genutzt; dabei wird jedoch immobilisierte Cholinesterase verwendet.

Alaninaminopeptidase

Die Bestimmung von Alaninaminopeptidase (AAP, EC 3.4.11.14) ist für die schnelle Diagnose von Leber- und Gallenerkrankungen wichtig. In der üblichen Methode wird die Spaltung des Alaninhydrazids mit einer farbgebenden Reaktion gekoppelt. KIRSTEIN (1987) läßt die Bildungsgeschwindigkeit des Hydrazins elektrochemisch anzeigen. Im Unterschied zur amperometrischen Harnstoffelektrode (s. 3.1.21.) bleibt hier der pH-Wert vor der Elektrode unverändert, aber die Konzentration des elektrodenaktiven Hydrazin nimmt zu. Dabei kann die Inkubationszeit auf die Hälfte verkürzt werden. Der Vergleich mit den standardisierten Methoden liefert einen Korrelationskoeffizienten von 0,994.

α-Amylase

Erhöhte Aktivitätswerte von α-Amylase im Serum sind bei verschiedenen inneren Erkrankungen zu verzeichnen. α-Amylase katalysiert die schrittweise Spaltung von Stärke und Oligosacchariden bis zu Maltose. Wegen der Heterogenität der verwendeten Substrate sind die verschiedenen Aktivitätsangaben kaum vergleichbar.

Der Analysator der Firma Fuji Elektric (Japan) [OSAWA et al. 1981] basiert auf einer GOD-Elektrode (s. Tab. 23). Nach Zugabe der Probe wird zunächst die endogene Glucose angezeigt. Danach wird Maltopentaose als Substrat der α-Amylase und eine definierte Menge α-Glucosidase (Maltase) zugesetzt.

Die Bildung von niedermolekularen Bruchstücken aus der durch α-Amylase katalysierten Stärkespaltung kann mit einer Glucoamylase-GOD-Elektrode indiziert werden [PFEIFFER et al. 1980]. Eine Dialysemembran mit einer Ausschlußgrenze von 15 kDa wirkt als Barriere für die hochmolekulare Stärke, während die Spaltprodukte (<15 kDa) in die Bienzymschicht gelangen können. Hier erfolgt unter dem Einfluß der Glucoamylase die sukzessive Abspaltung von Glucoseresten, die als β-Anomere freigesetzt werden. Dadurch wird eine höhere Empfindlichkeit erzielt als mit α-Glucosidase, die α-Glucose freisetzt. LITSCHKO (1988) hat die Analysenprozedur optimiert und durch Zusatz von löslicher GOD während der Inkubation mit Stärke eine vollständige Entfernung der endogenen Glucose erreicht. Wegen der Dauer von zehn Minuten für einen Meßzyklus ist dieses Verfahren nur zur Bestimmung von Einzelproben mit dem Glukometer geeignet. Der Vergleich mit der Iod-Stärke-Methode liefert die Korrelationsbeziehung:

$$y = (1{,}077x - 0{,}998)\ \mathrm{U/l};\ r = 0{,}947\ (n = 21).$$

Lactatdehydrogenase

LDH ist ein tetrameres Enzym in Form mehrerer Isoenzyme. Die Gesamt-LDH-Aktivität im Serum ist zur Differentialdiagnose von Herz- und Lebererkrankungen sowie perniziöser Anämie bedeutsam. Die Normalwerte können bis zu 240 U/l betragen.

Grundsätzlich sind Lactatanalysatoren, wie der YSI 23L oder der ECA 20, nach Inkubation der Serumprobe mit NADH und Pyruvat zur LDH-Messung geeignet. Dabei muß das endogene Lactat entfernt oder die Einstellung des stationären Stroms nach Oxidation des Lactats am Enzymsensor abgewartet werden. Die letztgenannte Verfahrensweise ist von MIZUTANI et al. (1982) und WEIGELT et al. (1987b) untersucht worden. Nachdem der Sensor einen stabilen Lactatwert anzeigt, wird die LDH-Reaktion durch Substratzugabe gestartet und über eine gewisse Zeit ein linearer, der Aktivität entsprechender Stromabfall beobachtet. MIZUTANI et al. haben einen Lactatoxidasesensor verwendet und können damit Serum-LDH zwischen 138 und 414 U/l mit einem Korrelationskoeffizienten zur konventionellen Methode von 0,995 bestimmen. Ein linearer Meßbereich bis zu 1200 U/l wird mit einer Lactatmonooxygenaseelektrode erzielt [WEIGELT et al. 1987b]. Der serielle VK für 20 Messungen eines Serums mit 252 U/l beträgt 1,2 %; der Methodenvergleich liefert:

$$y = (1{,}11x - 17{,}4)\ U/l;\ r = 0{,}999\ (n = 30).$$

Das Verfahren erlaubt stündlich 15 bis 20 kombinierte Lactat- und LDH-Bestimmungen.

Pyruvatkinase

Die klinische Bedeutung der Bestimmung dieses Enzyms liegt in der Diagnose eines Pyruvatkinase-Mangels in den Erythrozyten. Dieser ist der zweithäufigste angeborene Enzymdefekt und führt zur chronischen hämolytischen Anämie.

WEIGELT et al. (1988) haben bei der Bestimmung von Pyruvatkinase (PK) in hämolysierten Erythrozyten mit einer LDH-Lactatmonooxygenase-Elektrode sehr gute Ergebnisse erzielt. Die in Gelatine immobilisierten Enzyme sind vor einer O_2-Elektrode fixiert. Aufgrund des vernachlässigbaren Pyruvat- und Lactatgehalts des Prüfmaterials kann nach Zugabe der PK-Substrate Phosphoenolpyruvat und ADP sowie von NADH für die LDH-Reaktion die PK-Aktivität mit Hilfe eines mitgeführten Pyruvatstandards unmittelbar aus dem mit der Pyruvatbildung einhergehenden Stromabfall ermittelt werden. Für eine Messung werden etwa vier Minuten benötigt. Die relative Standardabweichung beträgt für 6,6 U/g Hämoglobin 3,1 %; die Übereinstimmung mit photometrisch bestimmten Werten ist gut.

Da sich die Linearität über den Normbereich von 2,1 bis 6,9 U/g Hämoglobin erstreckt und ohnehin nur erniedrigte Aktivitäten diagnostisch bedeutsam sind, können mit der Bienzymelektrode alle klinisch möglichen Werte gemessen werden.

Transaminasen

Die Bestimmung von Alanin- und Aspartataminotransferase (ALAT und ASAT, früher GPT und GOT) hat im klinischen Labor etwa die gleiche Bedeutung wie die Glucosebestimmung. Die Normalbereiche umfassen 5 bis 24 U/l für ALAT bzw. 5 bis 20 U/l für ASAT. Die Werte können bei akuter Hepatitis, Herzinfarkt oder Alkoholismus auf das 100- bis 1000fache zunehmen.

Entsprechend den durch die Transaminasen katalysierten Reaktionen werden Enzymelektroden für Pyruvat und Oxalacetat sowie Glutamat eingesetzt. Eine Bienzymelektrode, die an einer PVC-Membran adsorbierte Oxalacetatdecarboxylase und Pyruvatoxidase enthält, ist von KIHARA et al. (1984b) zur sequentiellen Bestimmung beider Transaminasen angewendet worden. Der Grundsensor ist eine H_2O_2-anzeigende Elektrode. Zur Bestimmung von ASAT wird Aspartat zur α-Ketoglutarat enthaltenden Probelösung gegeben. Der Anstieg der Strom-Zeit-Kurve ist der ASAT-Aktivität proportional. Anschließend wird Alanin zugegeben. Die Vergrößerung des Anstiegs korreliert mit der ALAT-Aktivität. Der Meßbereich erstreckt sich für beide Enzyme bis 1500 U/l. Eine sequentielle Bestimmung beider Transaminasen erfordert vier Minuten; im Vergleich mit dem optischen Test beträgt der Korrelationskoeffizient 0,99.

Unter Verwendung von Glutamatoxidase ist die sequentielle Bestimmung beider Transaminasen ohne Coimmobilisierung eines weiteren Enzyms möglich [YAMAUCHI et al. 1984, WOLLENBERGER et al. 1987/88]. Während YAMAUCHI et al. eine Vorinkubation von 30 Minuten benötigen, erreichen die letztgenannten Autoren auch im Normalbereich bereits nach 10 Minuten eine ausreichende Empfindlichkeit.

5.3. Kontinuierliche Patientenüberwachung und implantierbare Sensoren

5.3.1. Registrierung der Blutglucose

Zur Überwachung von Diabetes-Patienten in Streßsituationen, wie Operationen, Traumata oder Herzinfarkt, ist ein glucosekontrolliertes Insulin-Infusionssystem dringend erforderlich. Pathophysiologische Mechanismen, die z. B. nach operativen Eingriffen bei Diabetikern eine nicht vorhersehbare Steigerung des Insulinbedarfs auslösen können, führen zu lebensbedrohlichen Erscheinungen. Daher ist die Euglykämie während und nach solchen Streßsituationen das angestrebte Ziel.

Batteriebetriebene Insulinpumpen von der Größe eines Taschenrechners mit einer subkutanen Injektionsnadel existieren bereits. Sie werden zwar durch einen Mikroprozessor gesteuert, können aber bei extremen Abweichungen hypoglykämische Zustände nicht ausschließen. Für die optimale Insulindosierung ist deshalb die Kenntnis des aktuellen Glucosespiegels unumgänglich. Alternative physiologische Meßgrößen sind bisher nicht bekannt.

Seit zehn Jahren gibt es Bestrebungen, *implantierbare Glucosesensoren* zu entwickeln, mit denen der Blutglucosespiegel kontinuierlich verfolgt werden kann.

Von der Firma Life Science Instruments (USA) [FOGT et al. 1978] wird die sogenannte künstliche Beta-Zelle „Biostator" zur perioperativen Glucosesteuerung kommerziell vertrieben. Das Gerät ist ein on-line-Glucoseanalysator mit einer H_2O_2-registrierenden GOD-Elektrode, die in ein computergesteuertes feedback-Kontrollsystem eingegliedert ist und über 24 bis 48 Stunden eingesetzt werden kann. Dieses Meßsystem erlaubt die dynamische Kontrolle der Blutglucose, hat sich aber aufgrund des hohen Personalaufwands, der begrenzten Funktionstüchtigkeit des Glucosesensors und der infolge von Blutflußstörungen möglichen Fehlberechnungen der Insulindosen in der klinischen Routine nicht durchsetzen können.

Unter Umgehung dieser Nachteile und Nutzung von Erkenntnissen der technischen Kybernetik ist eine alternative gerätetechnische Lösung mit diskreter Glucosebestimmung für die Praxisanwendung in der perioperativen Diabetikerbetreuung entwickelt worden [SCHELLER et al. 1986b, KIESEWETTER et al. 1985]: das Beratungs- und Steuerungssystem „Glucon". Es basiert auf dem modifizierten Glucosemeßgerät Glukometer GKM (s. 5.2.3.) und ist mit einem Rechner zur dialogorientierten Steuerung sowie Infusionspumpen für Insulin und Glucose gekoppelt. Der Steueralgorithmus beruht auf der Vorhersage der Blutglucosekonzentration aus Glucose- und Insulin-Infusionsraten der letzten 70 Minuten mit Hilfe eines internen dynamischen Glucosewirkmodells. Simultan zur Protokollierung der für den Arzt wichtigen Größen, z. B. Infusionsraten oder Insulinwirkfaktor, erfolgt die graphische Darstellung des zeitlichen Verlaufs der Blutglucosekonzentration und der Infusionsraten. Das ermöglicht dem Arzt den sofortigen Überblick über die aktuelle Stoffwechsellage.

Der *in vivo*-Einsatz von Glucosesensoren wird durch mehrere Probleme erschwert: Abwehrreaktionen auf körperfremde Materialien sind, wie bei jeder Anwendung von Implantaten, auch ein wichtiger Gesichtspunkt bei implantierbaren Glucosesensoren. Deshalb werden Biokompatibilitätsuntersuchungen der verwendeten Materialien, vor allem der Membranen, durchgeführt.

VADGAMA (1986) hat rasterelektronenmikroskopisch an der silanisierten Deckmembran eines Glucose-Nadelsensors im Gewebe geringere proteinhaltige Ablagerungen als im Blutstrom gefunden. Dieses silanisierte Membranmaterial soll die Verträglichkeit gegenüber physiologischen Lösungen verbessern [MULLEN 1986].

Ein weiteres Problem der Entwicklung implantierbarer Glucosesensoren ist die Notwendigkeit der *ex vivo*-Eichung des Sensors. Daraus ergibt sich die Forderung nach hoher Stabilität des eingesetzten Enzyms, da die Kalibrierung *vor* der Implantation erfolgt. Die höchste Lebensdauer immobilisierter Enzyme in implantierten Elektroden beträgt sechs bis zehn Tage [SHICHIRI et al. 1987]. Weder auf physikalischem Einschluß noch auf chemischer Bindung oder auf Vernetzung beruhende GOD-Immobilisate erreichen gegenwärtig bei kontinuierlichem Einsatz eine höhere Funktionsstabilität.

Im Vergleich zur Glucosekonzentration von 5 bis 15 mmol/l ist die physiologische Sauerstoffkonzentration im arteriellen Blut niedrig (0,15 mmol/l). Sie nimmt im venösen Blut und im peripheren Gewebe auf weniger als 0,01 mmol/l ab. Das erhöht die Differenz, verglichen mit Glucose, bis auf drei Größenordnungen. Dieser Umstand ist für die nichtlineare Konzentrationsabhängigkeit mit einer kontinuierlich die O_2-Differenz registrierenden Durchflußanordnung verantwortlich [LAYNE et al. 1976].

Der unter 3.1.1.2. beschriebene Glucosesensor von KESSLER et al. (1984) hat – wegen des extrem geringen Sauerstoffbedarfs aufgrund der niedrigen Glucosepermeabilität und der Stabilität *in vitro* von drei Monaten – günstige Voraussetzungen für eine Implantation.

Entsprechendes trifft für den Ferrocen-GOD-Sensor zu [CASS et al. 1984, DAVIS et al. 1985] (s. 3.1.1.3.). Durch Ferrocen wird der Sauerstoffeinfluß vollständig eliminiert. Der lineare Meßbereich von 1 bis 30 mmol/l ist günstiger als jener mit anderen Membranelektroden. Bei subkutaner Anwendung des Sensors im Tierversuch wird jedoch innerhalb kurzer Zeit ein erheblicher Empfindlichkeitsabfall beobachtet [PICKUP 1987].

ABEL et al. (1984) haben durch Aufbringen einer perforierten hydrophoben Membran aus Polyethylen zwischen Enzym und Meßlösung den linearen Meßbereich auf 40 mmol/l erweitert. In subkutaner Anwendung und mit einem aktuellen pO_2 von weniger als 2 bis 5 kPa ist der Sensor bis 15 mmol/l Glucose mehrere Stunden einsetzbar (Abb. 134).

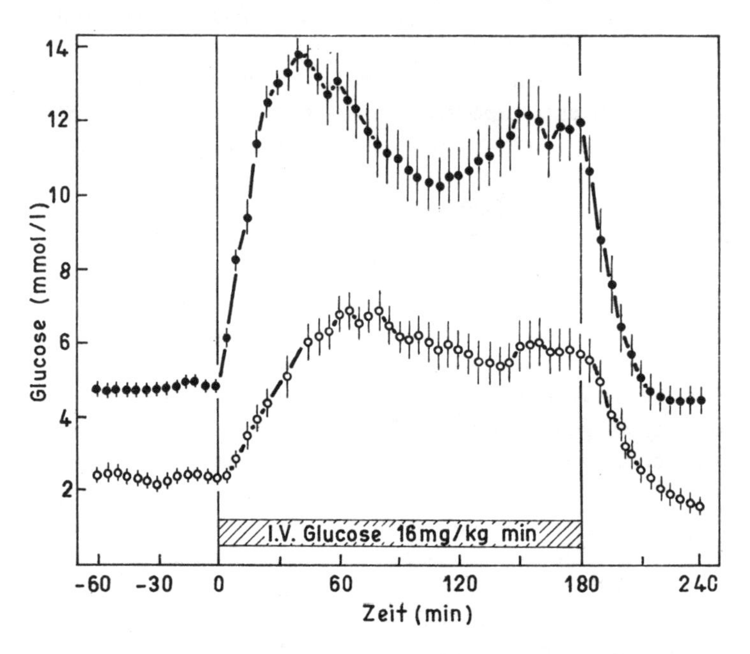

Abb. 134. Verlauf der Glucosekonzentration im peripher-venösen Plasma (●) und der Meßwerte der Glucoseelektrode im subkutanen Gewebe (o) gesunder Schäferhunde bei intravenöser Glucoseinfusion [nach MÜLLER et al. 1986]

Wie ABEL et al., bringen auch SHICHIRI et al. (1984) den Glucosesensor in die interstitielle Flüssigkeit ein. Damit wird im Tierversuch ein Meßbereich von 3,3 bis 27,7 mmol/l Glucose erreicht. Durch Kombination der an Zellulosediacetat immobilisierten GOD mit einer zusätzlichen hydrophilen Alginat-Polylysin-Alginat-Membran wird über sieben Tage eine Ansprechdauer von etwa fünf Minuten sowie eine annähernd konstante Empfindlichkeit des Sensors erzielt. Das ist im Vergleich zu der mit Polyvinylalkoholmembranen erreichten Stabilität von drei Tagen eine wesentliche Verbesserung, die auf die günstigere Biokompatibilität zurückgeführt wird [SHICHIRI et al. 1987].

Die Arbeiten der Gruppe um SHICHIRI haben zu einem künstlichen Pankreas, bestehend aus dem GOD-Nadelsensor, einem Computersystem und zwei Pumpsystemen (Masse 400 g) geführt. Die Entwicklung eines ausgereiften, in der Praxis nutzbaren Gerätes wird aber noch Jahre in Anspruch nehmen.

5.3.2. Harnstoffmessung in der künstlichen Niere

Die kontinuierliche Bestimmung des Harnstoffs im Blut während der Dialyse ist eine wesentliche Voraussetzung für die Optimierung, Überwachung und individuelle Gestaltung der Hämodialysebehandlung chronisch nierenkranker Patienten. Die bisher angewandten Methoden zur Harnstoffbestimmung sind zeit- und arbeitsaufwendig und können nur im Labor ausgeführt werden. Die Ergebnisse liegen im allgemeinen erst nach der Behandlung vor.

In der DDR ist eine Enzymelektrode zur quasi-kontinuierlichen Bestimmung der Harnstoffkonzentration im Dialysat entwickelt worden, die in eine künstliche Niere integriert wird [SCHELLER et al. 1986b]. Die Messung des Harnstoffs im Dialysat bietet meßmethodische Vorteile gegenüber der Messung im Vollblut. Die Berechnung der Harnstoffkonzentration im Blut bzw. im Gewebe ist mit einem mathematisch relativ einfachen Modell aus der des Dialysats möglich.

Die Harnstoffelektrode ist in einer Durchflußmeßzelle angeordnet (Abb. 135), die hydraulisch mit der Hämodialysemaschine verbunden ist, ergänzt

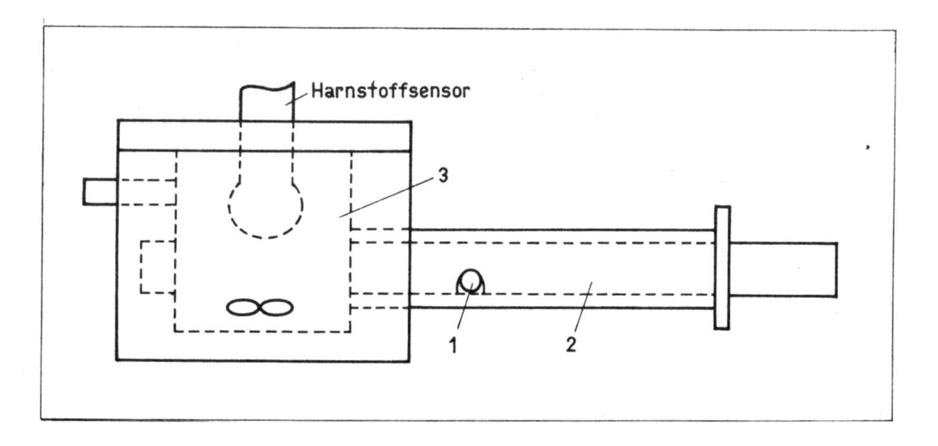

Abb. 135. Schema der Meßzelle des Harnstoffmoduls mit Dosiervorrichtung für das Dialysat [nach HAMANN 1987]
(Bei der Probeninjektion wird die Meßprobe in der Bohrung (1) des beweglichen Stempels (2) aus dem Dialysatkreislauf in die Meßzelle (3) befördert.)

durch eine elektronische Ablaufsteuerung und Meßwertverarbeitung. Mit diesem Harnstoffmodul sind mehr als 20 Harnstoffmessungen pro Stunde möglich; damit wird der zeitliche Verlauf der Harnstoffkonzentration hinreichend genau erfaßt. Die Funktionsstabilität einer Harnstoffelektrode ist bei täglich durchschnittlich vierstündigem Einsatz in der Hämodialysemaschine mehr als eine Woche gewährleistet. Der serielle Variationskoeffizient für Harnstoff in Dialysaten beträgt etwa 3 % und der Korrelationskoeffizient für die lineare Regression des Vergleichs zur standardisierten Methode ist 0,99.

Die praktische Nutzung der Harnstoffmessung in Hämodialysegeräten ermöglicht die direkte Überwachung der Behandlungseffektivität (Abb. 136). Dadurch wird eine individuelle Gestaltung der Hämodialyse erreicht. Nach weiterer klinischer Erprobung scheint es in Zukunft möglich zu sein, durch Bewertung des gewonnenen Harnstoffwertes relevante Behandlungsparameter gezielt zu beeinflussen.

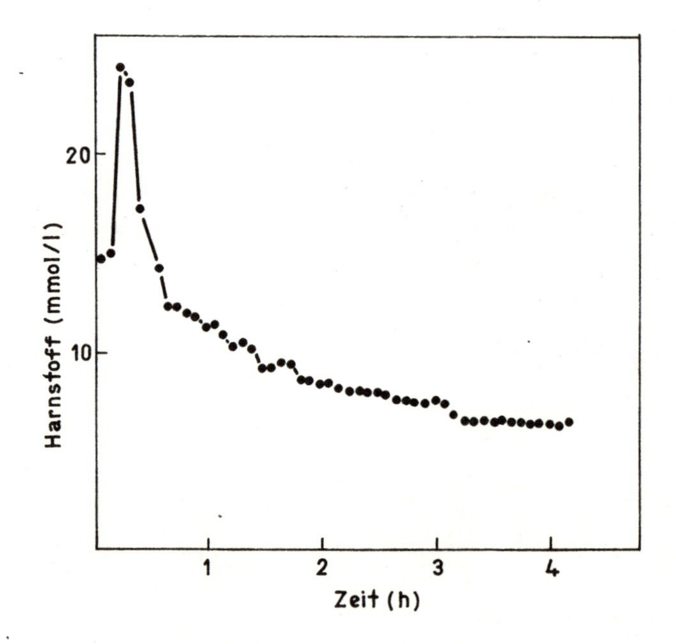

Abb. 136. Messung der Harnstoffkonzentration mit dem Harnstoffmodul während der Dialysebehandlung eines Patienten
[nach HAMANN 1987]

5.3.3. Lactat- und Pyruvatmessung

Durch eine italienische Arbeitsgruppe [MASCINI 1987, MASCINI et al. 1987] sind zur Überwachung der Behandlung mit dem künstlichen Pankreas „Betalike" (Elettronica Esacontrol, Genua) in dieses Gerät drei Enzymelektroden integriert worden (Abb. 137), und zwar Sensoren für Glucose, Lactat und Pyruvat. Zur Messung wird das Patientenblut dialysiert und durch die entsprechenden Meßzellen gepumpt. Die Glucose- und Lactatsensoren sind mit O_2-Elektroden ausgerüstet. Hingegen wird im Pyruvatsensor – wegen der niedrigen Pyruvatkonzentration im Blut (40 bis 120 μmol/l) – eine H_2O_2-anzeigende Elektrode benutzt. Diese Methodik ermöglicht die Verlaufskontrolle der drei Substratkonzentrationen während der Behandlung von Diabetikern. Die Autoren finden in einer Kontrolldauer von 16 Stunden eine ausreichende Übereinstimmung der Meßwerte mit den nach Standardmethoden bestimmten Werten.

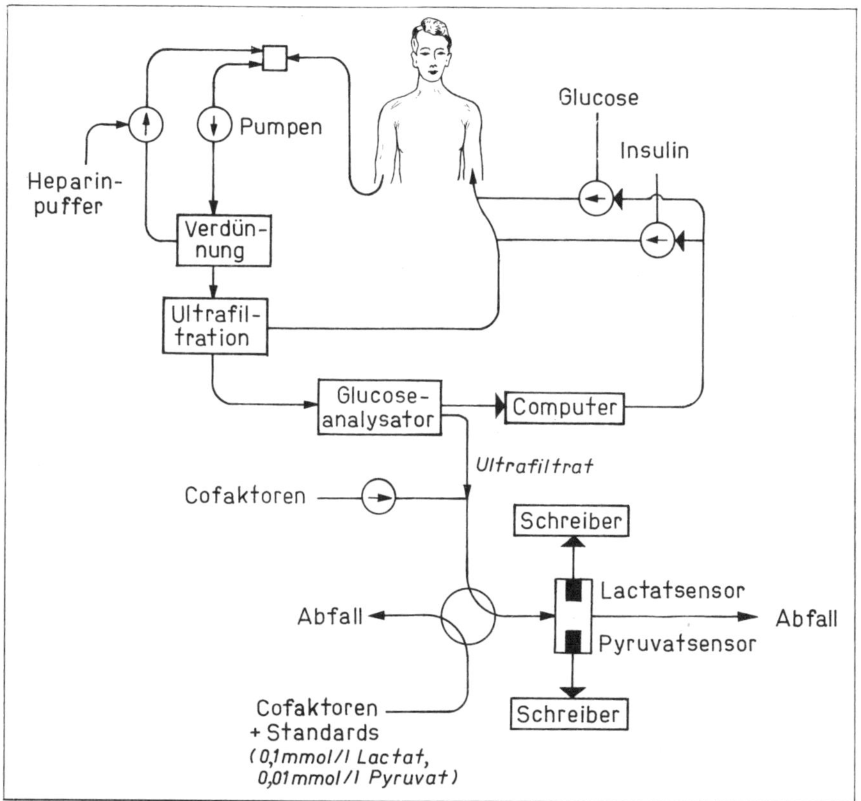

Abb. 137. Schematische Darstellung des kontinuierlichen bed-side-Analysators zur parallelen Bestimmung der Konzentrationen von Glucose, Lactat und Pyruvat mit Enzymelektroden [nach MASCINI 1987]

5.4. Lebensmittelanalytik und Prozeßkontrolle in der mikrobiologischen Industrie sowie im Umweltschutz

In der Qualitätskontrolle von Lebensmitteln und Futtermitteln wird vor allem der Gehalt an Eiweiß, Kohlenhydraten und Fetten analysiert. Die ursprünglich für das klinische Labor entwickelten Analysatoren für Glucose und Disaccharide haben bisher nur begrenzte Anwendung in der Lebensmittelkontrolle gefunden. Das liegt zum einen daran, daß jeweils nur *ein* Kohlenhydrat bestimmt werden kann, während der Gehalt an Eiweiß und Fett mit Biosensoren bisher nicht meßbar ist. Zum anderen sind in Lebensmitteln und Getränken häufig interferierende Substanzen in hohen Konzentrationen enthalten.

Glucose- und Saccharosemessungen in Instant-Getränkepulvern sind wegen des hohen Gehalts an Ascorbinsäure und Vanillin störanfällig, wenn die H_2O_2-anzeigende Meßvariante des Glukometers (s. 5.2.3.) verwendet wird [SCHELLER und KARSTEN 1983]. Deshalb muß bei solchen Proben der O_2-Verbrauch registriert werden. Vor der Messung ist dazu eine sorgfältige Sättigung der Probelösung mit Luft erforderlich. WEISE et al. (1987) haben die Luftsättigung während der enzymatischen Hydrolyse von Saccharose, Glucosinolat bzw. Stärke direkt in den Probebecher eines modifizierten, automatischen Probenspeichers bei der Untersuchung von Lebensmittel- und Fermentationsproben durchgeführt. Bis zu 60 Proben pro Stunde werden mit hoher Präzision automatisch abgearbeitet. Dagegen liefert bei der Bestimmung des Saccharosegehalts in Rübenpreßsaft bzw. von Lactose in Milch auch die H_2O_2-Anzeige unverfälschte Meßwerte [PFEIFFER et al. 1988]. Mit dem Enzym-chemischen Analysator ECA 20 können unter Verwendung einer β-Galactosidase-GOD-Membran bis zu 100 Milchproben pro Stunde mit einem seriellen Variationskoeffizienten von weniger als 2 % analysiert werden.

In dem Analysator „Glucoprocesseur" der französischen Firma Tacussell werden Interferenzen von oxidierbaren Substanzen durch eine Differenzmessung ausgeschaltet. Deshalb ist dieses Gerät besonders für die Bestimmung von Glucose, Lactat und Oxalat in Lebensmitteln geeignet [COULET 1987]. Der Alkoholanalysator von Yellow Springs kann für die Untersuchung alkoholischer Getränke benutzt werden; allerdings hat die Enzymmembran nur eine geringe Stabilität.

In der mikrobiologischen Industrie ist für eine effektive Rohstoffverwertung und eine rationelle Raum-Zeit-Ausbeute durch Prozeßsteuerung die on-line-Erfassung einer Vielzahl von Prozeßparametern erforderlich. In Fermentationsprozessen, z. B. in der Antibiotikaherstellung, muß der zeitliche Verlauf der Konzentration von *Nährstoffen,* vor allem von Kohlenhydraten, Aminosäuren, Phosphaten und Ammoniumsalzen, sowie von *Hormonen* oft in einem engen Bereich eingehalten werden. Die Konzentrationsbestimmung dieser Substanzen ist deshalb eine Grundvoraussetzung für die Optimierung der Produktausbeute.

Weiterhin erlaubt die Messung der *Produktkonzentration* eine direkte Aussage über den Zustand des Bioprozesses. Tabelle 25 gibt einen Überblick über den Wertumfang biotechnologischer Produkte und weist damit aus, für welche Substanzen Biosensoren in Fermentern oder Zellkulturen mit eingesetzt werden könnten.

Tabelle 25
Weltmarkt biotechnologischer Produkte im Jahre 1982 [nach BAKKER 1984]

	Mio. Dollar
Ethanol	500
Glutaminsäure	500
Citronensäure	300
Gluconsäure	35
Einzellerprotein	600
Enzyme	1000
Antibiotika	8000
Insulin	310
Monoklonale Antikörper	4000

Der Umweltschutz erfordert in zunehmendem Maße schnelle und genaue Meßmethoden für Boden, Gewässer und Luft. Hauptsächlich sind hierbei organische Abfallstoffe, Schwermetalle und giftige Abgase, zu bestimmen.

Für die Mehrzahl der niedermolekularen Substrate, z. B. Aminosäuren, und Produkte, z. B. Penicillin, Citronensäure und Gluconsäure, existieren Enzymelektroden. Dagegen bereitet die Bestimmung von hochmolekularen Substanzen, wie Hormonen, Enzymen oder Antikörpern, mit Sensoren prinzipielle Probleme. Aber auch die Substratmessung im Fermenter mit Enzymelektroden ist mit erheblichen Schwierigkeiten verbunden:

1. Eine Sterilisierung des Sensors ist nicht direkt möglich;
2. der Sensor kann nur durch Probenahme kalibriert werden;
3. die Analytkonzentration übersteigt meist den Meßbereich;
4. andere Substanzen erzeugen Interferenzen;
5. mechanische und thermische Balstungen reduzieren die Funktionsstabilität.

Die „sauerstoffstabilisierte" Enzymelektrode für Glucose (s. 3.1.1.) ist von ENFORS (1982) zur Kontrolle der Glucosekonzentration während einer Batchkultur von *Candida utilis* benutzt worden. Die Meßwerte stimmen gut mit denen der Vergleichsmethode überein. Erwartungsgemäß nimmt die Glucosekonzentration mit dem Zellwachstum ab. Während des Fermentationsprozesses treten keine Störungen durch den wechselnden O_2-Partialdruck in der Fermentationsbrühe oder durch unerwünschte elektrochemische Nebenreaktionen auf.

TURNER (1985) hat den Meßbereich der Enzymelektrode für Glucose erweitert, indem er Glucoseoxidase oder Glucosedehydrogenase an eine mit Ferrocen modifizierte Elektrode koppelte. Die Arbeitsstabilität dieser Glucoseelektroden haben BROOKS et al. (1987/88) durch Veränderung der Enzymimmobilisierung wesentlich erhöht. Die kovalente Fixierung der GOD erfolgt an Alkylamingruppen auf der Elektrodenoberfläche. Dieser Glucosesensor wird über eine sterilisierbare Schleuse in einen Fermenter eingebracht, die gegenüber der Brühe mit einer 0,22 µm dicken Polycarbonatmembran abgeschlossen ist und von einem Pufferstrom durchflossen wird (Abb. 138). Der nutzbare, aber nichtlineare Meßbereich erstreckt sich bis 100 mmol/l Glucose; die Arbeitsstabilität wird mit 14 Tagen angegeben. Der Einsatz in einer *E. coli* Batchkultur erfordert die Korrektur der Grundlinie sowie der Sensorempfindlichkeit.

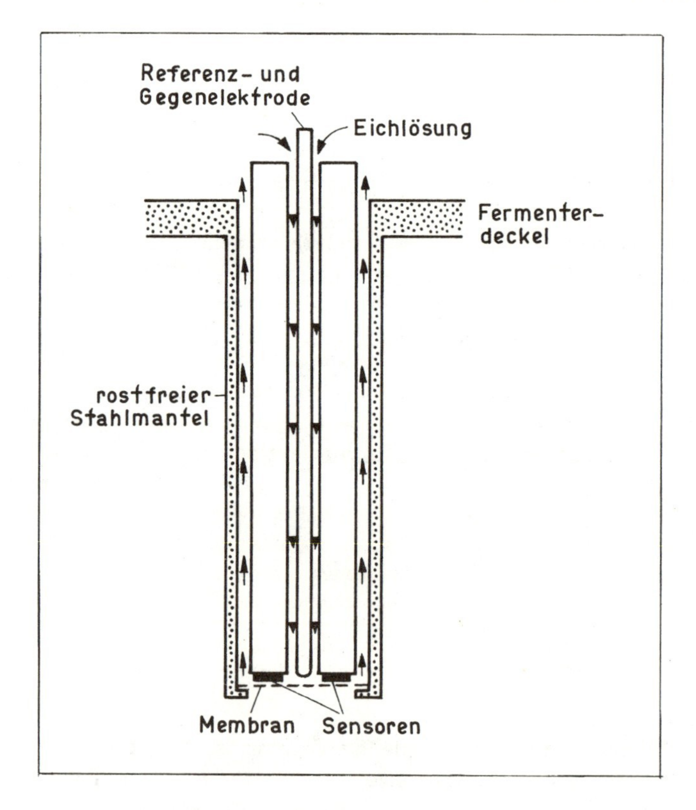

Abb. 138. Schema des *in situ*-Glucosesensors für die Fermentationskontrolle [nach BROOKS et al. 1987/88]

Für die *in situ*-Messung des sekundären Stoffwechselprodukts Penicillin haben ENFORS und NILSSON (1979) ein Prinzip entwickelt, das sowohl eine Sterilisation des Sensors im Fermenter als auch die Erhöhung der Funktionsstabilität erlaubt (s. Abb. 75): Zwischen der äußeren Dialysemembran und der Indikatorelektrode befindet sich eine Kammer, in die nach der Sterilisation eine Enzymlösung gefüllt wird. Diese Sensoranordnung erlaubt auch den Austausch der Enzymlösung während der Fermentation, so daß der Fermentationsprozeß über die gesamte Dauer verfolgt werden kann. Zur Ausschaltung von Störungen durch Veränderungen des pH-Wertes in der Fermenterbrühe dient eine enzymfreie Glaselektrode, die in Differenzschaltung zur Enzymelektrode arbeitet. Der Meßbereich des Elektrodensystems erstreckt sich bis 30 mmol/l Penicillin, während die Konzentration im Fermenter bis zu 50 mmol/l erreicht. Die Nachkalibrierung des Sensors während der Fermentation erfordert die Zugabe definierter Mengen des Antibiotikums.

Zur kontinuierlichen Bestimmung von Ethanol im Fermenter bei der alkoholischen Gärung benutzen VERDUYN et al. (1984) einen Sensor mit Alkoholoxidase und eine enzymfreie O_2-Elektrode. Damit werden Schwankungen des pO_2 im Fermenter kompensiert. Wegen des begrenzten Meßbereichs kann nur die Anfangsphase der Ethanolbildung verfolgt werden.

Diese Beispiele belegen die prinzipielle Möglichkeit des *in situ*-Einsatzes von Enzymelektroden; trotzdem harren noch viele Probleme einer Lösung. Deshalb erscheint die Kopplung des Enzymsensors im *bypass* vorerst als eine günstige Variante für die Fermenterkontrolle. Diesem Konzept folgend, haben MANDENIUS et al. (1981) einen Invertasethermistor mit einem sterilisierbaren Filtrationsbaustein entwickelt und zur Kontrolle des alkoholischen Gärungsprozesses mit immobilisierter Hefe eingesetzt. Solche kalorimetrischen Anordnungen sind für die Fermentationskontrolle und die Umweltüberwachung besonders geeignet und können zur Bestimmung weiterer Substanzen verwendet werden (Tab. 26).

GEPPERT und ASPERGER (1987) haben die Glucosekonzentration in verschiedenen Fermentationsprozessen mit einer Enzymelektrode kontrolliert. Die kontinuierlich entnommenen Proben werden mit N_2 begast und verdünnt, ohne daß die Biomasse abgetrennt wird. Die Glucose wird punktweise unter Nutzung des künstlichen Akzeptors Benzochinon bestimmt, wobei auch hier eine Korrektur mit einer enzymfreien Elektrode vorgenommen wird.

Die Prozeßkontrolle hat vor allem bei Zellkulturreaktoren von menschlichen und tierischen Zellen erhebliche Bedeutung, weil die Nährmedien, z. B. fetales Kälberserum außerordentlich teuer sind.

TSUCHIDA et al. (1985) haben mit dem Lactatanalysator „HER-100" die Lactatkonzentration sowie mit einer weiteren Enzymelektrode die Glucosekonzentration im Zellkulturmedium während des siebentägigen Wachstums menschlicher Melanomzellen bestimmt. Erwartungsgemäß finden sie als Folge der Glykolyse mit zunehmender Zellzahl, daß die Konzentration der Glucose ab- und die des Lactats zunimmt. Referenzmessungen fehlen allerdings.

Tabelle 26
Anwendung von Enzymthermistoren zur Prozeß- und Umweltkontrolle

Analyt	Enzyme	Meßbereich (mmol/l)
Cellobiose	β-Glucosidase + Glucoseoxidase + Katalase	0,05–5
Cephalosporin	Cephalosporinase	0,005–10
Ethanol	Alkoholoxidase	0,01–1
Galactose	Galactoseoxidase	0,01–1
Lactose	β-Galactosidase + Glucoseoxidase + Katalase	0,05–10
Penicillin G	β-Lactamase	0,01–500
Saccharose	Invertase	0,05–100
Schwermetallionen (z. B. Pb^{2+})	Urease	10^{-9}
Insektizide (z. B. Parathion)	Acetylcholinesterase	$5 \cdot 10^{-6}$
Cyanid	Rhodanase	0,02–1
Phenol	Tyrosinase	0,01–1

Eine wesentliche Voraussetzung für die on-line-Kontrolle ist die automatische Entnahme von Proben repräsentativer Zusammensetzung, ohne daß die Sterilität des Bioreaktors gefährdet wird. Während die Firmen Braun Melsungen (BRD) und Control Equipment (USA) Filtrationsbausteine anbieten, hat das Massachusetts Institute of Technology (USA) ein mechanisches Probenahmesystem entwickelt, das die Proben automatisch durch vorher sterilisierte Kammern führt und anschließend verdünnt. ROMETTE (1987) hat das Gerät mit dem Analysator „Enzymat" (Seres, Frankreich) zur Kontrolle der Produktion monoklonaler Antikörper gegen Fibronectin durch Hybridomzellen gekoppelt (Abb. 139). Alle dreißig Minuten wird die Konzentration von Glucose, Lactat und Glutamin parallel bestimmt. Die Enzyme befinden sich in einer mit Glutaraldehyd vernetzten Membran aus Gelatine vor O_2-Elektroden. Zur Glutaminbestimmung sind die Enzyme Glutaminase aus *E. coli* und Glutamatoxidase aus *Streptomyces* sp. coimmobilisiert. Aus den Meßdaten wird eine Beziehung zum ATP-Flux und dem Zellwachstum abgeleitet.

Die Glucoseelektrode der Firma Yellow Springs dient als Sensor in einem Analysator für Zellkultivatoren der Firma Control Equipment. Der Probestrom wird über *cross filtration* von der Biomasse abgetrennt und periodisch in eine f.i.a.-Apparatur eingebracht. Die H_2O_2-Anzeige registriert allerdings Interferenzen durch verschiedene Substanzen des Kulturmediums.

Die Firma Nippon General Trading Co. (Japan) bietet den "On Line Biotec Analyzer PM-1000" zur automatischen Prozeßkontrolle in der Fermen-

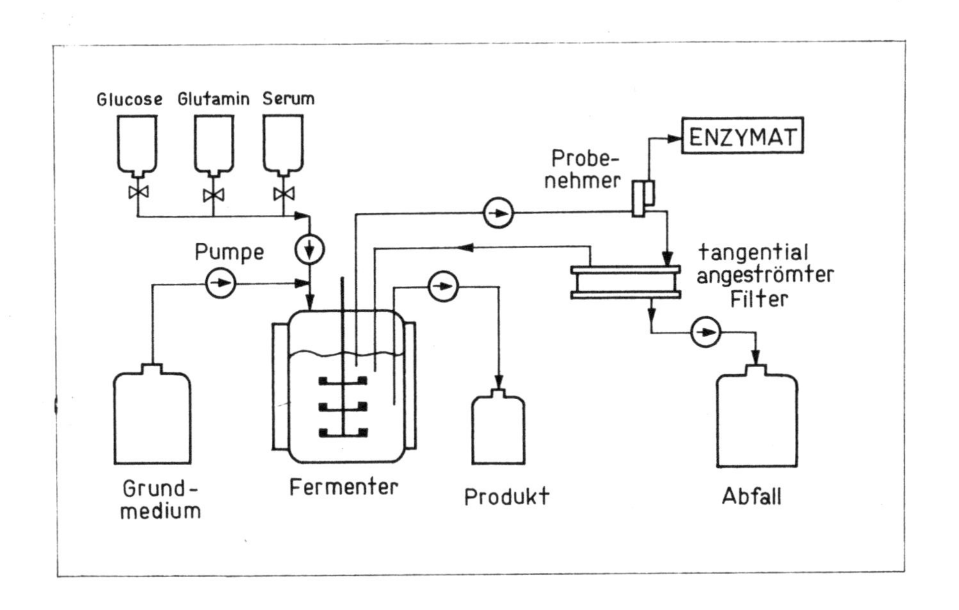

Abb. 139. Schema des sensorkontrollierten Zellzuchtreaktors [nach ROMETTE 1987]

tation und biotechnologischen Forschung an. Dieses Gerät kombiniert die Enzymelektroden, die auch die Laboranalysatoren M 100, AS-200 sowie AD-300 der Firma Toyo Jozo enthalten, mit einem Baustein zur sterilen Filtration sowie einem Prozeßrechner. Durch Wechseln der Enzymelektrode können jeweils die Konzentrationen von Glucose, Ethanol, L-Lactat, Glycerol, Saccharose, Lactose, Pyruvat, Ascorbinsäure oder L-Aminosäuren verfolgt werden. Dabei werden die entsprechenden Oxidasen eingesetzt, die für Glycerol mit Glycerokinase bzw. für Lactose mit β-Galactosidase kombiniert werden. Zur Saccharosebestimmung wird Invertase mit „Pyranoseoxidase" kombiniert, so daß keine Störungen durch die endogene Glucose in den Meßproben eintreten. Die Konzentration wird mittels einer O_2-Elektrode angezeigt. Deshalb sind Probleme durch den schwankenden O_2-Gehalt der Fermentationsmedien zu erwarten.

Mikrobielle Sensoren befinden sich in Japan bereits im Routinebetrieb zur Abwasserüberwachung [KARUBE 1986]. Hiermit werden die durch die Mikroorganismen assimilierbaren Bestandteile des Abwassers angezeigt, d. h., es wird eine Meßgröße analog zum *Biologischen Sauerstoffbedarf* (BSB) ermittelt. Der konventionelle BSB_5-Test erfordert fünf Tage und ist daher zur Prozeßkontrolle ungeeignet. Deshalb ist ein schnell ansprechender BSB-Sensor entwickelt worden, der *Bacillus subtilis* oder *Trichosporon cutaneum* in immobilisierter Form enthält [RIEDEL et al. 1987]. Damit wird die Beschleunigung der Respiration als Ergebnis der Zufuhr der nährstoffhaltigen Probe ausgewertet, d. h., daß der stationäre Meßwert nicht abgewartet werden muß. Der Sensor wird mit einer gleiche Mengen Glucose und Glutaminsäure enthaltenden Standardlösung (GGA) kalibriert. Das Signal hängt linear bis 100 mg/l von der Konzentration ab (s. 3.3.3.). Die untere Nachweisgrenze liegt bei 4 mg/l. Die kurze Meßdauer erfüllt eine wichtige Voraussetzung für die Steuerung der Abwasserbehandlung.

Probleme bereitet noch die unterschiedliche Geschwindigkeit des Umsatzes der organischen Abwasserbestandteile. Beispielsweise werden Makromoleküle, wie Proteine oder Stärke, nicht erfaßt. Eine enzymatische Vorbehandlung der Proben oder der Einsatz von Hybridsensoren könnten die Anwendbarkeit des mikrobiellen BSB-Sensors erweitern.

6. Ausblick – Kombination von Biotechnologie und Mikroelektronik in Biosensoren

Biosensoren sind heute bereits das erste erfolgreiche Ergebnis der Kombination von Biotechnologie und Mikroelektronik. Die Biokomponente bewirkt die molekulare Erkennung des Analyten und die räumlich getrennte Nachweiselektronik verstärkt das Signal.

Das traditionelle Konzept der internen Signalverarbeitung in Sensoren geht von der Entwicklung chemisch sensitiver Feldeffekttransistoren aus. Dabei besteht die erste Stufe in der Einbeziehung eines Impedanzwandlers in den Elektrodenkörper von ionensensitiven Elektroden. Das direkte Aufbringen der ionensensitiven Schicht und der Biokomponente auf das elektronische Bauelement in Enzym- oder Immuno-FETs erlaubt die Integration von biospezifischer Erkennung und elektronischer Signalverarbeitung. Dadurch wird die Differenzbildung zur Ausschaltung von Störeffekten oder die statistische Auswertung mit „multigate"-Sensoren möglich. Der Vorteil von Biosensoren mit interner elektronischer Signalverarbeitung wird vor allem wirksam, wenn sie zur Steuerung eines integrierten *Aktors,* z. B. einer Insulin- oder Pharmakapumpe (*drug delivery system*) dienen. Solche Systeme stellen eine den Sinnesorganen analoge *Rezeptor-Aktor-Einheit* dar.

Schritte der internen Signalverarbeitung können bereits bei der molekularen Erkennung des Analyten durch gekoppelte Enzymreaktionen realisiert werden. Die Kopplung von Enzymreaktionen in Biosensoren weist eine Analogie zu logischen Grundoperationen auf [SCHELLER et al. 1985b, Abb. 140]. In einem Sensor mit zwei unabhängigen Enzymen oder einer Enzymsequenz mit gleichen Empfindlichkeiten werden die Signale von Sensoren mit den Einzelenzymen *addiert.* Das Signal einer Enzymkonkurrenzelektrode entspricht der *Differenz* der Signale eines Enzymsensors für das gemeinsame Substrat und eines Cosubstratsensors. Durch enzymatisches Substratrecycling wird die *Multiplikation* der Signale von entsprechenden Monoenzymelektroden bewirkt. Enzymatische Antiinterferenzschichten können als *Schalter* wirken, da wegen der endlichen Enzymaktivität in der Schicht ein Schwellenwert existiert, oberhalb dessen erst ein Signal auftritt.

Mit Hilfe gekoppelter Enzymreaktionen kann also das Analytsignal verstärkt oder Störsubstanzen können *chemisch gefiltert* werden (Abb. 141). Damit übernimmt die Rezeptorkomponente des Biosensors Funktionen, die bisher dem elektronischen Bauelement vorbehalten waren. Diese neue Fähigkeit resultiert in einer bedeutenden Erhöhung der analytischen Potenz des Biosensors. Die Anwendung der Kopplungsprinzipien, vor allem der zyklischen Reaktionen, in *Biocomputern* wird ebenfalls diskutiert [OKAMOTO et al. 1987].

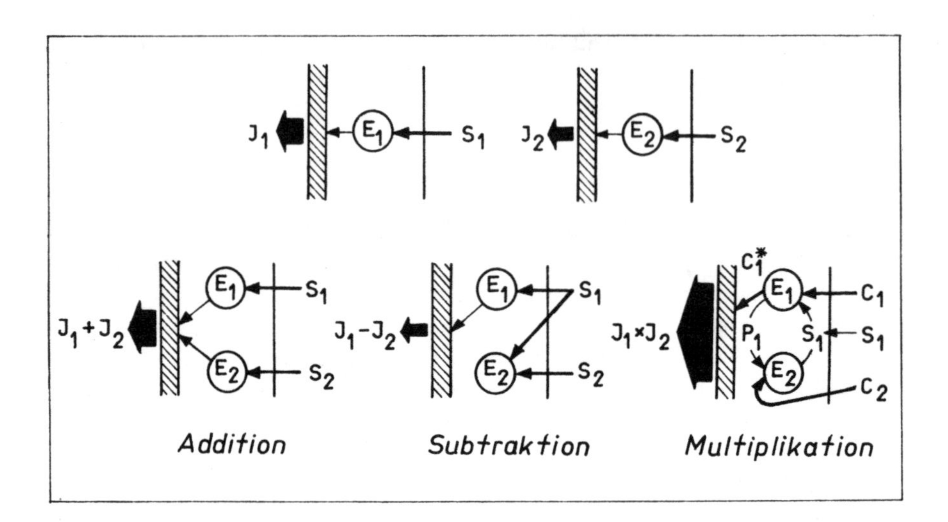

Abb. 140. Darstellung der internen Signalverarbeitung in Biosensoren mit gekoppelten Enzymreaktionen, C-Cofaktoren [nach SCHELLER et al. 1985b]

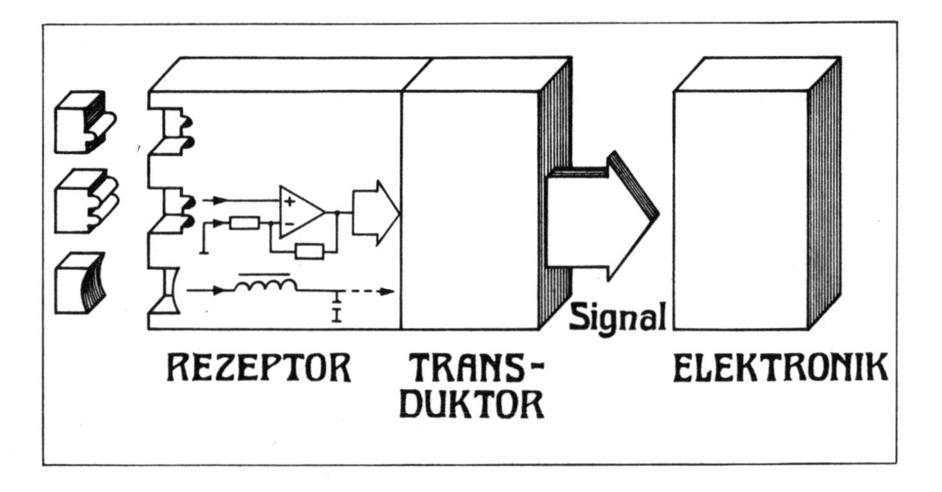

Abb. 141. Kopplung molekularer Erkennung und interner Signalverarbeitung, z. B. Amplifikation oder chemisches Filtern, durch gekoppelte Enzymreaktionen in Biosensoren

Die gekoppelten Enzymreaktionen haben ihr Vorbild in den natürlichen Stoffwechselketten. Die durch die Evolution optimierte räumliche Anordnung der kooperierenden Teilsysteme ist wesentlich effektiver als entsprechende Enzymsysteme in Lösung. Ihre biotechnologische Nachahmung in "site-to-site"-orientierten immobilisierten Enzymen [MANSSON et al. 1983] und die Fusion von "multi-site"-Enzymen [BÜLOW und MOSBACH 1987] liefern hochwirksame Rezeptorsysteme für die molekulare Erkennung und interne Signalverarbeitung in Biosensoren. In der Zukunft wird es darum gehen, beide Konzepte der Signalverarbeitung – biologisch und elektronisch – sinnvoll zu kombinieren.

7. Verzeichnis häufig verwendeter Abkürzungen und Symbole

ADP	Adenosindiphosphat
AFP	α-Fetoprotein
Ag	Antigen
Ak	Antikörper
ALAT	Alaninaminotransferase
aP	alkalische Phosphatase
ASAT	Aspartataminotransferase
ATP	Adenosintriphosphat
BQ	Benzochinon
CEH	Cholesterolesterhydrolase
CK	Creatinkinase
CME	chemisch modifizierte Elektrode
COD	Cholesteroloxidase
Con A	Concanavalin A
d	Schichtdicke
D	Diffusionskoeffizient
E	Enzym, Potential
EC	Enzyme Classification
ECME	enzymchemisch modifizierte Elektrode
EDTA	Ethylendiamintetraacetat
EIA	Enzymimmunoassay
f_E	Enzymbeladungsfaktor
FAD	Flavinadenin-dinucleotid
FET	Feldeffekttransistor
f.i.a.	flow injection analysis (Fließinjektionsanalyse)
FITC	Fluoreszeinisothiocyanat
G	Verstärkungsfaktor
GOD	Glucoseoxidase
G6P-DH	Glucose-6-phophat-dehydrogenase
HB_s	Hepatitis-B-Oberflächenantigen
HCG	humanes Choriongonadotropin
HK	Hexokinase
H_2Q	Hydrochinon
HSA	Humanserumalbumin
I	Strom
IgG	Immunglobulin G
ISE	ionenselektive Elektrode
ISFET	ionensensitiver Feldeffekttransistor

K_M	Michaelis-Konstante
LDH	Lactatdehydrogenase
LMO	Lactatmonooxygenase
LOD	Lactatoxidase
M	Mediator
MCME	mediatorchemisch modifizierte Elektrode
MOS	Metalloxid-Halbleiter
MV	Methylviologen
NADH	reduziertes Nicotinsäureamid-adenindinucleotid
NADPH	reduziertes Nicotinsäureamid-adenindinucleotidphosphat
NMP^+	N-Methylphenazinium
P	Produkt, Produktkonzentration
PK	Pyruvatkinase
POD	Peroxidase
PVA	Polyvinylalkohol
R	Rezeptor, chemisch sensibles Reagenz
RIA	Radioimmunoassay
RSA	Rinderserumalbumin
S	Substrat, Substratkonzentration
SCE	gesättigte Kalomelelektrode
TCNQ	Tetracyano-p-chinondimethan
v_{max}	Maximalgeschwindigkeit einer Enzymreaktion
V	Spannung
VK	Variationskoeffizient (relative Standardabweichung)

8. Literatur

Abel, P., Müller, A. und Fischer, U. (1984). Biomed. Biochim. Acta **43**, 577

Adam, G., Länger, P. und Stark, G. (1977). Physikalische Chemie und Biophysik, Springer, Berlin

Ahern, T.J. und Klibanov, A.M. (1986). In: Protein Structure, Folding and Design (Oxender, D.L., Hrsg.), Verlag Alan R. Liss, New York, S. 283

Ahn, B.K., Wolfson, S.K. und Yao, S.J. (1975). Bioelectrochem. Bioenerg. **2**, 142

Aizawa, M. (1982). Denki Kagaku **50**, 981

Aizawa, M. (1983). Proc. Int. Meeting Chemical Sensors, Fukuoka, Elsevier, Amsterdam, S. 683

Aizawa, M., Ikariyama, Y. und Toyoshima, T. (1983). Denki Kagaku **51**, 105

Aizawa, M., Kato, S. und Suzuki, S. (1977). J. Membrane Sci. **2**, 125

Aizawa, M., Kato, S. und Suzuki, S. (1980a). J. Membrane Sci. **7**, 1

Aizawa, M., Morioka, A. und Suzuki, S. (1978). J. Membrane Sci. **4**, 221

Aizawa, M., Morioka, A. und Suzuki, S. (1980b). Anal. Chim. Acta **115**, 61

Aizawa, M., Morioka, A., Suzuki, S. und Nagamura, Y. (1979a). Anal. Biochem **94**, 22

Aizawa, M., Wada, M., Kato, S. und Suzuki, S. (1980c). Biotechnol. Bioeng. **22**, 1769

Aizawa, M., Suzuki, S., Nagamura, Y., Shinohara, R. und Ishiguro, J. (1979b). J. Solid-Phase Biochem. **4**, 25

Alam, I.A. und Christian, G.D. (1982). Anal. Lett. **15**, 1449

Alam, I.A. und Christian, G.D. (1984). Fres. Z. Anal. Chem. **318**, 33

Alam, I.A. und Christian, G.D. (1985). Fres. Z. Anal. Chem. **320**, 281

Albery, W.J. und Barron, P. (1982). J. Electroanal. Chem. **138**, 79

Albery, W.J. und Bartlett, P. (1985). J. Electroanal. Chem. **194**, 211, 223

Albery, W.J., Bartlett, P. und Cass, A.E.G. (1987a). Phil. Trans. R. Soc. London **316B**, 107

Albery, W.J., Bartlett, P., Cass, A.E.G. und Sim, R. (1987b). J. Electroanal. Chem. **218**, 127

Albery, W.J., Bartlett, P., Craston, D. und Haggett, B. (1985). World Biotech Rep. **1**, 359

Albery, W.J., Bartlett, P., Bycroft, M., Craston, D. und Driscoll, B. (1987c). J. Electrochem. Soc. **218**, 119

Al-Hitti, I.K., Moody, G.J. und Thomas, J.D.R. (1984). Analyst **109**, 1205

Anfält, T., Granelli, A. und Jagner, D. (1973). Anal. Lett. **6**, 969

Anzai, J., Furuya, K., Chen, C., Osa, T. und Matsuo, T. (1987). Anal. Sci. **3**, 271
Anzai, J., Ohki, Y., Osa, T., Nakajima, H. und Matsuo, T. (1985). Chem. Pharm. Bull. **33**, 2356
Appelqvist, R., Marko-Varga, G., Gorton, L., Torstensson, A. und Johansson, G. (1985). Anal. Chim. Acta **169**, 237
Araki, T., Hara, H. und Katsube, T. (1985). Proc. 4th Meeting Chemical Sensors Electrochem. Soc. Japan, S. 6
Arnold, M.A. (1985). Anal. Chem. **57**, 565
Arnold, M.A. (1987). GBF Monographs **10**, 223
Arnold, M.A. und Glaizer, S.A. (1984). Biotechnol. Lett. **6**, 313
Arnold, M.A. und Rechnitz, G.A. (1980a). Anal. Chem. **52**, 1170
Arnold, M.A. und Rechnitz, G.A. (1980b). Anal. Chim. Acta **113**, 351
Arnold, M.A. und Rechnitz, G.A. (1981). Anal. Chem. **53**, 1837
Arnold, M.A. und Rechnitz, G.A. (1982). Anal. Chem. **54**, 777
Arwin, H. und Lundström, I. (1985). Anal. Biochem. **145**, 106
Arzneibuch der DDR, Diagnostische Laboratoriumsmethoden (1976). Akademie-Verlag Berlin
Assolant-Vinet, C. und Coulet, P.R. (1986). Anal. Lett. **19**, 875
Aston, W., Ashby, R., Higgins, I.J., Scott, L. und Turner, A.P.F. (1984). In: Charge and Field Effects in Biosystems (Allen, M.J. und Usherwood, P.N.R., Hrsg.), Abacus Press, London, S. 491
Bakker, H. (1984). Proc. 3rd Eur. Congr. Biotechnology, München, Verlag Chemie, Weinheim, Bd. IV, S. 27
Bardeletti, G., Sechaud, F. und Coulet, P.R. (1986). Anal. Chim. Acta **187**, 47
Belli, S.L. und Rechnitz, G.A. (1986). Anal. Lett. **19**, 403
Bergel, A. und Comtat, M. (1984). Anal. Chem. **56**, 2904
Bergveld, P., van der Schoot, B.H., van den Berg, A. und Schasfoort, R.B.M. (1987). GBF Monographs **10**, 165
Bertermann, K., Scheller, F., Pfeiffer, D., Jänchen, M. und Lutter, J. (1981). Z. Med. Lab.-Diagn. **22**, 83
Bertran, J.F. (1967). Int. Sugar J. **69**, 107
Bertrand, C., Coulet, P.R. und Gautheron, D.C. (1979). Anal. Lett. **12**, 1477
Bertrand, C., Coulet, P.R. und Gautheron, D.C. (1981). Anal. Chim. Acta **126**, 23
Birnbaum, S., Bülow, L., Hardy, K., Danielsson, B. und Mosbach, K. (1986). Anal. Biochem. **158**, 12
Blaedel, W.J. und Jenkins, R.A. (1976). Anal. Chem. **48**, 1240
Blaedel, W.J., Kissel, T. und Boguslaski, R. (1972). Anal. Chem. **44**, 2030
Boitieux, J.L., Desmet, G. und Thomas, D. (1979). Clin. Chem. **25**, 318
Boitieux, J.L., Desmet, G. und Thomas, D. (1987). Enzyme Eng. **8**, 271

Boitieux, J.L., Thomas, D. und Desmet, G. (1984). Anal. Chim. Acta **163**, 309
Boivin, P. und Bourdillon, C. (1987). Stud. Biophys. **119**, 191
Borrebaeck, C., Börjeson, J. und Mattiasson, B. (1978). Clin. Chim. Acta **86**, 267
Bourdillon, C., Bourgeois, J.P. und Thomas, D. (1979). Biotechnol. Bioeng. **21**, 1877
Bourdillon, C., Bourgeois, J.P. und Thomas, D. (1980). J. Am. Chem. Soc. **102**, 4231
Bourdillon, C., Thomas, V. und Thomas, D. (1982). Enzyme Microb. Technol. **4**, 175
Boutelle, M., Stanford, C., Fillenz, G., Albery, W.J. und Bartlett, P. (1986). Neurosci. Lett. **72**, 283
Bradley, C. und Rechnitz, G.A. (1986). Anal. Lett. **19**, 151
Brahman, J.C., Broeze, R.J., Bowden, D.W., Myles, A., Fulton, T.R., Rising, M., Thurston, J., Cole, F.X. und Vovis, G.F. (1984). Biotechnology **4**, 349
Brooks, C.J.W. und Smith, A.G. (1975). J. Chromatogr. **112**, 499
Brooks, S., Ashby, R., Turner, A.P.F., Calder, M. und Clarke, D.J. (1987/88). Biosensors **3**, 45
Buchholz, K. und Gödelmann, B. (1978). Biotechnol. Bioeng. **20**, 1201
Bülow, L. und Mosbach, K. (1987). Ann. N.Y. Acad. Sci. **501**, 44
Burgmayer, P. und Murray, R. (1982). J. Am. Chem. Soc. **104**, 6139
Burstein, C., Adamowicz, E., Boucherit, K., Rabouille, C. und Romette, J.-L. (1986). Appl. Biochem. Biotechnol. **12**, 1
Bush, D.L. und Rechnitz, G.A. (1987). Anal. Lett. **20**, 1781
Campanella, L., Cordatore, M., Morabito, R. und Tomassetti, M. (1984). Abstr. Electrochemical Sensor Symp., Rome, S. 62
Canfield, R.E. und Lu, A.K. (1965). J. Biol. Chem. **240**, 1997
Caras, S. und Janata, J. (1980). Anal. Chem. **52**, 1935
Caras, S. und Janata, J. (1985). Anal. Chem. **57**, 1928
Cardosi, M. und Turner, A.P.F. (1987). In: Biosensors (Turner, A.P.F., Karube, I. und Wilson, G.S., Hrsg.), Oxford University Press, Oxford, S. 257
Carr, P.W. und Bowers, L.D. (1980). Immobilized Enzymes in Analytical and Clinical Chemistry, Wiley, New York
Cass, A.E.G., Davis, G., Francis, G.D., Hill, H.A.O., Aston, W.J., Higgins, I.J., Plotkin, E.V., Scott, L.D.L. und Turner, A.P.F. (1984). Anal. Chem. **56**, 667
Castner, J.F. und Wingard, L.B. (1984). Biochemistry **23**, 2203

Čenas, N.K. und Kulys, J.J. (1981). Bioelectrochem. Bioenerg. **8,** 103
Čenas, N.K., Rozgaitė, M.V. und Kulys, J.J. (1984). Biotechnol. Bioeng. **26,** 551
Cheetham, P.S.J., Dunnill, P. und Lilly, M.D. (1982). Enzyme Microb. Technol. **2,** 201
Chen, A.K. und Liu, C.C. (1977). Biotechnol. Bioeng. **19,** 1785
Chen, A.K., Liu, C.C. und Schiller, J.G. (1979). Biotechnol. Bioeng. **21,** 1905
Clark, L.C. (1965). US Pat. 494 215
Clark, L.C. (1970). US Pat. 3539 455
Clark, L.C. (1972). Biotechnol. Bioeng. Symp. **3,** 377
Clark, L.C. (1973). Am. J. Mental Defic. **77,** 633
Clark, L.C. (1977). US Pat. 4040 908
Clark, L.C. (1979). Birth Defence **15,** 37
Clark, L.C. und Duggan, C.A. (1982). Diabetes Care **5,** 174
Clark, L.C. und Lyons, C. (1962). Ann. N.Y. Acad. Sci. **102,** 29
Clark, L.C., Emory, C., Glueck, C.J. und Campbell, M. (1978). Enzyme Eng. **3,** 409
Clark, L.C., Noyes, L.K., Grooms, T.A. und Gleason, C.A. (1984a). Clin. Biochem. **17,** 288
Clark, L.C., Noyes, L.K., Grooms, T.A. und Moore, M.S. (1984b). Crit. Care Med. **12,** 461
Cleland, V. und Enfors, S.-O. (1984). Anal. Chem. **56,** 1880
Corcoran, C.A. und Kobos, R.K. (1983). Anal. Lett. **16,** 1291
Cordonnier, M., Lawny, F., Chapot, D. und Thomas, D. (1975). Febs Lett. **59,** 263
Coulet, P.R. (1987). GBF Monographs **10,** 75
Coulet, P.R. und Blum, L.J. (1983). Anal. Lett. **16,** 541
Cserfalvi, T. und Guilbault, G.G. (1976). Anal. Chim. Acta **84,** 259
Cuypers, P.A., Hermens, W.T.H. und Hemker, H.C. (1978). Anal. Biochem. **84,** 56
Danielsson, B. (1982). Appl. Biochem. Biotechnol. **7,** 127
Danielsson, B. und Mosbach, K. (1974). Biochim. Biophys. Acta **364,** 140
Danielsson, B., Mattiasson, B. und Mosbach, K. (1981). Appl. Biochem. Bioeng. **3,** 97
Danielsson, B., Gadd, K., Mattiasson, B. und Mosbach, K. (1976). Anal. Lett. **9,** 987
Danielsson, B., Gadd, K., Mattiasson, B. und Mosbach, K. (1977). Clin. Chim. Acta **81,** 163
Danielsson, B., Lundström, J., Mosbach, K. und Stibler, J. (1979). Anal. Lett. **12,** 1189

Davis, G., Hill, H.A.O., Higgins, I.J. und Turner, A.P.F. (1985). In: Implantable Sensors for Closed-Loop Prosthetic Systems (Ko, W.H., Hrsg.), Future Publishing Co., Mount Kisco, S. 1985
Davis, P. und Mosbach, K. (1974). Biochim. Biophys. Acta **370**, 329
D'Costa, E.J., Higgins, I.J. und Turner, A.P.F. (1986). Biosensors **2**, 71
De Alwis, W.U. und Wilson, G.S. (1985). Anal. Chem. **57**, 2754
De Alwis, W.U. und Wilson, G.S. (1987). Anal. Chem. **59**, 2786
Decristoforo, G. und Danielsson, B. (1984). Anal. Chem. **56**, 263
Degani, Y. und Heller, A. (1987). J. Phys. Chem. **91**, 1285
Denis, C., Dormois, D., Linossier, M.-T. und Geyssant, A. (1985). J. Physiol. (Paris) **80**, 168
Dicks, J., Aston, W.J., Davis, G. und Turner, A.P.F. (1986). Anal. Chim. Acta **182**, 103
Dietschy, J.M., Weeks, L.E. und Delente, J.J. (1976). Clin. Chim. Acta **73**, 407
Di Gleria, K., Hill, H.A.O., McNeil, C.J. und Green, M.J. (1986). Anal. Chem. **56**, 1203
Di Paolantonio, C.L. und Rechnitz, G.A. (1982). Anal. Chim. Acta **141**, 1
Di Paolantonio, C.L. und Rechnitz, G.A. (1983). Anal. Chim. Acta **148**, 1
Di Paolantonio, C.L., Arnold, M.A. und Rechnitz, G.A. (1981). Anal. Chim. Acta **128**, 121
Dittmer, H., Pfeiffer, D. und Scheller, F. (1988). Poster, 5. Bucher Symposium, Berlin
Divies, C. (1975). Ann. Microbiol. (Paris) **126**, 175
Downs, M.E.A., Kobayashi, S. und Karube, I. (1987). Anal. Lett. **20**, 1897
Doyle, M.J., Halsall, H.B. und Heinemann, W.R. (1982). Anal. Chem. **54**, 2318
Doyle, M.J., Halsall, H.B. und Heinemann, W.R. (1984). Anal. Chem. **56**, 2355
Durand, P., David, A. und Thomas, D. (1978). Biochim. Biophys. Acta **527**, 277
Durand, P., Nicaud, J. und Mallevialle, J. (1984). J. Anal. Toxicol. **8**, 112
Durliat, H. und Comtat, M. (1978). J. Electroanal. Chem. **89**, 221
Durliat, H. und Comtat, M. (1980). Anal. Chem. **52**, 2109
Durliat, H. und Comtat, M. (1984). Anal. Chem. **56**, 148
Durliat, H., Comtat, M. und Mahenc, J. (1979). Anal. Chim. Acta
Durst, R.A. und Blubaugh, E.A. (1986). ACS Symp. Ser. **309**, 245
Eggers, H.M., Halsall, H.B. und Heinemann, W.R. (1982). Clin. Chem. **28**, 1848
Elving, P.J., Bresnahan, W., Moiroux, J. und Samec, Z. (1982). Bioelectrochem. Bioenerg. **9**, 365

Elwing, H. und Stenberg, M. (1981). J. Immunol. Methods **44**, 343
Endo, J., Tabata, M., Okada, S. und Murachi, T. (1979). Clin. Chim. Acta **95**, 411
Enfors, S.-O. (1981). Enzyme Microb. Technol. **3**, 29
Enfors, S.-O. (1982). Appl. Biochem. Biotechnol. **7**, 113
Enfors, S.-O. (1987). In: Biosensors (Turner, A.P.F., Karube, I. und Wilson, G.S., Hrsg.), Oxford University Press, Oxford, S. 347
Enfors, S.-O. und Nilsson, H.J. (1979). Enzyme Microb. Technol. **1**, 260
Fife, P.C. (1979). Mathematical Aspects of Reacting and Diffusing Systems, Lecture Notes in Biomathematics, Bd. 28, Springer, Berlin
Fiocchi, J.A. und Arnold, M.A. (1984). Anal. Lett. **17**, 2091
Flanagan, M. und Caroll, N. (1986). Biotechnol. Bioeng. **28**, 1093
Flanagan, M.T. und Pantell, R.H. (1984). Electronics Lett. **20**, 968
Fogt, E.J., Dodd, L.M., Jenning, E.M. und Clemens, A.H. (1978). Clin. Chem. **24**, 1366
Fonong, T. (1986a). Anal. Chim. Acta **184**, 287
Fonong, T. (1986b). Anal. Chim. Acta **186**, 301
Fonong, T. (1987). Anal. Lett. **20**, 783
Fonong, T. und Rechnitz, G.A. (1984a). Anal. Chim. Acta **158**, 357
Fonong, T. und Rechnitz, G.A. (1984b). Anal. Chem. **56**, 2586
Foulds, N. und Lowe, C.R. (1986). J. Chem. Soc. Faraday Trans. I **82**, 1259
Free, A.H., Adams, E.C., Kercher, M.L., Free, H.M. und Cook, M.H.M. (1956). Abst. Int. Congr. Clinical Chemistry, New York, S. 235
Freeman, W. und Seitz, W. (1970). Anal. Chem. **50**, 1242
Fuh, M.-R.S., Burgess, L.W. und Christian, G.D. (1988). Anal. Chem. **60**, 433
Gebauer, C.R. und Rechnitz, G.A. (1982). Anal. Biochem. **124**, 338
Geppert, G. und Asperger, L. (1987). Bioelectrochem. Bioenerg. **17**, 399
Geyssant, A., Dormois, D., Barthelemy, J.C. und Lacour, J.R. (1985). Scand. J. Clin. Lab. Invest. **45**, 145
Giaever, I., Keese, C.R. und Ryves, R.I. (1984). Clin. Chem. **30**, 880
Goldfinch, M.J. und Lowe, C.R. (1980). Anal. Biochem. **109**, 216
Goldfinch, M.J. und Lowe, C.R. (1984). Anal. Biochem. **138**, 430
Gondo, S., Osaki, T. und Morishita, M. (1981). J. Mol. Catal. **12**, 365
Gorton, L. und Ögren L. (1981). Anal. Chim. Acta **130**, 45
Gorton, L., Scheller, F. und Johansson, G. (1985). Studia Biophys. **109**, 199
Gotoh, M., Tamiga, E., Momoi, M., Kagawa, Y. und Karube, I. (1987). Anal. Lett. **20**, 857

Gough, D.A., Lucisano, J.Y. und Tse, P.H.S. (1985). Anal. Chem. **57**, 2351
Green, M.J., Hill, H.A.O., Tew, D.G. und Walton, N.J. (1984). Febs Lett. **170**, 69
Grobler, S.R. und Rechnitz, G.A. (1980). Talanta **27**, 283
Grubb, W. und King, L. (1980). Anal. Chem. **52**, 273
Gruß, R. (1988). Dissertation, Akademie der Wissenschaften der DDR, Berlin
Gruß, R. und Scheller, F. (1987). Z. Med. Lab.-Diagn. **28**, 333
Guanasekaran, R. und Mottola, H.A. (1985). Anal. Chem. **57**, 1005
Guilbault, G.G. (1976). Handbook of Enzymatic Methods of Analysis, Marcel Dekker, New York, S. 490
Guilbault, G.G. (1980). Ion Select. Electrode Rev. **2**, 3
Guilbault, G.G. und Coulet, P.R. (1983). Anal. Chim. Acta **152**, 223
Guilbault, G.G. und Hrabankóva, E. (1970). Anal. Chim. Acta **52**, 287
Guilbault, G.G. und Hrabankóva, E. (1971). Anal. Chim. Acta **56**, 285
Guilbault, G.G. und Lubrano, G. (1973). Anal. Chim. Acta **64**, 439
Guilbault, G.G. und Lubrano, G. (1974). Anal. Chim. Acta **69**, 183
Guilbault, G.G. und Montalvo, J. (1969). J. Am. Chem. Soc. **91**, 2164
Guilbault, G.G. und Nagy, G. (1973). Anal. Chem. **45**, 417
Guilbault, G.G. und Nanjo, M. (1975a). Anal. Chim. Acta **75**, 169
Guilbault, G.G. und Nanjo, M. (1975b). Anal. Chim. Acta **78**, 69
Guilbault, G.G. und Ngeh-Ngwainbi, J. (1987). GBF Monographs **10**, 187
Guilbault, G.G. und Starklov, W. (1975). Anal. Chim. Acta **76**, 237
Guilbault, G.G. und Tarp, M. (1974). Anal. Chim. Acta **73**, 355
Guilbault, G.G., Czarwecki, J. und Rahni, M.A.N. (1985). Anal. Chem. **57**, 2110
Guilbault, G.G., Smith, R. und Montalvo, J. (1969). Anal. Chem. **41**, 600
Guilbault, G.G., Danielsson, B., Mandenius, C.F. und Mosbach, K. (1983). Anal. Chem. **55**, 1582
Gyss, C. und Bourdillon, C. (1987). Anal. Chem. **59**, 2350
Haga, M., Itagaki, H. und Sugawara, S. (1980). Biochem. Biophys. Res. Commun. **95**, 187
Haga, M., Ikuta, M., Kato, Y. und Suzuki, Y. (1984). Chem. Lett. 1313
Hall, E. (1986). Enzyme Microb. Technol. **8**, 651
Hamann, H. (1987). Dissertation, Akademie der Wissenschaften der DDR, Berlin
Hamann, H., Kühn, M., Böttcher, N. und Scheller, F. (1986). J. Electroanal. Chem. **209**, 69
Hanazato, Y. und Shiono, S. (1983). Proc. Int. Meeting Chemical Sensors, Fukuoka, Elsevier, Amsterdam, S. 513

Hanazato, Y., Nakako, N., Maeda, M. und Shiono, S. (1986). Proc. 2nd Int. Meeting Chemical Sensors, Bordeaux, S. 576
Hanke, G. (1988). Dissertation, Akademie der Wissenschaften der DDR, Berlin
Hanke, G., Scheller, F. und Yersin, A. (1987). Zentralbl. Pharm. **126,** 445
Hanus, F., Carter, K. und Evans, H. (1980). Methods Enzymol. **69C,** 731
Harris, C. und Kell, D.B. (1985). Biosensors **1,** 17
Hassan, S.S.M. und Rechnitz, G.A. (1981). Anal. Chem. **53,** 512
Hauptmann, B. (1985). Ingenieurarbeit, Ingenieurhochschule Magdeburg
Heinemann, W. und Halsall, B. (1985). Anal. Chem. **57,** 1321A
Heller, A. und Degani, Y. (1987). J. Electrochem. Soc. Rev. News **134,** 494C
Higgins, I.J. und Lowe, C.R. (1987). Phil. Trans. R. Soc. London **316B,** 3
Higgins, I.J., Bannister, J.V. und Turner, A.P.F. (1987). GBF Monographs **10,** 23
Hikuma, M., Obana, H. und Yasuda, T. (1980a). Enzyme Microb. Technol. **2,** 234
Hikuma, M., Kubo, T., Yasuda, T., Karube, I. und Suzuki, S. (1979a). Biotechnol. Bioeng. **21,** 1845
Hikuma, M., Kubo, T., Yasuda, T., Karube, I. und Suzuki, S. (1979b). Anal. Chim. Acta **109,** 33
Hikuma, M., Kubo, T., Yasuda, T., Karube, I. und Suzuki, S. (1980b). Anal. Chem. **52,** 1020
Hikuma, M., Obana, H. Yasuda, T., Karube, I. und Suzuki, S. (1980c). Anal. Chim. Acta **116,** 61
Hikuma, M., Suzuki, H., Yasuda, T., Karube, I. und Suzuki, S. (1979c). Eur. J. Appl. Microbiol. Biotechnol. **8,** 289
Hikuma, M., Suzuki, H., Yasuda, T., Karube, I. und Suzuki, S. (1980d). Eur. J. Appl. Microbiol. Biotechnol. **9,** 305
Hill, H.A.O., Walton, N.J. und Higgins, I.J. (1981). Febs Lett. **126,** 282
Hintsche, R. und Scheller, F. (1987). Studia Biophys. **119,** 179
Ho, M.H. und Asouzu, M.U. (1987). Persönl. Mitteilung
Ho, M.H. und Wu, T.G. (1985). ISA Trans. **24,** 61
Ho, M.Y.K. und Rechnitz, G.A. (1985). Biotechnol. Bioeng. **27,** 1634
Ho, M.Y.K. und Rechnitz, G.A. (1987). Anal. Chem. **59,** 536
Hofmann, E. (1984). Enzyme und Bioenergetik, Dynamische Biochemie, Bd. 2, Akademie-Verlag Berlin, S. 13
Honold, F. und Cammann, K. (1987). GBF Monographs **10,** 285
Hopkins, T.R. (1985). Int. Biotechnol. Lab. **3,** 20
Huang, H.S., Kuan, J.W. und Guilbault, G.G. (1977). Clin. Chem. **23,** 671

Huck, H., Schelter-Graf, A. und Schmidt, H.-L. (1984). Bioelectrochem. Bioenerg. **13**, 199
Ianniello, R.M. und Yacynych, A.M. (1981). Anal. Chem. **53**, 2090
Ianniello, R.M. und Yacynych, A.M. (1983). Anal. Chim. Acta **146**, 249
Ianniello, R.M., Lindsay, T.J. und Yacynych, A.M. (1982a). Anal. Chem. **54**, 1980
Ianniello, R.M., Lindsay, T.J. und Yacynych, A.M. (1982b). Anal. Chem. **54**, 1098
Iida, T., Kurube, T., Hisatomi, M. und Mitamura, T. (1986). Proc. 2nd Int. Meeting Chemical Sensors, Bordeaux, S. 592
Ikariyama, Y., Furuki, M. und Aizawa, M. (1983). Proc. Int. Meeting Chemical Sensors, Fukuoka, Elsevier, Amsterdam, S. 693
Ikariyama, Y., Yamauchi, S., Yukiashi, T. und Ushida, H. (1987). Anal. Lett. **20**, 1407
Ikeda, T., Hamada, H., Miki, K. und Senda, M. (1985). Agric. Biol. Chem. **49**, 541
Ikeda, T., Katasho, J., Kamei, M. und Senda, M. (1984). Agric. Biol. Chem. **48**, 1969
Ikeda, T., Miki, K., Fushimi, F. und Senda, M. (1987). Agric. Biol. Chem. **51**, 747
Ishikara, K., Muramoto, N., Fujii, H. und Shinohara, I. (1985). J. Polymer Sci. Polymer Lett. **23**, 531
Ishimori, Y., Yasuda, T., Tsumita, T., Notsuki, M., Koyama, M. und Tadakuma, T. (1984). J. Immunol. Methods **75**, 351
IUPAC and IUB (1973). Enzyme Nomenclature, Recommendations, Elsevier, Amsterdam, Kap. 4
Janata, J. (1975). J. Am. Chem. Soc. **97**, 2914
Janata, J. (1985). Anal. Chem. **57**, 1924
Janata, J. und Huber, R.J. (1980). In: Ion-Selective Electrodes in Analytical Chemistry (Freiser, H., Hrsg.), Bd. 2, Plenum Press, New York, S. 107
Janata, J. und Moss, S. (1976). Biomed. Eng. **11**, 241
Jänchen, M. (1987). Dissertation B, Karl-Marx-Universität Leipzig
Jänchen, M., Pfeiffer, D., Scheller, O. und Scheller, F. (1980). Z. Med. Lab.-Diagn. **21**, 325
Jänchen, M., Walzel, G., Neef, B., Wolf, B., Scheller, F., Kühn, M. und Pfeiffer, D. (1983). Biomed. Biochim. Acta **42**, 1055
Jasaitis, J.J., Razumas, V.J. und Kulys, J.J. (1983). Anal. Chim. Acta **152**, 271
Jensen, M.A. und Rechnitz, G.A. (1978). Anal. Chim. Acta **101**, 125
Jensen, M.A. und Rechnitz, G.A. (1979). J. Membrane Sci. **5**, 117
Johnson, J.M., Halsall, H.B. und Heineman, W.R. (1982). Anal. Chem. **54**, 1394

Johnson, J.M., Halsall, H.B. und Heineman, W.R. (1985). Biochemistry **24**, 1579
Jönsson, G. und Gorton, L. (1985). Biosensors **1**, 355
Joseph, J. (1984). Microchim. Acta **II**, 473
Kamke, E. (1956). Differentialgleichungen, Bd. 1, Akademische Verlagsgesellschaft, Leipzig
Karube, I. (1986). Sci. Technol. Japan, July/Sept., 32
Karube, I. und Tamiya, E. (1986). Proc. 2nd Int. Meeting Chemical Sensors, Bordeaux, S. 588
Karube, I., Matsunaga, T. und Suzuki, S. (1977a). J. Solid-Phase Biochem. **2**, 97
Karube, I., Matsunaga, T. und Suzuki, S. (1979a). Anal. Chim. Acta **109**, 39
Karube, I., Mitsuda, S. und Suzuki, S. (1979b). Eur. J. Appl. Microbiol. Biotechnol. **7**, 343
Karube, I., Okada, T. und Suzuki, S. (1981a). Anal. Chem. **53**, 1952
Karube, I., Okada, T. und Suzuki, S. (1982a). Anal. Chim. Acta **135**, 61
Karube, I., Hara, K., Matsuoka, H. und Suzuki, S. (1982b). Anal. Chim. Acta **139**, 127
Karube, I., Hara, K., Satoh, I. und Suzuki, S. (1979c). Anal. Chim. Acta **106**, 243
Karube, I., Matsunaga, T., Mitsuda, S. und Suzuki, S. (1977b). Biotechnol. Bioeng. **19**, 1535
Karube, I., Matsunaga, T., Nakahara, T. und Suzuki, S. (1981b). Anal. Chem. **53**, 1024
Karube, I., Matsunaga, T., Nakahara, T. und Suzuki, S. (1982c). Anal. Chem. **54**, 1725
Karube, I., Matsunaga, T., Suzuki, S. und Tsuru, S. (1977c). Biotechnol. Bioeng. **19**, 1727
Karube, I., Sogabe, S., Matsunaga, T. und Suzuki, S. (1983). Eur. J. Appl. Microbiol. Biotechnol. **17**, 216
Karube, I., Suzuki, S., Okada, T. und Hikuma, M. (1980a). Biochimie **62**, 567
Karube, I., Tamiga, E., Dicks, J. und Gotoh, M. (1986). Anal. Chim. Acta **185**, 195
Karube, I., Satoh, I., Araki, Y., Suzuki, S. und Yamada, H. (1980b). Enzyme Microb. Technol. **2**, 117
Karube, I., Okada, T., Suzuki, S., Suzuki, H., Hikuma, M. und Yasuda, T. (1982d). Eur. J. Appl. Microbiol. Biotechnol. **15**, 127
Katsu, T., Kanamitsu, M. und Hirota, T. (1986). Chem. Pharm. Bull. **34**, 3968
Kawashima, T. und Rechnitz, G.A. (1976). Anal. Chim. Acta **83**, 9
Kawashima, T., Arima, A., Hatakeyama, N., Taminaga, N. und Ando, H. (1980). J. Chem. Soc. Japan **10**, 1542
Kawashima, T., Tomida, K., Tominaga, N., Kobayashi, T. und Onishi, H. (1984). Chem. Lett. 653
Keating, M.Y. und Rechnitz, G.A. (1983). Analyst **108**, 766

Keating, M.Y. und Rechnitz, G.A. (1984). Anal. Chem. **56**, 801
Kessler, M., Höper, J., Volkholz, H.J., Sailer, D. und Demling, L. (1984). Hepato-Gastroenterol. **31**, 285
Kiang, C.-H., Kuan, S. und Guilbault, G.G. (1978). Anal. Chem. **50**, 1319
Kiesewetter, M., Möricke, R., Wernstedt, J. und Lembke, K. (1985). Vortrag 30. Int. Wiss. Kolloquium, Ilmenau
Kihara, K., Yasukawa, E., Hayashi, M. und Hirose, S. (1984a). Anal. Chim. Acta **159**, 81
Kihara, K., Yasukawa, E., Hayashi, M. und Hirose, S. (1984b). Anal. Chem. **56**, 1376
Kimura, J., Kuriyama, T. und Kawana, Y. (1985). Proc. 2nd Int. Conf. Solid-State Sensors and Actuators, Philadelphia, S. 152
Kirstein, D., Kirstein, L. und Scheller, F. (1985a). Biosensors **1**, 117
Kirstein, D., Scheller, F. und Mohr, P. (1980). Acta Biotechnol. **0**, 65
Kirstein, D., Danielsson, B., Scheller, F. und Mosbach, K. (1987). Proc. 4th Eur. Congr. Biotechnology, Elsevier, Amsterdam, S. 215
Kirstein, D., Scheller, F., Olsson, B. und Johansson, G. (1985b). Anal. Chim. Acta **171**, 345
Kirstein, L. (1987). Dissertation, Humboldt-Universität Berlin
Kitagawa, Y., Tamiya, E. und Karube, I. (1987). Anal. Lett. **20**, 81
Kjellén, K.G. und Neujahr, H.Y. (1980). Biotechnol. Bioeng. **22**, 299
Kleber, H.-P. und Schlee, D. (1987). Biochemie, Bd. 1, Gustav Fischer Verlag Jena
Kobayashi, T. und Laidler, K. (1974). Biotechnol. Bioeng. **16**, 77
Kobayashi, T., Saga, K., Shimizu, S. und Goto, T. (1981). Agric. Biol. Chem. **45**, 1403
Kobos, R.K. (1986). Anal. Lett. **19**, 353
Kobos, R.K. und Pyon, H.Y. (1981). Biotechnol. Bioeng. **23**, 627
Kobos, R.K. und Ramsay, T. (1980). Anal. Chim. Acta **121**, 111
Kobos, R.K. und Rechnitz, G.A. (1977). Anal. Lett. **10**, 751
Kobos, R.K., Rice, D.J. und Flournoy, D.S. (1979). Anal. Chem. **51**, 1122
Kooyman, R.P.H., Kolkman, H. und Greve, J. (1987). GBF Monographs **10**, 295
Koyama, M., Sato, Y., Aizawa, M. und Suzuki, S. (1980). Anal. Chim. Acta **116**, 307
Kress-Rogers, E. (1985). Food Proc., Sept., 37
Kronick, M.N. und Little, W.A. (1973). J. Immunol. Methods **8**, 235
Krull, U.J. und Thompson, M. (1985). Trends Anal. Chem. **4**, 90
Kuan, J.W. und Guilbault, G.G. (1977). Clin. Chem. **23**, 1058
Kuan, J.W., Kuan, S.S. und Guilbault, G.G. (1978). Anal. Chim. Acta **100**, 220
Kubo, I., Karube, I. und Suzuki, S. (1983a). Anal. Chim. Acta **151**, 371

Kubo, I., Osawa, M., Karube, I., Matsuoka, M. und Suzuki, S. (1983b). Proc. Int. Meeting Chemical Sensors, Fukuoka, Elsevier, Amsterdam, S. 660
Kulys, J.J. (1981). Anal. Lett. **14**, 377
Kulys, J.J. (1986). Biosensors **2**, 1
Kulys, J.J. und Čenas, N. (1983). Biochim. Biophys. Acta **744**, 57
Kulys, J.J. und Kadziauskiene, K.-V. (1978). Dokl. Akad. Nauk **239**, 636
Kulys, J.J. und Kadziauskiene, K.-V. (1980). Biotechnol. Bioeng. **22**, 221
Kulys, J.J. und Malinauskas, A. (1979a). Zh. Anal. Khim. **24**, 876
Kulys, J.J. und Malinauskas, A. (1979b). Biotechnol. Bioeng. **21**, 513
Kulys, J.J. und Švirmickas, G.J.S. (1980a). Febs Lett. **114**, 7
Kulys, J.J. und Švirmickas, G.J.S. (1980b). Anal. Chim. Acta **117**, 115
Kulys, J.J. und Vidziunaite, R.A. (1983). Anal. Lett. **16**, 197
Kulys, J.J., Gureviciene, V.V. und Laurinavicius, V.A. (1980). Antibiotiki **25**, 655
Kulys, J.J., Ralis, E.V. und Penkova, R.S. (1979). Priklad. Biokhim. Mikrobiol. **15**, 282
Kulys, J.J., Sorochinskii, V.V. und Vidziunaite, R.A. (1986a). Biosensors **2**, 135
Kulys, J.J., Gureviciene, V.V., Laurinavicius, V.A. (1986b). Biosensors **2**, 35
Kulys, J.J., Čenas, N.K., Švirmickas, G.J.S. und Švirmickiene, V.P. (1982). Anal. Chim. Acta **138**, 19
Kulys, J.J., Laurinavicius, V.V., Pesliakiene, M.W. und Gureviciene, V.A. (1983). Anal. Chim. Acta **148**, 13
Kulys, J.J., Pesliakiene, M.W., Laurinavicius, V.V., Tatikyan, S. und Simonyan, A.L. (1985). Zh. Anal. Khim. **11**, 2077
Kumar, A. und Christian, G.D. (1977). Clin. Chim. Acta **74**, 101
Kuriyama, S. und Rechnitz, G.A. (1981). Anal. Chim. Acta **131**, 91
Kuriyama, S., Arnold, M.A. und Rechnitz, G.A. (1983). J. Membrane Sci. **12**, 269
Kuriyama, T., Nakamoto, S., Kawame, Y. und Kimura, J. (1986). Proc. 2nd Int. Meeting Chemical Sensors, Bordeaux, S. 568
Lang, F., Gstrein, E., Geibel, J., Rehwald, W., Völkl, H. und Oberleithner, H. (1983). Bioelectrochem. Bioenerg. **11**, 365
Lasia, A. (1983). J. Electroanal. Chem. **146**, 397
Laval, J.-M., Bourdillon, C. und Moiroux, J. (1984). J. Am. Chem. Soc. **106**, 4701
Layne, E.C., Schultz, R.D., Thomas, L.J., Slama, G., Sayler, D.F. und Bessman, S.P. (1976). Diabetes **25**, 81
Leypoldt, J.K. und Gough, D.A. (1984). Anal. Chem. **56**, 2896
Libeer, J.C. (1985). J. Clin. Chem. Clin. Biochem. **23**, 645
Liedberg, B., Nylander, C. und Lundström, I. (1983). Sensors Actuat. **4**, 299

Lindberg, A. (1983). Anal. Chim. Acta **152**, 113
Lindh, M., Lindgren, K., Carlström, A. und Masson, P. (1982). Clin. Chem. **28**, 726
Litschko, E. (1988). Poster, 5. Bucher Symposium, Berlin
Liu, C.C., Fryburg, M. und Chen, A. (1982). Bioelectrochem. Bioenerg. **9**, 103
Liu, C.C., Weaver, J.P. und Chen. A. (1981). Bioelectrochem. Bioenerg. **8**, 379
Liu, C.C., Wingard, L.B., Wolfson, S.K., Yao, S.J., Drash, A.L. und Schiller, J.G. (1979). J. Electroanal. Chem. **104**, 19
Lloyd, D., James, K., Williams, J. und Williams, N. (1981). Anal. Biochem. **116**, 17
Lobel, E. und Rishpon, J. (1981). Anal. Chem. **53**, 51
Lowe, C.R. (1986). Vortrag auf dem Discussion Meeting "Biosensors" der Royal Society, London, Mai 1986
Lowe, C.R. und Goldfinch, M.J. (1983). Biochem. Soc. Trans. **11**, 446
Lowe, C.R., Goldfinch, M.J. und Lias, R.J. (1983). Biotech 83, Online Publications, Northwood, S. 633
Lundström, I. (1978). Phys. Scripta **18**, 424
Lundström, I., Spetz, A. und Winquist, F. (1987). Phil. Trans. R. Soc. London **316B**, 47
Lutter, J. (1988). Persönl. Mitteilung.
Lynn, K.R., Chuaqui, C.A. und Clevette-Radford, N.A. (1982). Bioorgan. Chem. **11**, 19
Ma, Y.L. und Rechnitz, G.A. (1985). Anal. Lett. **18**, 1635
Macholán, L. (1979). Coll. Czech. Chem. Commun. **44**, 3033
Macholán, L. und Chmeliková, B. (1986). Anal. Chim. Acta **185**, 187
Macholán, L. und Jilek, M. (1984). Coll. Czech. Chem. Commun. **49**, 752
Macholán, L. und Jilkova, D. (1983). Coll. Czech. Chem. Commun. **48**, 672
Macholán, L. und Konečna, M. (1983). Coll. Czech. Chem. Commun. **48**, 798
Macholán, L. und Schánĕl, L. (1984). Biologia **39**, 1191
Macholán, L., Londyn, P. und Fischer, J. (1981). Coll. Czech. Chem. Commun. **46**, 2871
Malinauskas, A.A. und Kulys, J.J. (1978). Anal. Chim. Acta **98**, 31
Malinauskas, A.A. und Kulys, J.J. (1979). Biotechnol. Bioeng. **21**, 513
Malovik, V., Yaropolov, A. und Varfolomeev, S.D. (1983). Coll. Czech. Chem. Commun. **49**, 1390
Malpiece, Y., Sharan, M., Barbotin, J.-N., Personne, P. und Thomas, D. (1981). J. Biol. Chem. **255**, 6883
Mandenius, C.F., Danielsson, B. und Mattiasson, B. (1981). Biotechnol. Lett. **3**, 629
Mandenius, C.F., Mosbach, K., Welin, S. und Lundström, I. (1986). Anal. Biochem. **157**, 283

Mandenius, C.F., Welin, S., Danielsson, B., Lundström, I. und Mosbach, K. (1984). Anal. Biochem. **137**, 106
Mansson, M.O., Siegbahn, N. und Mosbach, K. (1983). Proc. Natl. Acad. Sci. USA **80**, 1487
Mascini, M. (1987). GBF Monographs **10**, 87
Mascini, M. und Mazzei, F. (1986). Proc. 2nd Int. Meeting Chemical Sensors, Bordeaux, S. 611
Mascini, M. und Memoli, A. (1986). Anal. Chim. Acta **182**, 113
Mascini, M. und Moscone, D. (1986). Anal. Chim. Acta **179**, 439
Mascini, M. und Palleschi, G. (1983a). Anal. Chim. Acta **145**, 213
Mascini, M. und Palleschi, G. (1983b). Anal. Lett. **16**, 1053
Mascini, M., Ianello, M. und Palleschi, G. (1982). Anal. Chim. Acta **138**, 65
Mascini, M., Ianello, M. und Palleschi, G. (1983). Anal. Chim. Acta **146**, 135
Mascini, M., Moscone, D. und Palleschi, G. (1984). Anal. Chim. Acta **157**, 45
Mascini, M., Moscone, D. und Palleschi, G. (1986). Proc. 2nd Int. Meeting Chemical Sensors, Bordeaux, S. 607
Mascini, M., Fortunati, S., Moscone, D. und Palleschi, G. (1985a). Anal. Chim. Acta **171**, 175
Mascini, M., Mazzei, F., Moscone, D., Calabrese, G. und Massi-Benedetti, M. (1987). Clin. Chem. **33**, 591
Mascini, M., Fortunati, S., Moscone, D., Palleschi, G., Massi-Benedetti, M. und Fabietti, P. (1985b). Clin. Chem. **31**, 451
Mason, M. (1983a). J. Assoc. Off. Anal. Chem. **66**, 981
Mason, M. (1983b). J. Am. Soc. Brewing Chem. **40**, 78
Mason, M. (1987). Vortrag Biotec 87, Düsseldorf
Mathot, C., D'Alessandro, P.A., Scher, S. und Rothen, A. (1967). Am. J. Trop. Med. Hyg. **16**, 443
Matsumoto, K., Yamada, K. und Osajima, Y. (1981). Anal. Chem. **53**, 1974
Matsumoto, K., Hamada, O., Ukeda, H. und Osajima, Y. (1985). Agric. Biol. Chem. **49**, 2132
Matsumoto, K., Kamikado, H., Matsubara, H. und Osajima, Y. (1988). Anal. Chem. **60**, 147
Matsumoto, K., Seijo, H., Watanabe, T., Karube, I., Satoh, I. und Suzuki, S. (1979). Anal. Chim. Acta **105**, 429
Matsunaga, T. und Nakajima, T. (1985). Appl. Environ. Microbiol. **50**, 238
Matsunaga, T. und Namba, Y. (1984a). Anal. Chim. Acta **156**, 404
Matsunaga, T. und Namba, Y. (1984b). Anal. Chem. **56**, 798
Matsunaga, T., Karube, I. und Suzuki, S. (1978). Anal. Chim. Acta **99**, 233
Matsunaga, T., Karube, I. und Suzuki, S. (1980a). Eur. J. Appl. Microbiol. Biotechnol. **10**, 125
Matsunaga, T., Karube, I. und Suzuki, S. (1980b). Eur. J. Appl. Microbiol. Biotechnol. **10**, 235

Matsunaga, T., Suzuki, S. und Tomoda, R. (1984a). Enzyme Microb. Technol. **6**, 355
Matsunaga, T., Tomoda, R. und Matsuda, H. (1984b). Appl. Microbiol. Biotechnol. **19**, 404
Matsunaga, T., Karube, I., Nakahara, T. und Suzuki, S. (1981). Eur. J. Appl. Microbiol. Biotechnol. **12**, 97
Mattiasson, B. (1977). Febs. Lett. **77**, 107
Mattiasson, B. (1984). Trends Anal. Chem. **3**, 245
Mattiasson, B. und Danielsson, B. (1982). Carbohyd. Res. **102**, 273
Mattiasson, B. und Nilsson, H. (1977). Febs Lett. **78**, 251
Mattiasson, B., Danielsson, B. und Mosbach, K. (1976). Anal. Lett. **9**, 217
Mattiasson, B., Nilsson, H. und Olsson, B. (1979). J. Appl. Biochem. **1**, 377
Mattiasson, B., Larsson, P.-O., Lindahl, L. und Sahlin, P. (1982). Enzyme Microb. Technol. **4**, 153
McCann, J. (1987). World Biotech Rep. **1**, Teil 2, 41
Meyerhoff, M.E. und Rechnitz, G.A. (1976). Anal. Chim. Acta **85**, 277
Meyerhoff, M.E. und Rechnitz, G.A. (1979). Anal. Biochem. **95**, 483
Miki, K., Ikeda, T. und Senda, M. (1985). Rev. Polarogr. Japan **31**, 53
Mindner, K., Flemming, C. und Langhammer, G. (1978). Z. Med. Lab.-Diagn. **19**, 222
Mindt, W., Racine, P. und Schläpfer, P. (1971). Schweiz. Pat. 13 211
Mindt, W., Racine, P. und Schläpfer, P. (1973). Ber. Bunsenges. Phys. Chem. **47**, 804
Miner, D.J., Rice, J.R., Riggin, R.M. und Kissinger, P.T. (1981). Anal. Chem. **53**, 2258
Miyahara, Y., Morizumi, T. und Ichimura, K. (1985). Sensors Actuat. **7**, 1
Miyahara, Y., Matsu, F., Shiokawa, S., Morizumi, T., Matsuoka, H., Karube, I. und Suzuki, S. (1983). Proc. Int. Meeting Chemical Sensors, Fukuoka, Elsevier, Amsterdam, S. 21
Mizutani, F. (1982). Jap. Pat. 006 961
Mizutani, F. und Tsuda, K. (1982). Anal. Chim. Acta **134**, 359
Mizutani, F., Sasaki, K. und Shimura, Y. (1983). Anal. Chem. **55**, 35
Mizutani, F., Yamanaka, T., Tanabe, Y. und Tsuda, K. (1985). Anal. Chim. Acta **177**, 153
Mizutani, F., Tsuda, K., Karube, I., Suzuki, S. und Matsumoto, K. (1980). Anal. Chim. Acta **118**, 65
Mohr, P., Scheller, F., Renneberg, R., Kühn, M., Pommerening, K., Schubert, F. und Scheler, W. (1984). In: Cytochrome P-450 (Ruckpaul, K. und Rein, H., Hrsg.), Akademie-Verlag Berlin, S. 370
Mor, J.-R. und Guarnaccia, R. (1977). Anal. Biochem. 319
Morizuma, T., Takatsu, L. und Ono, K. (1986). Proc. 2nd Int. Meeting Chemical Sensors, Bordeaux, S. 641
Mosbach, K. (1977). US Pat. 4021 307

Mosbach, K., Blaedel, W.J., Laval, J.-M., Bourdillon, C. und Moiroux, J. (1984). J. Am. Chem. Soc. **106**, 4701
Mottola, H.A. (1983). Anal. Chim. Acta **145**, 27
Mueller, P., Rudin, D.O., TiTien, H. und Wescott, W.C. (1962). Nature **194**, 979
Mullen, W.H. (1986). Anal. Chim. Acta **183**, 59
Mullen, W.H., Churchhouse, S.J. und Vadgama, P.M. (1985). Analyst **110**, 952
Mullen, W.H., Churchhouse, S.J., Keedy, F.H. und Vadgama, P.M. (1986). Clin. Chim. Acta **157**, 191
Müller, A., Abel, P. und Fischer, U. (1986). Biomed. Biochim. Acta **45**, 769
Murakami, T., Takamoto, S., Kimura, I., Kuriyama, T. und Karube, I. (1986). Anal. Lett. **19**, 1973
Muramatsu, H., Dicks, J. M., Tamiya, E. und Karube, I. (1987). Anal. Chem. **59**, 2760
Muramatsu, H., Kajiwara, K., Tamiya, E. und Karube, I. (1986). Anal. Chim. Acta **188**, 257
Murray, R.W. (1984). J. Electroanal. Chem. **13**, 191
Nagy, G., Rice, M.E. und Adams, R.N. (1982). Life Sci. **31**, 2611
Nagy, G., von Storp, L.H. und Guilbault, G.G. (1973). Anal. Chim. Acta **66**, 443
Nakako, M., Hanazato, Y., Maeda, M. und Shiono, S. (1986). Anal. Chim. Acta **185**, 179
Nakamoto, S., Kimura, J. und Kuriyama, T. (1987). GBF Monographs **10**, 289
Nakamura, K., Nankai, S. und Iijima, T. (1980). Natl. Tech. Rep. **26**, 497
Nanjo, M. und Guilbault, G.G. (1974a). Anal. Chem. **46**, 1769
Nanjo, M. und Guilbault, G.G. (1974b). Anal. Chim. Acta **73**, 367
Nentwig, J., Scheller, F., Weise, H. und Pfeiffer, D. (1986). DDR Pat. G 01 N 2778 884
Neujahr, H.Y. (1980). Biotechnol. Bioeng. **22**, 913
Neujahr, H.Y. (1982). Appl. Biochem. Biotechnol. **7**, 107
Neujahr, H.Y. und Kjellén, K.G. (1979). Biotechnol. Bioeng. **21**, 671
Newman, A.L., Hunter, K.W. und Stanbro, W.D. (1986). Proc. 2nd Int. Meeting Chemical Sensors, Bordeaux, S. 596
Newman, D.P. (1976). US Pat. 3979 274
Ngeh-Ngwainbi, J., Foley, P.H., Kuan, S.S. und Guilbault, G.G. (1986a). J. Am. Chem. Soc. **108**, 5444
Ngeh-Ngwainbi, J., Foley, P.H., Jordan, J.M., Guilbault, G.G. und Palleschi, G. (1986b). Proc. 2nd Int. Meeting Chemical Sensors, Bordeaux, S. 515
Ngo, T.T. (1987). Electrochemical Sensors in Immunological Analysis, Plenum Press, New York

Ngo, T.T. und Lenhoff, H.M. (1980). Anal. Lett. **13**, 1157
Ngo, T.T., Bovaird, J. und Lenhoff, H.M. (1985). Appl. Biochem. Biotechnol. **11**, 63
Nilsson, H., Akerlund, A.-C. und Mosbach, K. (1973). Biochim. Biophys. Acta **320**, 529
Nilsson, N.J., Mosbach, K., Enfors, S.-O. und Molin, N. (1978). Biotechnol. Bioeng. **20**, 527
Nishikawa, S., Sakai, S., Karube, I., Matsunaga, T. und Suzuki, S. (1982). Appl. Environ. Microbiol. **43**, 814
Niwa, M., Itoh, K., Nagata, A. und Osawa, H. (1981). Tokai J. Exp. Clin. Med. **6**, 403
Noma, A. und Nakayama, K. (1976). Clin. Chim. Acta **73**, 487
Nylander, C., Liedberg, B. und Lund, T. (1982). Sensors Actuat. **3**, 79
Oellerich, M. (1980). J. Clin. Chem. Clin. Biochem. **18**, 197
Ögren, L. und Johansson, G. (1978). Anal. Chim. Acta **96**, 1
Ögren, L., Csiky, L., Risinger, L., Nilsson, L.G. und Johansson, G. (1980). Anal. Chim. Acta **117**, 71
Okada, T., Karube, I. und Suzuki, S. (1982). Eur. J. Appl. Microbiol. Biotechnol. **14**, 149
Okada, T., Karube, I. und Suzuki, S. (1983). Biotechnol. Bioeng. **25**, 1641
Okamoto, M., Sakai, T. und Hayashi, K. (1987). Biosystems **21**, 1
Olsson, B. (1987). Persönl. Mitteilung
Olsson, B., Stalbom, B. und Johansson, G. (1986a). Anal. Chim. Acta **179**, 203
Olsson, B., Lundbäck, H., Johansson, G., Scheller, F. und Nentwig, J. (1986b). Anal. Chem. **58**, 1046
Opitz, N. und Lübbers, D.W. (1987). GBF Monographs **10**, 207
Osawa, H., Akiyama, S. und Hamada, T. (1981). Proc. 1st Sensor Symp., Fukuoka, S. 163
Özisik, M.N. (1980). Heat Conduction, Wiley, New York, Kap. 6
Pacáková, V., Štulik, K., Brabcová, D. und Barthová, J. (1984). Anal. Chim. Acta **159**, 71
Papariello, G.J., Mukherji, A.K. und Shearer, A.K. (1973). Anal. Chem. **45**, 790
Pascual, C., Pascual, R. und Kotyk, A. (1982). Anal. Biochem. **123**, 205
Pedersen, H. und Horvath, C. (1981). Appl. Biochem. Bioeng. **3**, 1
Pfeiffer, D., Scheller, F., Schubert, F. und Weise, H. (1987). Studia Biophys. **119**, 183
Pfeiffer, D., Ralis, E.V., Makower, A., Meiske, C. und Scheller, F. (1988). J. Chem. Technol. Biotechnol., im Druck
Pfeiffer, D., Scheller, F., Jänchen, M., Bertermann, K. und Weise, H. (1980). Anal. Lett. **13**, 1179

Pickup, J.C. (1987). Proc. 2nd Int. Conf. Bio 87 Sensing and Control, London, S. 23

Pilloton, R., Mascini, M., Casella, I., Festo, M. und Bottari, E. (1987). Anal. Lett. **20**, 1803

Pinkerton, T. und Lawson, B. (1982). Clin. Chem. **28**, 1946

Place, J.F., Sutherland, R.M. und Dähne, C. (1985). Biosensors **1**, 321

Posadaka, P. und Macholán, L. (1979). Coll. Czech. Chem. Commun. **44**, 3395

Racek, J. und Musil, J. (1987). Clin. Chim. Acta **162**, 129

Racine, P., Klenk, H.-O. und Kochsiek, K. (1975). Z. Klin. Chem. Klin. Biochem. **13**, 533

Raghavan, K.G. und Ramakrishnan, V. (1986). Biotechnol. Bioeng. **28**, 1611

Raghavan, K.G., Devasagayam, T.P.A. und Ramakrishnan, V. (1986). Anal. Lett. **19**, 163

Rahni, M.A.N., Guilbault, G.G. und de Olivera, N.G. (1986a). Anal. Chem. **58**, 523

Rahni, M.A.N., Guilbault, G.G. und de Olivera, N.G. (1986b). Anal. Chim. Acta **181**, 219

Rapoport, S.M. (1977). Medizinische Biochemie, 7. Aufl., Verlag Volk und Gesundheit, Berlin, S. 127

Rawson, D.M., Willmer, A.J. und Cardosi, M.F. (1987). Toxicity Assess. **2**, 325

Ray, J., Shinich, T. und Lerner, R. (1979). Nature **279**, 215

Razumas, V.J., Jasaitis, J.J. und Kulys, J.J. (1984). Bioelectrochem. Bioenerg. **12**, 297

Razumas, V.J., Kulys, J.J. und Malinauskas, A.A. (1981). Environ. Sci. Technol. **15**, 360

Rea, P.A., Rolfe, P. und Goddard, P.J. (1985). Med. Biol. Eng. Comput. **23**, 108

Rechnitz, G.A. (1981). Science **214**, 287

Rechnitz, G.A. (1987). GBF Monographs **10**, 3

Rechnitz, G.A., Arnold, M.A. und Meyerhoff, M.E. (1979). Nature **278**, 466

Rechnitz, G.A., Kobos, R.K., Riechel, T.L. und Gebauer, G.R. (1977). Anal. Chim. Acta **94**, 357

Rechnitz, G.A., Riechel, T.L., Kobos, R.K. und Meyerhoff, M.E. (1978). Science **199**, 440

Reitnauer, P.G. (1972). DDR Pat. 101 229

Reitnauer, P.G. (1977). Z. Med. Lab.-Diagn. **18**, 60

Renneberg, R. (1988). Dissertation B, Akademie der Wissenschaften der DDR, Berlin

Renneberg, R., Riedel, K. und Scheller, F. (1985). Appl. Microbiol. Biotechnol. **21**, 180

Renneberg, R., Schößler, W. und Scheller, F. (1983a). Anal. Lett. **16**, 1279

Renneberg, R., Schubert, F. und Scheller, F. (1986). Trends Biochem. Sci. **11**, 216

Renneberg, R., Pfeiffer, D., Scheller, F. und Jänchen, M. (1982). Anal. Chim. Acta **134**, 359

Renneberg, R., Riedel, K., Liebs, P. und Scheller, F. (1984). Anal. Lett. **17**, 349

Renneberg, R., Scheller, F., Riedel, K., Litschko, E. und Richter, M. (1983b). Anal. Lett. **16**, 877

Richmond, W. (1973). Clin. Chem. **19**, 1350

Riechel, T. und Rechnitz, G.A. (1978). J. Membrane Sci. **4**, 243

Riedel, K. und Scheller, F. (1987). Analyst **112**, 341

Riedel, K., Kühn, M. und Scheller, F. (1985a). Studia Biophys. **107**, 189

Riedel, K., Liebs, P. und Renneberg, R. (1985b). J. Basic Microbiol. **1**, 51

Riedel, K., Renneberg, R., Liebs, P. und Kaiser, G. (1987). Studia Biophys. **119**, 163

Riedel, K., Weise, H., Hundertmark, J. und Quade, A. (1984). 2. Heiligenstädter Kolloquium: Wissenschaftliche Geräte für die Biotechnologie (Lauckner, G. und Beckmann, D., Hrsg.), Heiligenstadt, S. 333

Riedel, K., Renneberg, R., Kleine, R., Krüger, M. und Scheller, F. (1988). Appl. Microbiol. Biotechnol., im Druck

Rigin, V.J. (1978). Zh. Anal. Khim. **33**, 1623

Roberts, G.G. (1983). Sensors Actuat. **4**, 131

Robinson, G.A., Martinazzo, G. und Forrest, G.C. (1986a). J. Immunoassay **7**, 1

Robinson, G.A., Cole, V.M., Rattle, S.J. und Forrest, G.C. (1986b). Biosensors **2**, 45

Robinson, G.A., Hill, H.A.O., Philo, R.D., Gear, J.M., Rattle, S.J. und Forrest, G.C. (1985). Clin. Chem. **31**, 1449

Roederer, J.E. und Bastiaans, G.J. (1983). Anal. Chem. **55**, 2333

Romette, J.L. (1987). GBF Monographs **10**, 81

Romette, J.L., Froment, B. und Thomas, D. (1979). Clin. Chim. Acta **95**, 249

Romette, J.L., Yang, S., Kusakabe, H. und Thomas, D. (1983). Biotechnol. Bioeng. **25**, 2557

Rothen, A. (1947). J. Biol. Chem. **168**, 75

Rothen, A. und Mathot, C. (1971). Helv. Chim. Acta **54**, 1208

Rothen, A., Mathot, C. und Thiele, E.H. (1969). Experientia **25**, 420

Ruslings, J.P., Luttrell, G.H., Cullon, L.R. und Papariello, G.J. (1976). Anal. Chem. **48**, 1211

Ružička, J. und Hansen, E. (1974). Anal. Chim. Acta **69**, 129

Santhanam, K., Jespersen, N. und Bard, A.J. (1977). J. Am. Chem. Soc. **99**, 274

Satoh, I., Danielsson, B. und Mosbach, K. (1981). Anal. Chim. Acta **131**, 255

Satoh, I., Karube, I. und Suzuki, S. (1976). Biotechnol. Bioeng. **18**, 269

Satoh, I., Karube, I. und Suzuki, S. (1977). Biotechnol. Bioeng. **19**, 1095

Satoh, I., Karube, I., Suzuki, S. und Aikawa, K. (1979). Anal. Chim. Acta **106**, 369

Schär, H.-P. und Ghisalba, O. (1985). Biotechnol. Bioeng. **27**, 897

Scheler, W. (1985). Allgemeine und spezielle Pharmakologie (Markwardt, F., Hrsg.), 5. Aufl., Verlag Volk und Gesundheit, Berlin

Scheller, F. und Karsten, C. (1983). Anal. Chim. Acta **155**, 29

Scheller, F. und Pfeiffer, D. (1978). Z. Chem. **18**, 50

Scheller, F. und Pfeiffer, D. (1980). Anal. Chim. Acta **117**, 383

Scheller, F. und Renneberg, R. (1982). In: Biological Electrochemistry, Bd. 1 (Dryhurst, G., Kadish, K., Scheller, F. und Renneberg, R., Hrsg.), Academic Press, New York, S. 398

Scheller, F. und Renneberg, R. (1983). Anal. Chim. Acta **152**, 265

Scheller, F. und Strnad, G. (1982). Adv. Chem. Ser. **201**, 219

Scheller, F., Renneberg, R. und Schubert, F. (1988). Methods Enzymol. **137**, 42

Scheller, F., Schubert, F., Pfeiffer, D. und Renneberg, R. (1987a). Enzyme Eng. **8**, 240

Scheller, F., Siegbahn, N., Danielsson, B. und Mosbach, K. (1985a). Anal. Chem. **57**, 1740

Scheller, F., Schubert, F., Olsson, B., Gorton, L. und Johansson, G. (1986a). Anal. Lett. **19**, 1691

Scheller, F., Wollenberger, U., Schubert, F., Pfeiffer, D. und Bogdanovskaya, V.A. (1987b). GBF Monographs **10**, 39

Scheller, F., Pfeiffer, D., Seyer, I., Kirstein, D., Schulmeister, Th. und Nentwig, J. (1983a). Bioelectrochem. Bioenerg. **11**, 155

Scheller, F., Schubert, F., Renneberg, R., Müller, H.-G., Jänchen, M. und Weise, H. (1985b). Biosensors **1**, 135

Scheller, F., Kirstein, D., Kirstein, L., Schubert, F., Wollenberger, U., Olsson, B., Gorton, L. und Johansson, G. (1987c). Phil. Trans. R. Soc. London **316B**, 85

Scheller, F., Wollenberger, U., Schubert, F., Pfeiffer, D., Renneberg, R., Jänchen, M., Walzel, G., Weise, H. und Bertermann, K. (1983b). Priklad. Biokhim. Mikrobiol. **18**, 454

Scheller, F., Pfeiffer, D., Kühn, M., Hamann, H., Fahrenbruch, B., Klimes, N., Nentwig, J., Möricke, R., Kiesewetter, M., Jänchen, M., Scholz, P., Müller, E., Uffrecht, E., Brunner, J. und Hanke, G. (1986b). Z. Klin. Med. **41**, 565

Schelter-Graf, A., Schmidt, H.-L. und Huck, H. (1984). Anal. Chim. Acta **163**, 299

Schindler, J.G. und Schindler, M.M. (1983). Bioelektrochemische Membranelektroden, Walter de Gruyter, Berlin, New York
Schindler, J.G. und von Gülich, M. (1981). Fres. Z. Anal. Chem. **308**, 434
Schläpfer, P., Mindt, W. und Racine, P. (1974). Clin. Chim. Acta **57**, 283
Schmid, R.D. (1985). Appl. Microbiol. Biotechnol. **22**, 157
Schmidt, H., Kirsam, G. und Grenner, G. (1976). Biochim. Biophys. Acta **429**, 283
Schubert, F. (1983). Dissertation, Akademie der Wissenschaften der DDR, Berlin
Schubert, F. und Scheller, F. (1983). DDR Pat. 228 825
Schubert, F. und Scheller, F. (1988a). Methods Enzymol. **137**, 152
Schubert, F. und Scheller, F. (1988b). DDR Pat. WP C 12 Q/315 7391
Schubert, F. und Weigelt, D. (1986). Unveröffentlicht
Schubert, F., Scheller, F. und Kirstein, D. (1982a). Anal. Chim. Acta **141**, 15
Schubert, F., Wollenberger, U. und Scheller, F. (1983). Biotechnol. Lett. **5**, 239
Schubert, F., Kirstein, D., Scheller, F. und Mohr, P. (1980). Anal. Lett. **13**, 1167
Schubert, F., Kirstein, D., Schröder, K.-L. und Scheller, F. (1985a). Anal. Chim. Acta **169**, 391
Schubert, F., Renneberg, R., Scheller, F. und Kirstein, L. (1984). Anal. Chem. **56**, 1677
Schubert, F., Scheller, F., Mohr, P. und Scheler, W. (1982b). Anal. Lett. **15**, 681
Schubert, F., Wollenberger, U., Scheller, F. und Müller, H.-G. (1988). In: Biosensors and Bioelectronic Systems (Wise, D.L., Hrsg.), CRC Press, Boca Raton, im Druck
Schubert, F., Kirstein, D., Scheller, F., Abraham, M. und Boross, L. (1985b). Acta Biotechnol. **5**, 375
Schubert, F., Kirstein, D., Scheller, F., Abraham, M. und Boross, L. (1986a). Anal. Lett. **19**, 2155
Schubert, F., Kirstein, D., Scheller, F., Appelqvist, R., Gorton, L. und Johansson, G. (1986b). Anal. Lett. **19**, 1273
Schulmeister, Th. (1987a). Anal. Chim. Acta **198**, 223
Schulmeister, Th. (1987b). Anal. Chim. Acta **201**, 305
Schulmeister, Th. und Scheller, F. (1985a). Anal. Chim. Acta **171**, 111
Schulmeister, Th. und Scheller, F. (1985b). Anal. Chim. Acta **170**, 279
Schultz, J. und Sims, G. (1979). Biotechnol. Bioeng. Symp. **9**, 65
Seegopaul, P. und Rechnitz, G.A. (1983). Anal. Chem. **55**, 1929
Seifert, M., Tiefenthaler, K., Heuberger, K., Lukosz, W. und Mosbach, K. (1986). Anal. Lett. **19**, 205

Seitz, R. (1984). Anal. Chem. **56**, 16A
Seitz, R., Cole, T. und Mullin, J. (1982). 11th Int. Congr. Clinical Chemistry, Walter de Gruyter, Berlin, New York, S. 1083
Senda, M. (1988). Abstr. Int. BioSymposium Nagoya, S. 65
Shaojun, D., Baifeng, L. und Jun, B. (1985). Scientia Sinica Ser. B **28**, 13
Shichiri, M. (1987). GBF Monographs **10**, 95
Shichiri, M., Kawamori, R., Hakui, N., Asakawa, N., Yamasaki, Y. und Abe, H. (1984). Biomed. Biochim. Acta **43**, 561
Shimura, T., Nakamura, T., Kawakami, A., Haga, M. und Kato, Y. (1986). Chem. Pharm. Bull. **34**, 5020
Shinbo, T., Sugiura, M. und Kamo, N. (1979). Anal. Chem. **51**, 100
Shiono, Ŝ., Hanazato, Y. und Nakako, M. (1986). Anal. Sci. **2**, 517
Shiono, S., Hanazato, Y., Nakako, M. und Maeda, M. (1987). GBF Monographs **10**, 291
Shons, A., Dorman, F. und Najarian, J. (1972). J. Biomed. Mater. Res. **6**, 565
Shu, R. und Wilson, G.S. (1976). Anal. Chem. **48**, 1679
Sidwell, J.S. und Rechnitz, G.A. (1985). Biotechnol. Lett. **7**, 419
Sidwell, J.S. und Rechnitz, G.A. (1986). Biosensors **2**, 221
Silver, I.A. (1976). In: Ion and Enzyme Electrodes in Biology and Medicine (Kessler, M., Clark, L.C., Lübbers, D., Silver, I.A. und Simon, W., Hrsg.), Urban und Schwarzenberg, München, S. 189
Simon, W. (1987). GBF Monographs **10**, 13
Smit, N. und Rechnitz, G.A. (1984). Biotechnol. Lett. **6**, 209
Smith, A.G. und Brooks, C.J.W. (1976). J. Steroid Biochem. **7**, 705
Smith, G.D. (1965). Numerical Solution of Partial Differential Equations, Oxford University Press, London
Smith, V.J. (1987). Anal. Chem. **59**, 2259
Solsky, R.L. und Rechnitz, G.A. (1981). Anal. Chim. Acta **123**, 135
Sonawat, H.M., Phadke, R.S. und Govil, G. (1984). Biotechnol. Bioeng. **26**, 1066
Soutter, W.P., Sharp, F. und Clark, D.M. (1978). Brit. J. Anaesth. **40**, 445
Srinivasan, K.R., Mansouri, S. und Schulz, J.S. (1986). Biotechnol. Bioeng. **28**, 233
Stanley, C.J., Paris, F., Plumb, A., Webb, A. und Johansson, A. (1985). Int. Biotechnol. Lab. **3**, 46
Stenberg, M. und Nygren, H.N. (1982). Anal. Biochem. **127**, 183
Štefanac, Z. und Simon, W. (1966). Chimia **20**, 436
Sternson, L.A. (1974). Anal. Chem. **46**, 2228
Stow, R. und Randall, B. (1973). Am. J. Physiol. **33**, 97
Stoylova, E., Iliev, I. und Nedev, K. (1986). Proc. 4th Symp. Biotechnology, Varna, S. 298

Strand, S.E. und Carlson, D.A. (1984). J. Water Pollut. Control Fed. **56**, 464

Strassner, W. (1980). Laborwerte und ihre klinische Bedeutung. 4. Aufl., Verlag Volk und Gesundheit, Berlin

Suaud-Chagny, M. und Goup, F. (1986). Anal. Chem. **58**, 412

Suaud-Chagny, M. und Pujol, J. (1985). Analusis **13**, 25

Sugawara, M., Kojima, K., Sazawa, H. und Umezawa, Y. (1987). Anal. Chem. **59**, 2842

Sundaram, P. und Jayonne, B. (1979). Clin. Chim. Acta **94**, 309

Sutherland, R.M., Dähne, C. und Place, J.F. (1984). Anal. Lett. **17**, 43

Sutherland, R., Frevert, J., Place, J.F., Kuoell, H., Begnard, A., Dähne, C., Revillet, G. und Hybl, E. (1987). GBF Monographs **10**, 305

Suva, R., Rimer, V., Brandt, S., Madou, M. und Ross, R. (1986). Proc. 2nd Int. Meeting Chemical Sensors, Bordeaux, S. 542

Suzuki, S. und Karube, I. (1979). Ann. N. Y. Acad. Sci. **326**, 255

Suzuki, S. und Karube, I. (1980). Proc. 6th Int. Fermentation Symp., London (Canada), Bd. 3, S. 355

Szuminski, M., Chen, A. und Liu, C.C. (1984). Biotechnol. Bioeng. **26**, 642

Tabata, M. und Murachi, T. (1983). Biotechnol. Bioeng. **25**, 3013

Tabata, M., Endo, J. und Murachi, T. (1981). J. Appl. Biochem. **3**, 84

Takatsu, I. und Morizuma, T. (1987). Sensors Actuat. **11**, 309

Thevenot, D.R. (1982). Diabetes Care **5**, 184

Thevenot, D.R., Sternberg, R. und Coulet, P.R. (1982). Diabetes Care **5**, 203

Thevenot, D.R., Sternberg, R., Coulet, P.R., Laurent, J. und Gautheron, D.C. (1979). Anal. Chem. **51**, 96

Thiele, H.J. und Wolf, K. (1985). In: Das Gesundheitswesen der DDR (ISOG, Hrsg.), Berlin

Thompson, M., Krull, U.J. und Bendell-Young, L.J. (1983). Talanta **30**, 919

Thompson, M., Dorn, W.H., Krull, U.J., Tauskela, J.S., Vanderberg, E.T. und Wong, H. (1986). Anal. Chim. Acta **180**, 251

Tijssen, P. (1985). Practice and Theory of Enzyme Immunoassay, Elsevier, Amsterdam

Tokinaga, D., Kobayashi, T., Katori, A., Karasawa, Y. und Yasuda, K. (1984). Proc. Int. Meeting Chemical Sensors, Fukuoka, Elsevier, Amsterdam, S. 626

Torstensson, A., Johansson, G., Mansson, M.-O., Larsson, P. und Mosbach, K. (1980). Anal. Lett. **13**, 837

Toul, Z. und Macholán, L. (1975). Coll. Czech. Chem. Commun. **40**, 2208

Toyota, T., Kuan, S. und Guilbault, G.G. (1985). Anal. Chem. **57**, 1925

Tran-Minh, C. und Beaux, J. (1979). Anal. Chem. **51**, 92

Tran-Minh, C. und Broun, G. (1975). Anal. Chem. **47**, 1359

Tran-Minh, C. und Vallin, D. (1978). Anal. Chem. **50**, 1874

Tran-Minh, C., Yamani, H. und Abdul, M. (1986). Proc. 2nd Int. Meeting Chemical Sensors, Bordeaux, S. 615

Traylor, P., Kmetec, E. und Johnson, J. (1977). Anal. Chem. **49**, 789
Tschannen, R., Hoeren, R. und Schröder, N. (1987). Biotechnologie **2**, 18
Tsuchida, T. und Yoda, K. (1981). Enzyme Microb. Technol. **3**, 326
Tsuchida, T. und Yoda, K. (1982). J. Chem. Soc. Japan, 1361
Tsuchida, T. und Yoda, K. (1983). Clin. Chem. **29**, 51
Tsuchida, T., Takasugi, H., Yoda, K., Takizawa, K. und Kobayashi, S. (1985). Biotechnol. Bioeng. **27**, 837
Turner, A.P.F. (1985). Proc. Biotech Europe, Online Publications, Pinner, S. 181
Turner, A.P.F., D'Costa, E.J. und Higgins, I.J. (1987). Enzyme Eng. **8**, 281
Turner, A.P.F., Aston, W.J., Higgins, I.J., Bell, J., Colby, J., Davis, G. und Hill, H.A.O. (1984). Anal. Chim. Acta **163**, 161
Uchiyama, S. und Rechnitz, G.A. (1987). Anal. Lett. **20**, 451
Uchiyama, S., Sato, Y., Tofuku, Y. und Suzuki, S. (1987). J. Electrochem. Soc. **134**, 501C
Umana, M. und Waller, J. (1986). Anal. Chem. **58**, 2979
Umezawa, Y. (1983). Proc. Int. Meeting Chemical Sensors, Fukuoka, Elsevier, Amsterdam, S. 705
Umezawa, Y., Sofue, S. und Takamoto, Y. (1982). Anal. Lett. **15**, 135
Updike, S.J. und Hicks, G.P. (1967). Nature **214**, 986
Updike, S.J. und Treichel, J. (1979). Anal. Chem. **51**, 1643
Vadgama, P.M., Alberti, K.G.M.M. und Covington, A.K. (1982). Anal. Chim. Acta **136**, 403
Van der Schoot, B.H. und Bergveld, P. (1987/88). Biosensors **3**, 161
Varfolomeev, S.D. und Bachurin, S.O. (1984). J. Mol. Catal. **27**, 305
Varfolomeev, S.D. und Berezin, I.V. (1978). J. Mol. Catal. **4**, 387
Varfolomeev, S.D., Bachurin, S.O. und Nagui, A. (1980). J. Mol. Catal. **9**, 223
Verduyn, C., van Dijken, J. und Scheffers, W. (1983). Biotechnol. Bioeng. **25**, 1049
Verduyn, C., Zomerdijk, T., van Dijken, J. und Scheffers, W. (1984). Appl. Microbiol. Biotechnol. **19**, 181
Vidziunaite, R. und Kulys, J.J. (1985). Trud. Akad. Nauk Lit. SSR Ser. C **2(90)**, 84
Vincké, B.J., Devleeschouwer, M.J. und Patriarche, G.J. (1983a). J. Pharm. Belg. **38**, 225
Vincké, B.J., Devleeschouwer, M.J. und Patriarche, G.J. (1983b). Anal. Lett. **16**, 673
Vincké, B.J., Devleeschouwer, M.J. und Patriarche, G.J. (1985a). Anal. Lett. **18**, 593
Vincké, B.J., Devleeschouwer, M.J. und Patriarche, G.J. (1985b). J. Pharm. Belg. **40**, 357

Vincké, B.J., Devleeschouwer, M.J. und Patriarche, G.J. (1985c). Anal. Lett. **18**, 1593
Vincké, B.J., Devleeschouwer, M.J., Dony, J. und Patriarche, G.J. (1984). Int. J. Pharm. **21**, 265
Vorberg, S. und Schöpp, W. (1985). Fres. Z. Anal. Chem. **320**, 48
Vorlop, K., Beck, J. und Klein, J. (1983). Biotechnol. Lett. **5**, 509
Walters, R.R., Moriarty, B.E. und Buck, R.P. (1980). Anal. Chem. **52**, 1680
Wasa, T., Akimoto, K., Ueda, K. und Yao, T. (1984a). Bunseki Kagaku **33**, 471
Wasa, T., Akaimoto, K., Yao, T. und Murao, S. (1984b). Nippon Kagaku Kaishi **9**, 1397
Watanabe, E., Endo, H., Hayashi, T. und Toyama, K. (1986). Biosensors **2**, 235
Watanabe, E., Ogura, T., Toyama, K., Karube, I., Matsuoka, H. und Suzuki, S. (1984). Enzyme Microb. Technol. **6**, 207
Watson, B. und Keyes, M. (1976). Anal. Lett. **9**, 713
Watson, L.D., Maynard, P., Cullen, D.C., Sethi, R.S., Brettle, J. und Lowe, C.R. (1987/88). Biosensors **3**, 101
Weaver, J., Cooney, C., Fulton, S., Schüler, S. und Tannenbaum, S. (1976). Biochim. Biophys. Acta **452**, 285
Weaver, M.R. und Vadgama, P.M. (1986). Clin. Chim. Acta **155**, 295
Weber, S.G. und Purdy, W.C. (1979). Anal. Lett. **12**, 1
Weetall, H.H. (1976). Methods Enzymol. **44**, 134
Wehmeyer, K.R., Halsall, H.B. und Heineman, W.R. (1982). Clin. Chem. **28**, 1968
Wehmeyer, K.R., Halsall, H.B., Heineman, W.R., Volle, C.P. und Chen, J.W. (1986). Anal. Chem. **58**, 135
Weigelt, D. (1987). Dissertation, Humboldt-Universität Berlin
Weigelt, D., Schubert, F. und Scheller, F. (1987a). Analyst **112**, 1155
Weigelt, D., Schubert, F. und Scheller, F. (1987b). Fres. Z. Anal. Chem. **328**, 259
Weigelt, D., Schubert, F. und Scheller, F. (1988). Anal. Lett. **21**, 225
Weil, M.H., Leavy, J.A., Rackow, E.C., Halfman, C.J. und Bruno, S.J. (1986). Clin. Chem. **32**, 2175
Weise, H. und Scheller, F. (1979). Lebensmittelind. **26**, 206
Weise, H. und Scheller, F. (1981). Lebensmittelind. **28**, 491
Weise, H., Kreibich, G. und Scheller, F. (1987). Acta Biotechnol. **7**, 61
Welin, S., Elwing, H., Arwin, H., Lundström, I. und Wikström, M. (1984). Anal. Chim. Acta **163**, 263
Wieck, H., Heider, G.H. und Yacynych, A.M. (1984). Anal. Chim. Acta **158**, 137
Williams, D.L., Doig, A.R. und Korosi, A. (1970). Anal. Chem. **42**, 118

Wingard, L.B. (1983). Fed. Proc. **42**, 288
Wingard, L.B. (1984). Trends Anal. Chem. **3**, 235
Wingard, L.B. (1987). GBF Monographs **10**, 133
Wingard, L.B., Liu, C.C., Wolfson, S.K., Yao, S.J. und Drash, A.L. (1982). Diabetes Care **5**, 199
Winquist, F., Lundström, I. und Danielsson, B. (1986). Anal. Chem. **58**, 145
Winquist, F., Spetz, A., Lundström, I. und Danielsson, B. (1984). Anal. Chim. Acta **163**, 143
Winquist, F., Spetz, A., Armgarth, M., Lundström, I. und Danielsson, B. (1985). Sensors Actuat. **8**, 91
Wolf, E. und Zschiesche, A. (1986). Z. Med. Lab.-Diagn. **27**, 130
Wolfbeis, O.S. (1986). Fres. Z. Anal. Chem. **325**, 387
Wolfbeis, O.S. (1987). GBF Monographs **10**, 197
Wollenberger, U. (1981). Unveröffentlicht
Wollenberger, U. (1984). Dissertation, Akademie der Wissenschaften der DDR, Berlin
Wollenberger, U., Scheller, F. und Atrat, P. (1980a). Anal. Lett. **13**, 825
Wollenberger, U., Scheller, F. und Atrat, P. (1980b). Anal. Lett. **13**, 1201
Wollenberger, U., Kühn, M., Scheller, F., Deppmeyer, V. und Jänchen, M. (1983). Bioelectrochem. Bioenerg. **11**, 307
Wollenberger, U., Scheller, F., Böhmer, A., Passarge, M. und Müller, H.-G. (1987/88). Biosensors **3**, im Druck
Wollenberger, U., Schubert, F., Scheller, F., Danielsson, B. und Mosbach, K. (1987a). Studia Biophys. **119**, 167
Wollenberger, U., Schubert, F., Scheller, F., Danielsson, B. und Mosbach, K. (1987b). Anal. Lett. **20**, 657
Wollenberger, U., Scheller, F., Pfeiffer, D., Bogdanovskaya, V.A., Tarasevich, M.R. und Hanke, G. (1986). Anal. Chim. Acta **187**, 39
Wortberg, B. (1975). Z. Lebensm. Unters. Forsch. **157**, 333
Wrighton, M. (1986). Science **231**, 32
Wrighton, M., Thackeray, J., Natan, M., Smith, D., Lane, G. und Bélanger, D. (1987). Phil. Trans. R. Soc. London **316B**, 3
Yacynych, A.M., Sasso, S.V., Reynolds, E.R. und Geise, R.J. (1987). GBF Monographs **10**, 69
Yalow, R.S. und Berson, S.A. (1959). Nature **184**, 1648
Yamamoto, N., Nagasawa, Y., Sawai, M., Sudo, T. und Tsubomura, H. (1978). J. Immunol. Methods **22**, 309
Yamamoto, Y., Nagaoka, S., Tamaka, T., Shiro, T., Honma, K. und Tsubomura, H. (1983). Proc. Int. Meeting Chemical Sensors, Fukuoka, Elsevier, Amsterdam, S. 699
Yamauchi, H., Kusakabe, H., Midorikawa, Y., Fujishima, T. und Kuninaka, A. (1983). Proc. Int. Congr. Biotechnology, München, S. I–705

Yang, J.S. (1986). Haniguk Saenghura Hakkoechi **19**, 13
Yao, S., Wolfson, S. und Tokarsky, J. (1975). Bioelectrochem. Bioenerg. **2**, 348
Yao, T. (1983). Anal. Chim. Acta **153**, 169
Yao, T. und Musha, S. (1979). Anal. Chim. Acta **110**, 203
Yoda, K. und Tsuchida, T. (1983). Proc. Int. Meeting Chemical Sensors, Fukuoka, Elsevier, Amsterdam, S. 648
Yoshino, F. und Osawa, H. (1980). Clin. Chem. **26**, 1060
Yuan, C.-L., Kuan, S.S. und Guilbault, G.G. (1981). Anal. Chim. Acta **124**, 169

9. Sachregister